U0241440

美食地图集

39种菜系环游世界

THE EDIBLE ATLAS

AROUND THE WORLD IN THIRTY-NINE CUISINES

[英]米娜·霍兰德 著 | 陈玮 译

Mina Holland

• 献给我的祖母和外祖母 •

目 录

• 中东 •

• 东亚和南亚 •

• 非洲 •

• 美洲 •

– 引 言 –

创造一种文化的不只是人类的伟大作品，还有日常的事物，比如人们的吃食，比如他们如何享用这些食物。

• 劳丽·科尔温（Laurie Colwin），

《家庭烹饪》（*Home Cooking*） •

享用美食的时候，我们就是在旅行。

回想一下你的上一次旅行，哪些记忆是最鲜活的？如果你跟我是一类人，那么你在追忆过去那些旅行的时候，最先想起来的肯定是旅途中的美餐。玉米饼，金黄而松软，在马德里慵懒的星期日午后享用；特拉维夫的早餐来一份滚烫的沙卡蔬卡（shakshuka）；惠斯特布尔的碎石长滩上，那些被撬开壳、一口吮入喉中的牡蛎让人垂涎。在那些地方我有各种见闻，对它们的记忆已随时光的流逝而变得黯淡不清，但是那些食物依然在我的记忆中颜色如新。

普鲁斯特一边喝茶一边享用小玛德莱娜蛋糕时发现，[1]食物将我们护送回旧日的时光，塑造了我们的记忆。我们在异国他乡的光景中遇到的那些独特味道、食材以及烹饪的技巧，也是我们走进该文化的一个入口。我们在某个地方吃到的食物，与我们在那里的其他活动（例如参观画廊和博物馆、散步、观光）一样重要（如果不是更重要的话），因为食物非常忠实

••••

① 作家们热衷于引用“普鲁斯特时刻”，也就是在《追忆似水年华》中年轻的马塞尔意识到味觉唤醒旧日时光的力量——或许是因为它不知怎么就证明了食物的重要性，使之成为文学作品中受到承认的真实“事物”，而不只是某种多愁善感的想象。完整的引文如下：“这至高无上的欢乐，它如何来到我的心间？我感到它连通着茶和蛋糕的滋味，然而它又不受任何限制地超越于那些味道之上……整个贡布雷及其周围的一切立刻获得了形状和实在，小镇与花园之类的事物，都像是从我的茶杯中跃入鲜活的存在。”马塞尔·普鲁斯特，《去斯万家那边》。

地向我们还原了日常生活的滋味。

每次我出国旅行，注意力都集中于寻找最具当地特色的食物，尤其是那些最佳范本。食物是另一种文化中所有差异的代表，它最能令人真切地意识到那里的人们如何生活，每一个人都必须吃饭，而食物就是共同的语言。

劳丽·科尔温，已故的美国杰出小说家、家庭厨师，将日常饮食与“人类的伟大作品”相提并论，认为它们都创造了某种文化。对此我必须表示赞同。法棍面包（baguette），一种人们钟爱的法式长棍面包，就呈现了高卢人口味的精髓及其无限变化（从奶酪到肉制品以及更多）。它深浸于历史的变迁，[①] 可以说，它比莫奈的睡莲更能让你了解法国文化。摩洛哥的美食家宝拉·沃尔弗特（Paula Wolfert），20 世纪 60 年代“垮掉的一代”的一员，与保罗·鲍尔斯（Paul Bowles）、杰克·凯鲁亚克（Jack Kerouac）这些人一起离开巴黎来到丹吉尔（Tangier），她也有类似科尔温的说法。“食物是了解人们的方式。”她曾经这么跟我说——很简单，但也很真实。与指南手册和巴士观光不同，食物提供了一个平民的视角，去了解当地居民的生命与呼吸。当我们在另一种文化中饕餮时，我们逐渐（一口接一口地）懂得了它的各个方面。

品尝不同文化的美食并不只是了解民众的途径，它也可以训练对食物本身的洞察力。几年前我又开始吃肉了，在那之前我当了 12 年的素食主义者（可以吃鱼）。然而，尽管我乐于尝试所有分割好的肉类（包括内脏），但我还是对羔羊肉有所顾忌。我从小就不爱闻烤羊羔那种腻乎乎的味道，那种厌恶感几乎已经变成了一种病态。当我第一次遇到黎巴嫩厨师阿妮萨·荷露（Anissa Helou），不经意地说漏了我对羔羊肉的反感时，阿妮萨惊讶得下巴都要掉了。她告诉我，如果不喜欢羊肉，我简直不可能写

····

① 一个几乎可以断定是虚假的说法认为，法棍面包是在拿破仑战争期间发展形成的，它被设计成便于塞到士兵的裤子里的形状，以节省背包的空间。事实上，大块的烤面包几百年来一直都是法国菜的一个特点，现在标准的法棍面包可能起源于 20 世纪初期。

一本关于世界美食的书。几个月之后，我到了她位于伦敦肖尔蒂奇区的公寓吃生羔羊肉做成的碎肉面饼（*kibbeh*，参见本书第185页），狼吞虎咽，一扫而光。她使用手做的、精致而平衡的 *sabe' bharat*（七种香料混合而成的调味料），这并没有掩盖生肉的强烈味道，反而有所加强，我们边吃生羊肉边就着白奶酪塔博拉沙拉（white *tabbouleh*）。我可能只是不喜欢英式烤羊肉，很多个星期天，它的味道都飘荡在祖母的厨房里，但是我发现自己热爱中东黎凡特厨房（Levantine kitchen）准备的生羊肉。伊朗的香料炖肉（*ghormeh sabzi*，小羊肉和香草、芸豆一起炖，见本书206页）也是一个新发现。食材在不同的菜系中会展现不同的面目，这能改变我们对它们的感知。

近年来在英国，美食在流行文化中已经占据与电影、文学及音乐相类似的地位，它们表达了当下的社会趣味。食物显现着时代精神。在饮食领域，现在也有全球性的风尚。从伦敦到纽约，从东京到墨尔本，在这些国际大都市里，人群或是涌向那些不需订位的餐厅，那里有仿旧的装修风格并采取合餐制；或是涌向路边的小摊贩，他们向食客售卖垃圾食品和过分烘焙的食物。今天最著名的专业美食人士，从顶级的米其林大厨雷内·莱德赞比（René Redzepi）到新中东风格的点心师奥托蓝吉（Yotam Ottolenghi）以及电视大厨奈吉拉·劳森（Nigella Lawson），他们都是上流文化的另一个面向。他们看重厨房里的创新，凭借各种不同的烹饪方式和文化影响来创造对他们来说独一无二的菜肴，这一阶层的美食爱好者对此怀有严肃的热情。

在这种对食物的狂热和不断增长的对名流风尚的迷恋（更迭频繁，仿佛一年两次的时装季）之中，我们对“纯正”菜肴的知识依然存在缺陷。自称“美食家”的人恐怕都知道张大卫（David Chang）[1] 是谁，都会得意

----

① 美籍韩裔主厨，拥有福桃餐饮集团（Momofuku）。张大卫是米其林二星餐厅厨师，也是《幸运桃子》（*Lucky Peach*）的合作编辑。每一期潮流美食季刊都有一个主题，例如“拉面”“美式美食”“末日前后”等等。

扬扬地在餐厅里点那些内脏菜肴，或者支持喝生奶而不是经巴氏杀菌的牛奶，但是他们能否准确地指出真正使一道菜肴成为国菜或是地方菜代表的那个因素吗？你如何界定（比如说）黎巴嫩或伊朗的美食？是什么令这些菜肴彼此不同？每一种菜肴的主要口味、烹调技巧以及典型的盛盘方式是什么？简单说来，世界上不同地区的人们吃饭的时候，他们吃的是什么？为什么这么吃？

这本书将带你在全世界39种菜系中旅行。我这样做的目的是呈现这些菜系的基本特征，使你能够把每一种菜系带进自己的生活。请记住：享用美食的时候，我们就是在旅行。把这本书当作你的护照去探访这些地方吧，去尝试他们的风味佳肴——一切就从你自己的厨房开始吧。

• 菜肴是什么？ •

美国的农夫兼学者温德尔·巴里（Wendell Berry）曾经说过："饮食是一种农业行为。"这句话令我们注意到一个事实：一个地方的饮食反映了当地农产品生长的地形与气候。但是这个说法过于简单了，因为它仅仅考虑了地理因素。

实际上，一道菜肴是地理与历史共同创造的、可以吃的佳作。入侵、帝国主义与移民将人类活动的影响与自然风光焊接在一起，创造出专属于当地的美食。当然，饮食也是杂糅的产物，例如西西里的饮食就是希腊人、罗马人、诺曼人、阿拉伯人、西班牙人、法国人以及（最晚近的）意大利人混合主导的产物。今天，西西里的美食既折射出居住在西西里岛上的民族构成，也反映了当地能够获得的、丰富的地中海特产。

我已经意识到，没有哪道菜肴是"纯正"的，它们都是混合的产物，就像杂交的小猎犬一样。即使是那些最富国家和地区特色的菜肴，也是不同的人文传统与自然地理及其特产之间融合形成的产物。[1] 有些菜肴没有那么长的历史，比如那些“新世界”的美食，但是我们对其并不久远的历史所具有的知识，恰恰生动地说明了一道菜肴是如何形成和发展的。

比如说，我们要去加利福尼亚旅行（见本书第 333 页），不仅仅是因为我对那个地方有一种明显过分依恋的感觉，而且是因为我相信它改变了我们看待食物的方式。今年（2014 年——译注）在英国发生的很多饮食革命都可以追溯到黄金加州这个地方及其融合各种外来烹饪传统的独特方式。正是它们构成了某种全新的事物——虽非原创，但是真实。

我愿意把菜肴想成炖菜——它们通常具有同样或是类似的成分，但是会产生极其不同的效果。想想看印度菜和摩洛哥菜有多不同，尽管它们有很多基本的相似之处，例如瓦罐烹制、炖，最重要的是它们都使用特殊的香料：孜然、姜黄、肉桂……这样那样的香料以及无穷无尽的混合。你在本书第 168—169 页会看到香料之路的地图，地域和民族（地理与历史）之间的相互影响使得我在这本书中探索的每一道菜肴都具有独一无二的吸引力与魔力。

• 本书使用指南 •

为 39 种世界美食做一项彻底的基因分析会是一项了不起的功绩。这本书旨在提供一个入口，以便引导那些对于构成世界重要菜系的元素感到好奇的初学者。它涵盖了各种口味和食材——使用的香料，要不要用烹饪油和黄油（甚至零脂肪）——以及烹饪和盛盘的方法。我会在食材清单中强调每一道菜的关键特征，以及为了准备我们在旅程中所接触的每一道菜你所需要的基本采购清单。我也会给你一些真正有代表性的当地菜谱。如果你还想了解更多，可以翻到第 393 页，“纵深阅读”列有每道菜的相关

[1] 然而，地理和历史逐步融合形成某种菜式，与今天某位主厨创造的“融合菜”（fusion food），这二者之间存在着重要差别。

书籍，都是专家所作。

食材清单并不是要给出一个明确的分类，而是想要说明当你按照某种特定传统烹饪时可能想要备一点儿的东西（除了下面要说的厨房必备品）。这些东西包括令我着迷的、独一无二的地方特产（例如中国四川省出产的四川花椒、伊朗的青柠干或是西班牙的熏辣椒粉），而且我希望，你在展开烹饪之旅之前先阅读这一章。大多数时候，食材清单并不包括那些我在“厨房必备”清单中提过的食材，除非我想要强调某种食材在某个地方是多么风行，例如地中海地区的鹰嘴豆、黎凡特和以色列地区的中东芝麻酱。不过，不论下面这些食材对于一道菜肴来说多么重要，例如特级初榨橄榄油和大蒜之类，它们都不会列入食材清单。不论你在做什么菜，它们都是所有配备优良的厨房中能找到的基本用品。

对于后面要提到的这些食谱，我总是用一种无拘无束的态度加以借鉴。它们绝对可以帮助我们将一道美味带入生活，但是我们中有太多人受到一个观点的束缚，认为一份食谱就是一套规则，而这正是失败的“秘方”。对此我的建议是：跟着感觉走。你可以多放点儿盐或是不用新鲜香菜，只要这合你的口味；你也可以把牛排烤得焦一点或是煎蛋卷的时候用个两三分钟，只要你想这么做。没有人比你更了解自己的口味和所用的厨具，所以你尽可以来点儿创意。

按照同一套逻辑，如果你真的想要烹饪其中一道菜肴，却又找不到某种食材或是缺少某样厨具，别因此受到干扰。只要试试用最接近的材料或用具来代替就可以了。比如说，不是所有人都有条件去伦敦东区那一家挨一家的土耳其商店，也不是所有人家里都有一只塔吉锅（tagine pot），而且我十分确信，不必死板地依循菜谱，你也能做出真正的美食。

翻到第 008 页，你会看到我列的一张厨房用品清单，这些都是我自己的厨房中绝对不能缺少的用具和食材。这样一张清单显然会依各人情况而有所不同，而你可能发现我的清单不能反映你的喜好，但是根据我的经验，我所列举的这些条目能够让我不太费力就跳出各式各样的厨房准则，迅速做出某些真正美味的食物。

尽管《美食地图集》在某种程度上是一本参考书，但它同时也非常个人化，显示出我自己的厨房意趣和经验。它反映出我曾经去过哪里、曾与何人攀谈，以及我自己爱吃的食物。我只选了 39 种无国界的世界美食，因此各种菜肴之间存在差别，但是我也加入了那些我认为构成我们当今饮食习惯的菜式。（一个特别的意外发现就是波斯美食的影响范围，这种古老的烹饪传统的发源地在今天的伊朗，但是它影响了众多为我们所知并且喜爱的主要菜系：印度菜、土耳其菜、黎凡特菜、地中海菜。你会看到波斯美食的影响如何在本书的各个地方出其不意地显现。）对于三个欧洲国家（法国、西班牙和意大利）、中国、印度以及美国，我所介绍的地区都不止一个。对我来说它们过于确定，地域性的差别也太大，以至于很难有理由将其中各个厨房“飞地”加以整合分组。

我希望这本书不仅成为你的灶台手册，也同样成为令人愉快的睡前读物；不仅可以用来照着煮饭，同样也值得展卷阅读。美食记者这份职业为我提供了机会，得以遇见一些才华横溢的大厨、美食家和作家，我从他们身上汲取了灵感以及同样多的实践技巧。在每一章中，你都能遇到我们所讨论的菜系中的权威人物。由于人数众多，书中不能一一列举，但是他们所有人都慷慨地给予我时间、专业知识并亲自动手烹饪。（在写作这本书的过程中，我吃得特别好。）

我希望你在阅读这本《美食地图集》并依其烹饪的过程中能够获得享受，有了它的帮助，你能感到自己被鼓舞着走出厨房，开始一段段跨国旅程；你会追忆那些已经完成的旅行，并满怀热情地期待着新的旅程就此展开。

祝你旅途愉快并且好胃口！

– 厨房必备 –

• 用具 •

当我说“必备”，我的意思真的就是必须具备。我读过很多烹饪书籍，它们假定你有一把曼陀铃、一个厨房助手甚至还有厨艺秘籍，所有这些都各就其位。不过我可不会把其中任何一样放入“必备”之列。对于本书中重点介绍的大部分食谱，你都不需要准备任何过于专业的器具。要记得，这是世界范围内的家常菜，它只要求使一间家居厨房正常运转的最基本装备。

我的想法是：太多的厨具会把事情弄乱；而且就我个人而言，我避免使用任何带有电动刀片从而可能伤到手指的东西，也不用任何清洗起来很麻烦的器具。比如说，如果你要做蘸酱、沙司、汤之类的食物，那么搅拌器肯定是一件有用的工具，那么它就会列入我的清单。

我喜欢的一张基本厨具清单是劳丽·科尔温在《家庭烹饪》一书中提到的“低科技的厨房用具”。（如果你喜欢烹饪，同时又喜欢阅读关于食物的书籍，如果你愿意自己做的食物有点儿怪、有点儿干，甚至有点儿刺激，那你需要看看这本书。）我响应科尔温的多数推荐，不过她在很多示例中都建议备齐双份的器具（比如刮铲，甚至汤锅），而在我看来这并不总是必要的，尤其是如果你身边有搭档、室友、父母或其他人可以帮忙打下手，愿意在你烧菜的时候清洗用具的话。

所以，这里只给出一张很简短的单子，列出的都是我认为要完成本书所推荐的菜谱必须具备的用品，如果你要跳出我介绍的这些菜式、自由发挥的话，这些用品其实也是必需的。开瓶器和收音机当然不是必需的，不过如果你跟我是一类人的话……

大号平底不粘锅(煎锅)• 不需要很贵。我自己最喜欢的锅是在超市买的，还不到 10 英镑。

长柄炖锅 • 一只 Le Creuset 式样的深底锅也可以放进烤炉中使用，还要有一只轻便的中号锅（同样可以在超市买到平价的）。手头有两只锅确实比较好用。

炒锅 • 大约 1998 年学厨时的基本用具，爆炒的时候还是很有用的，可以快速有效地烹熟食材，也不会失去营养和松脆的口感。

深底烤盘 / 烤锅

有盖的炖菜锅

压力锅 • 说起来不算是基本用具，但是如果你习惯做炖菜的话真是很有用，就算只是要在短时间内把食材煮软也很有用。压力锅一般来说要少加水，而且由于烹饪的时间较短，食材能保持鲜嫩（比如肉类）、松脆（蔬菜）以及充分的营养（与通常的水煮做法相比）。在商业街的店铺里购买这种锅具相对比较便宜。

滤器

大号混合盆 • 玻璃、金属、塑料……什么材质都可以，但是厨房里配备两只混合盆总是很方便的。

优质的快刀

长叉子 / 尖头叉子

稳当的案板 •“稳当”最重要。没有什么比你下厨时案板四下打滑更糟糕的了。（当然，用刀切东西的时候，这样也很危险。）如果可能，还是要花钱添置一块结实厚重的木制案板。

食物料理机或搅拌器

杵和臼 • 底座要沉（我的是花岗石做的）。我发现再没有什么比自己研磨香料更能给人带来原始的快感了。

优质磨碎器

削皮器

木勺子

刮铲 • 我每次用它们从混合盆中清理最后一滴拌料的时候都很开心，因为真的很好用。

盛菜盘 / 碗 • 我喜欢的上菜和进餐方式都是用大碗或者浅盘。我觉得这样真的很容易令食物看上去美好诱人，不管你在盛盘之前它们是多么乏味无趣。比如说鹰嘴豆泥（hummus），刚拌好的时候是很浅的褐色（呵呵，很有趣），但是如果盛到一只漂亮的陶碗里，细细地淋一点儿上好的橄榄油，撒上点儿 *za'atar*（见本书 218 页），看起来就会很可爱。

量杯

厨房秤

打蛋器 • 电动打蛋器很好，不过严格说来不算必备用具。

品质上乘的筛子，大号

蛋糕烤盘 • 小圆蛋糕模子就特别好。

果挞烤盘（活底的）

特百惠系列储物盒 • 这个系列不仅仅适合 20 世纪 70 年代的家庭主妇。如果你想要提前预备一些材料、稍后才上桌，或者是要盛装剩菜，这套储物盒很有用。

保鲜膜和烘焙纸

开瓶器

厨房收音机

• 食材 •

这张单子上的食材都是我尽量常备的，这样每当我开动想象力时，我就能够离开英国——换句话说，它们是可以吃的交通工具。我发现手头备有这些食材就可以保证，我们一有机会就能激发自己做出有趣的、国际化的而且地道的食物，无论是用咖喱椰浆、意大利面酱汁还是黎凡特蘸酱。

跟以前一样，这张单子也是私人性的，主要根据我喜欢的食物列出。比如说，我自己或是二人用餐的时候，除非提前计划好了，否则我很少烹煮肉食。如果你比我更爱好肉食，那么我建议你的冰箱里要常备一些西班牙香肠（*chorizo*）或者意大利培根（pancetta），这样可以加到意大利面酱或是汤里。你或许还想在冷冻室备些碎肉——牛肉或猪肉可用来做肉丸子、意大利面酱或是简单的东亚菜。还有一个小请求：请尽可能试着购买有机肉类。有机肉类的口感实在是要好很多，更别提对你自己、对整个世界来说都更为有益。

我劝你自己种些香草。比起在超市里购买那些摘好的香草，这样更环保。而且香草在塑料袋子里很快就会变质。不过比这个原因更重要的是，自己种香草是一种低投入、高回报的方式，由此创造出你自己特有的食材，这样，食材也就变成了一道菜肴。一开始，你只需要买一个栽种植物的花盆，种上百里香、薄荷、欧芹和罗勒。所需要的就是充足的日晒和定期浇水。当我们后面说到具体菜肴时，除非特别说明，否则你可以假定菜谱中提到的所有香草都是新鲜采下的。

生鲜 • 洋葱（白洋葱或是红洋葱），青葱，大蒜，生姜，柠檬，青柠，茄子，小胡瓜，菠菜，番茄，新鲜香草（欧芹、香菜、罗勒、薄荷、百里香），面包。

冷藏 • 无盐黄油，鸡蛋，牛奶，希腊酸奶，帕玛森（*Parmesan*）干酪，芝麻酱，渍柠檬。

冷冻 • 豌豆，面包屑，欧芹碎，皮塔饼（Pitta bread）。

食品柜 • 干意大利面或面条，印度香米，粗麦粉，普通面粉，砂糖，发酵粉，可可粉，香草精，黑巧克力，特级初榨橄榄油，芝麻油，意大利香醋（再说一次：一定是上好的，品质不同，差别真的很大），白葡萄酒醋，酱油，鱼露，罐装番茄，番茄泥，罐装鹰嘴豆，罐装椰浆，干辣椒碎，干香料（肉桂、孜然、茴香籽、熏辣椒粉、香菜粉、葛缕子籽儿、印度混合香料、丁香），干香草（龙蒿、牛至、迷迭香），黑胡椒，莫尔登海盐，橙色小扁豆，凤尾鱼罐头，罐装刺山柑，罐装橄榄，蜂蜜，酸酵母[①]。

····

① 好吧，这一项是可选的。你在这本书里不会用到它，不过我的食品柜里几乎就没缺过它，所以这里我不能将它排除在外。我还用意大利面加上黄油、酸酵母和黑胡椒来对付空荡荡的冰箱……还有宿醉。

欧洲

· EUROPE ·

葡萄藤

◆◆◆

和我一样，葡萄也是狂热的旅行者。它们游遍了整个世界来寻找生长的理想地带。如果你品尝过多种美酒，那你就会知道，很多葡萄品种在全世界都能生长，但是用它们酿出的葡萄酒具有非常不同的特性。比如说，法国罗纳山谷的西拉葡萄（Syrah）与澳大利亚南部的相同品种相比，简直就是完全不同的东西。我在书中给出这幅地图，是为了从一个不同的角度表明法国对于国际美食的影响。它显示出那些重要的法国葡萄在“新世界”的旅行路线，而它们的独特品质将在后面得到说明。

美国西部

- 莎当妮
- 梅洛
- 赤霞珠
- 黑皮诺

智 利

- 梅洛
- 赤霞珠
- 长相思
- 佳美娜

阿根廷

- 马尔贝克
- 赤霞珠

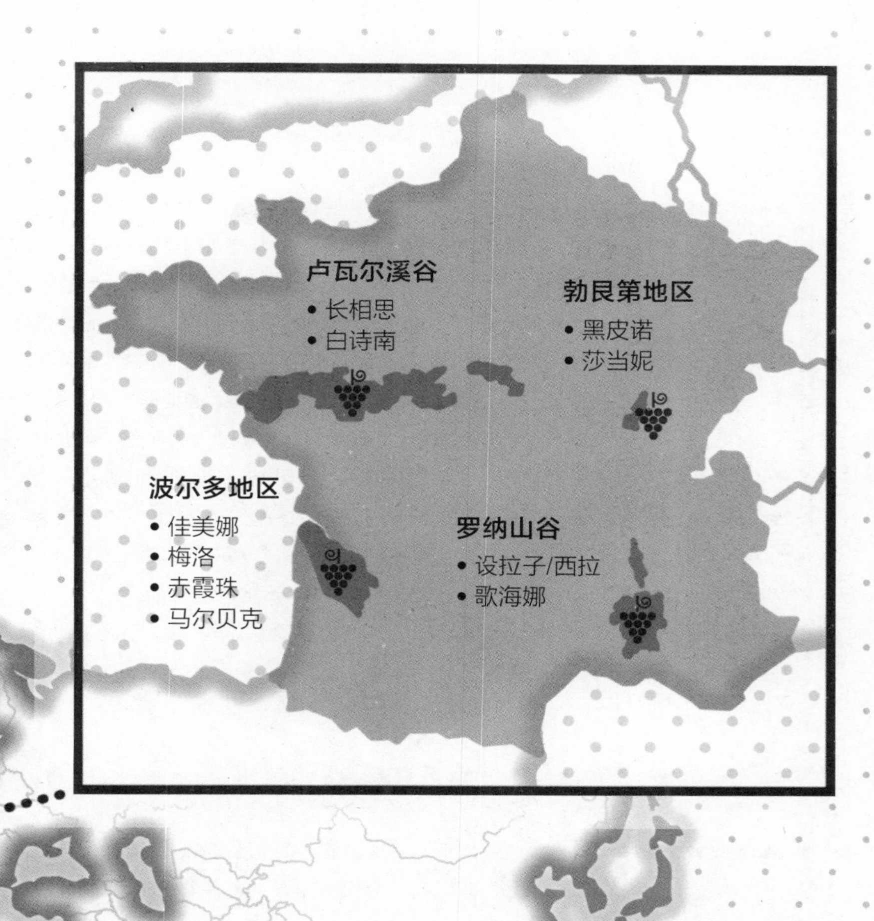

法 国

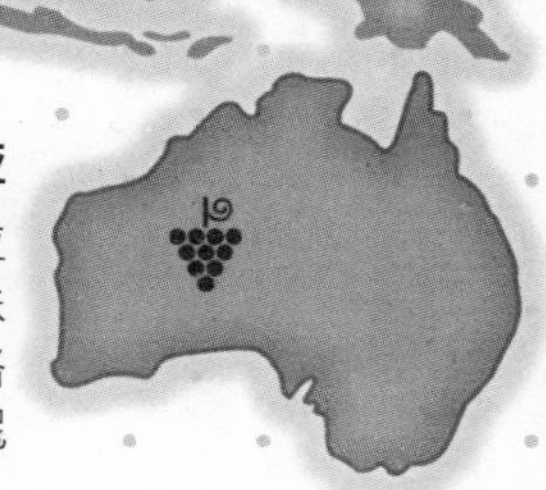

南 非
• 白诗南
• 皮诺塔吉

新西兰
• 长相思
• 黑皮诺

• 波尔多地区 •

波尔多是最著名的葡萄产区，例如赤霞珠（单宁重，酸度高）和梅洛（更饱满多汁）。这两种葡萄分别生长在吉伦特（Gironde）河口的两岸，常用来混合酿造诸如梅多克（Médoc）、圣埃美隆（St-Emilion）的名酒以及玛歌（Margaux）这样身世显赫的酒庄酒。这些葡萄的旅行范围也很广，在阳光充足、温差大的地区都能蓬勃生长，例如包含美国、阿根廷、智利和澳大利亚等“新世界”的某些地方。在这些地区，用这些葡萄酿造的酒比在法国那些较为保守的相应地区酿造的酒“更大”（单宁更重、酒体也更醇厚，体现为一支红酒在口腔内留下的涩重感）。马尔贝克传统上也是一种波尔多地区的葡萄，而且如今依然在卡奥尔（Cahors）产区周边种植。然而，它与阿根廷的水土更为相宜，该地区的“大”马尔贝克葡萄已经蜚声国际，而这正是那里的高海拔和极大温差所造就的结果。

• 卢瓦尔溪谷 •

卢瓦尔溪谷因其雅致且酸度较高的白葡萄酒而在国际上享有盛名，例如长相思（想想桑塞尔 [Sancerre] 白葡萄酒和普伊芙美 [Pouilly-Fumé] 白葡萄酒）和武弗雷（Vouvray）白葡萄酒所用的白诗南。“新世界”最流行长相思葡萄的地方是在新西兰，在那里，像马堡（Marlborough Estate）这样的葡萄种植区生产出独一无二、富有奇异果风味的葡萄（纯属巧合！），酿出带有近乎青草香气的白葡萄酒。智利、阿根廷和美国出产的长相思葡萄，其果实比法国原产区和新西兰的葡萄都更为丰满。特别常见的是，某个葡萄品种与“新世界”出品的酒类之间有了如此强烈的联系，以至于葡萄的法国原产地都被忽略了。一个绝佳的例子就是含有微量泡沫和高酒精度的沃莱白葡萄酒，用来酿造这种酒的葡萄是白诗南，它的名字后来成为南非最富象征性的白葡萄酒的名字。

• 勃艮第地区 •

博若莱地区出品的酒常常被认为是世界上最优质的酒，例如普里尼一蒙哈榭（Puligny-Montrachet）和夏布利（Chablis）白葡萄酒，以及热夫雷一香贝丹（Gevrey-Chambertin）和夜之圣乔治（Nuits-St-Georges）的红葡萄酒。勃艮第白葡萄酒用莎当妮葡萄酿造。莎当妮在某些人之中还能引起一些混杂的感受，他们将这种葡萄和“新世界”那些低廉的酒联系在一起，比如加州中央山谷出品的酒或是澳大利亚盒装酒。（我是听着父母的“ABC”准则长大的——“绝对不要莎当妮”[Anything But Chardonnay]，因为在 20 世纪 90 年代，这种葡萄给人带来的联想不太愉快。）实际上，莎当妮的可塑性很强，它可用来酿造各种品质的“新世界”酒，无论是入门级还是高端酒，无论是在美国西海岸还是南美，无论在澳大利亚还是南非。黑皮诺则是一种颜色较浅的红葡萄品种，用它酿造的红酒既可以搭配红肉，也可以搭配鱼和蔬菜。它还可以有点类似菌子的味道，有山野风味而且已经在“新世界”种植成功，尤其是在美国西海岸地区（比如纳帕山谷和俄勒冈）、新西兰以及南非，在南非更是发展出了一种黑皮诺与神索（Cinsault）杂交的葡萄品种——皮诺塔吉（Pinotage）。

• 罗纳山谷 •

罗纳山谷最著名之处就是那里出产西拉和歌海娜葡萄。该地区面积广大，尽管整个地区被称为“罗纳山谷”，但是更为确切地说，那里实际上分为两个部分：北罗纳和南罗纳。北罗纳最有名的是纯正的西拉红酒，例如克罗兹一埃米塔日（Crozes-Hermitage）和圣约瑟夫（Saint Joseph），而南罗纳更为人所知的则是歌海娜葡萄混合酿造的罗纳河谷（Côte du Rhône）以及高端酒教皇新堡（Chateauneuf -du-Pape）。西拉葡萄因其烟草味儿、黑紫色以及辛辣口感而为人所知，它在澳大利亚山谷例如巴罗萨（Barossa）和麦克拉（McLaren Vale）等地的种植也是出了名的成功，当地人称这种葡萄为“设拉子”，并用它酿造某些极为浓郁的红酒。歌海娜在较热的气候下能够蓬勃生长，在西班牙也有广泛种植，人称“加尔纳恰”（Garnacha）葡萄。

• 葡萄根瘤蚜的影响 •

在 19 世纪，一种招人痛恨的、人称“phylloera”的葡萄根瘤蚜（类似于某种蚜虫）给欧洲葡萄园造成了毁灭性影响。根据一个大致估算的数字，60%—90% 的葡萄园被毁，法国的多数地区受到的冲击格外严重。这种害虫很有可能是由一队在美国采集标本的植物学家带到英国的，本来生长在美国当地（因此美国的葡萄就比欧洲的葡萄更抗虫害）。从英国开始，葡萄根瘤蚜慢慢扩散至整个欧洲大陆。有些葡萄品种在它们原生的土地上几乎灭绝了。波尔多地区的葡萄样本例如马尔贝克和佳美娜已经被带到了“新世界”，这些葡萄品种就得到了长期的保护。如今它们在阿根廷和智利两地都蓬勃生长——几乎各自成为两国代表性的葡萄种类——在法国反而变得相对稀少。波尔多地区的马尔贝克葡萄种植区域很小，而佳美娜已经被认为是该地区“失去的葡萄”。阿根廷马尔贝克葡萄因其紫罗兰色、香草风味和烟草味道而享有盛誉，而同样具有烟草味道的佳美娜葡萄则因其本身的黑醋栗特质而闻名。

– 法国 –

法国人……考虑餐桌的时候也带着欣赏、尊重、智识和活泼泼的兴味，一如他们对其他艺术门类如绘画、文学和剧场的兴致。

• 艾莉丝 · B. 托克拉斯（Alice B. Toklas），

《艾莉丝 · B. 托克拉斯的烹饪书》（*The Alice B. Toklas Cook Book*）•

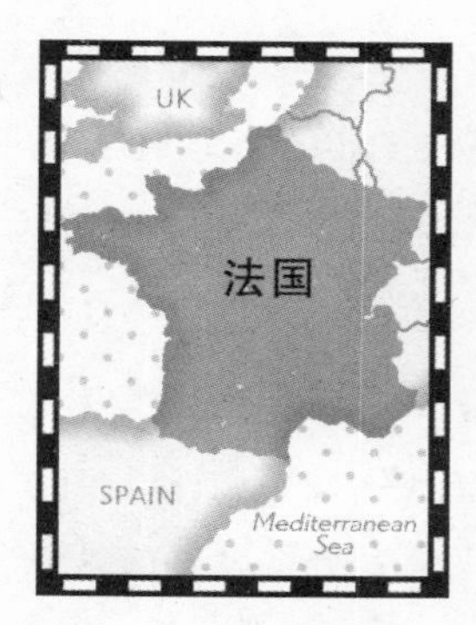

长久以来，法国人都将食物看作高级艺术。或许是他们最先认为，“盘中餐”也可以像一幅画或一部小说一样，自身就是一件杰作。[①] 而当欧洲其他国家的人们开始逐渐接受这些观念时，高级烹饪术依然受到我们的高卢邻居的拥护和实施。

不过就法国食物而言，美妙之处在于，在它所有的讲究和排场之中，米其林评分 [②] 绝不是唯一重要的东西。法国人所引以为傲的是其美食从烹制到享用过程中的方方面面，配上某些世界顶级的原生食材。从农家的肉酱和酒，到硬的、软的、白的各式面包，或许浸着暖暖的 *pot-au-feu*（砂锅炖牛肉和蔬菜，安东尼 · 波登 [Anthony Bourdain] 戏称为“社会主义者的灵魂料理”）；不然就是红酒炖牛肉（勃艮第炖牛肉和蔬菜，用月桂叶、杜松子和黑皮诺调汁），法国饮食文化对上好的食材和盛盘效果都同样推崇备至。

看看一张好的法国公路地图，你很快就会明白有多少世界著名的食材出自法国。数不清的城镇和村庄以当地出产的胡椒为公路取名，它们就像

••••

① 马塞尔 · 普鲁斯特（Marcel Proust）大概是法国最伟大的作家，毕竟他在大众的想象中和某种小蛋糕联系在一起，无法分离——参见本书第 001 页。

② 米其林兄弟，即米其林轮胎公司的创建者，于 1900 年编制了第一本米其林餐厅指南，目的在于鼓励人们开车去他们推荐的餐馆就餐。1926 年，他们创立了星级评定系统，现在该系统是餐厅资质证明的最高级别且最受国际认可的参考。

血管一样遍布法国全境：第戎（Dijon）、卡门贝尔（Camembert）、皮蒂维耶（Pithiviers）、考尼亚克（Cognac）……法国人的美食学就在他们的骨子里，他们只是顺其自然而已。说法国人在美食方面的知识平均而言高于一般人，我觉得这是公平的，在其他地方，人们的美食知识明显不足，尤其是在英国（即使是在我们被过分吹嘘的饮食革命之后依然如此）。比如说，在餐厅从事服务工作就享有完全不同的社会声望。人们期待餐厅工作人员对食物和美酒高度熟悉，以便能够回答客人们那些更为寻根究底的问题：主厨调制蛋黄酱有什么技巧？为什么这支罗蒂丘（Côte-Rôtie）的陈酿就比另一支更好？诸如此类，等等等等。

法国的大厨作家奥古斯特·埃斯科菲埃（Auguste Escoffier）[①]写道："如果是一个意大利人为美食世界编订法典，那它肯定被看成是意大利式的。"尽管烹饪的潮流不断变化，但法国菜依然是其他烹饪文化的基准，并且被赋予某种超越时间的意义。因为在培养主厨的时候，经典的训练依然以法国菜为基础——厨房技巧、用具、调味、配菜、选酒——厨师们可以在此基础上加入自己的口味或是将其应用于另外的菜式。学做法国菜，世界于是尽在你掌心。或者，我该说"天下于是尽由你掌控"？

可以说，如果没有法国菜奠定基础，现代主义菜肴也就不会出现了——想想西班牙和斯堪的纳维亚（分别有斗牛犬餐厅 [El Bulli] 和诺玛餐厅 [Noma] 为代表）。法国人掌握了调制沙司和酱汁的技巧（很简单，然而也难把握），还完美无缺地呈现了他们在厨艺方面的创造力，由此设定了门槛——这也是后来美食料理得以发展的基础。这与精英阶层的衰落同时发生，法国美食值此成为"法典"（借用埃斯科菲埃的说法），紧接着涌现出一大批由以前的私家厨师主理的餐厅。我们所理解的法国菜于是作为法国阶层体系的变革的结果而得以发展，同时还带着它那口味浓郁的沙司以

① 奥古斯特·埃斯科菲埃（1846—1935），法国厨师，堪称法国现代烹饪史发展过程中最重要的人物。他最著名的作品，《烹饪指南》（*Le Guide Culinaire*）出版于 1906 年，迄今仍是世界各地的餐厅主厨需要参阅的最重要的菜谱和工具书。

及完美无缺的上菜方式。餐厅文化于是成为（且至今仍是）法国菜不断更新发展所必不可少的部分，它允许特权阶层之外的人们消费那些高级的美食，而它们此前专属于那个高贵且排外的世界。

法国食物在很长一段时间里处于其黄金年代，享有来自世界各地的厨师和食客的国际尊荣。20 多年来，其他地区的创新——比如费朗·亚德里亚（Ferran Adrià）在西班牙主理的斗牛犬餐厅（现已歇业。该餐厅实际上是因经营理念改变而于 2014 年转型——译注）所从事的标新立异的创意菜——意味着法式美食已经因其陈旧乏味而被某些人降级。但是在我看来，这并没有抓到要点。菜式创新其实并不是法国饮食文化的核心。技艺才是关键——尤其是对用量和时间的精准把握——也就是选用恰当且来自优质产地的食材，以及精致的摆盘。法国人能够一次又一次地重复这种烹饪方式，这种能力堪称一门艺术。

目前我只是谈到了法国的四个地区，每一个地区及其饮食出产都反映了当地气候和文化的综合。诺曼底的风景和物产在很多方面都类似于英格兰南部，果树茂盛并牧有奶牛。卢瓦尔溪谷是法国酿酒产区之一，有盛开的鲜花、丰茂的果实、菜蔬，还有河鱼。罗纳—阿尔卑斯地区是法式熟食的中心，也是美食之都、里昂的本部。还有普罗旺斯，在那里，法式地中海风味在餐盘中碰撞，舌尖绽放的是阳光的味道。

诺曼底

对我来说，那是灵魂与精神的绽放。

• 茱莉亚・柴尔德（Julia Child）•

在一次为《纽约时报》所做的访谈中，茱莉亚・柴尔德[①]这样描述她在诺曼底的鲁昂吃到的第一顿饭。她吃了牡蛎和煎比目鱼，喝了上好的葡萄酒，体会到了刚捕捞的海鲜的鲜美，以及在顶级美食的发源地就餐的那种难耐的急迫感。诺曼底就在英吉利海峡对岸，但是当你从英国去往诺曼底，在饮食方面所经历的差距可就不只是几步之遥了。柴尔德所体验到的“开启”是一种对食物的狂喜，它源自一个美食绝对至上的地区。你来到了法兰西。美食就是生命，生命就是美食。欢迎！欢迎！

重现诺曼底人的餐食不需要大量技巧，甚至都不需必要的烹饪术。这和法国其他地区的情况不同，因此诺曼底堪称家厨料理之旅的绝佳起点，你不用太费劲儿就可以尝试地道的法式美食。这里可以烹制野餐时最棒的菜肴：出产的黄油堪称世界最佳，有最著名的奶酪、最可口的苹果酒，还有在法国任何一个地方都可以找到的经典面包。诺曼底饮食的要点在于优质食物的质朴和令人满足之美餐的基本元素，突出的是原料生产者，而不是大厨的技艺。与法国的其他地区相比，诺曼底美食可以说没什么“厨艺”

••••

① 茱莉亚・柴尔德是美国名厨、作家和电视明星，法式美食进入美国要归功于她，因为她在 1961 年出版了《掌握法式烹饪的精髓》（*Mastering the Art of French Cooking*）一书，影响深远。2009 年，梅里尔・斯特里普（Meryl Streep）在电影《朱莉与茱莉亚》（*Julie and Julia*）中扮演了这位古怪而难以相处的柴尔德，该片讲述了一位博主尝试在一年之中试遍《掌握法式烹饪的精髓》一书中所有菜谱的故事。

可言，这仅仅是因为天然烹饪的食材本身就说明了一切。诺曼底人饮食的基本元素都出自奥日（Pays d' Auge）绵延的草场，“眼镜牛”（vaches des lunettes，得名于它们眼睛周围的斑纹）在那里吃草，而蛏子和海螺则被冲上印象派画家所钟爱的、薄暮笼罩的灰色长滩。

作为法国的乳制品生产中心，诺曼底可谓“*la crème de la crème*”（“奶油中的奶油”，完全按字面意思来说）。奶酪通常得名自其产地——主教桥（Pont l' Evêque）、丽瓦罗（Livarot），当然还有卡门贝尔（Camembert，一座小村庄，小得令人意想不到，只有一座教堂、一间博物馆以及“哞哞”的牛叫声）——令人难忘的是它们厚实的外皮、辛辣的滋味，与当地酿造的干苹果酒简直是绝配。卡门贝尔是在法国大革命时期由一位叫玛丽·哈莱尔（Marie Harel）的女士发展的，她是一位诺曼底农民，也是本地的奶酪生产商，搭救了一位到乡下避难的神父。而这位神父恰好来自布里。于是神父就向哈莱尔透露了制作布里式奶酪的秘方，接下来的事情尽人皆知。这种奶酪迅速成为全法最受欢迎的奶酪，盛放它的小圆木盒子是其标志，盒子上还要喷上盘尼西林以便保存并使这款奶酪得以运往世界各地。[①] 据称在战争期间，每星期都有 50 万盒这种奶酪装船运往各处战壕。

上好的黄油自然是制作完美糕点的前提。在诺曼底，酥皮用来制作人们钟爱的焦糖苹果挞或水果派，这种点心是用酥皮卷裹住焦糖苹果或梨子；甜甜的外壳对各种水果挞（见我母亲的“诺曼底风格”苹果挞菜谱）和奶油面包卷来说都至关重要，这两种点心在整个法国都很常见，是至上的美味。

果园里的苹果在树干曲结的老树上慢慢成熟，点缀着诺曼底的绿色田野。苹果可以大概分为两类：一种用来吃，一种用来酿造苹果酒或卡尔瓦

••••

① 卡门贝尔奶酪多种多样——你可以前往卡门贝尔博物馆，门票费用包括了品尝三种成熟度不同的奶酪——但是所有的种类都用小圆木盒包装，顶部都有特殊风格（可以收藏）的商标。丽瓦罗奶酪的口味比迷人的卡门贝尔或主教桥奶酪（它用一种独特的方形模子制成）更容易接受，它有几近松脆的金黄色外皮。

多斯（Calvados）苹果白兰地。诺曼底苹果酒是干型的，或者可以说，如果你喜欢干型，那它就是干的。我爱卡尔瓦多斯小镇出产的橡木桶陈年的干苹果酒，当然也爱卡尔瓦多斯本身——这个地区以苹果白兰地而闻名。这种酒在烹饪时有很多用途，可以用作甜点，或是小口呷以助餐后消化。如果你喜欢比较轻柔也比较甜的餐前酒，那你可以试试*pommeau*——一种烈性苹果酒，多数本地的苹果酒和卡尔瓦多斯小作坊都会酿造这种酒，你在诺曼底地区的几乎每一座小村庄都可以找到这种酒。

在诺曼底的三大特产中，第三位就是海鲜。贻贝到处都是，每天新鲜捕捞，原味上桌并佐以黄澄澄的松脆炸薯条。大比目鱼是当地最昂贵的鱼类，不过海鲈鱼、比目鱼、扁鲨和鳐鱼更常见，经常被人端上餐桌。它们的做法非常简单，搭配捣成泥的土豆和茴香，比如说，佐以茱莉亚·柴尔德独家调制的*meunière*酱汁[①]，或是像料理牡蛎一样，以其本来的状态呈现就好。对我来说，本地的牡蛎以其最纯粹的形式浓缩了诺曼系美食的丰富。它们是我品尝过的最绵长也最柔滑的牡蛎。诺曼底人以最纯粹的形式料理它们也就不令人意外了——挤一点点柠檬汁来加强而不是掩盖它的咸味。用一杯卢瓦尔溪谷的蜜斯卡黛（Muscadet）葡萄酒将牡蛎送入喉中，你会感到自己就像茱莉亚·柴尔德一样，灵魂和精神由此绽放。

食材清单：苹果 • 新鲜搅拌的黄油 • 奶油 • 奶酪（卡门贝尔奶酪、主教桥奶酪、丽瓦罗奶酪）• 贝类（牡蛎、贻贝、蛏子、滨螺、蛾螺）• 鱼类（大比目鱼、比目鱼、扁鲨、鳐鱼）• 干苹果酒 • 家庭手作千层派皮

◆◆◆

① *meunière*酱汁，又称“磨坊主太太酱汁”，用来料理鱼类，有此名称是因为在煎鱼之前要用面粉将鱼裹住，然后用褐色牛油煎熟，或者用油炸熟，然后以柠檬和欧芹调味。

• 烤卡门贝尔奶酪 •

Baked Camenbert

为了避免让你觉得“高高在上”，我差点儿就把这个“菜谱”拿掉了，不过后来我还是说服自己把它写进本书：一是由于卡门贝尔奶酪是典型的诺曼系美食，二是因为我一直都在做这道菜，三是因为它实在太好吃了！你可以根据个人喜好在奶酪上面加各种浇料，也可以什么都不放。浸过苹果白兰地的奶酪（我后面会写出烹饪方法）是最令人难忘的，它的关键在于是诺曼底当地出产的，但是与平时的做法不同——放入烤箱之前要在奶酪上细细淋一些蜂蜜、撒一些风干的百里香碎叶——烤卡门贝尔奶酪绝对需要提前做好准备。

• 1—2 人份 /4—6 人份（儿童）•

盒装卡门贝尔奶酪，1 盒 250 克

卡尔瓦多斯苹果白兰地，2 汤匙

迷迭香，1 小枝，只用叶子

海盐和现磨黑胡椒

法式面包和蔬菜色拉，盛盘用

1 • 取下卡门贝尔奶酪的盒盖，打开奶酪，丢掉包装纸，再把奶酪放回盒中。用叉子在奶酪顶部戳个孔，小心地将苹果白兰地浇遍整块奶酪，然后撒上迷迭香叶，等它入味。

2 • 室温下最多腌渍 8 个小时（如果你能在早上开始腌渍，一直到你准备上菜的时候，那就最理想不过了），或者尽可能腌渍差不多这么长时间。

3 • 将炉子预热到 180℃ /160℃(风扇烤箱)/4 档(燃气烤箱), 烘烤 10—20 分钟。我喜欢中间特别黏的口感，这样你就可以弄破白色的外壳，做出浸满酒香的奶酪爆浆效果。

• 诺曼底苹果挞 •

Apple Tart Normande

我母亲在我眼中就是一个无所不能的超级烘焙师，她擅长那些需要将水果、派皮和杏仁糊快速搅拌的甜点。这道苹果挞可以在冰箱里保存好几天，它还可以很好地打发从早餐到午饭之间漫长而孤单的时间。试着在顶部撒一点点糖霜，盛盘时搭配一点鲜奶油（或许再来点儿苹果白兰地？）。

• 8人份 •

苹果，3个，中等大小，削皮、去核并削成薄片

杏仁酱，2汤匙，浇汁（可选）

制作酥皮点心的派皮

普通面粉，150克，外加一些用来撒粉

金色细砂糖，2汤匙

冷藏的无盐黄油，100克，切成小块

鸡蛋黄，1个

冷水，1汤匙

香草精，1茶匙

盐，适量（一小撮）

制作杏仁糊

无盐黄油，110克，放软

金色细砂糖，110克

鸡蛋，1个，打好

鸡蛋黄，1个

苹果白兰地，1汤匙

杏仁粉，110克

普通面粉，2 汤匙

1 • 要制作派皮，把面粉倒入混合碗中，与砂糖搅拌。用手指将黄油块轻轻搓成粉，直到混合物类似于细面包屑。

2 • 将混合物的中间弄凹，加入蛋黄、水、香草精和盐。揉成面团后做成球状。覆上保鲜膜后冷藏至少半小时。

3 • 要做杏仁糊，就要把黄油和糖在碗中搅成糊状，然后分别加入鸡蛋和蛋黄。用苹果白兰地混合搅拌。另取一只碗，将面粉和杏仁粉搅拌均匀，然后加入之前拌成糊状的混合物中。

4 • 将派皮表面撒上面粉，擀成直径为 25 厘米、厚度为 3 毫米的圆形。放入 23—25 厘米大小的活底儿果挞烤盘，压下盘底后翻面。再次冷却 10—20 分钟。

5 • 预热烤箱至 200℃ /180℃（风扇烤箱）/6 档（燃气烤箱）。加热时在烤箱中放入一只烤盘。

6 • 将杏仁糊均匀舀入放凉的派饼中。把苹果片排列成相叠的螺旋状，从最外圈开始排列。

7 • 将苹果挞放进已加热的烤盘中，烘烤 15 分钟。将热度降至 180℃ /160℃ /4 档（燃气烤箱），再烘烤 15—20 分钟。

8 • 要制作浇料的话，在杏仁酱中加入一点点水，微微加热到可以流淌的状态。从炉子上取下苹果挞，整个刷上浇料。此前，苹果挞可以冷却 5—10 分钟。

卢瓦尔溪谷

那些日子对我们来说真是美妙的时光，我希望它们永远不曾流逝。我们在卢瓦尔河里游泳，在浅湾中捕小龙虾，去林中探险，樱桃、李子和绿醋栗吃到撑，嬉戏打闹，用土豆做武器伏击对方，用我们冒险的战利品来装点巨石堆。

• 乔安妮·哈里斯（Joanne Harris），

《一又四分之一个橙子》（*Five Quarters of the Orange*） •

2012年夏天，我和一位朋友用五天时间骑自行车穿过了卢瓦尔溪谷。我们的骑行从图尔（Tours）开始，到昂热（Angers）结束，我们骑着车经过一个又一个著名的葡萄酒产区——都兰（Touraine）、希农（Chinon）、索米尔·香比尼（Saumur Champigny）以及安茹（Anjou）。我们没有到桑塞尔或蜜斯佳黛，但是你头脑中肯定有整幅地图，卢瓦尔河流域的这片300平方英里的土地蜚声国际，因为那儿有上好的美酒、长相思的独特表现、武弗雷（Vouvray）地区独一无二的白诗南，以及当地人善于调理出了名难伺候的法国品丽珠葡萄。虽然在去卢瓦尔之前我对那里的美食还不太了解，不过发现当地烹饪术的高超与葡萄栽培术的绝妙不相上下的时候，我并不感到吃惊——原因在于，这么棒的美酒肯定要搭配同样棒的食物。

对本地好酒的敬重之心是卢瓦尔人下厨的关键。食物和美酒简直就是阴与阳，根本就是为了对方而生，很多用来佐肉和鱼的料汁都含有当地酿造的美酒。具有代表性的黄油白沙司（*beurre blanc*）就是一个明显的例子，它的制作方法参见本章菜谱。[①] 借费尔南德·加文斯（Fernande Garvins）在《法式烹饪的艺术》（*The Art of French Cooking*）[②] 一书中的一句话来说就是："美酒使得一餐好饭成为一曲交响乐。"

修道院、城堡和色彩柔和的农舍点缀着乡间的风景，散布于卢瓦尔河两岸。自然与人为之间这种精妙的平衡毫不费力地勾勒出一个田园式的法国：恰到好处的古雅和小矫情。果树的枝头悬挂着的童话故事中才有的红苹果和熟透的李子，在这儿都很常见；田里还有向日葵立正站好，仿佛一排排嘴角挂着微笑的士兵。比诺曼底还要靠北的法国北部，阳光更盛，这里的苹果和梨子也更甜，种植它们是为了获取食物而不是酿酒。我们骑行经过一片片田地，地里长着大片臭烘烘的洋葱、绿豆、白豆、胡萝卜、韭葱、蘑菇、芦笋、南瓜以及各种 *primeurs*（当季抢鲜上市的鲜嫩蔬果）。

卢瓦尔河流域广阔，从罗纳—阿尔卑斯地区发源（见本书第 035 页），流经勃艮第地区之后忽地汇入大西洋。卢瓦尔溪谷一带拥有多种多样、富含矿物质的土壤，以及各种不同的小气候。结果无论美食还是美酒都呈现出极端本地化的特点；每一座城市都有自己的饮食特产，而且各个村庄所酿造的美酒都有极为不同的特性。骑着自行车旅行简直就是体验这一切的最理想方式，这样我们就能经常停下来品尝当地的美酒、熟食和酥皮点心了。

卢瓦尔河地区最有代表性的荤菜是三个"*rill*"，和当地产的干白葡萄酒可谓绝配：第一个是"*rillettes*"（猪肉酱），来自图尔和索米尔地区，是以猪肉为底料的肉酱；第二个是"*rillons*"（猪肉冻），来自都兰，是猪腹部的肉和油卤成肉冻后切成的小块；第三个是"*rillauds*"（猪油渣），来自安茹，是取猪腹部的一块厚肉文火慢烤而成。一旦我们到达罗纳—阿尔卑斯地区，我们就会看到，法式菜肴长久以来一直坚决主张食用各种边边角

••••

① 以酒入膳在法国很常见，当然勃艮第红酒炖牛肉和普罗旺斯红酒炖牛肉是不一样的。

②《法式烹饪的艺术》一书于 1965 年出版，是一本非常讨人喜欢的平装书，其中介绍了像法式红酒烩鸡（Coq au Vin）和法式三明治（Croque Monsieur）这样的菜式——简单、别致、令人印象深刻而且不会过分讲究。

角的碎肉。在英国，我们可能会和固守英式菜肴传统的大厨弗格斯·亨德森（Fergus Henderson）一样，对此采取一种“从头吃到尾”（nose to tail eating）的观念，而在法国，整只动物的各个部分都可以食用，这可不仅仅是观念，而是很普通的做法。卢瓦尔河地区与法国西部的典型菜式是猪头汤，1929年出版的《法国普罗旺斯的绝妙菜谱》（*Les Belles Recettes des Provinces Francaises*）一书中有这道菜的做法，提供者是缪尼埃尔夫人（Madame Meunier），她来自旺代（La Vendée）地区一个叫作洛艾（L' Oie，在卢瓦尔河地区南部）的地方。她教我们把一只腌过的猪头煮将近三小时，同时加入甘蓝、陈面包、胡椒粒和大蒜，然后用肉汤泡面包食用，猪头单吃（搭配以奶油料理的卷心菜）。这是卢瓦尔河地区的人们今天还在享用的农家菜。在英国，食用整只动物可能是我们开始回归的某种传统，但是在法国，这种饮食习惯从未中断过。

我觉得卢瓦尔河就像故事书和童话故事中的风景画，有骑士，坐骑被装饰得五颜六色；有编着发辫的少女；有求爱的场景，发生在城堡中那完美花园的迷宫里。我想象中世纪的猎人们从森林回到城堡的厨房，扛着打回来的鹿和野猪，厨师们则会准备野蘑菇和奶油酱汁。你今天在这里发现的上好餐酒和丰盛餐食都是古老传统的一部分。

正如森林提供了丰富的物产，河流也为人们带来了大量的食物，即淡水鱼，例如梭鱼、鳟鱼、鲑鱼和鳗鱼。它们加入汤里或是炖来吃都很美味，比如说 *matelotte d'anguille*（炖鳗鱼），可加入大量当地红葡萄酒、干邑白兰地和大葱，或者也可以做得简单点儿，只用黄油白沙司。这在卢瓦尔河地区是一道经典料汁，黄油熬成浓汁加入大葱、醋和蜜丝佳黛葡萄酒——这种酒产自南特（Nantes）市周边地区，是一款口感单纯的干白葡萄酒（用勃艮第香瓜葡萄 [Melon de Bourgogne] 酿造）。

卢瓦尔河地区出产的山羊奶酪是标志性的特产，也是本地美食烘衬当地美酒的好例子。法隆塞（Valençay）奶酪呈金字塔形，有粉末，由生山羊奶制成，它或许是最著名的，不过普图瓦夏比殊（*Chabichou du Poitou*）、哥洛汀德沙维翁（*Crottin de Chavignol*）和布里尼圣皮耶（*Pouligny-Saint-Pierre*）也都很有名，它们全都产自歇尔河（Cher）与安德尔河（Indre）之间的贝瑞（Berry）地区。大多数本地酒都能绝好地搭配这些奶酪，不过我曾经用冰过的圣尼古拉斯·布尔格伊（*St Nicolas de Bourgueil*）搭配一点儿法隆塞奶酪，味道简直令我痴狂。

布丁、法式蛋糕和糖果充分利用了卢瓦尔溪谷的新鲜水果，并启发乔安妮·哈里斯写了《一又四分之一个橙子》。[①] 法式主食包括 *chausson aux pommes*（苹果小酥饼，我母亲在斯特里汉姆 [Streatham]——我在那里长大——的时候，每个星期六去买她那不太地道的法式长棍面包时，都会买点儿给我），以及填了 *crème patissière* 奶油酱、堆满草莓的水果挞。排成一线的橱窗陈列着本地人喜欢的食物，例如法式苹果挞。这种挞上的焦糖苹果是倒置在派皮上的，据说是 Lamotte-Beuvron（地处卢瓦尔河和歇尔地区之间的一个小镇子）的 Tatin 酒店最早发明的。同时，昂热的李子蛋糕也很有名，全名是 *pâté aux prunes*，它和另一种知名的李子甜点 *tarte aux quetsches*[②] 没什么不同；而图尔制作一种掺有杏仁、樱桃、杏子和糖渍柑橘的牛轧糖。当地的半干型葡萄酒或武弗雷的甜型葡萄酒都可以由贵腐 [③] 来增加甜味，贵腐对于上述任何一种甜食来说都是极为诱人的搭配——如果你痴迷甜点的话。

你可以备点淡水鱼、成熟的蔬菜和蜜丝佳黛，还有专用于购买制作黄油白沙司的食材的钱，以此带你展开卢瓦尔溪谷的第一次厨房之旅，想象自己身处河岸：你的自行车支在一旁，微风轻拂面颊，呼吸间有酒香，四周环绕着野花……还有臭烘烘的洋葱。小矫情，但是刚刚好，的确。

••••

① 她的“食物三部曲”系列，其中主要人物都是以水果或水果制作的饮食来命名的，例如 Framboise（木莓白兰地）、Cassis（黑醋栗）等。

② *tarte aux quetsches* 是一种李子挞，公认的阿尔萨斯地区风味食品。

③ 贵腐（Noble rot）又名 Botrytis，是一种灰色真菌，生长在成熟的葡萄上，葡萄酒商会人为促进这种霉菌生长以酿造更甜的酒，例如苏德纳地区出产的贵腐甜酒（Sauternes）。

食材清单：淡水鱼（梭鱼、鳟鱼、鲑鱼、鳗鱼）● 当地熟食（猪肉酱、猪肉冻、猪油渣）● 当地奶酪（法隆塞、普图瓦夏比殊、哥洛汀德沙维翁、布里尼圣皮耶）● 水果（苹果、梨子、李子、草莓）● 蔬菜（大葱、胡萝卜）● 上好的黄油 ● 家庭手作酥饼皮

◆◆◆

• 鲑鱼和黄油白沙司 •

Salmon and Beurre Blanc

理论上说，黄油白沙司简单易做，实际上就有点儿困难，但是做这个是一项值得反复磨练的手艺。这是卢瓦尔河地区的特色料汁，而且能够完美搭配淡水鱼（例如鲑鱼）食用。要是想忠实地还原当地饮食风格，还不愿意用一瓶（物有所值的）卢瓦尔溪谷葡萄酒，那你就是疯了。蜜丝佳黛的售价几乎都很公道。它通常都有很好的口感而且（或者至少）不让人讨厌——当然这取决于你对蜜丝佳黛的看法，反正我自己非常喜欢！用这种酒来烹饪绝不是浪费。

• 4 人份 •

大葱，2 根，细细切碎

扁叶欧芹，15 克，切碎

鲑鱼，切 4 份（每份 150 克）

柠檬，半个，挤汁

海盐和新鲜研磨的黑胡椒

制作黄油白沙司

大葱，1 根，切碎

白葡萄酒，125毫升，最好是卢瓦尔溪谷出产，比如蜜丝佳黛

白葡萄酒醋，1/2汤匙

扁叶欧芹，5克，切碎

无盐黄油，110克，切块

海盐和新鲜研磨的黑胡椒

1 • 预热烤箱至200℃/180℃（风扇烤箱）/6档（燃气烤箱）。

2 • 在有盖炖菜锅中竖着排好箔纸，横着铺一层大葱和欧芹，然后把鲑鱼片摆在上面。鱼片上挤上柠檬汁，撒上调料，然后在上面再铺一层箔纸，盖好。

3 • 将鲑鱼放入炉中，烤20—25分钟，直到颜色开始变浅。

4 • 同时你要动手做黄油白沙司。把大葱、白葡萄酒、醋和欧芹一起放入平底锅中并加水煮，然后调至中火慢炖。一直要炖到料汁完全收成一团（也会变浓），大概有大汤匙的两匙那么多。把火关到极小，慢慢拌入黄油，一次拌一点儿。加盐和胡椒调味。

5 • 用一只细筛子将酱汁过滤到一只耐热碗中。丢掉大葱、欧芹和调料渣，然后将碗和酱汁一起放入另一只碗中，加入半碗烧开的水为酱汁保温，直到你准备盛盘上桌。

6 • 将鲑鱼、大葱和欧芹盛盘。用勺子将黄油白沙司浇在鱼上，同时搭配刚煮好的土豆或米饭。

• 扣李子蛋糕 •

Upside-down Plum Cake

我一定要歌颂卢瓦尔溪谷果园里种植的水果，尤其是李子，因为我疯狂地热爱各种形式的李子：刚从树上摘下的新鲜李子、李子酱、糖渍李子、李子布丁，还有我最爱的、我母亲做的 *pièce de résistance*（李子角），她用酸李子和杏仁糊夹在两块泡芙饼皮之间，刷上一层蛋液以后烘烤。典型的昂热酥皮饼（昂热是我的卢瓦尔溪谷骑行之旅的终点）也被称为 *pâté aux prunes*，也是一种类似的李子和酥

皮饼的综合。我觉得诺曼底苹果挞对于介绍法式酥皮点心来说已经够好了，不过我还从昂热之旅和埃里克·兰拉德（Eric Lanlard）的美食书《居家做烘焙》（*Home Bake*）介绍的绝妙的李子蛋糕中获得了灵感。太感谢啦，埃里克！

• 8人份 •

无盐黄油，200克，多备一点用来擦模具

金色细砂糖，200克

鸡蛋，中等大小，5个

自发粉，200克

新鲜李子，300—400克，去核并切成两半

淡红糖，1—2汤匙

混合香料，少许

金色糖浆，50克

1 • 预热烤箱至180℃/160℃（风扇烤箱）/4档（燃气烤箱）。取一只22厘米深的小圆蛋糕模，涂上黄油，然后铺上烘烤纸。

2 • 取一只大碗，将黄油和细砂糖搅拌在一起，直到变轻变松软。把鸡蛋逐个儿拌进去直到充分拌匀。拌入面粉，静置混合物。

3 • 把李子放入烤盘，撒少许淡红糖和混合香料。在炉中烘烤15分钟，或者烤到李子变软变甜即可。滗掉多余的汁水。

4 • 将烤好的李子放进你准备好的蛋糕模中。加入糖浆，然后用汤匙将蛋糕糊舀入。放入烤箱烘烤1个小时左右，或者烤到熟透为止。等模子冷却后取出。将蛋糕坯扣在餐盘上，这样李子和糖浆的那面正好朝上。

罗纳—阿尔卑斯

在里昂用餐，你能吃到用猪油煎的肥猪肉，浇了猪肉调料的猪脑，用细腻猪油调制的沙拉，封在猪小肚中烹调的仔鸡，灌入猪血、像做蛋奶糊一样烹饪的血肠，切成小块并混合冷的酸扁豆的猪胃，吹成气球状、里面再满满地填入一把猪肠子的猪肠子，烤香肠夹鸡蛋黄油卷（*brioche*，简直就是“毯子裹猪”的高级版）。出于上述种种原因，76 年来，里昂一直被奉为全法国乃至全世界老饕的圣地。世界这么大。

• 比尔·布福德（Bill Buford），
《每月美食观察》（*Observer Food Monthly*）•

我们所探索的大多数法式美食，其核心都在于娴熟地料理未经加工的食材，或是呈现原初状态的食材本身。就像比尔·布福德[①]指出的，在法国东南部的这个角落，周边环绕着包括普罗旺斯（见本书第 43 页）和勃艮第在内的其他五个地区，以及东边的瑞士和意大利，里昂的这些菜式实在是荤劲儿十足。欢迎来到罗纳—阿尔卑斯地区，里昂的所在地，它是全法第二大城市以及猪肉熟食的大本营。

从字面上看，罗纳—阿尔卑斯地区就是两条河流的交汇处：罗纳河与索恩河（Saône），但它也是法国农业和烹饪术等多个领域的融会之处，这使得该地区拥有各种各样可供使用的原料。在《法式乡村料理》（*French Country Cooking*）一书中，鲁氏兄弟（Roux Brothers）从当地各种丰富物产

••••

① 布福德爱极了里昂的美食，以至于举家搬迁至此并在一家面包店当学徒，他后来在《热度》（*Heat*）一书中对这段经历作了详细叙述。

中挑出夏洛莱（Charolais）牛、奥弗涅（Auvergne）羊、阿尔卑斯鳟鱼以及比热（Bugey）和多芬纳（Dauphines）地区的乳制品作为例子，我还要加上特里卡斯坦（Tricastin）和德龙（Drôme）地区出产的白松露（法国绝大多数松露的产地），以及从普罗旺斯及其以南（想想海鲜和无穷无尽的香料）、勃艮第及其以北（第戎芥末、艾波瓦赛 [Epoisses] 奶酪以及美酒）地区的物产。

里昂集法国乡村的各种美誉于一身，典型地呈现了其间所有无与伦比的粗粝，所有精致柔滑的奶酪、熟食以及在柔软的格纹棉布上享用的面包和美酒。这些餐食在我的记忆中完全盖过了米其林评分。它们通常十分美味，令人震撼却又非常真实。当地美食例如比尔·布福德所列举的上述猪肉熟食，在 *bouchon*（典型的里昂小餐馆）都可以吃到。肉制品是里昂小餐馆的核心，包括 *rosette*（猪肉萨拉米香肠）、*andouille*（烟熏香肠配大蒜、红酒和洋葱）、*andouillette*（煎猪小肠填牛肚）、煮香肠配土豆，还有 *Jésus de lyon*（很肥、一节一节的硬香肠，跟猪肉萨拉米香肠和烟熏肠没什么不同，不过肉切得更糙）。*quenelles* 则是另外一种备受欢迎的椭圆形小饺子，馅儿的做法是：把鱼和猪肉切碎，用鸡蛋黄和面包屑将它们裹在一起。在里昂，这些菜式的典型做法都是选用罗纳河里捕捞的梭鱼，然后佐以某种类似白汁（*béchamel*）[①] 的料汁，使得最新鲜的美食更适口，而且也最地道。

里昂人和罗纳—阿尔卑斯地区的普通居民都以当地美食为骄傲，其中很多食物都已经达到 AOC 级别 [②]。其中包括了布里鸡（*poulet de Bresse*）——常常被人形容为家禽界的唐·培里浓香槟（Dom Perignon Champagne）和白鱼子酱（Beluga caviar）——这种鸡简直就是三色旗的象征：它们有着白羽、红冠和蓝脚。很多大厨都说这种鸡是世界上肉质最柔软的家禽。

AOC 法定产区的红酒和奶酪在罗纳山谷是齐名的。西拉葡萄（例如

●●●●

① 白汁，又叫奶油汁，是法餐四大基础性料汁之一，原料包括：黄油、面粉、牛奶、月桂叶等。——编注

② AOC 是 Appellation d' Origine Contrôlée 的简称，由政府授权的特定产区保护认证体系。也就是说，香槟（Champagne）以外的任何地区的起泡酒制造商都不能将他们的产品称为“香槟”，布里法定产区之外的任何地区养殖的鸡也不能称为“布里鸡”。

克罗兹—埃米塔日）以及混合品种（例如罗纳河谷，用佳丽酿 [Carignan]、慕合怀特 [Mourvè]、歌海娜与西拉葡萄混合而成），都享誉世界。这个地区还出产某种口感爽冽美妙的维欧尼（Viognier）葡萄来混合酿造葡萄酒。牧草丰美的牧场上则放养着混合品种的奶牛（例如阿邦当斯 [Abondance] 牛、Tarine 以及蒙贝利亚 [Montbéliarde] 牛）。考虑到罗纳—阿尔卑斯地区菜肴在选用家畜饲料方面的卓越声望（例如阿尔代什 [Ardèche] 地区的栗子、榛子以及格勒诺布尔 [Grenoble] 地区的胡桃），那么当地牧草使得牛奶制成的奶酪（先不说口感如何）含有一种经久不绝的坚果风味也就不足为奇了。很多奶酪（例如弗里堡 [Vacherin]、雷布洛 [Reblochon] 以及拉可雷特 [Raclette]）都是人们喜爱的品种。

拉可雷特——名字来自 *racler*，意思是“轻刮”——是一种硬质深黄色奶酪，通常稍稍融化以后放在煮熟的土豆上一起盛盘，和猪肉熟食、泡菜一起吃（简直就是对付阿尔卑斯山区寒冷天气的灵丹妙药）；而“雷布洛”的名字来自动词 *reblocher*（再给奶牛轻轻挤奶），而这令人想起中世纪的农夫要按奶牛的产奶量缴税。只要地主不来计算奶牛产量，他们就会避免将每头牛的奶挤干。这种雷布洛奶酪就是由第二遍挤出的牛乳制成的。这也解释了为什么这种奶酪又叫作 *fromage de dévotion*，意思是由农夫在土地受到保佑之后献给加都西修会的教士的奶酪。弗里堡，是绝妙的、一股霉味儿的奶酪团，放在木盒子里售卖，原产地也是罗纳—阿尔卑斯地区（该地区也出产一款瑞士产的同名奶酪）。

奶酪可以和各种各样的菜肴搭配烹饪，例如奶酪火锅（*gratin Savoyard*），是萨瓦（Savoie，罗纳—阿尔卑斯地区东部）的当地菜，这种菜是在做肉时同时放入大量新鲜的干奶酪（通常是瑞士奶酪，比如格鲁埃尔 [Gruyère] 奶酪，就产自刚过边境的地区——见本书第 041 页菜谱）。奶酪火锅（cheese fondue）也体现出些微罗纳—阿尔卑斯菜式所具有的日耳曼倾向。奶酪火锅（fondue）据称起源于瑞士，但是在奥地利也很受欢迎，它在萨瓦和里昂以及周边地区都是一种特色食品。当地有各种不同吃法，其中包括将几种奶酪

（孔泰 [Comté] 奶酪、大孔 [Emmental] 奶酪、弗里堡或博福特 [Beaufort]）融化后加以混合。食客们用长叉子叉起面包，蘸着一个大碗里融化的热奶酪，大家一起分着吃。

如果你去跟在里昂待了相当一段时间的人聊聊，他们十有八九都会告诉你，自己长胖了，而这一点儿都不令人意外。奶酪、肉食、奶油和酒，再加上甜食，卡路里肯定一路飙高。当地还有一种 *viennoiserie*，是一种酥皮点心和法式蛋糕，从名字可知这种点心最初来自维也纳，但是在法国人手中得以完善。阿尔代什的栗子做成栗子奶油，用以制作蛋糕、各种挞还有酥皮点心，或者刷上糖浆（用来做糖渍栗子 *marrons glacés*），有时候也用来制作布丁，例如蒙布朗（Mont Blanc）的栗子布丁（栗子加上掼奶油）。还有全法最好的、产自蒙特利玛（Montélimar）的牛轧糖[①]，还有奶油面包卷（brioche）。奶油面包卷是那种既咸又甜，可以搭配水果、奶油和 *cocon de lyon*（一种口袋型小酥皮点心，里面有甜杏仁奶油）等的百搭食物，同样也可以搭配肉类和奶酪。这基本上证实了我的猜测：在罗纳—阿尔卑斯地区，你永远不可能和肉类保持距离。这地方对于小猪一样的吃货真是挺好的，但是对于猪来说恐怕就没那么好了。

食材清单：猪肉熟食（烟熏香肠、填牛肚的猪小肠）• 肉质上好的仔鸡（如果你买不到布里鸡也没关系，找一只你能找到的最好的、散养土鸡就行，最好是从独立的鸡贩子那里订购）• 小蛋饺（*quenelles*）• 奶酪（弗里堡、雷布洛、拉可雷特）• 黄油 • 橄榄油 • 奶油面包卷 • 牛轧糖 • 糖渍栗子 • 栗子奶油 • 红酒（西拉、维欧尼）

••••

① 牛轧糖（nougat）被认为是由希腊人传入法国的，从地中海到中东都可以看到这种食品，例如西班牙的图隆糖（*turrón*）、伊朗的牛轧糖（*gaz*）都是这种美食的代表。不过蒙特利玛的牛轧糖更简单纯粹，只用蜂蜜、鸡蛋、糖和杏仁制作。

◆◆◆

• 蔬菜沙拉，以油醋浇汁 •
Green Salad with Vinaigrette

好吧，这道菜很难说是罗纳—阿尔卑斯地区独有的，不过考虑到当地那么多种肉食，这道简单的沙拉可以算是暂停吃肉的一种休息，也是搭配蛋饺或就着上好的法国面包吃煎猪小肠时的完美配菜。几乎没有什么能够胜过一道真正制作精致、淋上蒜味浇汁的蔬菜沙拉，而且如果我没有提供制作地道的法式熟食的指南的话，我恐怕自己给你的美食建议就不够分量，虽然你吃完这种猪肉熟食之后，一整天嘴里都会有味儿。这里写的菜谱非常接近我祖母的版本，不过我把祖母使用的 *the dry Colman's* 芥末（她永远只用 Norfolk）换成了第戎芥末（我觉得这种芥末远远超过其他任何芥末）。第戎芥末也令这道料汁更接近法国东南部的风味，如果不是接近罗纳—阿尔卑斯地区的话，那也是往北一点点，就在勃艮第。这道沙拉可以按你的想法做得简单，也可以复杂。我更喜欢用园子里有的蔬菜，而不用菊苣（radiccio）或更往南的意大利的皱叶生菜(frilly lettuce)。球生菜(round lettuce)或野生菜(lamb’s lettuce）都很鲜嫩。切片的小萝卜、磨碎的胡萝卜以及剁碎的细香葱都能提味。

• 3—4 人份 •

特级初榨橄榄油，4 汤匙

白葡萄酒醋，1 汤匙

第戎芥末，满满 1 茶匙

柠檬，半个，挤汁

大蒜，2 瓣，切成极细的蒜末

海盐以及现磨黑胡椒，一大撮

绿叶菜，按你的喜好挑选

1 • 除了叶子菜以外，所有食材都放入一只果酱瓶里，猛烈摇晃。提前准备好油醋浇汁。

2 • 沙拉上桌之前再浇料汁。（这一步千万不要提前，不然生菜叶子就蔫了。）

• 豆焖肉 •
A Not-Quite Cassoulet

我发明了这个简单的菜谱，它能体现 *andouille*（罗纳—阿尔卑斯地区的烟熏香肠）的风味，不过和卡苏莱（cassoulet）的常规做法不同，我的这道菜不用鸭子。（鸭子又贵又油，还很可爱，我可不喜欢把它烧来吃。）这道菜结合了经典卡苏莱料理的其他食材——扁豆、培根片、很多大蒜和月桂——全部放入一只炖锅，倒入当地产的西拉葡萄酒或西拉与歌海娜的混合葡萄酒。

• 6 人份 •

干扁豆（或是白豆），400 克，泡一夜

猪肩肉，200 克，切丁

培根或是咸肉，200 克，切丁

月桂叶，2 片

橄榄油，2—3 汤匙

芹菜，1 根，大致切碎

洋葱，1 个，大致切碎

胡萝卜，1 根，切成大块

大蒜，6 瓣，细细切碎

香料束，1 份（百里香和迷迭香各 2 根，绑在一起）

andouille 烟熏肠，300 克，切成 1 厘米厚的肉片（如果你找不到 *andouille*，用其他的烟熏香肠例如 *chorizo* 也可以）

柠檬，半个，挤汁

丁香，2 片

海盐和现磨黑胡椒

盛盘用

新鲜烤面包碎，45 克

扁叶欧芹，30 克，大致切碎

一点特级初榨橄榄油

1 • 预热烤箱至 140℃ /120℃（风扇烤箱）/1 档（燃气烤箱）。

2 • 豆子沥干，放入一只大号长柄炖锅，加水。放入猪肩肉、培根片和月桂叶，大火煮沸后中火煨 15—20 分钟。将煮料捞出沥干后，汤汁保留约 200 毫升，沫子撇净。

3 • 用一只大号煎锅中火加热橄榄油，将芹菜、洋葱、胡萝卜和大蒜下锅炒 5 分钟，或炒至洋葱颜色变得半透明。注意大蒜不要炒糊。

4 • 加入香料束、烟熏香肠和豆子及其他肉类的混合物。加入之前保留的汤汁，再加一些水直到完全没过食材，然后加入柠檬汁和大蒜煮沸。

5 • 将所有混合物倒入有盖炖菜锅中，用锡箔纸或盖子盖住，然后放在炉子上炖 2.5 小时。捞出月桂叶、大蒜和香料束并调味。用汤匙盛入碗中，加入烤面包碎、欧芹和橄榄油。

• 奶酪火锅 •

Gratin Savoyard

这道荤劲儿十足的土豆料理主要是看那些罗纳—阿尔卑斯地区最负盛名的猪肉熟食，此外还有烧烤大餐。不过就算只搭配蔬菜沙拉，它本身也足够美味了。这是萨瓦地区的特色美食（所以它的名字也得自当地地名），而且使用了真正地道的博福特奶酪（Beaufort cheese），不过这并不是很普遍，多数人都会用格鲁埃尔奶酪来做这道菜。我更喜欢用鸡汤，而且总是喜欢加入肉豆蔻，这会带来微妙而温暖的香味。

• 4 人份 •

土豆（最好是表皮光滑的土豆，不过煮食的话任何种类都行），1 千克，削皮并切成 3—4 毫米厚的圆片

大蒜，1 瓣

黄油，45 克

格鲁埃尔奶酪，150 克，磨碎

肉豆蔻粉，半茶匙（可选）

海盐和现磨黑胡椒

牛肉或鸡肉高汤，150 毫升

1 • 预热烤箱至 220℃ /200℃（风扇烤箱）/6 档（燃气烤箱）。

2 • 用汤匙背面将大蒜压碎，使味道充分释放，将一只宽烤盘都擦上蒜汁。再在烤盘上涂上三分之一的黄油。将一半土豆片铺在底部。

3 • 取一只碗，将奶酪、肉豆蔻、盐和胡椒混合。将其中一半均匀撒在土豆上。再取三分之一的黄油弄成小粒。将这些黄油粒布满在土豆和奶酪之间，然后将剩下的土豆铺在上面，再放入剩下的奶酪和剩下的三分之一黄油。加入高汤。

4 • 最后一步可选，但是如果你像我一样狂爱大蒜，那我建议把剩下的所有大蒜切成蒜泥，然后加进去。在炉子上烤 30—40 分钟，直到上桌前 5 分钟再端下来。

普罗旺斯

那早已超出了我们在美食方面有过的全部体验……我们吃了蔬菜沙拉，就着用大蒜橄榄油炸过的面包条，我们吃了圆圆胖胖的克罗汀（crottins）山羊奶酪，我们还吃了主人家女儿准备好的杏仁奶油蛋糕。那个晚上，我们简直是为了英格兰而吃。

• 彼得·梅尔（Peter Mayle），
《普罗旺斯的一年》（*A Year in Provence*）•

普罗旺斯菜已经被作家们神化了，它进入人们的生活，不仅伴随着各种文辞，还带着各种风味。"*Provençal*"（普罗旺斯的）这个词似乎会在这一页闪闪发光，令人想象那宝石蓝的大海，绿色和红色的沙拉在橄榄油中闪烁着光泽，关于里维埃拉（Riviera）的梦幻般的想象仿佛被菲茨杰拉尔德（F.S.Fitzgerald）这样的作家召唤出来。伟大的伊丽莎白·戴维（Elizabeth David）在《地中海饮食》（*A Book of Mediterranean Food*）一书的导论中仅仅列举了地中海烹饪传统中的某些特点，普罗旺斯在其中占了不少篇幅，"……藏红花、大蒜、带有辛辣味的当地葡萄酒；芳香的迷迭香、野生马郁兰以及罗勒都在厨房里风干"。食材构成了明亮的色板，在普罗旺斯的餐桌上创造出一幅杰作。[①]

法国作家、电影人阿兰·罗伯—格里耶（Alain Robbe -Grillet）回忆他的朋友、文学理论家罗兰·巴特（Roland Barthes）时曾经沉吟道："在一家餐馆里，人们消费的其实就是菜单——不是菜肴，而是对它们的描述。"[②] 这些语词、色彩鲜明的食材名称，还有这些发音迷人的菜名都是美食体验的一部分——在这方面或许没有哪种菜系能超越普罗旺斯菜。伊丽莎白·戴维在"二战"后不久从事写作（当时还在实行定量配给制），她将这种想法写出来，用语言唤醒了英国厨师对美食烹调法的想象，烹调的不是蛋白粉和午餐肉，而是大量橄榄油、大块黄油、大蒜、香料，还有海里和地里出产的各种咸鲜美味。

在一个更具体的层面上，普罗旺斯菜向我们展示出有了上好的农产品，美食能够达到怎样的极致。食材结合了我们从故乡田地里的收获（当然更好也更成熟：番茄、香菜和新鲜的鱼类），以及那些只有在地中海气候条件下才能生长的产物，例如刺山柑、凤尾鱼以及橄榄。这种菜式钟情于那些单纯而受人喜爱的风味，并结合高超的技巧，将肉类、贝类、蔬菜和沙司料理得恰到好处。我们都知道熟能生巧。我希望自己能够把相关技巧带给你，这样你至少现在就可以开始练习。

最最重要的是，厨房里要常备一些普罗旺斯风格的食物：听装凤尾鱼橄榄罐头、罐装刺山柑、上好的橄榄油以及一棵扁叶欧芹，这样既不会让人破产也不需费太多心思，而且把它们大致切碎再混到一起，就可以做出

••••

① 圣保罗·德旺斯村（Saint-Paul de Vence）的拉克罗贝奥尔酒店（La Colombe d' Or）和餐馆是普罗旺斯像磁石一样吸引艺术家、作家和其他各种创意人士的证明。它是逐渐褪色的波西米亚风的遗迹，毕加索、米罗（Miro）和凯尔德（Calder）的作品随意挂在它那饱经风霜的墙上——所有这些艺术家都在那儿住过，用他们的作品抵债。几十年来，拉克罗贝奥尔酒店几乎没怎么变，普罗旺斯风格的主菜当然也没变：*bouillabaisse*（地中海鱼羹）、*boeuf en daube*（焖牛肉，做法见后文）、*fricassée de volaille*（鸡胸肉配奶油羊肚菌酱汁加上最好的米饭）——更别说原汁原味的普罗旺斯菜了：浅橘色的蜜瓜、*crevettes*（对虾）还有大萝卜、朝鲜蓟和番茄作为沙拉，搭配 *anchoïade* 凤尾鱼酱（见第 048 页）。

② 引自《我为什么爱罗兰·巴特》（*Why I Love Roland Barthes*），阿兰·罗伯—格里耶著。

很棒的橄榄酱（tapenade）。用餐前将蔬菜或面包浸一会儿会很棒，再佐以奶酪或搭配鸡肉就妙极了。还有一种超级简单但是非常经典的做法就是：把黄油和橄榄油、柠檬汁、刺山柑和欧芹混在一起，做出一种经典的“无所不搭”的料汁，可以用来佐鱼肉，例如鲭鱼和海鲂。

香草在普罗旺斯的用法和在地中海以及中东地区的烹饪中的用法不太一样，不过它们都是基本的食材：欧芹、百里香、马郁兰、牛至、龙蒿草、罗勒、莳萝以及月桂叶——所有这些植物在英国和其他国家都长势喜人。普罗旺斯菜就像是各种食材一起合奏的交响乐。如果大蒜是指挥家，那么酒和橄榄油就是大提琴和低音提琴，蛋白质类食物例如肉或鱼就像小提琴，而香草则如打击乐器一般，它们使得所有这些成为一道完整的菜肴。

就像常说的那样，“普罗旺斯式”（*à la provençale*）通常是指某种食物（通常是肉或鱼）用橄榄油、大蒜和欧芹烹调——这三种都是最基本的普罗旺斯风格食材。在伊丽莎白·戴维所喜爱的菜肴中，可以按照这个准则料理的就有山鹑、龙虾、扇贝、蛙腿、蘑菇、韭葱、番茄……几乎所有食材都可以如法炮制，还有其他很多普罗旺斯风味菜式，例如 *bouillabaisse*[①] 或 *bourride*（地中海鱼羹，即另一种地方风味的鱼汤），则是对这种“三合一”的根本配料原则的简单修饰。

在普罗旺斯，小茴香是一种重要蔬菜，部分原因在于它既可以加入食物的“交响”也可以独奏。当然它也可以用作香草——或者用茴香籽，或者用纤细的棕榈状茴香叶装饰沙拉和肉类，味道有点像甘草。当地有一道经典名菜，*grillade au fenouil*（地中海烤鱼）——将肉质肥厚的鱼类（例如海鲈鱼或是红鲻鱼）抹上黄油，和茴香一起烤，然后浸在雅文邑（Armagnac）白兰地中点着，令茴香燃着。而茴香最“原生态”的吃法，就是 *crudité*（蔬菜沙拉），和很多其他的当地蔬菜——小萝卜、甜味红葱头、黄瓜、朝鲜蓟、芹菜和番茄——一起吃。这些都可以蘸着一种叫作 *anchoïade* 凤尾鱼酱的

①这道菜用了很多不同种类的鱼和甲壳类海货，还要辅以洋葱、番茄、百里香、小茴香、月桂叶和橘子皮。

酱料一起吃，这是一种混合了凤尾鱼、大蒜和橄榄油的冷酱，主要是为了在餐前打开味蕾。*anchoïade* 凤尾鱼酱是一种很简单的普罗旺斯蘸酱，在家里也很容易做，你可以试一下我后面给的菜谱。

普罗旺斯经典的牛肉菜式是 *boeufen daube à la Niçoise*（尼斯焖牛肉，我后面的菜谱里也会介绍做法），就是牛肉饼和大量橄榄、整只橘子、大蒜、月桂叶以及杜松子果实一起，慢炖 12 个小时。还有 *gigot à la pronevçale*（普罗旺斯小羊腿，即羔羊腿加入面包屑、大蒜、欧芹和百里香一起烹饪）也很经典，它是一种肉类（羊肉、猪肉，有时候还有鸡肉）加上白扁豆做成的炖菜。这种菜和西班牙以及葡萄牙的 *cocido* 炖菜很像，算是风靡一时的所谓“农家菜”之一种（不管农夫事实上是不是真吃这种菜），也是丰俭由人的一餐。无论小羊腿还是焖牛肉都会成为夏季周末午餐桌上最引人注目的部分。这道菜需要一早就开始准备，甚至头天晚上就要开始，而且一旦全部食材都做得差不多了，你就可以一直煨着它（偶尔搅拌几下），直到上桌，同时搭配白米饭。

只要使用熟悉的食材和不那么复杂的烹调方式，从自家厨房到普罗旺斯的美食之旅就不会太费事。你需要准备好基本的食材，以及之前建议的厨房基本食物，这就可以动手烧菜了！就像任何一次旅行一样，高质量的阅读才是基础，而伊丽莎白·戴维的著作会给你带来灵感或魔力，以使你能够在自家餐桌上奏出地道的美食交响曲。

食材清单：小茴香 • 番茄 • 红酒（真正的法国南部风格要求加点 *Pays d' Oc*[法国南部地中海岸边产区中受保护区域出产的葡萄酒——编注]出产的红酒，例如歌海娜、佳丽酿以及一点西拉）• 香草（欧芹、牛至、百里香、马郁兰、龙蒿、罗勒、莳萝、月桂）• 香料（肉桂、丁香、杜松子）

◆◆◆

• 橄榄酱 •

Tapenade

反讽的是，我一直觉得tapenade这道酱的主角是橄榄，而它的名字来自普罗旺斯方言中的“刺山柑”（*tapenas*）一词。这个菜谱是我的叔叔贾斯汀创制的，他喜欢喝酒，颇有兴趣寻找佐烈酒的食物。以下恭引我叔叔关于橄榄酱如何搭配红酒的话，颇富启发：“说到法国红酒，我喜欢那些原料上乘的，但是并不适合这个。所以我可能会选Côtes de Gascogne（法国西南产区下的一个子产区——编注）出产的酒，它有粗粝的乡村风格，而且也足够活跃，可以很好地衬托橄榄酱的风味。你当然不会把普伊（Pouilly）、梦哈榭（Montrachet）这样的好酒浪费来搭配橄榄酱。路易拉图（Louis Latour）的黑皮诺怎么样？好极了！”确实如此。我对橄榄相当讲究——别用橄榄罐头（虽然对于这道菜来说也足够了），而且绝对不要用美味的Kalamata橄榄（它们太希腊了！）。我偏爱的是那种漂亮、饱满、有点皱的去核黑橄榄——你在熟食柜台应该能找到它。

• 10人份的开胃菜 •

上好的黑橄榄，100克，去核

质量上乘的罐装橄榄油浸凤尾鱼罐头，1罐50克，沥干并切成大块

辣椒，2只，去籽后切碎

大蒜，2瓣，切碎

刺山柑，满满1汤匙

扁叶欧芹，15克，切碎

细香葱，15克，切碎

特级初榨橄榄油，2汤匙

鲜奶油，1—2汤匙（具体用量取决于你的辣椒有多辣）

1 • 把所有食材都放进食品搅拌器打成糊。倒进一只碗里，盖上盖子冷藏。低

温会突出“入口时的浓郁”，我叔叔是这么说的。放入冰箱（最好放一夜）直到你准备盛盘上桌，搭配最好的法国面包或新鲜的法式蔬菜沙拉即可。

• 凤尾鱼酱 •

Anchoïade

作为一种超级好吃的食物来说，凤尾鱼酱的卖相实在是太难看了。不过当它送进你的嘴里，这个印象肯定会改变。最重要的是，你想要做出一种口感柔滑的沙司（要么用食品搅拌器，要么用杵和臼）——不然你最后做出来的就类似于橄榄酱或意大利香蒜凤尾鱼酱了（*bagna cauda*）。

• 6 人份的开胃菜 •

质量上乘的橄榄油浸凤尾鱼罐头，1 罐 50 克，沥干并切成大块

大蒜，2 瓣，大致切碎

红酒醋，1 茶匙

现磨黑胡椒

特级初榨橄榄油，150 毫升

吐司面包，扁叶欧芹切碎，法式蔬菜沙拉，一起盛盘上桌

1 • 用食品搅拌器将凤尾鱼、大蒜、醋和胡椒打碎搅拌，直到打成柔滑的糊状，或者你也可以将这些食材一起放入一只深臼，然后使劲用杵打碎搅拌，不过这样要辛苦多了。

2 • 一旦你对酱糊的稠度感到满意，你就可以开始往里加入橄榄油——一定要一点一点、慢慢地加。将橄榄油慢慢倒入混合物中，不停搅拌，同时细细地、不间断地加入橄榄油，然后你就能做出一份很稠的沙司。

3 • 涂在吐司面包上（撒点欧芹作为装饰）或者搭配蔬菜沙拉，就可以上桌，可以试试搭配冰镇的普罗旺斯桃红葡萄酒（Provençal rosé）。

• 焖牛肉 •

Boeuf en Daube

在弗吉尼亚·伍尔芙（Virginia Woolf）的小说《到灯塔去》（*To the Lighthouse*）中，这道用红酒烹调的普罗旺斯焖牛肉炖菜是女仆耗时3天劳作中最出色的“杰作”，来自家传食谱的“一道十分可口的肉菜，是把褐色和黄色的肉混在一起”。我第一次做这道菜的时候，是自己用牛骨熬的高汤。虽然最后炖出的肉汤极为美味，但是这大概需要8小时，如果你赶时间的话，你也可以用优质的鸡汤代替。不过要确保你买的是上好的牛肉并且炖的时间足够充分。我可不会为了这道菜而花钱购买昂贵的红酒——一支性价比很好的罗纳河谷或产自法国南部受保护区域葡萄园的酒就很好了。我的做法是：在烹饪前将牛肉放在香草、大蒜和红酒中浸泡一夜，这可能不是对所有人都适合，不过我喜欢尽可能地让牛肉入味。我觉得这道菜最好是配米饭一起吃，不过配土豆泥和黄油意大利面也不错。

• 4—6人份 •

杜松子果，2茶匙

黑胡椒粒，2茶匙

大蒜，6瓣

海盐，1大撮

牛肩颈肉（或者任何一种适合炖的碎牛肉），1千克，清理后切块，约2英寸厚

橄榄油，2汤匙

小枝百里香，10克

扁叶欧芹，10克

小枝迷迭香，10克

红酒，1瓶

普通面粉，2—3汤匙

黄油，60克

洋葱（黄色或白色），2 个；或者大葱 6 棵，切碎

胡萝卜，2 根，切大块

芹菜茎，3 根，切大块

番茄，2 只，切块

培根，200 克，切丁（咸肉或腊肉都行）

月桂叶，2 片

牛肉或鸡肉高汤，1/2 升

小蘑菇，2 把，如果个头大的话就切半

现磨碎的肉豆蔻

海盐以及现磨黑胡椒

扁叶欧芹，切碎，盛盘上桌时用

1 • 取杜松子果、黑胡椒粒、3 瓣大蒜和海盐，用杵和臼捣碎，和橄榄油一起均匀地抹在牛肉上。

2 • 用百里香、欧芹和迷迭香做一个香料包（一小束香草），和腌好的牛肉一起放入一只深碗。倒入足量的红酒，直到没过拌好的牛肉，盖上盖子，在冰箱里放一夜。

3 • 用漏勺取出牛肉，每一块都裹上面粉。用一只厚底的耐热盘子（一只 Le Creuset 铸铁锅大小或与此相仿的盘子都很好）加热 50 克黄油，将牛肉烤 4—5 分钟直至变为焦黄色，必要的话就分批烤。烤好后取出搁在一旁。

4 • 用残留的黄油将洋葱、胡萝卜、芹菜、番茄和培根低温煎 15 分钟直至变软，然后将剩下的三瓣大蒜捣碎，和月桂叶一起加入，然后再煎 2 分钟。

5 • 将已经腌好的肉和料汁放回盘子。倒入腌了一整晚的料汁、香料包、剩下的红酒以及高汤。将火开到最小，煨一个小时。

6 • 预热烤箱至 180℃ /160℃（风扇烤箱）/4 档（燃气烤箱）。

7 • 用剩下的 10 克黄油将蘑菇煎 5 分钟。放到一边备用，直到将焖肉从火上取下来，然后放入蘑菇。用锡箔纸将焖肉盖住，然后放到烤箱里烤 2 个小时，直

到确定烤到恰当的程度——应该用手指捏一下。炖肉会比较厚，所以如果料汁还没有完全收干，那就取下盖子后再在烤箱里放 20—30 分钟。

8 • 上桌之前取出香料包和月桂叶，磨碎一点肉豆蔻，用盐和胡椒调味，再撒一点新鲜的欧芹。

– 西班牙 –

作为一个对“吃”反感的人，他觉得除了水果之外的任何甜点都是应受谴责的享乐行为，以蛋糕来结束一餐尤其是对静谧的悲伤情绪的彻底破坏，而一餐好饭食必须以这种悲伤情绪作为余味。

• 曼努埃尔·巴斯克斯·蒙塔尔万（Manuel Vázquez Montalbán），《焦虑的经理人》（*The Angst-Ridden Executive*）•

我自小在伦敦东南部长大，在那里，发音为“Ximena”（克茜美娜）[①] 这样的名字并不总是让人明白其意思。我的同学会用各种各样的发音来称呼我的这个旧式西班牙名字，最糟糕的就是读成“湿疹”（eczema）。我的父母可不想让自己的女儿和皮肤病之间有任何联系，于是就把我的名字简化为“米娜”（Mina）。不过当我逐渐长大并开始认识这个世界，我就真正地认可了“克茜美娜”这个名字。随着时间的流逝，随着我对西班牙、西班牙语和西班牙社群的爱意不断滋长，我开始爱上了我的西班牙名字。

我发觉西班牙简直令人沉醉，这可不只是因为我的名字与它有如此深的联系。这种文化里有种令人欲罢不能的东西（我们会看到那是摩尔人的风格），它总是令你充满渴望。对于食物，我爱那里的盐与肉；对于语言，我爱某种拖长了的鼻音所蕴含的诗意。我爱各种各样的西班牙音乐，无论

••••

① 其实我并不是西班牙人，但我有点儿希望我是。我的父亲和母亲花了三个星期读了好几本关于宝宝起名的书才为我选定了一个名字。在这种情况下，你可能会认为父母经过争论以后就会为新生儿选择一个好记又不难听的名字——比如说简（Jane）或者露西（Lucy）。但是情况并非如此，我是“克茜美娜”，这是我姨妈的名字，她的英语跟我母亲的一样好。

是民间的弗拉明戈吉他还是甜腻腻的拉丁流行乐。我爱西班牙人身上那种无穷的活力，同时又伴随着某种不紧不慢的生活方式。在家中的时候，我爱他们那种“我家就是你家”的态度——西班牙人的大门永远为你敞开。

西班牙拥有极为多变的风景和悠久的文化传承，这二者都在其美食中有所体现。我试着让你感受一下西班牙本土四个地区的独特之处，这些地区都以各自的风味来迎接那些饥肠辘辘的旅行者：充满反叛精神和艺术气息的加泰罗尼亚、拥有冷汤和摩尔风格建筑的安达卢西亚、拥有独立精神和美食风尚的北部地区，以及环绕着我最爱的马德里的中央高原。做西班牙菜的时候，你所需要的常常只是一只上好的、深底的锅子。烹饪菜肴（例如 *tortilla de patatas* 薄饼）的技巧看起来可以很简单，有时甚至有些漫不经心，然而你会发觉其中还是有诀窍的。比如你可以试试第 076 页的鸡蛋薄饼（*tortilla*）菜谱。

玛利亚·何塞·塞维拉（Maria José Sevilla）是西班牙美食家、西班牙驻伦敦贸易协会的食品经理，她说过：“西班牙美食得益于两个优势：摩尔人和罗马帝国。”我还要再加上第三点——新世界。不过就像塞维拉所说，伊斯兰教和基督教传统是西班牙菜系的基本支柱，自 16 世纪始，土豆、胡椒、番茄和玉米等食材从美洲大陆引进并被纳入西班牙菜系之中。没有这些食材的融入，也就没有我们今天所知和所爱的多数经典西班牙菜式了。

摩里斯科人（Moriscos，被迫改信基督教的穆斯林摩尔人的西班牙后裔）在 1609—1614 年间被驱逐，随之而来的是西班牙中部和南部的农田、梅塞塔（*Meseta*）[①] 地区变成了大庄园——这片广袤的农田属于王室或者受封的贵族。人数众多的无地阶级在大庄园里劳作，这导致了富人和穷人之间的严重对立。在西班牙北部，土地所有权的模式则与此相反——小庄园，这是一种以穷人为主要所有人的小农场混合模式。不同阶级有其不同的食

①也就是西班牙中部高原。

物生产和消费模式，这取决于二者各自所隶属的运作体系及社会阶层。

西班牙至今仍然未能完全摆脱社会阶层的对立。西班牙美食家蕾切尔·麦考玛克（Rachel McCormack）写道："比如说，在安达卢西亚，你要么是一个有身份的人——主人（*señorito*），要么是一个穷人。等级的观念几个世纪以来一直存在，直至今天依然居于强势地位。"20 世纪中叶，欧洲其他国家都在巩固其民主体制，其中很多都已经有上百年的发展历程，西班牙遗留的旧封建制度则刚刚为法西斯主义所取代。弗朗哥政府自 1939 年至 1975 年统治着西班牙，阻碍了这个国家在世界舞台上的文化发展。当我们想到西班牙和西班牙菜的时候，值得提醒的是，这个国家摆脱法西斯政府的统治才不到 40 年。（本书英文版出版于 2014 年——译注）在这些日子里，西班牙菜系中所包含的对立——大庄园与小庄园的对立——并不是今天在巴塞罗那、马德里地区的现代主义明星大厨与西班牙的大部分普通人日常所吃的食物之间的对立。

我对展示西班牙美食的深度和广度充满热情，热切地想要表明西班牙食物不只是火腿搭配炸土豆或是油煎蛋卷那么简单。就像伦敦的西班牙餐厅斐诺（Fino）和巴拉斐纳（Barrafina）的主厨涅韦斯·巴拉甘·莫哈舒（Nieves Barragán Mohacho）一样，我也想要消除（而且是永远消除）那些关于西班牙菜的陈词滥调，说什么很油腻或是平淡无味等。"我试着像祖母那样烹饪"，涅韦斯跟我说过，"如今没人再这么做了。对我来说，所谓吃得好就是一手拿勺儿一手拿面包。这才是西班牙的本质。"如果你对西班牙美食有任何怀疑，我希望能征服你的胃——就像我最终被自己的西班牙名字所征服。

熏辣椒粉（Pimentón）

◆◆◆

pimentón 就是烟熏过的红辣椒粉调味料，是常见的风味鲜明的西班牙食品。人们常常把它当作一种味道而不是一种食材。总店在伦敦的餐厅主厨、美食作家和餐馆老板何塞·皮萨罗（José Pizarro）跟我说过，他曾经被起诉，原因是给食素者吃了西班牙香肠（*chorizo*），而实际上他们所尝到的只是素菜加了少量 *pimentón* 而已。*pimentón* 是一种深红色的粉末，通常是上桌前撒在西班牙章鱼（*pulpo a la Gallega*）之类的菜肴上，这样就会在煮熟的章鱼和土豆上留下小红点。*pimentón* 也是很多西班牙国民菜的主要食材，例如 *cocido* 炖菜和西班牙香肠，菜肴的红色和强劲的烟熏味都归功于它。*pimentón* 产于西班牙东部的穆尔西亚（Murcia）和西班牙南部的埃斯特雷马杜拉（Extremadura），做法是先用专用仪器风干红辣椒，然后碾碎以制造烟熏味的粉末。红辣椒最早是由哥伦布在 16 世纪引入西班牙的，他从“新大陆”旅行回来时带来了一些食材，例如土豆和番茄，它们几乎是不可逆转地改变了西班牙人的饮食。*pimentón* 具有从甜味到辣味的多种口味，但它总是有一种烟熏味；这种烟熏特点在埃斯特雷马杜拉具有原产地认证（DOC）资质的 *pimentón de la Vera* 中体现得格外强烈。

如果你对西班牙料理感兴趣，*pimentón* 就是必备的食材——除了加泰罗尼亚（见第 056 页），它在整个西班牙都很盛行。我的橱柜里永远都会备一罐 *pimentón*，无论是在料理西班牙菜式时撒一点，还是在简单烹饪的汤、火腿或奶酪里添一点烟熏味的口感，都会用到。

◆◆◆

加泰罗尼亚

他们对于食物的态度（市场上的其他摊贩也是一样）都极为严肃；食物不是某些他们耳中听说、嘴上谈论的东西，而是就在他们的血液中，就在他们望向你时他们的眼睛里……

• 科尔姆·托宾（Colm Tóibín），

《致敬巴塞罗纳》（*Homage to Barcelona*）•

加泰罗尼亚人身上有一种独立精神和强烈的自我意识。这种特质渗透在加泰罗尼亚生活的几乎所有方面，无论是语言（一种加泰罗尼亚式西班牙语、法语和意大利语的混合）、艺术还是具有令人目眩的原创性[①]的建筑，而且很自然地，也渗透在美食方面。在上面这段引文中，托宾间接提到了巴塞罗那 Boqueria 市场的小摊贩对于当地食物（书里提到的是鸭子）具有与生俱来的知识——这是理解为什么加泰罗尼亚人对当地的一切事物都具有强烈自豪感的一条美食线索。他们当然最了解本地的鸭子，谁敢不服……

在政治层面上，加泰罗尼亚独立主义可追溯至 17 世纪，而且今日仍有很大影响。[②] 这种对于独立的敏感不可避免地渗透到饮食文化之中。尽

① 加泰罗尼亚在建筑方面最著名的财富大概要数高迪（Gaudi）的建筑，例如巴塞罗那的圣家族（Sagrada Familia）大教堂，在艺术方面，达利（Salvador Dali）和米罗（Joan Miro）的作品则展现了加泰罗尼亚人独一无二的创造性。

② 法国和西班牙之间的一系列条约都见证了加泰罗尼亚在两个国家之间的延续及其在某一特定时期的文化认同的形成，并且不可避免地造成了一个处于两个国家之外的地区。加泰罗尼亚国家主义由此产生并随着弗朗哥政府（1939—1975）的上台而增强，其间也经历了官方力量对加泰罗尼亚本地方言的压制，并最终导致加泰罗尼亚人决心坚持他们自身的文化独立性。

管其他西班牙菜系之间都具有相似性（尤其是在中部和安达卢西亚），但是典型的加泰罗尼亚美食和西班牙中部的美食（见第071页）之间还是存在很大差别。举例来说，*pimentón* 这种西班牙香辛调味料用于无数菜肴，但是在加泰罗尼亚菜里几乎不用，这就意味着这种菜式口感更为精致。而既然不用这种调料（它的口感就像其鲜艳的红色一样强劲），那么加泰罗尼亚菜就会选择其他的味道。加泰罗尼亚典型的熏香肠 *butifarra* 含有肉桂和肉豆蔻之类的香料味，同时也还保持着猪肉本身的原味。*butifarra* 是整个加泰罗尼亚地区普遍食用的一种香肠，最典型的吃法是搭配白扁豆[①]和洋葱，但有时候也可以单独食用或是加入 *escudella i carn d' olla*（简称 *escudella*）食用，后者是一种相当于两道菜的肉汤。

escudella 肉汤是适合圣诞节食用的一道美味，也是寒冷冬季中一道滋补菜肴，其中有五香肉丸（*pilotes*）、*butifarra* 香肠、骨头以及所有你能找到的肉类边角料，与时令蔬菜例如胡萝卜和卷心菜一起炖成。这道炖菜滗出的汤汁可以和千层面一起煮，用作头道菜。然后，肉和蔬菜可单独食用。这是一种在“一锅烩”的烹饪技艺和饮食结构下发展起来的、简单经济的用餐方式。

加泰罗尼亚菜与普罗旺斯菜有点像，都在某些菜肴中使用风干的山区香草加以混合调味，例如百里香、迷迭香、月桂叶和月桂枝。比如说，*samafaina* 炖菜要用洋葱、大蒜、茄子、小胡瓜和甜椒慢炖收汁，这和普罗旺斯烩蔬菜的做法差不多。

几乎每一道加泰罗尼亚菜都以 *sofregit* 底料为基础，这是可与加泰罗尼亚的西班牙 *sofrito*（番茄混合香料）齐名的地方菜。基本上，这道菜可以作为一道甜软的底料，再加上其他食材（见第060页）。*sofregit* 在加泰罗尼亚人的厨房可谓必备原料，蔫了的白葱头加入大量番茄和橄榄油，小火慢炖而成。加泰罗尼亚的厨师手边总是会备有这种底料，可能是提前

① 加泰罗尼亚人喜欢白扁豆胜过鹰嘴豆，这两种豆子都用于制作沙拉或者西班牙中部的 *cocidos* 炖菜之类的菜肴。

准备好，这样就能够随时派上用场。既然有这么多加泰罗尼亚菜肴都以*sofregit*打底，那你还不赶紧开火烹制一些？实际上，你简直没有理由不去一次多做上一些并冷冻起来，这样只要你想要来一场加泰罗尼亚的厨房之旅，你马上就可以开始了。

沙司对加泰罗尼亚美食来说是不可或缺的，对于鱼和海鲜等当地食材来说更是完美的补充。*romesco*沙司起初来自渔夫所在的塔拉戈纳（Tarragona）地区，是一种用途广泛的烤甜椒沙司，能为鱼类和肉类增添一些甜甜的地中海风味（这也是人们使用这种沙司的目的所在）。*romesco*沙司将杏仁碎、榛子和面包屑与烤甜椒和*sofregit*底料混在一起，是一种浓稠而美味的调料。另一种调味料*picada*酱是一种混合了果仁碎、面包屑、巧克力、欧芹和藏红花的调料，用来为炖菜增加风味。美国作家、加泰罗尼亚菜系研究专家科尔曼·安德鲁斯（Colman Andrews）将*picada*描述为一种加泰罗尼亚美食的“书档”（跟*sofregit*底料一起），它能令菜肴中的那种果仁香气以及甜和咸的香味经久不散——你在墨西哥菜肴例如*moles*酱（参见第351—352页、第356—357页）中也能品尝到这种滋味。[①] 相较于存在感很强的*romesco*沙司,*picada*酱则需要加入更多才能体现出其风味。

另一种非常基础且用途广泛的加泰罗尼亚沙司是*alioli*，是一种大蒜和橄榄油混合而成的乳液状料汁，搭配新鲜猎取的肉类一起食用，例如禽类或者鱼类。要不要在*alioli*中加入鸡蛋（这是非传统的做法），这在加泰罗尼亚引发了激烈的争论。只用橄榄油和大蒜搅拌出浓稠的白酱需要掌握高难度的技巧，加入蛋黄则会使这项工作变得简单，不过这也会改变酱汁，使其变得更像蛋黄酱。（说得好像蛋黄酱还不够难做似的！）

加泰罗尼亚与西班牙的纳瓦拉“市场花园”（见第064—067页）相距不远，各种各样的水果和蔬菜意味着中世纪和摩尔人的影响在这里和在

••••

① 巧克力加在一道咸味的菜肴里或许有些奇怪，但是它能令沙司的口感变得更丰富，例如那种粗朴的苦味和绵厚的口感，创造出味道层次丰厚的美味菜肴。为什么不在下厨时偶尔尝试一下呢？可以搭配某些简单的食物例如番茄底千层面沙司，也可以为红肉或是野味增添一些风味。

气候较为干燥的安达卢西亚地区有不同的体现。（想想下面这些菜式，例如鸭子和梨一起烹饪，桃子填满肉末，梨子填满牛肉、猪肉、洋葱、肉桂和巧克力。）绿茵茵的环境最适合种植优质的蔬菜：就像我们已经看到的，洋葱和番茄在当地菜肴中具有重要的作用。对我来说，最有代表性的加泰罗尼亚菜是 *pa amb tomàquet*（字面意思为“番茄涂面包”），硬皮面包稍微烘烤以后抹上一点大蒜，淋一点点橄榄油，一整只番茄挤汁并掏空之后做成某种浅红色的番茄糊，涂在面包上。这道菜对于加泰罗尼亚人的文化认同具有重要意义。科尔曼·安德鲁斯在其讨论加泰罗尼亚菜肴的影响深远的著作中无比优美地写道：“*pa amb tomàquet* 唤醒了强烈的怀旧激情，唤醒了普鲁斯特式的感官记忆。这是能够慰藉加泰罗尼亚人的食物，在某种程度上简直就是加泰罗尼亚的文化身份构成中必不可少的基础。”[①]

茄子、甜椒和小胡瓜也是加泰罗尼亚料理的主要食材——这又一次反映了与普罗旺斯菜之间的相似。*escalivada*（甜椒和茄子蒸软后混在一起）是一道典型的加泰罗尼亚菜，用来搭配肉食（我曾经偶然发现 *butifarra* 香肠中也混合了肉类和 *escalivada*，用来增加甜味）。加泰罗尼亚人还将茄子和蜂蜜、葡萄干、松仁之类的食材混在一起，这些食材会令人回想起摩洛哥（见第 318 页），而它们也反映出摩尔人在饮食领域的影响。

鱼酱（garum）这种调料是由发酵的鱼糊制成，在拉齐奥地区的饮食中很常用（见第 099 页），它由罗马人引入，时至今日仍在加泰罗尼亚料理中扮演重要角色，不过已经演变为一种凤尾鱼橄榄蘸酱。凤尾鱼有多种吃法：干炸以后作为 *per picar*（小食）或是就着蔬菜（比如茄子）一起吃。盐鳕鱼（*bacallà*，见第 083 页）也是一种古代的饮食。它也有多种吃法：和 *samafaina* 炖菜夹在油炸馅饼里一起吃，或者作为酱汁搭配蔬菜食用。

····

① 我曾经在博客上写过那些从小说中获得灵感的食物。读过卡门·拉弗莱特（Carmen Laforet）的《娜达》（*Nada*，著名的加泰罗尼亚存在主义小说，地点设置在巴塞罗那）之后，我做了 *pa amb tomàquet*。这是我想到加泰罗尼亚时脑海中浮现的第一道菜，浅红色的、浸透了番茄汁的咸味面包，这个形象和我对于巴塞罗那的个人记忆不可分离。

尽管加泰罗尼亚地区海产丰富，但是在某些时候还是需要盐鳕鱼这样的腌制品，比如在渔获不好的日子里，或是在四旬斋期间禁食肉类（不过不禁鱼）的时期。

加泰罗尼亚菜式中有各种各样的炖鱼，就是将某些当地特有的鱼类一起炖食。*suquet* 炖鱼或许是最有名的例子，这道经典的渔夫菜将扁鲨、大比目鱼和鲈鱼一起放入有 *sofregit* 和 *picada* 等调料的高汤里炖煮，整个加泰罗尼亚地区都可以吃到这道菜。加泰罗尼亚美食家蕾切尔・麦考玛克贡献了一个绝妙的菜谱，如果你能找到新鲜肥美的白鱼，我强烈推荐你试一试。

滨海托萨（Tossa de Mar）位于巴塞罗那北面约 100 英里，那里的鱼炖土豆是特别典型的本地菜，做法简单，常常配着 *allioli* 这种蒜味蛋黄酱一起吃。*sarsuela* 炖菜总的说来则更为复杂，要用龙虾、对虾、鱿鱼、蛤蜊以及你能找到的最稀罕的鱼类（可能是当地独一无二的），然后加入 *sofregit* 底料、混合香料（百香果、肉桂和月桂）以及朗姆酒一起烹饪。如果说 *sarsuela* 就是加泰罗尼亚菜中的莉莉・塞维奇（Lily Savage）[①]——登峰造极——那我要说，接受它！毕竟，加泰罗尼亚就是融合差异之地。

食材清单：新鲜鱼类（扁鲨、大比目鱼、凤尾鱼）• 盐鳕鱼 • *butifarra* 香肠 • 鸡蛋 • 香草（欧芹、牛至、百里香、马郁兰、龙蒿、罗勒、莳萝、月桂）• 白扁豆 • 蜂蜜 • 葡萄干 • 榛子 • *sofregit* 底料（番茄、洋葱和橄榄油）

◆◆◆

① 莉莉・塞维奇是异装的一个角色，通常是男性穿着女性服装，在肢体语言上也极力模仿女性，此种异装行为有出于喜剧的考虑，也有艺术效果的需要，在很大程度上，也与同性恋文化相关。——编注

• 加泰罗尼亚炖鱼 •

Catalan Fish Stew

要烹制这道绝妙的炖鱼，通常的做法就是从 *sofregit* 底料开始，以 *picada* 酱料结束，白葡萄酒（最好是当地产的）可以加强风味，这是加泰罗尼亚美食最引以为傲的佳肴。蕾切尔·麦考玛克提醒我们，做这道菜时，各种食材的用量都是大概估计的——它不是依靠精确的技艺或度量而做出的一道菜，而是一种料理的方式。如果你找不到 *guindilla* 辣椒，用绿色的小尖椒代替也行。

• 4 人份 •

橄榄油，5 汤匙

洋葱，1 个，大个儿的，细细切丁

大蒜，3 瓣，细细切碎

guindilla 辣椒，2 根，去籽后切碎

番茄，5 个，去皮后切碎

鲜鱼，750 克，去皮去骨（最好用扁鲨、黑线鳕、鳕鱼、鲈鱼或是绿青鳕，不过其实什么鱼都行）

普通面粉，50 克，用于裹浆

光皮土豆，250 克，去皮后切成薄片

鱼汤，500 毫升

干白葡萄酒，175 毫升

帝王虾，200 克，生的，去壳

贻贝，300 克，生的，带壳清洗干净

杏仁粉，75 克

扁叶欧芹，2 汤匙，切碎

1 • 取一只长柄炖锅，加两大汤匙橄榄油，将洋葱煎 10 分钟。加入切碎的大蒜，再煎 3—4 分钟直至食材几乎变透明。加入切碎的辣椒和番茄，把火关小，敞

开锅盖再烧 30 分钟，制成番茄酱。

2 • 另取一只大号平底煎锅（带盖子），加入两大汤匙橄榄油，大火加热。用面粉给鱼裹浆后快速炸 2—3 分钟（需要的话可以一次多炸几条），快速翻面。取出后放在一旁备用。

3 • 将切好的土豆片放入煎锅里面剩下的橄榄油中，快炒 7 分钟。加入番茄酱、125 毫升鱼汤以及白葡萄酒，再烧 15—20 分钟直至食材变软。放入炸鱼和帝王虾，接着放入贻贝以及剩下的高汤继续烹煮，这回要盖上盖子。大概炖 5 分钟，直到鱼肉炖好而且所有的贻贝都开口。将杏仁粉和欧芹搅拌，根据口味加入调味后上桌。

• 榛子酱搭配榛子浆糖脆和冰淇淋 •

Hazelnut Soup with Hazelnut Crocanti and Ice Cream

这道美味的榛子“汤”是加泰罗尼亚美食家蕾切尔·麦考玛克贡献的另一个食谱，她是在托利代巴拉（Torredembarra）的莫洛斯餐厅（Morros）用餐时受到的启发，托利代巴拉是加泰罗尼亚塔拉戈纳地区的一座小镇，以其品种丰富的榛子而闻名。

• 6 人份 •

香草冰淇淋，500 毫升

榛子，500 克，用沸水去皮

细砂糖，250 克

咸黄油，80 克

浓奶油，80 克

水，800 毫升

1 • 取一只大号煎锅，中火烤榛子 5 分钟，定时摇晃煎锅以使果仁受热均匀。然后从炉子上取下煎锅，等待其完全凉透。

2 • 预热烤箱至 180℃ /160℃（风扇烤箱）/4 档（燃气烤箱）。

3 • 烹制 *crocanti* 榛子浆糖脆：将 100 克已冷却的烤榛子放入食品搅拌器，打 1 分钟直至磨成细粉。把榛子粉、100 克细砂糖、黄油和奶油放入深底锅加热，不停搅拌，直到黄油融化、所有的食材充分混合。

4 • 用锡箔纸或者上好的、不粘的纸铺在大号浅烤盘中，将榛子混合物在上面薄薄地铺开。烘烤 10—12 分钟直到变成淡金色，仔细看着点儿以免烤焦——*crocanti* 还会融化然后流满烤盘。取出烤盘，待其冷却变硬。

5 • 做榛子酱：向食品搅拌器中放入剩下的全部烤榛仁和糖，加水，搅拌 1 分钟直到榛仁磨成细粉。用一只细筛子将其筛过，尽可能将液体全部保留，然后把残余的果仁都丢掉。将滤过的酱倒入一个罐子，盖好后冷藏至少 4 小时，冷藏一夜最好。

6 • 上桌时，将一个冰淇淋球放入碗中，浇上榛子酱。将 *crocanti* 浆糖脆弄成大片，撒在榛子酱上面。

西班牙北部

加利西亚此时正是秋季，雨水无声地落下，缓缓落在绿意盈盈的土地上。有时候，松树覆盖的山峰会从薄雾笼罩、睡眼蒙眬的云端浮现出来。

• 费德里克·加西亚·罗卡（Federico Garcia Lorca），
《西班牙速写》（*Sketches of Spain*）•

西班牙北部东起阿拉贡（Aragon），西至位于葡萄牙北方的加利西亚（Galicia）盆地，简直就是农业种植和美食料理的梦幻之地。小农场（也就是以前的小庄园）遍布地形惊人多变的北部地区，其中既有草木丰茂的牧场、盛产野味的森林以及开满金雀花、顶峰覆雪的群山，也有堪称欧洲最富饶的沿海地区。西班牙北部的每一个地区都有自己独特的原材料、菜系以及美食特性：拉里奥哈（La Rioja）享誉全球的是其独特的坦普兰尼洛（Tempranillo）拼配红葡萄酒，纳瓦拉（Navarra）作为西班牙的“市场花园”而知名，还有巴斯克地区（Pais Vasco）广受欢迎的 *pintxo*（西班牙北部风格的小吃或开胃菜）小食文化。

不过除了丰美的景色、物产和美食，我不禁想到西班牙北部在其他方面也很有名：加利西亚的圣地亚哥—德孔波斯特拉（Santiago de Comopostela）是成千上万名天主教朝圣者每年长途跋涉的目的地，圣詹姆斯的墓地就在那里。纳瓦拉的潘普罗那（Pamplona）每年 7 月都举行奔牛节（San Fermin），公牛会沿着铺满鹅卵石的街道一路向下狂奔。西班牙北部地区间的语言差异（巴斯克地区和加利西亚地区）及其政治上的紧张关系也都广为人知。[1]

最近几十年，巴斯克地区（以及西班牙北部——由于落败，因此北部仍为一体）逐渐因其“新式料理”（*la nueva cocina*，创新菜的西班牙说法）而出名。由于紧邻法国，法式高级料理不可避免地对西班牙巴斯克地区的高级料理有所影响。不过，在20世纪70年代中期，某种西班牙特有的料理方式已经扎下了根，例如同时利用本地食材、经典法式烹饪及现代烹饪技巧。如今巴斯克高级料理的明星级餐厅例如Arzak（阿尔扎克）、Mugaritz（慕加利兹）和Elkano（艾尔卡诺）等肯定承受了巨大压力，不过它们常常令巴斯克家常菜黯然失色，虽然后者本身已经非常棒了。尽管高级料理是西班牙北部特有的烹饪方式，但它们并不能代表大多数人日常所吃的食物。

与适于种植柑橘的西班牙南部相比，北部地区的怡人气候更适合苹果、梨子、桃子和樱桃的生长。白豆则比鹰嘴豆更为常见，朝鲜蓟、芦笋和豌豆也比杏仁及开心果更为多见。橄榄的种类也很多。在这里，阿贝金纳（Arbequina）橄榄树林在埃布罗河（Ebro）周边的白垩质土壤中蓬勃生长，并且能够很好地适应季节变换时极端、剧烈的天气变化。[2]

在《西班牙美食》（*The Food of Spain*）这本书里，克劳迪娅·罗顿（Claudia Roden）将西班牙北部地区的食物描述为“海鲜与牛奶布丁”，而其他人则称该地区为西班牙的“奶酪苹果村庄”。广袤的牧场为牛群提供了丰富的营养源，并转化为质量上乘的牛奶。奶制品（黄油和奶油）的盛行以及法式料理对北部菜肴（尤其是巴斯克菜式）的影响则意味着奶油沙司在这里比西班牙其他地区更为常见。而我们经常会和法国菜联系在一起的那些食物（例如乳蛋饼和调味沙司）也很常见。罗顿所说的“牛奶布丁”

① 独立运动在西班牙北部占据主导地位，在巴斯克地区周边尤其如此，当地有其独有的语言和独立的敏感性。最知名的独立运动组织是ETA（*Euskadi Ta Askatasuna*），翻译过来就是“自由祖国巴斯克”。

② 在气候干燥的安达卢西亚地区，其他橄榄品种例如*picual*则生长得更好。

包括 *natillas*（西班牙蛋奶沙司，美味得令人难以置信）、*arroz con leche*（大米布丁）、*leche frita*（炸蛋奶沙司）以及烤熟的蛋味馅饼（和 *crema Catalana* 也没有特别大的不同）。经年不断的斗牛活动则提醒我们，在西班牙北部地区，牛是多么重要。饲养奶牛用来提供肉食和奶制品。按照大厨何塞·皮萨罗的说法，这是西班牙最好的牛肉，由此而出的 *chuleton*（在巴斯克成为 *txuleton*，也就是英语所说的"肋眼牛排"），和当地的苹果酒堪称绝配。

各种奶酪在整个西班牙北部都是头等重要的食物，而不是仅限地处加利西亚和坎塔布里亚（Cantabria）之间的阿斯图里亚斯（Asturias），不过阿斯图里亚斯在西班牙有"*El Pais de los Quesos*"或者说"奶酪之国"的名声。该地的奶酪特别具有乡野风味，是在欧洲峰（Picos de Europa）[①] 山区地带的黑暗避光的洞窖中熟成的。卡布拉蕾斯（*cabrales*）是最有名的蓝纹牛乳奶酪，由未经高温消毒的牛奶制成并陈放数月之久。由于口感粗粝、松脆且味道强烈，这种奶酪和该地区出产的苹果酒可以完美搭配。[②] 其他品种的奶酪则包括坎塔布里亚出产的特莱薇索（*treviso*，另一种口感略轻的蓝纹牛乳奶酪）以及加利西亚的特提亚（*tetilla*）——这个名字意为"幼乳"，而这种奶酪被做成小小的乳峰状（就像这个名字一样），还有类似乳头的尖顶。在靠近巴斯克地区以及更往东的纳瓦拉地区，硬质的绵羊奶酪则更常见。具有烟熏风味、未经高温消毒的伊蒂亚扎巴尔（*idiazabal*）和伊特萨斯埃吉（*itxas egi*）奶酪都加入了甜味的香料和三叶草，这再一次反映出当地牧场的辽阔。

海鲜在加利西亚是象征性的食物，就拿扇贝来说，它们如此频繁地被冲上加利西亚的沙滩，简直已经成为圣地亚哥（Santiago）朝圣之旅的标

① 跨越阿斯图里亚斯、坎塔布里亚和卡斯蒂利亚—莱昂（Castilla-Leon）等几个地区。

② 西班牙西北部出产的酒当前堪称标杆。水分较少的、绝好的 *Albarino* 葡萄能够很好地适应加利西亚富含矿物质的土壤以及极端的气候。直到最近，东北部的葡萄酒势头才更为强劲（最有名的例子是拉里奥哈），而西北部则更注重家酿苹果酒和本地麦酒。

志。从狗鳕（merluza）、章鱼和蛤蜊到不太常见的 *quisquillas*（一种小虾，在巴拉斐纳餐厅的冰上活蹦乱跳），还有面目不清的 *percebes*[①]（英文名叫作goose barnacles，称为“鬼脚”或是狗爪螺），西班牙北部的海岸线满是不同凡响的海鲜。对我来说，整个西班牙最令人激动的佳肴——也是所有美食中我最喜欢的——就是 *pulpo a la Gallega*（字面意思是“加利西亚章鱼”），将章鱼多煮几次，上桌时只搭配煮熟的土豆再撒上 *pimentón*（西班牙熏辣椒粉）。

罗卡曾写到“加利西亚永无休止的细雨”，这个描述也同样适用于阿斯图里亚斯和坎塔布里亚。这些地区的物产都比较耐寒并有山野风味，能够适应不可预知的天气和低温。苹果在这些地区是主要的水果，并常用于酿造苹果酒和制作甜点，例如苹果派（*empanadas de manzana*）。土豆、白豆、玉米色的栗子和胡桃这些本地食材，现在只是用作肉类和海鲜的配菜，但是在过去的几个世纪里很可能就是农家的主菜。

历史上，加利西亚地区曾经存在极为严重的贫困。在《加利西亚的救济所》（*A Hospice in Galicia*）一书中，罗卡描写了救济所里的人们，说他们是些“患佝偻病的、瘦弱的孩童”，散发出“食物贫乏和极端穷困”的气味。克劳迪娅·罗顿对这个主题怀有极大的兴趣，并在书中写道，19世纪的加利西亚“解决贫困的唯一出路就是向外移民”。出于这个原因，当地菜肴例如煮章鱼、*pimientos de Padrón* 辣椒[②]、肉馅卷饼（见第386页）甚至土豆烩白豆都可以在加利西亚人移居的地方吃到——几乎遍布整个西班牙和说西班牙语的拉美地区。

••••

① 这种海鲜差不多只能在加利西亚的“死亡海岸”（*Costa da Morte*，有此称谓是因为这里曾经发生太多海难）的沿岸找到，而且是在每年冬季为了圣诞节而进行极其危险的人工捕捞。*percebes* 有长长的、五颜六色的脚和鸟嘴状的尖端，从壳中吸食它们的时候，用涅韦斯的话说，就像在“吮吸海的味道”。

② *pimientos de Padrón* 是加利西亚的小镇帕德隆（Padrón）特产的绿色小灯笼椒。通常是加橄榄油和盐一起炸来吃，这种食物简直令人欲罢不能——特别是在搭配一杯 *albarino*（加利西亚的白葡萄酒）的时候。

越往东部，繁茂的绿叶蔬菜、蘑菇甚至白松露就越常见。料理方式逐渐渗入了法式传统的影响，拉里奥哈的美酒、阿拉贡和纳瓦拉地区显赫的宫廷历史一起创造出美味的沙司，以搭配红肉如 *chuletillas*（小羊排，肉质丰腴柔滑）或是野兔等野味。沙司的确味美。不过，就像塞万提斯在《堂吉诃德》(*Don Quixote*）一书中所记录下的观察，“饥饿是世界上最好的酱汁”，他说得对。当你开始这趟厨房之旅的时候，你最好已经饥肠辘辘——这里有太多美味有待品尝。

食材清单：海鲜（狗爪螺、章鱼、海鳌虾、蛏子、鱿鱼）• 奶酪（*cabrales*、*treviso*、*tetilla*）• 白豆 • 栗子 • 胡桃 • 酿酒用的葡萄（例如 *Albarino*[加利西亚]、*Tempranillo* 以及 *Tempranillo* 拼配葡萄 [拉里奥哈]）

◆◆◆

• 帕德隆尖椒 •

Padrón Peppers

这是我们这本书里最简单的菜谱。这些小绿尖椒烹饪起来毫不费力，而且非常美味，是典型的加利西亚风格，它们大部分都不怎么辣，而且有种甜味，可以佐以颗粒松脆的海盐和优质的橄榄油。不过，大概有 10% 的几率会碰上辣的。吃这种尖椒简直就是老饕的俄罗斯轮盘赌。

• 不限人数 •

特级初榨橄榄油，1—2 汤匙

帕德隆尖椒，数量根据需要决定

海盐，1 大撮

1 • 将橄榄油倒入一只深底煎锅，中火将锅子烧热。站远一点。

2 • 将尖椒由尖端下锅煎炸（再说一次，和锅保持一臂距离），煎至微焦并起小泡。不时颠一颠锅子以使受热均匀。

3 • 待尖椒各面都起泡并微焦，起锅摆盘。它们会稍微缩小一些。适量撒一撮盐并趁热上桌。

• 蒜茸大虾和芦笋 •

Garlic Prawns and Asparagus

这道菜在西班牙随处可见，但是或许在北部地区最为相宜，它结合了西班牙气候宜人的“市场花园”地区（例如纳瓦拉）出产的鲜美蔬菜，以及北部沿海地区的地道海鲜。这个菜谱来自何塞·皮萨罗，他说烹饪的关键在于使用生虾，这样能确保它们不会过度烹饪。质量上佳的橄榄油也很重要，因为它能吊出大量轻煸大蒜的香味！你可能会想要加上一点柠檬味，挤几滴柠檬汁再上桌。慢慢享用！

• 4 人份（开胃菜）•

嫩芦笋，6 枝

特级初榨橄榄油，6 汤匙

大蒜，10 瓣，切成蒜茸

大虾，20 只，去壳

干辣椒，1 只，弄碎

扁叶欧芹，15 克，切碎

海盐碎，1 大撮

柠檬，盛盘时备用

1 • 将芦笋洗净沥干，折去较硬的两端。斜切成对虾大小。用加了盐的沸水煮一分钟直至变白。沥水后用厨房纸巾吸干水分。

2 • 取一只大号煎锅，大火将橄榄油烧热并加入蒜茸。翻炒一下，并在蒜茸变色之前加入大虾和芦笋。大概烧 1 分钟，大虾开始变红。翻面后加入辣椒，再烧 1 分钟直到大虾完全变红。

3 • 加入欧芹、碎海盐、柠檬汁，即可食用，搭配足量的面包吃，可充分蘸去美味的料汁。

西班牙中部

他惯常的饭食就是炖菜，大多数晚上都是炖牛肉（吃羊肉的时候较少），星期六炖骨头，星期五炖小扁豆，星期日大餐则是炖乳鸽。

• 塞万提斯，《堂吉诃德》 •

当你乘火车离开马德里，逐渐暗淡的城市郊区地带融合、渐变为向地平线无限延伸的广袤农田，四下寂静，只有风儿拂过庄稼。在西班牙平原的大部分地区，生活都很简单，它掩饰了你在马德里所寻获的放纵意味——那里是西班牙政治与享乐的脉搏跳动最为强烈的地方。

无数作家都曾引人想象这片乡间土地的无垠萧瑟——夏季里令人窒息的炎热，冬季里刺骨的寒冷——更别提比格斯·鲁纳（Bigas Luna）的电影《火腿，火腿》（*Jamón Jamón*），20 世纪 90 年代出道的佩内洛普·克鲁兹在电影中只是巨大而乏味的不断起伏的地平线上一个小点。奇怪的木牛体型巨大并漆成黑色，置于偶尔出现的山峰顶端，提醒你这里过去只是一片平淡无奇的褐色风景。

西班牙中部的菜式明显没有其他地区那般繁多。自从 1492 年摩尔人占领该地区以来，这片广袤的地区就被一小群精英统治，直到相对晚近的时期，这限制了大多数人获取不同食物的范围。肉食传统上就是一种奢侈品。美味的荤菜包括 *cochinillo*（乳猪）、野味（鹌鹑、山鹑、野兔和野猪，这些肉类可以一起炖食，就着当地出产的、鹰嘴豆面粉制作的扁面包一起吃）以及小羊羔。不过，某些最能代表西班牙风味的特产，例如熏辣椒粉（见第 055 页）和藏红花，都源自西班牙中部。也正是在这些菜式中，摩尔人和犹太人的影响挥之不去、清晰可辨。

尽管马德里是西班牙最大的城市，但它其实是一个小巧紧凑的地方。其城区人口数量（大概650万人）估计是城市中心人口的两倍，而你可以用半个小时穿过市中心。2009年，我住在北边的弗恩卡拉尔（Fuencarral），靠近毕尔巴鄂（Bilbao）地铁站，而实际上我可以忽略地铁，更喜欢步行穿过马拉萨纳（Malasaña）的波西米亚角落，抵达市中心。我的路线途经繁忙的格兰大道（Gran Via），路过蒙特拉步行街（Calle Montera）可以看到那些等待交易的女孩儿的悲伤面容，走过人头攒动的太阳门广场（Plaza del Sol），人群在那里抗议而观光客在此云集。再往前走是圣安娜广场（Plaza Santa Ana），街头艺术家们向观光客频频示好；还有胡塔斯（Huertas）公寓规模巨大的画廊，以及永远阳光明媚的丽池（Retiro）公园和拉丁区（La Latina），星期日那里就成了这座城市的小吃文化最活跃的地方。

马德里城市虽小，但是充满无穷无尽的可能性（我当时很沮丧，就因为没能找到质量好的鹰嘴豆泥以及适合我的内衣尺寸），它是一个特殊的地方。哪怕是在吵闹的西班牙人和观光客的喧嚣声中，哪怕是在醉意朦胧的夜晚和拥挤的交通里，你也能寻得一方宁静。尽管我最后还是自己做了鹰嘴豆泥（其实一点也不难），但马德里仍然可以自夸拥有某些西班牙最好的食物。这里的人们对西班牙各地的美食都有极大的胃口，这一点只要在星期日漫步到拉丁区的卡瓦巴哈街（Calle de Cava Baja）就能看出来。这条小街道在星期日下午就变成了步行街（并非出于官方要求），此时观光客和本地人就会在各种专售各地美食的酒吧之间来回穿梭，从加纳利菜（Canarian）吃到加利西亚菜，从安达卢西亚菜吃到加泰罗尼亚菜。

你可能会认为，如此靠近内陆的地方，海鲜的品质肯定会大打折扣。但是首都马德里可以说拥有全国最好的鱼市——圣米格尔市场（Mercado de San Miguel），在那里，传统的海货比如 *gambas*（大虾）、*trucha*（鳟鱼）与更为地方化的海鲜一起售卖，例如加利西亚的狗爪螺和章鱼。

不过，由于几乎所有最好的美食都集中在马德里，当地并没有太多堪称特产的菜肴。马德里炖菜（*Cocido Madrileño*）是个例外：这道慢炖菜使用了鹰嘴豆、土豆、各种肉类和香肠，包括香肠、血肠（*morcilla*）、猪腿肉、牛胸肉、塞拉诺火腿（*Jamón serrano*），有时候还会用鸡肉。这道菜据说最早来自西班牙系的犹太人，并且类似于为了犹太安息日而特别准备的一道慢炖菜——*adafina*。[①]犹太文化的影响在西班牙中部和南部的菜系中无处不在——无论是使用鹰嘴豆和茄子，还是大量地使用大蒜和杏仁，或是在甜点中大量使用蜂蜜。马德里本地的美食与平原地区的美食类似：用各种豆子、肉类边角料、面包、*Manchego* 羊奶酪和火腿一起做成炖菜。西班牙中部地区的各种美食肯定能讨那些喜欢“一锅炖”的人的欢心：乡村风味融汇为简单又暖和的 *cocidos* 炖菜或是汤菜（就像葡萄牙一样，见第088页）。如果你能领会基本的主要食材——熏辣椒粉、大蒜和盐，那么这些菜肴都很容易在家中加以模仿制作，或者也可以只是用来作为启发，让你做出西班牙风味的餐食。

克劳迪娅·罗顿巧妙地为她书中关于西班牙中部的一章取了一个副标题：“面包和鹰嘴豆”，整个西班牙中部地区，无论平民百姓还是王公贵族都会吃这两种食物。平原地带特有的干燥土壤和漫长夏日，非常适合于种植谷物（例如小麦和大麦）和豆类，比如鹰嘴豆（*garbanzos*）和小扁豆（*lentejas*）。鹰嘴豆最能衬托出其他食材的风味：*chorizo* 香肠或是肉类边角料、汤和 *cocidos* 炖菜里的熏辣椒粉。这些都是便宜、营养而且永远不会有什么缺憾的餐食。[②]

migas（面包屑）在橄榄油里煎过，就成为简单却令人满足的配菜，可搭配所有食物，也可以与 *chorizo* 香肠、培根、大蒜、熏辣椒粉以及尖椒之类的蔬菜一起吃。这是一种典型的“穷人菜”，它是那些随季节迁徙的牧

••••

① 在西班牙宗教裁判所迫害异端之后，大约有 4 万犹太人改信基督教，他们迫切地渴望融合并开始吃猪肉，因此就有了马德里当地的主要食物——马德里炖菜，也由此脱离开传统的 *adafina* 做法。

② 还有非常丰富的小扁豆品种以及各种类型的豆子，做炖菜和汤菜的时候都很常用，可以和少量更为便宜的肉类一起烹调出丰富的口味。

人赶着羊群在平原地区迁移时所吃的食物，*migas* 在整个西班牙都很常见，而这道菜近来经历了某种“贵族化”的改变，在餐馆的菜单上有了一席之地。*torrijas*，或者叫作“西班牙式法国吐司”（面包搭配肉桂、小豆蔻和柑橘香料）则是复活节前后一个星期里人们最爱享用的食物。*migas* 面包屑、*torrijas* 吐司以及 *cocidos* 炖菜这些食物都很简单，但是令人满足，是它们赋予了西班牙中部菜肴以大厨何塞·皮萨罗所说的那种“治愈系美食”的品质。

何塞（José），这位伦敦何塞·皮萨罗餐厅的主厨来自西班牙中部的埃斯特雷马杜拉。他说，当这个地区传统上的禁欲主义特质与其极度的贫困反映在食物上的时候，本地的风味实际上反而经由这种简单而得到增强。“西班牙美食，尤其是埃斯特雷马杜拉和卡斯蒂利亚—莱昂地区的食物，就是让食材本身说话。”这句话在埃斯特雷马杜拉这里比其他任何地方都恰当，当地出产西班牙最好的火腿和奶酪，它们出自德赫萨（Dehesa，牧有猪和羊）地区[①]那些散养的、以营养的橡实为食的家畜。

西班牙中部因火腿而享誉全球，当地火腿陈年一年半至四年不等，颇多品种，既有塞拉诺火腿（时间更短、口味更淡，颜色也更浅，整个西班牙的高海拔地区都熏制这种火腿），也有伊比利亚火腿（*jamón Ibérico*），这种火腿以橡实饲养的黑蹄猪制成，口味比塞拉诺火腿更重也更丰富，我觉得单吃最能体现它的风味）。陈年越久，火腿也就越美味。一般都是在 12 月至次年 3 月之间杀猪，猪身上的每个部分都充分加以利用——血、内脏和骨头用以炖汤或制作香肠，例如 *morcilla*（类似英国血豆腐）。伊比利亚火腿和烤鸡肉诱我落入杂食主义的圈套。素食主义者，一定要小心！

····

① 德赫萨是伊比利亚半岛中部独一无二的草场生态系统，这里有橡树、野生香草、野味、蘑菇、绵羊和猪。它延伸至埃斯特雷马杜拉，那里的黑蹄猪（*pata negra*）以橡实饲养，用来制作滋味浓郁、富有坚果风味的火腿，其味道足足可以持续一整年。

食材清单：*pimentón* 熏辣椒粉 • 香菜、月桂叶、百里香和欧芹 • 伊比利亚火腿 • *Manchego* 奶酪 • 番茄 • 鹰嘴豆 • 小扁豆 • 杏仁 • *chorizo* 香肠 • *morcilla* 血肠

◆◆◆

• 小胡瓜奶油汤 •

Courgette Cream

这道汤简单得都有点儿让人不好意思了，做法来自我的朋友雅威（Javi），可以很快做好，作为晚餐前的开胃小吃，或者一年四季都能作为丰盛的午餐。如果你想要做得地道，那就使用 *Manchego* 奶酪，不过车达（Cheddar）奶酪也很好。

• 4 人份的开胃小吃 / 2 人份主菜并搭配面包 •

小胡瓜，2 根较大的（约 500 克），切成厚片

葱韭，1 根，切段

土豆，1 个大的，去皮切块

奶酪，50 克，切碎或磨碎

黄油，20 克

牛奶，150 毫升

特级初榨橄榄油

盐，根据口味决定

1 • 将小胡瓜、葱韭和土豆放入一只大号平底锅，加水至正好没过食材。小心水不要加太多—— 500 毫升即可。中火炖 15—20 分钟，直到土豆变软。

2 • 将平底锅从火上取下，混合的汤汁还得是热的，加入奶酪、黄油、牛奶以

及一大匙特级初榨橄榄油。混合成奶油般浓稠的汤汁，然后在上桌之前用盐调味。

• 鸡蛋薄饼 •
Tortilla

在我看来，最好的 *tortilla* 就是土豆和洋葱几乎快要烧焦、鸡蛋却是溏心的。位于马德里拉丁区的 *Juana La Loca* 餐厅（以一位名为 Juana 的“疯狂女孩儿”命名）就是这么做这道菜的。我的朋友雅威教我怎么做出完美的 *tortilla*。他的技巧颇为标新立异、自由发挥而且不断伴随着感叹或咒骂，不过我已经和他做过无数次 *tortilla* 了，这个菜谱还是很有指导意义的。

• 4 人份 •

表皮光滑的土豆，1 千克（红色的例如 *desiree* 这种比较好），去皮，对切后切成厚片
白洋葱，1 个，薄薄切片
葵花子油，500 毫升
鸡蛋，中等大小，6 个
盐，半茶匙
橄榄油（用来烹炸）

1 • 取一只深底煎锅，中火加热葵花子油 5—10 分钟。放入土豆和洋葱烹至变成棕色（但是不要烧焦）。基本上你是在用油“煮”土豆和洋葱，也就是应该“咕嘟”冒着小泡。不断搅动混合物以防粘锅，煮 30—40 分钟。将热油滗出，留待下次想要快速烹制 *tortilla* 的时候使用（可以反复使用 2—3 次）。
2 • 取一只大碗，将鸡蛋全部打入并且加盐。然后拌入沥干的土豆和洋葱，确保每一块都裹上了蛋浆。将食材捣得有一点点浆，不过还是要保证看起来宜人而且还有小块。

3 • 取一只煎锅，加热一大匙橄榄油直至冒烟。火开到最大并倒入鸡蛋混合物。30 秒左右关小火。烹至 *tortilla* 开始离锅且底部颜色变成金黄——需要 3—5 分钟。现在是时候翻面了。

4 • 取一只大盘子，将 *tortilla* 滑入其中，不要翻面—— *tortilla* 煎熟的一面要紧靠盘子。现在将盘子倒扣进煎锅，这样没煎熟的一面就可以接触热锅底。烧 1 分钟左右。然后盛回盘中上桌。

安达卢西亚

我们谈了很多，从马匹到刀具到绳索，从庄稼到灌溉到捕猎到美酒。玛利亚带来了尖椒和肉类。佩德罗摆放好我最上等的餐具。然后他自己吃起来，玛利亚则蹲在他身边，从他盘中吃一点点。

• 克里斯·斯图尔特（Chris Stewart），
《驶过柠檬树》（*Driving Over Lemons*） •

安达卢西亚的风景是深藏着自然的美好与食材的宝藏——橄榄树林，坡地上种植着大蒜、杏树、石榴树、橘树，当然还有柠檬树，有很多都叫不上名字。这种景致闪耀在克里斯·斯图尔特（作家、农夫以及流行乐队“创世记”的主创人员）回忆录的书页之间。这是一片令人沉醉的土地，种植着各种坚果、水果、蔬菜，快乐的家畜在金色的阳光下慢慢长大。在你想到人类参与创造美景之前，这一切都已经存在，而人为的景致则包括：格拉纳达（Granada）的阿尔罕布拉宫（Alhambra）、科尔多瓦的哈里发（Caliphate in Cordoba）以及塞维利亚（Sevilla）栽种着柑橘树的大道。

富庶的自然环境当然相应具有返璞归真的烹饪方式。安达卢西亚人烹制食物的方式不加任何修饰——当然，如果有这样好的原材料，谁还要去寻求味觉上的刺激呢？“农夫菜”在我们这个崇尚地道家常菜的时代里，无疑是一个过度使用的表达，不过很多安达卢西亚美食的确是货真价实的家常菜：这样一种菜肴既需要符合土地上的出产，也必须喂饱大量的劳动力。[1] 它得是可持续的、实用的，设计得能够在炎炎夏日和灼灼阳光下提供补给，并且使用手边可用的食材。时间长了，这种简单且能够负担得起的食物就完完全全地融入了整个安达卢西亚烹饪的标准之中，而且很长一段时间以来都不仅仅是农民阶层所独有的料理方式。

可资佐证的例子包括著名的安达卢西亚“提神汤三重奏”：*gazpacho*（塞维利亚地区的番茄冷汤）、*salmorejo*（科尔多瓦地区的类似汤品，不过烹制方式通常更为精巧，配以鸡蛋）以及 *ajo blanco*（大蒜汤）。另一个例子是 *papas a lo pobre*（字面意思是“穷人的土豆”）。斯图尔特描写了一个农民如何当场现做穷人的 *papas*：两大杯橄榄油以及两只洋葱、一整头大蒜不用去皮、土豆粗粗切块、整只的绿尖椒和红尖椒、一把橄榄、一打腌辣椒以及百里香和薰衣草……所有这些一起下锅煎炒。

塞维利亚位于西班牙西南部的瓜达尔基维尔（Guadalquivir）河岸，原是各种货物从“新世界”运抵西班牙的第一站（见本书“糖、香料以及一切好东西”一章，第 168—169 页）。这就意味着它本来是各种食材的入口处，例如土豆、番茄、辣椒、巧克力以及香草，所有这些食材今天已经不留任何痕迹地融入了西班牙乃至欧洲的菜系。引入这些食材产生了一些基本的副产品——例如 *pimentón* 熏辣椒粉和“旧日风味”的西班牙菜，诸如 *patatas bravas* 炸土豆 [2] 以及 *sofrito* 番茄混合香料 [3] 之类，它们都是烹饪如此众多菜肴的基本材料——正是经由安达卢西亚而首次进入欧洲的那些货物使它们的出现成为可能。

安达卢西亚菜融合了很多你在西班牙中部菜肴中看到的食物品种（火腿、熏辣椒粉、鹰嘴豆）和加泰罗尼亚菜中常有的鱼和海鲜，常常是炸过

••••

① 大庄园农田制创造了一种文化，即少数特权阶层要为大规模拓展的农耕地和耕种这些土地的大量农业劳动力负责（见第 053 页）。

② *patatas bravas* 是土豆煮熟后切小块炸透，同时搭配番茄辣酱汁，有时候其黏稠程度和蛋黄酱没什么不同。

③ 洋葱和番茄切碎后加入橄榄油中慢慢煎熟——这是无数安达卢西亚菜和地中海菜的基础。详情参见第 086—087 页 *sofrito* 番茄混合香料一栏。

以后就着加泰罗尼亚酱料（例如 *romesco* 和 *alioli*）一起吃。克劳迪娅·罗顿甚至说："安达卢西亚人是世界上最会炸鱼和海鲜的。"她可能是对的。我还记得在马拉加、紧邻宪法广场（the Constitution Square）的后街上吃 *buñuelos de bacalao*（盐鳕鱼裹了脆面糊油炸）和炸大虾的情景，我想着那些食物，坐在阴凉处，享用着一小杯啤酒和熟透了的番茄沙拉，生活不能更美好了。

西班牙中部和加泰罗尼亚在不同程度上受到残存的摩尔文化的影响，而安达卢西亚则还属于严格意义上的摩尔文化。这个地名就显示出与摩尔人的伊比利亚王国、安达卢斯（Al-Andalus）的语义关联，安达卢斯王国一度占领西班牙的大部分领土以及葡萄牙达 700 年之久。[①] 穆斯林（以及后来的柏柏尔）侵入者发现这里的土壤适合种植自己国家的食材，例如橄榄、坚果和柑橘类水果，并带来了他们在烹调方面的喜好——肉类与水果一起烹饪，还有茄子、蜂蜜、杏仁酥点以及各种香料。直到今天，安达卢西亚与塔里法（Tarifa，西班牙最南端，距离摩洛哥城市丹吉尔 [Tangier] 只有 23 英里）一起，依然是西班牙通往北非地区的门户。摩尔文化在烹饪方面的影响并没有随着摩尔人被驱逐而终结——而是继续塑造着今天的安达卢西亚菜。想想炸奶酪淋上蜂蜜、盐烤鱼肉浇上肉桂和胡椒酱汁、杏仁挞乃至备受喜爱的西班牙烩饭，其主要材料例如米饭和藏红花都是摩尔人厨房中不可缺少的备料。罗顿说："再没有什么地方像这样为旧日穆斯林文化的吸引力而着迷的了。"这个说法不仅适用于安达卢西亚菜，同样也适用于它的建筑。这种吸引力反过来也被带进了"新世界"，在拉丁美洲的殖民定居点的瓷砖、庭院以及教堂建筑中都可以看到这一点。

安达卢西亚是雪利酒（sherry）的故乡，这种又甜又劲的酒产自加第

••••

① 安达卢斯王国在这个时期的领土面积有所变化，在与基督教国家交战期间，部分领土曾被夺走，后来又被交还给摩尔人。这个地名描述的是伊比利亚半岛上 711—1492 年之间被穆斯林所统治的那部分。

斯（Cadiz）附近的赫雷兹（Jerez）以及周边地区。几乎是一夜之间，英国人对雪利酒的认识就从“老奶奶的圣诞节烈酒”变成了一种复杂的酒饮。伦敦很多（而且也是相当成功的）西班牙餐厅的酒单上如今出现了各种各样的雪利酒，甚至都有了专售雪利酒的酒吧。而随着调制酒（将烈酒与其他酒类相混合）的迅速风靡，雪利酒也在酒吧和餐厅等地的鸡尾酒单上获得了一席之地。这种酒品种繁多，从颜色轻淡的干型 *Fino* 和 *Amontillado*，到颜色较重的、干型 *Oloroso* 以及深色的甜酒 *Palo Cortado* 和 *Pedro Ximenez*（试试看浇一点到最后一口香草冰淇淋上——好吃极了）。产自马拉加（Malaga）的同类酒——麝香葡萄酒则没那么出名，或许是因为多数人觉得这种酒过于甜腻。还有一些雪利酒颜色很深，甜得不可思议，而且酒精含量大概有 17%—18%，非常强劲。懒懒地坐在正午的日光里吃杏仁的时候，啜两口麝香葡萄酒，听起来很和谐是吗？不。相信我，我试过的。

如果你的厨房之旅的下一站是安达卢西亚，那你可以来点儿创意。可以试试涅韦斯或何塞的菜谱，也可以想象着把西班牙人和摩尔人的烹饪传统加以融合，看看你能有什么创新。这个想法可能做西班牙烩饭比较合适，相对来说这道菜比较容易自由发挥。随心使用你的香料和用量——肉桂、孜然、藏红花以及熏辣椒粉，还要确保你的厨房里备有典型的地中海食材，例如柑橘、蜂蜜、果干和坚果。我还要建议，烹饪时手边放一杯冰过的 *Manzanilla* 雪利酒，再放点儿烟熏杏仁，可以时不时嚼着吃。还有，如果你觉得稍微缺点儿什么，那就开大音量听“吉卜赛国王”（Gipsy Kings）乐队吧。

食材清单：石榴 • 柑橘类水果 • 番茄 • 香料（藏红花、肉桂、孜然）• 鸡蛋 • 香草（欧芹、薰衣草）• 海鲜 • 盐鳕鱼 • 雪利酒（*Manzanilla*、*Fino*、*Oloroso*、*Amontillado* 以及 *Pedro Ximenez*）

◆◆◆

• 西班牙冷汤 •

Gazpacho

我写这本书的时候，伦敦正值酷暑，而 *gazpacho* 简直成了梦想的美食。正是出于这个原因，西班牙南部的居民在整个炎夏吃（或喝？）掉了无数罐这种由番茄、蔬菜和橄榄油制成的汤汁。何塞 · 皮萨罗慷慨地分享了他的书《西班牙美食四季》（*Seasonal Spanish Food*）所写的这个菜谱，说他自己家里总是在冰箱里放一罐 *gazpacho*：这就是 40℃高温的夏季里最为清淡、沁凉的完美食物。令人高兴的是，这道菜也很好做。只要保证你在加入橄榄的时候一定要缓慢，使其均匀地分散在其他食材之中。火腿和蜜瓜在这里不是必需的，但是真的绝对好吃。优质的食材绝对是基本的，就像何塞所说的，“无处可藏”。尽量购买你能找到的最好的食材，这样这道菜你会吃上一整年——无论天气是否酷热。反正我是这样的。

• 4 人份 •

番茄，1 千克，熟透

青葱，2 根，切碎片

小黄瓜，1/4 根

大蒜，1/2 瓣

雪利酒醋，1 汤匙，以增加风味（*Pedro Ximenez* 醋最好，如果能找到的话）

特级初榨橄榄油，3—5 汤匙

海盐和现磨黑胡椒

熏制火腿，40 克，伊比利亚火腿最好，切丁（可选）

Cantaloupe 甜瓜（要非常熟的），40 克，切丁（可选）

1 • 只需将所有蔬菜和醋放入食品搅拌机。然后开动机器，从漏斗中慢慢加入橄榄油。如果汤太浓，加一点点水稀释。冰 4 个小时。在上桌之前加入盐和胡椒，需要的话再加点醋以平衡口感。用火腿和蜜瓜丁作为配菜。

• 盐鳕鱼馅饼搭配塔塔沙司 •
Salt Cod Fritters with Tartare Sauce

据说这种鱼味儿炸面团的起源与摩里斯科人有关，而它们展示了真正的安达卢西亚的特点：对于炸鱼的强烈嗜好以及对历史上的安达卢斯王国的致意。不要被下面列的这么多食材吓到，其中半数都是为了制作可选的（当然很美味）塔塔沙司。而且，尽管深底炸锅总是有用，不过对于这道菜也不是必备的。只要用深底炖锅将菜油彻底烧热就行。这可是涅韦斯大厨备受瞩目的食谱之一。你一开始动手烹饪就是“取法乎上”了。

• 4—6 人份的开胃小吃 •

制作馅饼

盐鳕鱼，500 克

牛奶，300 毫升

水，250 毫升

黄油，100 克，切成小块

普通面粉，150 克

鸡蛋，4 个，中等大小

大蒜，2 瓣，细细切碎

扁叶欧芹，25 克，切段

柠檬，1 个，挤汁

盐和胡椒

菜油，1 升，用作油炸

制作塔塔沙司

蛋黄，2 个

第戎芥末，2 茶匙

淡味橄榄油，125 毫升

菜油，125 毫升

大葱，1 棵，细细切碎

刺山柑，20 克，沥干并切碎

柠檬，半个，挤汁

鸡蛋，1 个，煮老，细细切碎

扁叶欧芹，15 克，细细切碎

1 • 将盐鳕鱼用一碗冷水浸泡并冷藏 24 小时，中间至少换 3 次水。沥干，然后用厨房纸巾轻轻拍干，之后切成 3 厘米厚的小方块。

2 • 放入一只宽且深的炖锅中，倒入牛奶和 300 毫升水，没过鳕鱼块。慢慢烧开，然后用漏勺将鳕鱼块从锅中取出。可以晾一会儿，然后将鳕鱼块弄碎，去除所有的鱼刺和鱼皮。

3 • 另取一只中号炖锅，加热 250 毫升水和黄油，直到黄油融化。烧开以后从炉子上取下。立即加入面粉并搅拌至顺滑。将炖锅放回炉子上并把火关到极小，煮 10 分钟，中间要经常搅拌。完成后从火上取下，可以晾 10 分钟。接下来，将鸡蛋全部打好。加入盐鳕鱼肉末，放入大蒜、欧芹和柠檬汁。一起混合并入味。将混合物倒入一只碗中，放凉，然后盖住冷藏至少 2 小时。

4 • 制作塔塔沙司：将鸡蛋黄和芥末在一只碗中搅拌，然后将油一点点淋在蛋黄上，不停搅拌直到形成乳液状，大概类似蛋黄酱的浓度。当油充分混合以后，加入大葱、刺山柑和腌黄瓜。加入柠檬汁并混合充分，最后拌入切碎的煮鸡蛋和欧芹，并用盐和胡椒调味。放入冰箱冷藏备用。

5 • 馅饼制作的准备工作就绪后，从冰箱中取出混合物，做成 3—4 厘米厚的面团，可以用两只汤匙做，也可以直接用手，方便就好。用一只深底炸锅或是大号深底煎锅将菜油烧热至 180℃。少量分批将面团炸 3—4 分钟，或者炸至变成金褐色并且变松脆即可，烹炸过程中间或用漏勺翻个面。炸好后从油锅中捞出，在厨用纸巾上沥干，用盐和胡椒调味，立刻和塔塔沙司一起上桌。

煎炸底料

◆◆◆

*sofrito*番茄混合香料是一种微微煎过的菜肴底料，通常用于烹饪炖菜或汤菜，在很多菜肴的烹制中都会用到——不过也有不同的配料（以及不同的写法）。这个词来自西班牙语的动词*sofreir*，意为“轻度煎炸”，不过在法国被称为*mirepoix*（最早是法国朗格多克省[Languedoc]的贵族雇佣家厨创造了这种做法），而在美国南部的克莱奥尔菜（Creole）和卡津菜（Cajun）中都被称为食材结合的“圣三一”。

食材的使用根据具体的地区和饮食文化的不同而有所差别。这些油炸底料为典型的地方菜提供了基本的风味——比如洋葱的甜味、某些辣椒的辣味——而且常常在烹饪以之入味的菜品之前就已经做好了。例如，在加泰罗尼亚，*sofregit*由白洋葱、番茄和橄榄油慢慢煎成并冷藏以备不时之需（见第057页）。不同地区之间的某些重要差别已经在下一页列出了。别忘了：就像厨房里做出的所有食物一样，并没有苛刻或速成的法则，很多厨师都会自由发挥，创造自己独特的*sofrito*混合香料。这里只是一份概览，看看烹饪时所用的这些基本底料在不同国家和地区都是如何制作的。

美食体系	食材构成
法国菜	
西班牙菜	
意大利菜	
葡萄牙菜	
克莱奥尔&卡津菜	
加勒比菜	
西非菜	

– 葡萄牙 –

旅行永远不会结束……你必须看看第一次来的时候错过的东西，再看看之前已经看过的东西，在春天里看看夏季的见闻，在白天看看黑夜的所见，在见过落雨的地方再看看阳光闪耀，看看庄稼生长，看看水果成熟，看看岩石的移动，看看之前未曾出现的阴影。

• 何塞 · 萨拉玛戈（José Saramago），

《葡萄牙行纪》（*Journey to Portugal*） •

“旅行不可能原样重复”，诺贝尔奖获得者、葡萄牙作家何塞 · 萨拉玛戈这样说，因为有太多因素会影响旅途的性质：季节，人，你自己的兴趣、品味和感受。我已经去过喜欢的地方很多次了（毕竟，这种亲切感会令你更容易喜欢一个地方，不是吗？）——无论是从斯特里汉姆的树林到北诺福克（north-Norfolk）海岸，还是从马德里的丽池公园中央到伯克利（Berkeley）的钟楼。每一次旅行都不一样，我的同伴、吃到的美食、旅行的季节以及我的情绪，这些都影响着我的旅行。

在这个意义上，烹饪就像旅行一样：食物不能复制。原封不动地重现一道菜几乎是不可能的，因为食物受制于食材的质量和来源，受制于烹制者在特定时候的偏好，受制于水量、火的大小以及可使用的工具。不过当我们烹煮美味的一餐时，我们所能做的，就是重新激起我们对那些地点与时光的回忆，通过食物的香气和口感将我们自己送回过去。

努诺 · 门德斯（Nuno Mendes）非常精通这种普鲁斯特式的旅行。伦敦味湛（Viajante）餐厅的这位厨师将自己形容为“美食探险家”，他离开祖国葡萄牙去往美国接受正式的厨艺教育，因为“葡萄牙的每一间餐馆都是‘老爸老妈式的联合’，我需要离开去发展自己的风格”。他在味湛确立了一种非常特别的“新式烹调”风格——想想看，将螃蟹放进牛奶里，再撒上在海滨找来的香草，在回想自己吃着长大的那些菜肴时，努诺显示出满满的爱意。他在餐厅里烹制这些新式菜肴，不过在家更常做的是类似阿连特茹汤菜（*acorda Alentejana soup*）这样的菜肴（参见后面的菜谱）。说起这道农家汤菜（一道简单的乱炖菜，混合了 *bacalhau*[①] 高汤、香菜、大蒜、橄榄油以及浸过的面包，上面盖着一个水煮荷包蛋），努诺想起祖母的朋友玛利亚·路易莎，他曾经在玛利亚的阿连特茹厨房里待好几个小时看她做菜。玛利亚也会用类似的方式烹煮极好的番茄汤，将一个鸡蛋打进土鸡熬的高汤里，加入番茄、洋葱、大蒜、月桂叶和薄荷。谈论这些食物不仅令努诺回到了那些快乐的用餐时刻，同时也带着他回到那空旷的荒野、起伏的群山以及儿时在阿连特茹度夏时喝过的农家汤。

很多葡萄牙菜的基本要素都在阿连特茹产生——风味、食材以及精髓。一方面，这是一种植根于“分享”精神的共享性的食物（这个特性明显由葡萄牙传递到其殖民地——参见巴西的 *paneladas* 大锅菜，第 376 页）。另一方面，阿连特茹的景致已经足以令人独自沉思，“这个地方令你可以想象自己坐在那儿，读着书并且感悟四季”，努诺这样描述道。这里的地形类似于安达卢西亚地区，有旷野和起伏的群山——就像无人区一样。由于毗邻西班牙的生猪养殖地区埃斯特雷马杜拉，这里出产橡实饲养的黑蹄猪、并且种有橄榄树也就没什么好奇怪的了。火腿与橄榄奠定了该地区的菜系基础，除此之外还有柴火烤的当地面包。这些面包有两种经典类型：一种较大，另一种较小，有很重的盐味，底部粗糙，有很厚的带烟熏味儿的面包皮和布满大孔的面包心。在葡萄牙，面包是最常见的主食，而在阿连特茹，面包则是当地汤菜的关键材料。

①*bacalhau*，“鳕鱼”的葡萄牙语，尤其是指风干后盐腌的鳕鱼，它是葡萄牙（以及西班牙）料理的主打食材。实际上这种食材来自斯堪的纳维亚，过去一直从那里进口，不过现在葡萄牙本地也出产。*bacalhau* 既可以用作调味料，也可以作为菜肴的底料。

秉承“分享美食”的习俗，炖菜在葡萄牙也很普遍，它们被称作 *cozidos*。葡萄牙料理主要利用当地所产的猪肉。有道经典菜是 *cozido à Portuguesa*，结合了牛肉、鸡肉、蒜肠、*chouriço* 葡萄牙香肠以及植物块茎，例如土豆、白萝卜和胡萝卜。其他的荤菜还包括 *feijoada*——就是猪肉炖豆子，这道菜随着葡萄牙帝国的扩张而广为流传（参见“巴西”部分，第376页），此外还有 *leitão*（炭烤乳猪）。

肉类是葡萄牙北部菜式特别突出的特征，那些由鸡肉、牛肉、羔羊肉和猪肉一起烹制的菜肴最能搭配当地著名的美酒。米饭也是葡萄牙北部的重要食材。这两样合起来就产生了听起来颇为重口味的菜肴：*arroz de cabidela*（鸡血饭）和 *arroz de sarrabulho*（猪血饭），也就是动物血炖米饭。

将整切猪腰肉都烤干的做法十分常见，有时候还要先把肉用红辣椒酱（也就是 *massa de pimentão*）腌一下。不过葡萄牙最迷人的猪肉菜必须是 *carne de vinha d' Alhos*，一道传统且耗时的菜，用小茴香、孜然、肉桂和红酒烹制而成，上桌时搭配炸面包、橘子和欧芹。正是这道菜启发了果阿咖喱的发明，就是印度南部一种极辣的咖喱菜，将肉用醋、糖、香辛料和辣椒腌一整夜。很明显，这道菜在印度发生了根本性变化，变成了我们今天所知道的重度辣咖喱。

葡萄牙的大部分地区都为海岸线所环绕。里斯本是全欧洲唯一有海上日落的首都（绝好的智力测试题！），所以，如果你身处当地，一定要点一些烤沙丁鱼或是炸虾饼。无论煎炸还是简单烧烤，鱼和海鲜都是葡萄牙国菜的重要组成部分，例如 *amêijoas à bulhão pato*（软壳蛤配大蒜和香菜），或是加上配菜做成 *cozido*（海鲜炖锅）。这方面的例子包括 *caldeirada*（一种多油脂的白鱼肉加上土豆、番茄和洋葱）或 *cataplana*，一种以钢和铜制的 *papillote*[①] 命名的菜式—— *papillote* 可用来在烤箱中烹饪食材。典型的

① 用 *papillote* 烹煮食物（通常是鱼）需要用某些东西将食材包住——传统做法是用上等的好纸——并加以烘焙。将包好的鱼用这种做法加以料理，慢慢地蒸，可以保持鱼肉的鲜嫩并融合各种配料的味道。*cataplana* 明显的特征是有两扇蛤蜊壳形状的金属盘，用合页连在一起，它能通过传递热量将鱼蒸熟。

cataplana 可以混合 *chouriço* 葡萄牙香肠、虾、扇贝和蛤蜊，以展示葡萄牙人料理海鲜和猪肉的方式。在炉中烹饪时，密封的金属外壳可增强风味，而菜品本身则格外柔嫩。

阿连特茹和阿尔加维（Algarve）的人都擅长将海鲜与肉食结合起来烹饪。*cataplana* 焖菜是一个例子，*carne de porco Alentejana* 是另一个例子，用猪肉片和蛤蜊、土豆、*pimentão* 辣椒酱、白葡萄酒、香菜、橘子一起料理。在其他地方，尽管亚速尔（Azores）很大程度上继承了葡萄牙的烹饪传统，但还是偶尔使用一种不寻常的慢炖技巧，基本上要炖 12—15 个小时。这些岛上的火山热量被用来融合鲜肉、血、大蒜、香肠、下水以及卷心菜的香气，使之形成口味强劲的 *cozido das furnas* 炖菜。

南部的阿尔加维盛产杏仁、无花果和柑橘。杏仁尤其是葡萄牙南部食物的主要特点，该地区是杏仁利口酒 *Armaguinha* 的产地。*marzipan*（杏仁膏）由摩尔人引入，也大量用于甜品的制作。很多葡萄牙布丁的口味在北非或中东地区也不会不合适，因为它们的甜味混合了水果干、坚果和柑橘。

不过，大多数葡萄牙甜点的基础是蛋黄和糖——从 *toucinho do céu* 蛋糕（我在后面的食谱会介绍它的做法）到 *sonhos*（多纳圈），从 *papos de anjo*（也称“女修道院蛋糕”——一种简单的葡萄牙奶油焦糖）到 *trouxas de ovos*（同样也是卡尔多斯达莱哈 [Caldos da Rainha] 地区修道院的传统食品：蛋奶糊在纸上凉透，然后卷成一口大小的、厚厚的一块），再到经典的 *pastéis de nata*（来自里斯本港口贝伦区 [Belém] 的那些极其漂亮的小蛋挞）。在 1820 年自由革命的影响下，贝伦的古代修道院里那些修士和修女都被逐出家乡。故事的发展是这样的：为了活下去，修道院（挨着一家制糖厂）开始出售这种小蛋挞，这种食品很快就声名远播。书中这个菜谱据说和两百年前的版本相比几乎没有变化，对我来说，探访里斯本最好的事情之一，就是在下午的时候（或者深夜……照此发展甚至还有清晨）来一份 *pastel de belém* 点心，就着 *ginjinha*——这座城市特有的 *Morello* 樱桃利口酒。站在里斯本铺满鹅卵石的街道上，手里擎着葡萄牙的这两样重要美食，感觉像是某种未受现代菜肴发展玷染的体验——这些都是历史悠久的食谱，是始终延续的传统。

尽管西欧的其他菜式例如法国菜和西班牙菜闻名于世不仅是因为其家常菜，而且还有高级料理，但是葡萄牙“农家菜”在该国的烹饪领域还是占据主导地位：炖菜、汤菜以及用面包作为底料的菜肴，它们都使用葡萄牙本国特产的食材。好消息是：这一点使得在家里、在你自己的厨房里尝试葡萄牙菜变得非常容易。尽管可能还需要一些练习，但你很快就可以做出玛利亚·路易莎所做的那种令努诺·门德斯至今记忆犹新的、美味的汤菜，哪怕是在你真正认识葡萄牙食物之前。

食材清单： *bacalhau* 盐鳕鱼 • 辣椒 • *chouriço* 香肠 • 猪肉和鸡肉片 • 沙丁鱼 • 对虾 • 土豆 • 香菜和薄荷 • 肉桂 • 孜然 • 藏红花 • 姜黄 • 杏仁 • 鹰嘴豆 • 甜品 • 用作配料的鸡蛋和糖

◆◆◆

• 盐鳕鱼汤 •

Salt Cod Broth

这道菜上桌的时候混合了碎面包、盐鳕鱼、鸡蛋和香菜，盛在一只赤陶碗里，看起来甚至有点儿像葡萄牙国旗。斑斑点点的绿色，水煮蛋的蛋黄泼在面包和肉汤上，这道菜是葡萄牙农家菜的缩影，甚至令最具先锋性的大厨努诺·门德斯（本书这个菜谱的创造者）都目瞪口呆。要用上好的鸡蛋例如布福德·布朗（Burford Brown）鸡蛋，英国一个红皮鸡蛋品牌。家养的鸡蛋最好，因为它有浅橘色的蛋黄，味道也更足。优质的面包也是关键。

• 4 人份 •

大蒜，3 瓣，去掉中间最辣的那一小段

香菜，15 克，叶和茎分开切碎

海盐，一大撮

特级初榨橄榄油，6 汤匙

盐鳕鱼，100 克，冷水浸泡 24 小时（冷藏，中间换三次水）

鸡蛋，4 个

白葡萄酒醋，1 汤匙

优质硬壳白面包（不用酵母），8 片，切片要厚

海盐和现磨胡椒

1 • 用杵和臼捣碎两瓣大蒜、香菜茎，用海盐调味。磨成细糊。然后加入 4 汤匙橄榄油混合，成为调味糊。闻起来会很香。

2 • 用 1 升水将盐鳕鱼炖 15 分钟。

3 • 将调味糊加入盐鳕鱼。中火再炖 5 分钟。

4 • 另取一只锅，用炖盐鳕鱼的水加入白葡萄酒醋煮鸡蛋，煮 3 分钟。

5 • 将面包微烘加热，将剩下的蒜瓣、橄榄油及碎香菜叶一起抹在面包上。

6 • 取 4 只深底儿汤碗，在底部放上面包。将肉汤倒入一只罐子，丢掉鳕鱼、大蒜和香菜茎，然后把汤浇在面包上。

7 • 每只碗里放一个水煮蛋，将剩下的香菜叶撒在上面，加入盐和胡椒调味并立即上桌。

• 杏仁蛋糕 •

Almond Cake

这道蛋糕含有大量的杏仁、鸡蛋（尤其是鸡蛋黄）和橘皮，它是葡萄牙甜食的缩影。它的名字（*toucinho do céu*）从字面上看意思是“天堂里的培根”，因为它最早是用猪油制作的。按这个食谱能做出具有完美湿润度的海绵蛋糕，而且你只

需要吃一点点就能体会到满足感！在这儿要用杏仁粉代替面粉，而且糖的纯度、鸡蛋黄和杏仁口味（我强烈推荐 *Amaretto*［杏仁酒］作为替代选项）都令这种作为零食的蛋糕也绝对称得上甜点。也可以试试吃的时候搭配一点酸奶或者鲜奶油。

• 8 人份 •

水，175 毫升

细砂糖，400 克

盐，1 撮

杏仁粉，200 克

无盐黄油，60 克，室温存放

鸡蛋，2 个

蛋黄，5 个

杏仁精（或 *Amaretto* 杏仁酒），1 茶匙

橘皮（半只橘子的）

糖霜（最后用来撒在蛋糕上）

1 • 预热烤箱至 150℃ /130℃（风扇烤箱）/2 档（燃气烤箱）。用黄油涂一个直径 25 厘米的圆形蛋糕模或边长 20 厘米的方形蛋糕模，在上面撒上面粉。底部盖上一张烘焙纸。

2 • 取一只炖锅，中火烧一锅水，其中加上糖和盐。水烧开时立即加入杏仁粉。关至中小火并不断搅拌混合物 5—6 分钟，直到变成柔软浓稠的杏仁糊。

3 • 黄油切块并且在融化时拌入杏仁糊。

4 • 取一只碗，轻轻打入全部鸡蛋和蛋黄。拌入杏仁糊中以后加入杏仁精（或 *Amaretto* 杏仁酒）以及橘皮，搅拌至完全融合。将糊状物倒入准备好的蛋糕模，在烤箱中烘烤 40—50 分钟，也可以烤到蛋糕变硬而且表面变成金褐色。

5 • 将蛋糕留在模具里直至变凉，然后从底部取走烘焙纸，撒上糖霜后即可上桌。

盐鳕鱼（Salt Cod）

◆◆◆

盐鳕鱼（或者叫 *bacalhau*）是用大西洋鳕鱼制作的（最近也用其他类型的白鱼，例如青鳕和牙鳕）。取出鱼的内脏并且放平，然后盐腌并风干以产生一层脆皮，它可以令鱼肉保存好几年，成为既实用又经济的蛋白质来源。

盐鳕鱼在烹饪前需要浸泡并煮熟，以使其恢复水分。

尽管盐鳕鱼与葡萄牙菜的联系最普遍，但实际上它是北大西洋周边国家例如挪威、冰岛和加拿大的部分地区的特产。盐鳕鱼在葡萄牙菜中非常重要，它有上千种做法，包括 *bolinhos*（油炸馅饼）、*bacalhau à Minhota*（盐鳕鱼与土豆、洋葱和红辣椒一起煎炸，来自北部米尼奥 [Minho] 地区）以及 *bacalhau à Gomes de Sá*（一道由土豆、鸡蛋、橄榄和盐鳕鱼制成的砂锅菜），如果这里不把它列进来似乎是不负责任的。盐鳕鱼还在其他的地中海国家的菜肴中扮演重要角色，其中包括西班牙（见涅韦斯制作盐鳕鱼馅饼的菜谱，第 083 页）以及意大利的部分地区，例如威尼托（Veneto），当地人称 *baccalà*。[①]

盐鳕鱼一直都是新、旧世界之间的重要贸易品。虽然很多食材现在都已融入了源自新世界的欧洲菜系——无论是米饭，还是香料、辣椒、土豆和番茄，但是另一方面，欧洲的盐鳕鱼一直都是西非和美国菜系的基本食材，用于烹制那些经久不衰、无处不在的菜肴（例如牙买加国菜，即西非荔枝果搭配腌鱼，第 361 页）。它在葡萄牙以前的殖民地（例如巴西、菲律宾、中国澳门以及印度的果阿）菜系中也占据极为重要的位置。

●●●●

① 据说罗塞尔·诺尔曼（Russell Norman）聘用佛洛伦丝·奈特（Florence Knight）作为自己在索霍区备受好评的餐厅 *Polpetto* 的主厨，主要是因为她能做出了名难做的威尼斯菜 *baccalà mantecato*（盐鳕鱼和牛奶、洋葱、月桂一起煮，然后打成慕斯）。

– 意大利 –

意大利人仍然令时间消逝在舌尖上，要想像他们一样，就得分享他们从生活中创造艺术的无尽天赋。

• 玛尔塞拉·哈赞（Marcella Hazan），

《经典意大利菜烹饪基础》（*The Essentials of Classic Italian Cooking*） •

母亲形象在意大利厨房中占据最高地位。数个世纪以来，意大利菜一直得到了女性长辈（母亲、祖母和外祖母）的发展、支持并长盛不衰。“食物”在意大利几乎是与“家庭”同义的。淋在一碗一碗意大利面上的，是爱；撒在上面的，是养育之情——你能责怪一个典型的意大利男人30岁的时候还在家里跟父母一起住吗？家常菜传统上一直都是意大利最好的饭菜。

雅各布·肯尼迪（Jacob Kenedy）是伦敦的博卡餐厅（Bocca di Lupo）的所有者，他谈到意大利的“Nonna Problem”（“奶奶问题”）与母亲在厨房中的支配地位有关。很长时间以来，关于意大利食物都存在一种不愉快的紧张关系，紧张的双方分别是本地传统与变得更迷人、更高端的发展机会。真正的意大利美食看起来可能在根本上太过俚俗，总是把食物放在火炉上烤烤了事，总是靠厨子灵机一动的想法，或是为了将食品柜里的存货换成米其林餐厅指南所建议的原料。在伦敦，那些令“吃意大利菜”变成一种更加高级的用餐经验的人，例如乔吉奥·罗卡特里（Giorgio Locatelli）、雅各布·肯尼迪和弗朗切斯科·玛泽伊（Francesco Mazzei）一直都推崇地道的意大利料理：产区、季节、母亲形象，拥有雅致的餐馆并且对于自己想要传达什么东西拥有很明确的概念。对于博卡餐厅的肯尼迪来说，这意味着中等分量的菜肴，旨在与人分享，旨在为食客提供机会去尝试意大利各个产区的特殊美食。弗朗切斯科（见卡拉布里亚，第 116 页）甚至将自己的餐厅“灵魂”（L’Anima）的菜肴描述为“戴着厨师帽的妈妈菜”。

意大利料理也会给非本地的厨子捣捣乱。我可以给你举个例子。我们知道很多意大利食物都很简单，但是我花了很多年寻找完美的番茄酱来搭配意大利面。直到今天，*spaghetti*（意大利细面）搭配 *pomodoro*（番茄沙司）是我喜欢而且吃着自在的食物；我在家里吃它，在餐厅吃它，但对于各种各样的配料还是非常困惑。来点儿更有趣的！这个你在家也能做！然而你看，我做不到。我做不到同样的浓度、同样丰厚的口感或甜度，或是同样诱人堕落的口感。为什么我就是做不到呢？我什么都试过了——加蒜，不加蒜；加切丝的洋葱，加切碎的洋葱，完全不加洋葱；加茴香籽，用更好的橄榄油，加牛奶（奈吉拉·劳森 [Nigella Lawson] 大力主张），加奶油（玛莎·斯图尔特 [Martha Stewart] 推荐），加牛至，加糖……只要可能有效，我都一一尝试。

然后我发现最近有一位意大利裔的美国厨师、作家玛尔塞拉·哈赞以一本《经典意大利菜烹饪基础》而将意大利菜的烹饪秘诀引入英语世界的厨房，并因此备受称赞。哈赞指点说，要将一罐番茄酱全部倒入炖锅，一个洋葱对切成两半，与厚厚的一块黄油一起下锅，所有这些食材都必须盖盖儿、以微火慢炖 45 分钟。大概炖到 20 分钟的时候，我能闻到香味儿。我知道我做到了。我正在做的就是完美的 *pomodoro* 番茄沙司，只用了四种食材（到最后才加盐）。说到底，就是浓郁的黄油、甜甜的洋葱以及小火慢炖的漫长时间令这些番茄充分呈现出自身的美好。

不过，我想要在以下章节中呈现的意大利食物也很多元化。我可能不会涵盖所有最具知名度的意大利美食地区——像那不勒斯、托斯卡纳（Tuscany）和皮埃蒙特（Piedmont）就缺席了——但是我试着向你展现一个有趣的意大利烹饪风格的横切面：从卡拉布里亚菜和西西里菜的摩尔人式的“融合”，到威尼托的斯拉夫文化底色，以及介乎这两者之间的、代表意大利美食精髓的精选地区，例如爱米利亚—罗玛涅区（Emilia-Romagna）和拉齐奥。

我不太清楚你的情况，但是对我而言，意大利食材绝对是日常饮食中不可或缺的一部分。（你有没有被问到过，如果余生只能吃一种菜，你会选哪种？根据我的经验，几乎所有人都会选意大利菜。）现在在我看来难以置信的是，在我父母尚未成年的年代，意大利面和帕玛森干酪都还是新鲜事物，黄油比橄榄油更受人喜爱，而我的母亲直到20岁以后才尝试做披萨。意大利食物在家也很好做，无论从成本还是实用的角度考虑都是这样。我的食品柜里从来都备有一袋意大利面和一瓶特级初榨橄榄油，它们是我的经典食材储备。但是在这种实用的日常意大利饮食习惯之外，我们也需要有大厨来制作高端的、创新的意大利菜，这样它才不会变得乏味。意大利美食的最大好处是它的兼容性——它有很多层次，并且可以为你的厨房之旅提供几乎无限的可能性。

考虑到今日很多人都能够出色地烹烧家常菜，更别提还有祖上秘传菜谱的浪漫传说，有所谓的“奶奶问题”其实并不是多么糟糕的事。在本书中的意大利厨房之旅中，我所介绍的菜谱并非特别要求技巧，做得好其实有赖于高质量的新鲜食材，以及——用一种不太直白的话来说——对食物的尊重，尊重它能占据家庭生活的核心。如果你有了这两样，那你就已经开始像一位意大利妈妈甚至意大利奶奶那样做菜了。所以，让我们这就开始吧。

拉齐奥

罗马——一切可见历史之都城，半个地球的过往似乎都在这里、在送葬的队伍中行进，那些陌生祖先的画像，那些从远方收集来的战利品，都与它一起前行。

• 乔治·艾略特（George Eliot），《米德尔马契》（*Middlemarch*）•

你可能期待着罗马所在的意大利地区有非常美味的食物，甚至极为出众。确实如此。你可能期待着这些菜肴展示了乔治·艾略特所描绘的那种“可见的历史”。确实如此。但是对我来说，拉齐奥的美食最好的地方就在于它那其貌不扬的特质，这种食物饱含谦卑。虽然有着高雅文化和世界主义的名声，但是拉齐奥的罗马菜肴依然像是某种隐藏起来的宝物。

在拉齐奥，到处都有美好的日常食物。雅各布·肯尼迪，这位伦敦的博卡餐厅的主厨兼投资人，认为罗马人很清楚地认识到这一点。“并不是所有人都试图令拉齐奥的菜肴变得令人着迷，就像意大利其他地方的人经常做的那样。这儿的食物未经均质化，它保留了自己的根，而罗马人对此极为自豪。”拉齐奥的美食具有十足的风味，纯净、精炼且鲜明，而这里的土壤适合烹饪术的发展，后者甚至盖过了罗马作为都城的地位。

不过，由于地理位置的关系，拉齐奥的食物还是具有多样性。你会发现所有通常的意大利饭食（披萨和意大利面——就像你所期待的那样，都具有地域特性）；上好的面包可与南部竞争（我平生吃过最好的三明治是在如今已成为传奇的Forno Campo de’ Fiori面包房，当地的大饼填入佩科

里诺 [*pecorino*] 羊乳奶酪和火箭菜 [rocket]）；生机勃勃的花园中种着苦绿草（bitter greens）之类的蔬菜；当地的标志性奶酪以及那种你会以为在更靠近北方的皮埃蒙特地区才能找到的荤劲儿十足的肉食。每一个地区的食物最终都会到达罗马，因为人们会探访或迁移到大城市。“拉齐奥地处一个不太舒服的中间地带——同时受到南北两方的怨憎，因为这个国家总体上划分为南、北两方。”肯尼迪说。不过罗马美食绝不抄袭其他地方的菜式，也不会因为处于“中间状态”而陷入模糊不清，相反，它拥有强烈的特性和令人自豪的历史。它简直就是菜系中的“老资格”——这种烹饪方式或许相当于一位贵族开着千疮百孔的、破旧的沃尔沃汽车。

古罗马的影响依然强大，而且体现在这些丰富的口味和食材的使用之中，比如鱼酱，是一种发酵的酱汁，用红的或是灰的鲻鱼或鲭鱼制成。这是罗马帝国的调味品，加入盐并使一切食物变得鲜美——很像亚洲的鱼露——而这种方式直到今天还在使用，是和我们这儿的番茄酱和伍斯特沙司（Worcestershire sauce，英国伍斯特郡产的沙司，也称“辣酱油”）一样常见的调味品。

大部分罗马菜用的调料都不多，但是味道都被放大到了极致，而且还有可以平衡它们的诀窍。这一点可以从它们如何使用蔬菜看出来，比如说要烹制很漂亮的罗马花椰菜（差不多是一半罗马花椰菜 / 一半菜花），将它煮至完全变软，然后用纯净强烈的柠檬汁、大蒜和辣椒调味。*Pasta cacio e pepe* 意大利面是该地区的经典意大利面菜肴，也同样强调各种口味之间的微妙平衡。它很简单，混合了 *rigatoni*（经典形状的意大利面——边缘有锯齿形状的粗管面，适合从盘子里舀起酱汁送进嘴里）、佩科里诺羊乳奶酪和胡椒。这道菜的各种成分单独看来可能都很便宜，口感略重，而且是乡下菜，但是混在一起就会产生某种单纯却又丰富的味道。

柑橘类水果、大蒜和盐是拉齐奥菜肴中最重要的调味品，而香草的使用则通常限于月桂和迷迭香。就像在意大利的其他地方一样，新鲜作物的质量是关键。在 Trionfale 和 Piazza Vittorio 这样的食品市场，顾客们仔细研究摊位上堆得高高的、金字塔似的本地蔬菜：浅色的小胡瓜、朝鲜蓟和意大利菊苣（*puntarelle*，简直就是菊苣家族的蛇发女妖美杜莎，长着浅绿色的羽状嫩枝，从中心的白色根部一直向上长出来）。*puntarelle* 在意大利之外的地区是出了名的难活，它可以绝妙地搭配 *bagna càuda*，一种蒜味凤尾鱼酱料（我在菜谱中会介绍这个，搭配微微煎过的菊苣，见第 132 页，“威尼托”一章）。

拉齐奥的一个特别肥沃的地区就在罗马以南的彭蒂内（Pontine）沼泽。这里直到 20 世纪中叶还是一片有毒气的沼泽，后来墨索里尼将水排空后修建了运河[①]，湿地提供了丰饶的、适于水果和蔬菜生长的泥地。还有布拉奇亚诺（Bracciano）火山湖，周边环绕着果实甜美的野生植物，比如梨子、李子、苹果、覆盆子和草莓，它们开花结果，十分繁盛。当这些草莓完全成熟，并佐以柠檬和辣椒，就可以作为简单而又口感均衡的甜点。

佩科里诺奶酪是当地著名的绵羊奶酪，味儿咸，和帕玛森干酪的用法一样：磨碎后加入意大利面、乡村披萨、沙司（例如青酱），或仅仅撒在上面，传统上还要搭配蚕豆。莫扎里拉（Mozzarella）奶酪在拉齐奥也开始变得优质，并令你更接近卡帕尼亚（Campagna）地区。[②]佩科里诺奶酪和莫扎里拉奶酪都用于制作罗马披萨，这种披萨的饼边儿比那不勒斯披萨更薄（越往中间越厚）。这里的披萨风味也和拉齐奥其他地区的食物一致，只有简单的配菜，例如朴素的番茄酱汁；还有 *bianca* 披萨（没有番茄酱汁），上面有瓜花和香肠。

意大利面是罗马菜的主角。*bucatini*（类似于较粗的 *spaghetti* 意大利面，整根面中间有孔洞），*spaghettini*（更细的 *spaghetti*），短意大利面如 *tortilloni*、*ditali* 和 *ditalini*，还有很棒的老款式的粗短意大利面 *rigatoni*，都是拉齐奥的主要意大利面菜肴。意大利面在各种汤菜如 *pasta e fagioli* 或

••••

① “湿地战役”始于 1922 年，旨在排空彭蒂内沼泽的污水并在这块丰饶的土地上种植作物。最后建成的运河以墨索里尼的名字命名。

② 意大利西海岸线上、拉齐奥下方的地区，也是全世界最好的布法罗水牛（buffalo mozzarella）奶酪的产地。

pasta e ceci 之中也占据重要位置。这两种汤菜中都有切得极细的洋葱和大蒜，以及芹菜和胡萝卜。这是真正的农家食物——便宜、营养并且使用那些到处都能生长也易于储存的食材。如果你真想匆匆完成一个速成的版本，那你可以用罐头豌豆，这是从你家厨房到罗马的快速直通路。蕾切尔·罗迪（Rachel Roddy）开了一个非常棒的罗马食物博客"*Rachel Eats*"，并著有一本烹饪书，她为本书贡献了一个制作美味可口的 *pasta e ceci* 的菜谱，在这一节的结尾就可以看到。

其他的罗马意大利面酱则包括经典的 *carbonara*（用于奶油培根意大利面），这种面酱小心翼翼地将以下食材结合起来：*guanciale*[①] 或 *pancetta*（不经烟熏的意大利咸猪肉）、鸡蛋、黄油、奶酪、黑胡椒，以及 *rigatoni* 或 *spaghetti* 意大利面。对于 *carbonara* 奶油培根意大利面来说，食材的新鲜度是关键，我恳请您去找一本好菜谱（试试雅各布·肯尼迪《意大利面几何学》[*The Geometry of Pasta*] 一书中的食谱），然后在家自己做。你会发现这是一种完全不同于千篇一律的餐馆版本的个性食物，不过，依然糟糕的是，超市的货品太容易凝固。*rigatoni* 或许也可以和番茄酱汁以及 *pajata* 一起吃，后面这道菜融合了罗马人对于意大利面的强烈爱好以及重口味的肉食倾向。*pajata* 不适合那些心软的人，它类似于奶酪香肠，是尚未断奶的小牛的肠子，里面还填着牛奶糊（是小牛还没有消化掉的、母牛的奶）。相信我，这是真的。

罗马人不留想象的余地，只要开始吃肉就常常沉溺于肉食的快乐，只用最少的调味品。*abbacchio alla Romana* 就是一个典型的例子：小羊羔加上大蒜、凤尾鱼和盐。与此相反的另一个极端，则是内脏菜例如 *trippa alla Romana*，特点是牛肚与番茄、白葡萄酒、佩科里诺羊乳奶酪、月桂、*mentuccia*（野薄荷）一起烧。这道菜以及更多同类菜在罗马南部的台斯塔奇奥（Testaccio）地区都可以找到，该地区直到 1975 年都是拉齐奥的屠宰

①*guanciale* 或者说猪脸，在罗马的奶油培根意大利面这里是标志性的、最恰当的培根，这种培根（不加在奶油培根意大利面中的时候）在意大利其他地方也能找到——不过是用更一般化的非烟熏培根。

中心。台斯塔奇奥直到现在还是屠宰中心，有极富当地特色的菜肴，就是珍惜肉类边角料或者说“第五个四分之一”（the fifth quarter）[①]。这部分边角料包括 *testarelle*（头部，通常烤食）、*milza*（脾，通常炖食或者烧烤）、*coda*（尾部，用作炖菜和意大利面酱），以及 *coratella*（心、肺和食道，常搭配紫色朝鲜蓟一起吃）。

罗马的犹太社区具有长期基础，很长时期以来又十分贫困，他们是被反犹主义隔离在 rione Sant’Angelo 的住宅区的一群人（现在仍旧被称为“犹太人隔离区”），直到 1888 年，他们也属于购买这些便宜的“第五个四分之一”肉食的顾客。像 *coda di bue*（炖牛尾）或 *pagliata con pomodoro*（番茄酱汁炖牛肠）这样的菜式都展现了他们对肉类边角料的使用。不过，标志性的犹太—罗马内脏菜可能还要数煎脑花或是羔羊内脏烧朝鲜蓟（*carciofi*），另一种典型的犹太菜肴即经过煎炸的朝鲜蓟（*carciofi alla giudia*），有时作为肉类的配菜，有时也作为主菜。这种菜只用盐和一点点胡椒调味，吃着炸过的朝鲜蓟感觉就像一次下流的探险，好像是在剥去你的食物的衣服一样。一开始要先把外面酥脆的、焦糖色的花瓣剥掉，几乎已经在垂涎它的口感，然后直捣中心剥出柔软的白色内核。这里将会分享雅各布 · 肯尼迪那个备受喜爱的犹太朝鲜蓟食谱，所以，赶紧把你的深底儿煎锅准备好吧。

深底儿煎锅并不只是用来做犹太菜中的朝鲜蓟，还可以做 *fritto misto*（瓜花）和 *baccalà* 意式盐鳕鱼。最后说一句，我在写这部分时，正在吃一块从戈尔德斯 · 格林（Golders Green）大街买来的 *challah* 点心（犹太安息日的甜面包）。烘焙点心也是罗马—犹太菜的主要特征。特别值得一提的是，奥克塔维亚（Via di Portico Ottavia）的 Boccione Limentani 是一所公

••••

① “第五个四分之一”（*quinto quarto*）指的是 19 世纪时不向贵族、牧师、资产阶级和军队（上述人群都是前四个“四分之一”——更优质的肉块——所供应的对象）供应的那类肉食。而这部分肉类边角料基本上供应给那些社会最底层的人，他们出于需要而不得不以这些不受欢迎的肉食为基础发展出丰富的本地菜肴。

共机构，提供各种美味食物，例如内填 *ricotta* 奶酪的酥皮点心派、*treccia*（星期五大餐的麻花点心，用樱桃和糖制成），还有为逾越节准备的蜂蜜 *pizzarelle*（未经发酵的油炸馅饼，用犹太逾越节薄饼、葡萄干和蜂蜜制成）。

罗马—犹太菜与罗马城的更为广泛的料理传统有所区别，但是又融合在一起。一直有人认为，与其说犹太食品是坚持了犹太人的料理传统，还不如说是从中受到了启发①，同时供其汲取灵感的还有古罗马菜肴——毕竟犹太人在基督教之前就已经到这里了。

乔治·艾略特称罗马为“可见历史之都城”，他是对的——罗马人厨房里的那些盘子、锅展现了一段丰富多彩的历史。总的来说，拉齐奥也是一样：这个地区是意大利北部和南部的连接处，并为其国际化的都城提供了乡村的方方面面，促使其自身原有的小规模菜系有所突破。拉齐奥的烹饪总是向我们提供有待探索的新领域，无论是简单而富有营养的汤菜 *pasta e ceci*，还是煎炸整只朝鲜蓟——这两道菜的食谱后面都会有所介绍。

无论我是身在罗马，还是仅仅从我的厨房里进行想象中的探访，我都非常乐意像罗马人那样行事。不过我恐怕还是会避开 *pajata* 奶酪肠。

食材清单：凤尾鱼 • 佩科里诺羊乳奶酪 • 朝鲜蓟 • *ricotta* 奶酪 • 肉类边角料 • *pancetta* 未烟熏培根 • 月桂叶 • 野薄荷 • 鹰嘴豆 • 豆子 • 意大利面（*rigatoni*、*bucatini*）• 罗勒 • 莫扎里拉奶酪 • 豌豆 • 罗马花椰菜 • 菊苣

• • •

① 比如说，并不是所有的餐厅都在严格意义上为犹太教所允许，还有很多地方与标准的罗马饭食相重合，例如 *pasta e ceci* 或 *pasta e fagioli*。

• 意大利面与鹰嘴豆汤 •

Pasta and Chickpea Soup

蕾切尔・罗迪在她的博客中将 *pasta e ceci* 称作"汤菜中的斯蒂弗・巴赛密（Steve Buscemi），有点儿传奇色彩，你觉得他理当如此低调，但又爱他胜过所有出风头的花花公子"。*pasta e ceci* 很低调：意大利面和鹰嘴豆，甜味的洋葱番茄底料 *sofrito*、芹菜、胡萝卜、上好的橄榄油、一些帕玛森干酪以及一点迷迭香就能加强它的风味。这道菜的照片完全可以放在词典里，"治愈系美食"（comfort food）的定义旁边——其之所以有治愈效果不是因为放纵（对于放纵来说这道菜太过节俭），而是由于滋养。这种差别，换句话说，就类似于放纵自己外出度过一个酩酊大醉的夜晚，与回家做一顿家庭烧烤之间的差别。事实上，这道菜正是罗马的家常饭食。罗迪描述了炖鹰嘴豆的香味是如何在每一个星期五弥漫在她于台斯塔奇奥的住处附近，传统上，*pasta e ceci* 都是周末大餐中 *baccalà* 炸盐鳕鱼上桌之前的开胃菜。正是豆子和意大利面的混合菜——例如 *pasta e ceci* 或是其同类菜 *pasta e fagioli*（用 *borlotti* 或意大利白豆烹制）——支撑着我度过了冬天里的写作时光。这些菜要用的都是食品橱里的主要食材，都是便宜、好做又实诚的菜肴，能够滋养我那孤独的胃。

• 8 人份的开胃菜 / 6 人份的主菜 •

特级初榨橄榄油，6 汤匙

胡萝卜，1 根，中等大小，切成小丁

芹菜，1 根，切成小丁

白洋葱，1 个，切成小丁

番茄浓汤，2 汤匙

迷迭香，1 小枝

干鹰嘴豆，300 克，浸泡一夜，然后炖 2 小时直至变软；或者用熟鹰嘴豆罐头，2 罐，每罐 400 克

帕玛森干酪的硬皮

盐和现磨黑胡椒

干意大利面，小管状，225 克（*macaroni* 或 *rigatoni* 就行）

1 • 取一只深底儿炖锅，中火加热橄榄油，然后放入切好的蔬菜以及一撮盐。稍微炒一下，经常搅拌并翻面，直到变得很软、颜色变成金黄，大概需要 15 分钟。

2 • 加入番茄浓汤和迷迭香，搅拌，然后加入三分之二已煮好的鹰嘴豆。再次搅拌，然后加水 1.5 升，没过所有食材（用煮鹰嘴豆的水，如果还留着的话）。加入帕玛森干酪皮。煮沸，然后关小火，慢炖约 20 分钟。

3 • 捞出帕玛森干酪皮和迷迭香，然后将所有混合物放入食品搅拌器里打碎，做出细滑的汤。

4 • 搅拌剩下的煮过的鹰嘴豆并调味。将汤汁倒回锅中并加入意大利面。煮面的时候经常搅拌以免粘锅，要煮 10—15 分钟。

5 • 意大利面煮熟但还保持弹劲的时候，将锅从火上取下。放置 5 分钟以后再搅拌，上桌时再加一些家里最好的橄榄油。

• 炸朝鲜蓟 •
Fried Whole Artichokes

我的朋友索菲从少女时期开始就对朝鲜蓟感到怕怕的。在集中精力模仿达米安·赫斯特（Damien Hirst）的时候，在我们艺术老师的坚持下，她丢了一只朝鲜蓟到鱼缸里，然后把它画下来，一边强迫自己，一边用蜡笔画得很漂亮，最后还为画作起名“Art-I-Choke”（“朝—鲜—蓟”/“艺术—我—无语”）。索菲后来住在意大利，说得更具体一点，她在罗马花了大量时间吃炸朝鲜蓟。这种长着娇嫩花瓣的蔬菜从令人讨厌的创作灵感变成了受人钟爱的食物。由于只需三种食材，因此就要求掌握高超的厨艺。一定要极为小心仔细才行。选择你能找到的最大的朝鲜蓟（长 6—8 厘米，叶子要紧闭），烹饪之前就要将它准备好。先要修剪叶子上硬的、发黑的部分（叶子应该像“削铅笔”那样减少，雅各布·肯尼迪的菜谱就是这样说的），还要剪去茎和被修剪过的尖端。它看起来应该像是一朵“苍白的玫瑰花蕾”。非常彻底地洗净，然后把干净的朝鲜蓟全部浸入加了柠檬汁的水中，防止变色。

• 4人份开胃菜 •

朝鲜蓟，8只

柠檬，1—2个，榨汁

盐

葵花子油，约2升

1 • 洗净并准备好朝鲜蓟（参见前文），放在加入柠檬汁酸化的水中，直到你准备开始烹饪。

2 • 将朝鲜蓟完全沥干，用一块布擦干水分，多用些盐调味，然后用至少5厘米深的葵花子油（大概是2升油倒入一只深20厘米的锅里）、高温130℃—140℃煎炸15分钟，直到完全变软（用牙签插到中心检查程度），但是不要炸散。捞出朝鲜蓟，放凉。

3 • 准备吃的时候再将朝鲜蓟加热直到几乎起烟（190℃）。这是安全范围内的最高温度，适宜于快速煎炸。用拇指插入朝鲜蓟的中部，令它像花儿一样绽开，轻轻将叶子展平，像一朵开放的菊花。将朝鲜蓟头朝下浸入油里（轻轻地浸低一点，不要让它们翻个儿）再炸几分钟，直到叶子变成秋天的棕褐色。完全沥干朝鲜蓟。油可能会夹在叶子中间，最后在捞出锅的时候用钳子夹住晃一晃，然后用厨房纸巾上上下下完全吸干油分。撒上盐，立即食用。

• 终极番茄沙司 •
The Ultimate Tomato Sauce

极好的、丰盈的红色稠酱浇在意大利面上，与此相比几乎没有什么食物是我更爱吃的了。这里给出的是我受玛尔塞拉·哈赞的用三种食材烹制番茄酱汁的食谱启发，自己创造的版本。有的人在洋葱将甜味发挥出来以后就取出丢弃了，而我很喜欢把它们吃掉——这层柔软的白色果肉与意大利面的口感其实很搭。

• 4人份 •

罐头李子番茄，2罐，每罐400克

黄洋葱或白洋葱，2个，对半切开

无盐黄油，5汤匙

盐，根据口味决定

干意大利面，400克（我更喜欢 *spaghetti* 或是 *linguine*，不过任何一款都可以）

现磨黑胡椒以及帕玛森干酪碎，上桌时使用

1 • 就这么简单。将洋葱切开的一面朝下，放入一只大号炖锅。将番茄倒在上面，放入黄油，盖上盖子，小火炖45分钟。偶尔搅拌，将番茄与融化的黄油充分混合，并轻轻将整只的番茄弄破，弄成果浆。

2 • 根据包装袋上的说明煮熟意大利面，确保没有煮过头。滗干水分后放回锅里。

3 • 往番茄酱中加盐调味，倒在意大利面上并拌匀。分到四只碗中，洋葱均分，撒上黑胡椒和帕玛森干酪，然后上桌。

爱米利亚—罗玛涅

在罗玛涅，小康家庭和农民都在家杀猪，这种情况通常都是欢乐的节日，小孩子则可以尽情玩耍。

• 佩雷格里诺·阿图西（Pellegrino Artusi），
《南部美食》（*Exciting Food for Southern Types*） •

爱米利亚—罗玛涅有点像是意大利的诺曼底——盛产绝好的特产，出口并享誉全世界，然而却不像意大利其他地区那样有丰富多样的菜式。很多最有名的意大利食材都来自爱米利亚—罗玛涅，而我们对于挤在威尼托、伦巴第（Lombardy）和托斯卡纳之间的这个物产丰富的角落竟然所知甚少。至于阿图西提到在杀猪时节前后的享乐和嬉戏则有一点儿冷酷。但这不是残忍的问题，这就是产生了帕尔玛火腿的古老传统。

爱米利亚—罗玛涅几乎横穿整个意大利，是阿尔卑斯山北部和地中海南部之间的缓冲区。除了意大利东边的亚得里亚海岸（Adriatic coast）和西边的利古里亚海（Ligurian），它连接起几乎所有地方，而且地区面积超过 8500 平方英里，几乎一半地区都是平原（剩下的是山丘、群山和亚得里亚海岸）。

农业和食品生产是头等大事——非常发达、工业化并且为相当高的人均生产总值做出了重要贡献。考虑到该地区的规模、著名的美丽城市（例如博洛尼亚 [Bologna] 和拉文纳 [Ravenna]）之数量以及高质量食物的不断生产，“爱米利亚—罗玛涅”这个名字居然未能家喻户晓（就像托斯卡纳或西西里一样），这实在是令人惊讶。或许原因在于，作为名字而言，它有点长。但不管原因究竟是什么，这里盛产为人熟知的食材，名字绕口，但很好吃。帕尔玛火腿（*prosciutto di Parma*）、摩泰台拉（*mortadella*）香肚、帕玛森干酪以及巴萨米克醋（*balsamic vinegar*）都产自爱米利亚—罗玛涅地区，并且堪称世界上最著名的意大利食材。这个地区的意大利面也很有名，某些意大利最常出口的意大利面类型就产自这里，比如 *tagliatelle*（意大利干面条）、*tortellini*（意大利小馄饨）以及 *lasagne*（千层面）。

不过说到菜肴，爱米利亚—罗玛涅为人所知的还真是只有为数不多的几道意大利面打底的菜而已。质量上乘的食材特产胜过了“有技术含量的”菜肴，而且从历史上看，很有可能是如此大面积的耕地使其不太容易成为观光客向往的胜地（这和迷人的相邻地区托斯卡纳不一样）。爱米利亚-罗玛涅的特产是主角，而你肯定听说过摩德纳（Modena）、博洛尼亚和帕尔玛（Parma）这些地名，著名的食材正是出产于这些地方。

prosciutto[①] 是意大利腌火腿的统称，就像西班牙的塞拉诺火腿一样，而帕尔玛火腿尤为著名。帕尔玛火腿的独特风味来自当地使用的独特的猪饲料：栗子与乳清。北部意大利的猪都是在阿本尼奈（Apennine）山麓养大的，而且通常都饲以栗子[②]，还加入从帕玛森干酪所制凝乳中提炼的液体蛋白以保证摄取丰富的蛋白质，这造成了帕尔玛火腿独具一格的咸鲜口味，而其他产品无法效仿。摩泰台拉香肚则是另一种当地的腌肉制品：圆形、淡粉色，具有脂肪斑纹形成的白色斑点，并加入了绿色的胡椒籽。我从孩童期就开始对吃素这事儿模棱两可，而每次我觉得想要再迈出一步、坚决吃素的时候，摩泰台拉香肚就在熟食店的柜台后面向我眨眼。

这片区域也盛产奶酪，最著名的帕玛森干酪（意大利名字是 *Parmegiano-Reggiano*）。我记得特别清楚，小时候看到磨碎的干酪会觉得恶心，

••••

① 这个统称后来也有两种宽泛的叫法：*prosciutto crudo*（干熏肉）和 *prosciutto cotto*（熟肉）。

② 而在西班牙和葡萄牙，人们用橡实和德赫萨的野生香草喂猪（见第 074 页）。

它们总是纷纷撒落在各种形状的意大利面上。只有在我的青少年时期第一次去意大利旅行的时候，我才发现，从新鲜的帕玛森干酪上切下一大块净吃，比当作意大利面调料要好多了。从此，我再也没有想起过小时候对帕玛森干酪的感觉。对我来说，几乎没有什么能够比得上一大块帕玛森干酪搭一杯红酒的快乐，不过它的用法远远不限于最本味的形式。意大利面提供了一个舞台，帕玛森干酪在上面自由地打着“爵士手势”（jazz hands）。

有一种更便宜一些的替代品，也来自爱米利亚 - 罗玛涅地区，即格拉娜 · 帕达诺（*Grana Padano*）奶酪，产自小镇皮亚琴察（Piacenza）。我常常用格拉娜 · 帕达诺奶酪来代替帕玛森干酪，这种奶酪也有类似的咸味和结晶般的口感，不过一般来说你从外观也能看出区别。格拉娜 · 帕达诺奶酪更柔软、更光滑，熟成时间也更短，它缺少帕玛森干酪所具有的那种成熟度和复杂性（整块儿的帕玛森干酪会有一种漂亮的粗粝质地，感觉就像一位历尽沧桑的老人的黑白照片）。

巴萨米克醋是爱米利亚—罗玛涅地区出产的甜味且深色的食醋，它已经成为沙拉浇汁和蘸面包的基本食材。我还喜欢加一点点到我的番茄酱汁里，以获得一种令人满足的酸甜口感。巴萨米克醋可不是在炸鱼和薯条的小吃店里找到的那种麦芽醋，它的名字已经说明了原因——这个词来自拉丁语的“*balsam*”（植物提取物），意味着一种治疗效果。制作这种醋的方式是将 *Trebbiano* 白葡萄提纯，并陈放 12 年之久。巴萨米克醋也不妨碍你用平时的醋。就像帕尔玛火腿和帕玛森干酪一样，这种醋经常和普通醋一起用于开胃菜，它有一种陈年的优雅口感。

意大利人特别讲究用正确的意大利面搭配特定的酱汁。[1] 或许对于一个爱米利亚—罗玛涅地区的人来说，最大的冒犯就是“博洛尼亚意大利面”（*spaghetti Bolognese*）这个概念。从何说起呢？博洛尼亚的经典肉酱传统上是要和 *tagliatelle*（意大利面条，和 *spaghetti* 一样长，但是大概不足 0.5 厘

①关于这一点，更多信息请参见卡兹 · 希德布兰德（Caz Hildebrand）和雅各布 · 肯尼迪出色的著作《意大利面几何学》。

米宽）一起吃的，而且，和英国人常做的深红色酱汁不同，这种酱是橘色的。重要的是，*Bolgonese* 是肉酱而不是酱汁。它裹在意大利面上，但是干而不稀，用小块的肉比如猪肉和小牛肉制成——可能也用成年牛的肉——再加上足够的油。油裹住意大利面，浓郁的味道来自月桂、酒、少量未经烟熏的咸猪肉以及 *sofrito* 混合底料（所有肉酱的底料，用切得极细的洋葱、芹菜和胡萝卜制成）的精华。这是丰盛的家常菜，但是和英国人所了解并喜爱的“spg bol”（博洛尼亚意大利面）完全不同。后面会给出雅各布·肯尼迪这个棒极了的菜谱，而且我恳请你一定要尝试一下——它可能不是你所知道的那种“*Bolgonese*”，但是你不会后悔的……

爱米利亚—罗玛涅的所有意大利面都用该地区的传统配方制成，也就是 *sfoglia*。只是用鸡蛋和面粉制作，手擀直到像纸一样薄、像羽毛一样轻，这个名字的意思就是“可容大拇指通过”。如果你看一下 *tortellini*，你就能理解这个名字的意思；意大利面填馅儿以后（通常包含猪肉、帕尔玛火腿以及帕玛森干酪），看上去就像绕着大拇指包起来的、精细制作的饺子。还有更简单的意大利面类型，例如 *tagliatelle*，以及更平的 *lasagne*（千层面）都是用 *sfoglia* 配方制成。大拇指通过，竖起大拇指（棒极了！）。

爱米利亚—罗玛涅地区最著名的葡萄栽培产品可以说略微盖过了其菜肴的优点。*Lambrusco*，一种甜甜的起泡红酒，我们英国人可能会拿它与 Babycham（一种甜味梨子酒）相提并论，但是在意大利，这种酒简直就是一种完全不同的东西，它有各种各样的口感，从甜型到干型都有。当然还有很多我认为超过 *Lambrusco* 的酒——我现在就能想起 *Barolo* 和 *Sardinian Cannonau*——但是任何意大利酒都能毫不费力地搭配爱米利亚—罗玛涅的食物。不必花费力气却又令人印象深刻，这就是最高级的酒饮和成年人的野餐所需要的食物：好面包、好火腿、超棒的奶酪以及无与伦比的巴萨米克醋，这些都很适合于闲散却又美味的小吃。

食材清单：帕尔玛火腿 • 摩泰台拉香肚 • 帕玛森干酪 • 巴萨米克醋 • 碎牛肉 • 意大利面（*tagliatelle*、*tortellini*）• 月桂叶 • *Lambrusco* 起泡酒

◆◆◆

• 爱米利亚—罗玛涅风沙拉 •

Emilia-Romagna Inspired Salad

这道沙拉结合了爱米利亚—罗玛涅地区最著名的食材。这些材料可用来制作很棒的夏日午餐——用上好的面包收尾并佐以优质的葡萄酒就更完美了。

• 4 人份 •

巴萨米克醋，100 毫升

红糖，25 克

帕尔玛火腿，8 片

新鲜无花果，4 个，每个切成四份

杏仁（完整的），1 把

现磨黑胡椒

1 • 首先制作香醋汁。取一只小号炖锅，中火加热，同时放入醋和红糖。烧到沸腾之后，不停搅拌，然后小火煮 15 分钟，保证红糖融化。放在一旁备用。

2 • 将帕尔玛火腿、无花果和杏仁（如果你喜欢，也可以先稍微烤一烤杏仁）放入盘中，然后像杰克逊·波洛克（Jackson Pollock）那样，在整个盘子上曲折地淋上香醋汁。磨一些黑胡椒并撒在盘中，然后上桌。

• 博洛尼亚肉酱面 •

Tagliatelle Bolognese

完全忘掉你以前在学校当午饭吃的那些“spg bol”（博洛尼亚意大利面）吧。正如雅各布·肯尼迪所说（他为本书贡献了这个菜谱，出自他那本绝妙的著作《意大利面几何学》），“它是橘色的，不是红的；它是以油打底的酱料，而不是以水打底的稀薄酱汁；它是如此精致、喷香、绵滑而柔和”。由于这道菜来自意大利的食材之都，所以你一定要确保买到的都是好材料并且要让爱米利亚—罗玛涅人感到骄傲。别用（千万别用！）*spaghetti* 意大利面。*tagliatelle* 才是搭配博洛尼亚肉酱最地道的意大利面类型。

• 8 人份 •

黄油，100 克

特级初榨橄榄油，60 毫升

胡萝卜，1 根，切丁

芹菜，2 根，切丁

洋葱，1 个，中等大小，切碎

大蒜，4 瓣，切片

培根（非烟熏），100 克，切成条

猪肉碎，500 克

小牛肉碎（成年牛的肉也行），500 克

鸡肝，100 克，细细切碎（是否使用依个人口味而定）

白葡萄酒，375 毫升

牛奶，600 毫升

碎番茄罐头，1 罐 400 克

牛肉或鸡肉高汤，250 毫升（依个人口味而定，或者也可以再加 250 毫升牛奶）

tagliatelle 意大利面，干面 800 克，或者新鲜面条 1 千克

额外备些黄油，上桌备用

帕玛森干酪，50克，磨碎，上桌备用

1 • 取一只大号煎锅，中火加热橄榄油和黄油。加热胡萝卜、芹菜、洋葱、大蒜和非烟熏培根，加一大撮盐，小火煎10—15分钟，直至变软。

2 • 将火开大，分几次加入肉料，充分等待水分蒸发，用一只汤匙搅拌并将结成块儿的肉酱打散。直到锅子发出微微的爆裂声，关到中火然后微煎，偶尔搅拌直到肉料变成褐色——需要15—20分钟。

3 • 用白葡萄酒给锅底收汁，然后和牛奶、番茄、高汤以及磨得很细的胡椒一起倒入一只炖锅，再加点盐调味。不要盖盖儿，用很小的火慢炖大概4个小时，直到酱料变浓，更多油而不再稀薄（如果酱料干得过分或是干得太快，就加一点点高汤或水）。火候到了的时候，酱汁就会稠得像浓奶油一样，加以搅拌，整个酱料就会变得有点像粥状。最后再尝一下味道，加入调料调味。

4 • 按照包装上的说明煮熟意大利面。面条边缘还差点火候的时候捞出面条沥干，然后加入肉酱中，再烹20秒，同时加入几小块黄油。上桌时撒上磨碎的帕玛森干酪。

卡拉布里亚

在卡拉布里亚旅行的人不得不走过很多弯弯曲曲的路，就好像在未知路径的迷宫中穿行。由于常常被那些忽然崛起的陡峭山脉阻断，卡拉布里亚地区的各种变化并不是逐渐发生的，而是在寂静之中令人猝不及防地突变，无论是风景、气候还是当地居民的文化气质。

● 奎多·皮奥维奈（Guido Piovene），
《穿越意大利之旅》（*Journey Through Italy*）●

卡拉布里亚在烹饪方面可以说是意大利的“壁花”，令人回想起20世纪90年代青少年戏剧中的主角——在糟糕发型和眼镜的掩饰下依然有着引人注意的可爱劲儿，而且还有一种逐渐为人所知的古怪的可能性。卡拉布里亚位于意大利靴子形状的脚趾部分，这片区域不在主体部分，并与其他地区相隔绝。她有特殊的自然特征——海上的风、刀刻斧凿的群山以及腴美诱人的草木——覆盖着灌木的崎岖山地是种缺陷，但这种不完美恰恰增添了她的风韵。地形的巨大变化所产生的食材会转化为一系列独一无二的意大利风味。

卡拉布里亚是一片荒野，正因如此，它也是野味山珍的天堂——无论是野味还是海鲜，无论是菌类还是柑橘类的水果。野生生物的这种多样性直接源于多变的地理环境以及由此产生的对大规模农业耕种的挑战。白天热，晚上冷，更别提富含矿物质和海边岩质的土壤，这些因素共同产生了独特的食物。

卡拉布里亚的菜式更接近西西里地区（见第123页）。文化上则混合了西欧与摩尔人的文化，这体现在食物的名称上，例如 *n' duja*（辣香肠）和 *'ncantarata*，以及 *'Ndrangheta*，即卡拉布里亚黑手党。尽管不如西西里黑手党那样具有国际声望，但卡拉布里亚黑手党仍是这里为数不多的著名事物之一。

地处大海和群山之间，而且也不像最邻近的城市例如那不勒斯、巴勒莫（Palermo）那样有明亮的阳光，卡拉布里亚文化既富有生机，也很孤立——几乎没什么输出。这里的菜式差不多自成一体，甚至比意大利的其他地区更注重家庭、朋友和区域性的自给自足，而在其他地区，食物自身所包含的商品化的可能性在很早以前就已经出现了。比如你会听说那不勒斯披萨、威尼托烩饭或是博洛尼亚肉酱，还有著名的意大利食材，比如帕玛森干酪和巴萨米克醋，但是你恐怕不会听说 *n'duja* 辣肠、特罗佩阿（Tropea）洋葱或是某些我们在此看到的卡拉布里亚菜谱中的食物。在这儿，招待你的是大餐本身！

大厨弗朗切斯科·玛泽伊本人就是卡拉布里亚人，现在伦敦经营一家南意大利风格的餐厅，名叫“L' Anima”，旨在提升卡拉布里亚的海外形象。“L' Anima”在意大利语中意味着“灵魂”，而对于弗朗切斯科来说，它所表达的是家乡那种踏实的生活方式。关于家庭、自己生产食材以及对烹饪传统的继承，它的主张就是“戴着厨师帽的妈妈菜”，我在前面提到过这句话。弗朗切斯科使用了卡拉布里亚的那些传统菜式以及用餐仪式，例如每个星期日的上午一家人要一起准备午餐。

卡拉布里亚是意大利唯一一个普遍吃辣的地区。弗朗切斯科说他父亲从地里摘下富含抗氧化剂的 *capsichina* 辣椒就直接生着吃。*capsichina* 的种子常用来为食物添加热量，最著名的就是 *n' duja* 辣肠以及 *N'cantarata* 辣酱料，后者用辣椒粉和蜂蜜制成。*N' duja* 产自南部小镇斯皮林加（Spilinga），是卡拉布里亚当地的萨拉米（*salami*）香肠，又辣又有弹劲儿，而且容易放在面包上或者加入意大利面酱中食用。（这就是那种在全世界的菜单上都容易找到一席之地的食材，比 *chorizo* 西班牙香肠更适宜搭配海鲜，例如扇贝之类的。）其他的卡拉布里亚辣菜还包括 *morzeddu*（辣味炖羊杂），一大锅上桌和大家一起分享；还有卡拉布里亚肉酱，不过不用肉末烹制（和博洛尼亚肉酱不一样），而是使用大块的厚肉如羔羊肉或猪肉，还要加入大量的辣椒。和意大利的所有地区一样，卡拉布里亚的意大利面有自己的形状，长条形，拧在一起，人称 *filei*，要和滋味浓郁的肉酱一起吃。

几乎很难穷尽卡拉布里亚所有的肉食和海鲜，其中包括了从山羊和野味到箭鱼、扇贝、龙虾和吞拿鱼。事实上，这个地区的地理条件使其成为地道的伙食承包商，包办了美国人所谓的“海陆大餐”。肉和鱼常常一起吃，最著名的是 *antipasto marimonte*，就是一堆海鲜、萨拉米香肠和腌泡菜，通常是在婚礼或其他重大场合才提供。扇贝搭配 *n'duja* 辣肠和绿酱（*salsa verde*）则是另一种流行的吃法。

或许卡拉布里亚菜式中最令人兴奋的一面就是其丰富的野味种类以及少见的当地调味品。这里是全世界为数不多的几个出产佛手柑的地区，这种气味精致的柑橘类水果用于伯爵茶和某些香料的调味，生长在野外。卡拉布里亚的烹饪方式是将佛手柑加入当地的橄榄油，或是将一些沁心提神的、复杂的柑橘香调到某些菜之中，例如墨鱼沙拉、简单的烤猪肉块或油酥甜点心。

卡拉布里亚是世界上仅有的甘草博物馆的所在地，坐落于阿玛莱利（Amarelli）小镇，当地一家家族企业自 18 世纪中叶以来一直使用本地著名的香草根手工制作各种特产。除了各种甜食以外，卡拉布里亚甘草还用于利口酒或加在腌制野味的酱汁中，尤其适合腌制鹿肉。

野生牛至在这里随处可见，而且可以用在很多种菜肴里，既可以作为主要调料，也可以作为搭配沙拉和肉菜的辛辣配菜，其中一道肉菜是 *tiella*。这是一种肉饼，用了很多层切成片的 *lisetta* 土豆（一种颜色偏黄而且特别面的土豆）、猪油、佩科里诺羊乳奶酪、牛至、百里香以及在西拉（Sila）的群山里寻到的牛肝菌。在卡拉布里亚的森林和群山中，到处都有蘑菇在繁盛生长，而且直到一年的年末比如 12 月都能采到。（在意大利更靠北的地区，气候更冷，蘑菇生长的季节粗算起来是从4月到10月，但是卡拉布里亚能够提供温暖、潮湿以及令蘑菇欢快生长的丰沛雨水）。弗朗切斯科用卡拉布里亚的白蘑菇（*porcini bianco*）做了一道最简单的沙拉——它们几乎不需要什么修饰——切片后只是浇上特级初榨橄榄油和一点柠檬汁就行。这就是简单的快乐。

卡拉布里亚人热爱酱汁、调味品和腌泡制品，做这些食材的底料通常是本地的橄榄油。弗朗切斯科很自豪地跟我说，意大利36%的橄榄油都是卡拉布里亚产的，不仅如此，他在自己的餐厅只用祖母自家做的橄榄油。这种橄榄油滋味浓郁、颜色深，它不是你会在超市货架上找到的那种橄榄油，甚至可能在英国都找不到。酱汁和腌泡汁通常还加有*garum*鱼酱，弗朗切斯科称之为“罗马番茄酱”，这是一种鱼酱料，将青鱼（比如凤尾鱼、沙丁鱼和鲭鱼）的内脏和头部压碎并发酵，加入盐和味鲜（*umami*，见第290页）。它还可以用作提神的蘸汁。

我们结束谈话的时候，弗朗切斯科还很自豪地送给我“灵魂”餐厅的甜辣酱、红洋葱酱和佩科里诺羊乳奶酪[①]作为道别礼物。这些调料的确呈现出卡拉布里亚当地食材的特色，尤其是*capischina*辣椒以及特罗佩阿特产的洋葱。特罗佩阿洋葱有深深的紫红色，非常非常甜，它是享誉意大利的卡拉布里亚特产，甚至可以用来做*gelato*（意大利冰淇淋）。与此类似，巴萨米克醋冰淇淋也很棒，这种醋本身带有一种很强烈的自然甜味，可以创造出一种令人惊讶又难以抗拒的复合型口味。这些食物巩固了我的印象，即卡拉布里亚的确有一种怪怪的劲儿，总是令人感觉刚刚认识她，就像20世纪90年代青少年剧中的那种女孩儿。

① 在意大利南部的大多数地区，佩科里诺这种坚果味的、硬质的绵羊奶酪是奶酪中的首选，通常加入胡椒或辣椒籽调味，或是用来做奶油，搭配面包简直绝妙。

食材清单：佛手柑 • 甘草 • 特罗佩阿洋葱 ·*garum* 鱼酱 • *n'duja* 香肠 • *capischina* 辣椒籽 • 海鲜（龙虾、吞拿鱼、箭鱼、墨鱼）• *baccalà* 意式盐鳕鱼 • *lisetta* 土豆 • 牛肝菌 • 松露 • 芦笋 • 朝鲜蓟 • 佩科里诺奶酪

◆◆◆

• 扇贝搭 *n' duja* 辣肠 •

Scallops with n' duja

来自弗朗切斯科·玛泽伊的这个菜谱呈现了卡拉布里亚的全部骄傲：海陆大餐尽显当地优势，佐以该地区独一无二的 *n' duja* 辣肠。毫无疑问，这里确实是意大利的“大脚趾”——绝对是“临门一脚”，无比震撼！

• 4 人份 •

生扇贝，12 只，带黄

特级初榨橄榄油，1 汤匙

做浇头用

n' duja 辣肠，70 克，去掉外皮

佩科里诺奶酪，50 克

大蒜，1 瓣，大致切碎

罗勒，25 克，切碎

扁叶欧芹，25 克，切碎

柠檬，1/4 个，挤汁

海盐和现磨黑胡椒

1 • 预热烤箱至 190℃ /170℃（风扇烤箱）/5 档（燃气烤箱）。

2 • 用杵和臼磨碎所有做浇头的食材，直到细致绵滑，即 *n' duja* 辣肠糊。

3 • 用煎锅将橄榄油加热，高温将扇贝两面各烤 1—2 分钟。烤好后稍微晾一下。

4 • 将 *n' duja* 辣肠糊放在每只扇贝上，放进烤箱烤 4—5 分钟。趁热上桌。

• 卡拉布里亚辣鸡 •

Spicy Chicken Calabrese

这道菜就是经典的卡拉布里亚“妈妈菜”，结合了鸡腿、*n' duja* 辣肠、高山香草以及辣椒等食材。这道菜也是弗朗切斯科的私家特供之一，只需要半个小时就可以搞定。

• 4 人份 •

鸡腿，8 只，带皮

普通面粉，晾干，撒粉用

特级初榨橄榄油，1 汤匙

大葱，1 根，细细切碎

n' duja 辣肠，100 克

辣椒，6 只（两红两绿两黄），去籽后切片

番茄酱，100 毫升

马郁兰，满满 1 茶匙，切碎（如果找不到马郁兰，可以试试牛至）

细香葱，满满 1 茶匙，切碎

扁叶欧芹，满满 1 茶匙，切碎

红辣椒，1 只，去籽后细细切碎

海盐和现磨黑胡椒

1 • 预热烤箱至 190℃ /170℃（风扇烤箱）/5 档（燃气烤箱）。

2 • 给鸡腿轻轻裹一层干面粉。取一只大号煎锅，中火加热橄榄油，将鸡腿的每一面都烤至金黄（必要的话可以分批煎烤）。每一面需要烤 5—6 分钟。

3 • 取一只耐热的锅子，将大葱和 *n' duja* 辣肠煎几分钟，搅拌以使香肠变软，直到开始融化并和葱混合在一起。加入切碎的辣椒、番茄酱和鸡肉高汤一起

煮。然后放入鸡腿、香料和辣椒。检查一下调味是否合适，然后放入烤箱烘烤20—30分钟。

4 • 趁热和橄榄油土豆泥一起上桌。

西西里

长达25个世纪以来，我们一直担负着非凡的和多元文化的担子，所有这些都是外界的评价，没有一个是我们自己做出的，没有一个是我们会用来说自己的。这里突兀的风光、严酷的气候条件，这种存在于一切事物之中的张力，乃至历史上的座座丰碑，如此恢弘却又如此不可思议，因为这不是我们自己建造的，而它们就在我们周围矗立，仿佛友好而又缄默的幽灵……所有这些都塑造了我们的性格，而这是受到那些不由我们掌控的事件所影响的，心灵的孤绝也是如此。

• 朱塞佩·托马斯·迪·兰佩杜萨（Giuseppe Tomasi di Lampedusa），《豹》（*The Leopard*） •

西西里是一座方向不明的岛屿。它所能给予的灵感令人目眩，而千百年来它也因数度易主而拥有数不清的国际规则。西西里像是一只接力棒，在一场长达3000年之久的接力赛中被传到欧洲统治者手中——首先是希腊人，之后是罗马人、阿拉伯人、诺曼人，然后是西班牙人和法国人。当然，在这些岁月里，西西里仍是这只靴子形状的国家的一部分。直到加里波第（Garibaldi）发起统一运动并在1860年首先征服西西里的时候，它才回到意大利人手中。不过它依然保持了与如此众多的地中海国家之间的亲近，即使他们在决定它的命运时毫无亲善可言。

兰佩杜萨在《豹》中看着像是一个内心被撕扯的男人：一方面是对家乡的归属感，另一方面则是与家乡的这些文化丰碑极端疏离的感觉。他的感觉与歌德那夸张的宣言截然相反："见过意大利却没见过西西里，那其实就是完全不认识意大利，因为西西里才是通往一切事物的线索。”较意大利北部的城市而言，西西里更为靠近突尼斯和希腊，这里并没有一般意义上的意大利格纹棉桌布和面包棒。但是说真的，它或许比其他任何地方都更称得上是真正的地中海国家。

西西里菜系的基础在于土地和海洋所供给的各种食材，同时又呈现出无数种变化，这些变化来自这座岛屿上不断更迭的文化形态。肥沃的土地与周边温暖的海洋提供了烹饪所需的各种调味料和原生食材。西西里食物同样也受到季节性食材的影响，从春季的瓜花到秋天的渍橄榄，以及四季常有的、灿烂的柑橘类水果。

“希腊人发现，如果自己丢颗种子在地里，它就会生根发芽。”乔吉奥·罗卡特里（Giorgio Locatelli）说。他是意大利北方人，长期热爱西西里，倾心于这座海岛上的烤千层面和肉质丰腴的鱼类。自17岁开始，乔吉奥·罗卡特里每年都会在西西里待上一个月，逐渐学习这座岛屿的历史、食材和菜式特点。对他来说，这里不仅仅是“欧洲的花园”，意大利其他地方的风景和菜肴与这里无法相提并论——在这一点上或许全世界都无法与之相媲美。他说，在整座岛上，无论是首府巴勒莫（Palermo）还是最偏远的乡村角落，你都可以发现各种食材的混合，而在其他地方，只能在大城市里找到这些。希腊人带来了无花果、橄榄和葡萄（于是还有葡萄酒）；古代罗马人种植了硬质小麦，这种作物至今还决定着西西里的面包特质；除此之外还有小绵羊、小山羊和猪。填馅儿的茄子让人想起阿拉伯人，蒸粗麦粉则是北非的；还有意大利面，极好的意大利面，足以使整个意大利疯狂。“所有这些因素共同创造出一种非常独特的、专属于西西里的饮食。”罗卡特里如是说。

上述食材往往在意大利面菜肴中碰撞在一起。我后面会介绍几种非常好且很简单的西西里意大利面菜谱，其中有 *gemelli*（意思是“双胞胎”——两股意大利面拧在一起，尺寸大小类似于 *fusilli*），裹着极好的、油油的酱料——葡萄干、松仁、烤面包屑以及刺山柑的混合物。

西西里是一座很大的岛屿，几乎是3000米之外、隔海相望的内陆省份卡拉布里亚土地面积的两倍，因此这里有很多地方性的特产也就不令人意外了。中部地区有各种各样的*salumi*（*salami*香肠的复数形式）；西北部有*Bronte*开心果，维尔杜拉（Verdura）河边种着古代的稻子[①]，还有原产自巴勒莫、现在风靡西西里的*arancini*，一种中间填了奶酪的炸米团；其他还有西部卡斯特维特拉诺（Castelvetrano）的黑面包、西南部港口马扎拉德尔瓦洛（Mazara del Varo）的蒸粗麦粉、南部的利贝拉（Ribera）橙子（有DOP产区认证），以及欧洲最大的活火山埃特纳山（Mount Etna）周边的野生花草（其中包括六种不同类型的鼠尾草）。每一座小镇或村庄似乎都有不同形状的意大利面，还有独特的烤面包方式。西西里仍是一片充斥着各种地方化菜式的土地。

有些食材真是到处都有。尽管面包和意大利面在西西里的不同地区都有所改变，但是它们几乎无处不在，用质地较硬的硬质小麦和粗粒小麦粉制成，而不像意大利北部地区那样用软面粉制成，在那里，鸡蛋意大利面是主流。鹰嘴豆通常只在意大利沿海岸线地区出现，在西西里岛上自然也随处可见，而且是做汤和沙拉的最重要食材。在意大利语中，鹰嘴豆叫作*ceci*，它们也是摩尔文化影响下的菜式例如蒸粗麦粉和*panelle*（一种美味的街边小吃，主要是鹰嘴豆和玉米饼）的主要用料。

西西里不养殖奶牛，不过可以在超市里买到进口的牛肉（从法国或荷兰进口）。没有奶牛，这就意味着人们获取奶制品只能靠绵羊和山羊。罗卡特里称*ricotta*（乳清乳酪）为“西西里菜之母”。*ricotta di pecora*用绵羊

••••

① 阿拉伯人于公元9世纪前后将稻米带入西西里，这种作物在这里蓬勃生长并迅速成为当地菜的一部分，例如形成了*arancini*炸米团之类的菜式。不过，在19世纪早期统一运动之后，西西里当地就不再种植稻米了，这显然是因为当时的首相卡米罗·本索（Camillo Benso）想要尽可能地减小他自己的选区皮埃蒙特的稻农的竞争压力。于是西西里只能输入稻米以满足当地需求。这种情况在墨索里尼当政期间更为严重，因为他下令清除稻米种植，为建筑新房屋让路（就跟他在拉齐奥的彭蒂内沼泽所实施的更有名的工程一样）。直到今天，西西里才再次开始种植稻米，采用一种节水灌溉系统来浇灌排干水的农田（以保证稻田总是湿润且从不泛滥）。*arancini*炸米团又要成为百分之百的西西里代表性食物了。

奶制成，是一种特殊的奶酪，而且食用方式很多：单独吃，薄薄地或大量地涂在面包上；混合柠檬汁和磨碎的帕玛森干酪一起吃；混合意大利面和黑胡椒一起吃[①]，也可搭配 *gnocchi*（小面团子）或 *lasagnes*（千层面）；或者很经典的吃法——作为甜品，搭配巧克力或糖渍水果一起吃。这种甜品中最有名的是 *cannoli*，也叫“小管儿”，甜酥皮做成圈儿，折成圆柱状过油炸，然后搭配着 *ricotta*、冰淇淋、水果、果酱、果仁或巧克力等来吃。*cannoli* 甜点心已经成为西西里的重要象征，可以媲美黑手党的手枪了。在1972年的电影《教父》（*The Godfather*）中，彼得（Peter Clemenza）对罗可（Rocco）说：“放下枪，拿上 *cannoli*。”*cannoli* 是甜点中的“教父”，没错儿。

个头儿较大的暖海鱼类例如长鳍金枪鱼、箭鱼以及吞拿鱼都在西西里海岸周边聚集，这些鱼可以用来制作厚厚的鱼排。东北部小镇迈西拿（Messina）附近的水域出产特别好的箭鱼。从仲春到深秋都可以用鱼叉捕捞箭鱼，现打捞的活鱼烧烤时蘸上简单的酱料，就可以大快朵颐了。酱料如 *salmoriglio*，是用代表西西里地方特产的食材制作的，例如橄榄油、柠檬、欧芹、牛至以及大蒜。稍微复杂一些但是同样典型的地中海式吃法则是 *ghiotta* 萨尔萨汁，混合了刺山柑（西西里的灌木林里到处都是）、橄榄、番茄、洋葱以及松仁。西西里的吞拿鱼则用来制作深紫红色的鱼排，上面闪耀着近乎蓝色的光。料理书《银勺》（*The Silver Spoon*）[②] 提供过一个菜谱，将吞拿鱼和蜂蜜、土豆、松仁混合烹饪，这又让人想起了摩尔人的影响。这些影响在西西里岛的西南部尤为强烈，也就是马扎拉德尔瓦洛和希亚卡（Sciacca）周边地区，罗卡特里就在那儿买鱼。在那儿以南，突尼斯水手向往他们的渔船，那里也有很棒的突尼斯餐馆。箭鱼和吞拿鱼只是西西里

••••

① 西西里有种意大利面叫作 *timballo*，即烤意大利面搭茄子，这道菜容易变得很干。不过如果手边有新鲜的 *ricotta* 就不用担心：打散的凝乳能够绵滑地裹住意大利面，留下的乳清残渣也可以擦去。

②《银勺》初版于20世纪50年代，是意大利最受欢迎的烹饪书，也是一份很棒的纲要，介绍了上百种典型的意大利地方菜。如果你对意大利美食有兴趣，我强烈建议你买一本，它能让你的厨房之旅走遍意大利。

丰富海货中的两个品种，其他如章鱼、龙虾、对虾以及沙丁鱼也都是顶级的好品质，这里还有论桶卖的凤尾鱼。

西西里遍地都是绿色蔬菜和香草，都有我们所认为的极优品质。朝鲜蓟、菊苣、刺山柑和小茴香多得是，更别提到处可见的番茄、西兰花、茄子和小胡瓜了。当地菜肴也多用香料，欧芹是其中最重要的，接着是高山牛至（罗卡特里告诉我，它有一种很浓的芳香味道，这种香味介乎牛至和百里香之间）、薄荷、野茴香以及相对少见的罗勒。*caponata* 是一种很受欢迎的开胃菜，将野生蔬菜和香料在橄榄油和红酒醋中煸软并调味，然后用所有这些绿色蔬菜一起烹调。

西西里堪称“柑橘之乡”，当西班牙的塞维利亚开始栽种橘子的时候，西西里还卖给他们一些树苗。据说血橙就起源于这座岛，因为埃特纳火山的温度变化不定，改变了果肉的颜色。政府官员除了种柠檬，还栽种了很多石榴和葡萄。

西西里的葡萄既有阳光照耀，也不乏聚光灯的关注，酿酒的葡萄例如 *Nero d' Avola* 为这里的红酒赋予了葡萄酒世界中前所未有的名声。并不是因为这里才开始葡萄栽培，而是因为本地的红酒直到最近才开始在岛上装瓶，由此获得了国际性的关注。在此之前，西西里红酒要用罐车运到意大利的其他地方进行灌装，以此弥补其他更知名地区的歉收。再次引用罗卡特里的话就是，“种植者现在要为他们自己的命运负责”，方式就是让饮酒者认识到这些酒体淳厚、圆润且顺滑的美酒（带有阳光、糖分和足量的单宁）就像 *arancini* 炸米团或 *cannoli* 甜点一样，都是西西里的独特魅力。它们都是这座岛屿的产物，而这座岛屿正如《豹》所描绘的，是“如此恢弘却又如此不可思议”之地。

食材清单：杏仁 • 箭鱼 • 吞拿鱼 • 佩科里诺奶酪 • *ricotta* 乳清奶酪 • 葡萄干 • 刺山柑 • 意大利面（*gemelli*）• 薄荷 • 野茴香 • 菊苣 • 欧芹 • 橄榄 • 松仁 • 鹰嘴豆

◆◆◆

• 沙丁鱼、葡萄干和松仁搭配意大利面 •

Gemelli with Sardines, Raisins and Pine Nuts

这是一道经典的西西里意大利面菜，在岛上随处可见。如果你急着用橱柜里现有的主要材料做菜，这道菜也值得推荐，食材的广袤产地也可以注入异国的风味。当然，你可以去掉其中某些食材，这些都由你的储备以及准备招待的客人的口味决定，这会使这道菜有各种可能性。比如说，我发现很多人（或者是我曾经下厨招待过的人，不管怎么说吧）都不喜欢凤尾鱼和刺山柑（太傻了！）。

• 4 人份 •

意大利干面 *gemelli*，或者 *fusilli*，400 克（留 2—4 汤匙煮面的水）

新鲜面包屑，80 克

松仁，50 克

特级初榨橄榄油，4 汤匙

大蒜，2 瓣，细细切碎

小茴香籽，1 汤匙

凤尾鱼，3 条，大致切碎

去骨沙丁鱼罐头，2 罐，每罐 95 克，滗干汁水，大致切碎

葡萄干，100 克

刺山柑，3 汤匙

白葡萄酒（比如 *Vermentino*），175 毫升

柠檬，半个，取皮调味，并挤汁

薄荷，15 克，切碎

扁叶欧芹，15 克，切碎

海盐和现磨黑胡椒

1 • 根据包装上的说明，将意大利面用盐水煮至弹牙。

2 • 同时用中火将面包屑和松仁加热 5—6 分钟，持续搅拌。然后放在一边备用。

3 • 取一只深底儿煎锅，加热橄榄油并加入大蒜和小茴香籽。大概煸 1 分钟，不停地来回搅动——这可以使食材充分释放味道并令茴香籽变得更软，你可能不希望大蒜变色太厉害。加入凤尾鱼、沙丁鱼、葡萄干、刺山柑、白葡萄酒和柠檬汁，再小火炖 2—3 分钟，成为面酱。

4 • 等到意大利面煮熟、沥干，保留 2—4 汤匙煮意大利面的水，然后将水加入面酱（加水量取决于你希望面酱有多稠）。将意大利面加入面酱，拌入烤面包屑、松仁和香料，用盐和黑胡椒调味。

• 迈西拿式箭鱼 •

Swordfish Messina-Style

肉质极为丰腴可口的箭鱼与橄榄、白葡萄酒、凤尾鱼一起烹制——这些都是极富迈西拿当地色彩的食材。迈西拿是西西里岛上的第三大城市，也是最接近意大利内陆的地方。这道菜是典型的西西里菜，简直就是一曲赞歌，歌颂地中海中部在晴朗的一天中丰富的渔获。你要确保手边有质量超好的面包，可以将最后的酱汁抹着吃掉。非常感谢乔吉奥·罗卡特里贡献这个菜谱。

• 4 人份 •

整只黑橄榄，10 颗，盐水浸泡

特级初榨橄榄油，1—2 汤匙

箭鱼鱼排，4 块，每块 140 克

海盐和现磨黑胡椒

青葱，2 棵，切碎

大蒜，2 瓣，细细切成蒜末

刺山柑，20 克，洗净后充分沥干

干辣椒碎，1 撮

凤尾鱼片，切 4 份，油浸

白葡萄酒，70 毫升

番茄碎，罐头，1 罐 400 克

番茄酱，100 毫升

扁叶欧芹，15 克，切碎，用于盛盘

大蒜，1 瓣，细细切碎，用于盛盘

1 • 每颗橄榄纵向切成 3—4 份，然后尽可能仔细地将每块橄榄离核切碎。

2 • 取一只煎锅将橄榄油加热，放入箭鱼，调味后两面各煎一下——每面煎 2 分钟左右。捞出后放在一旁备用。锅中加入青葱、大蒜、刺山柑、橄榄、干辣椒碎和凤尾鱼片，小火烹烧直至凤尾鱼“化”在油里，葱变透明。

3 • 加入白葡萄酒，煮至酒精挥发，然后加入番茄碎以及番茄酱。拌匀后盖上锅盖，用微火炖 30 分钟，最后 10—12 分钟的时候加入箭鱼，等到鱼肉炖熟。上桌时撒上欧芹和大蒜。

• 白葡萄酒浸桃子 •

Peaches in White Wine

这道“醉桃”是很好的夏日甜品，而且很快就能做好。桃子的甜味渗入酒中，而上好的意大利烈酒的酒精被桃子的果肉吸收。尝到肉桂、糖和新鲜薄荷的时候你会感觉一震，这会是一道有着爽利口感的水果沙拉（实际上，你还可以加上其他水果如樱桃、蜜瓜和草莓）。你敢把桃子吃掉吗？当然，你绝对会这么做。

• 4 人份 •

桃子，4 个，去核，对切两半

白葡萄酒，1 瓶（我用的是价钱划算、口感不错的意大利葡萄酒，例如 *Vermentino* 或 *Soave*）

肉桂粉，1 茶匙

糖，2 茶匙

薄荷叶，切碎，盛盘时用

香草冰淇淋，盛盘时用（可选）

1 • 将每个桃子切成两片或是三片，将两瓣桃子放入一只好看的玻璃杯，每人一只玻璃杯。

2 • 算好你需要多少酒才能浸过桃子，倒入一只罐子。加入足够浸泡每一份桃子的酒。将肉桂和糖混合以后全部加入酒中。

3 • 将桃子在酒和香料的混合物中完全浸湿，盖起来，冷藏至少 3 个小时（时间越长越好）。

4 • 上桌前撒上新鲜薄荷叶，如果你还觉得馋，那就再搭配点冰淇淋。

威尼托

窄仄的街道上有一种恼人的闷热。空气如此滞重，房子里飘出的所有味道——油味儿、香料店的味道——于是都压低，仿佛还在不停地呼出，不曾消散……

• 托马斯·曼（Thomas Mann），
《魂断威尼斯》（*Death in Venice*）•

数个世纪以来，很多人（不光是作家）都为威尼斯的浓烈风情所深深吸引。他们讲述着正在萌发的爱情、燃烧着的情欲、疯狂以及毁坏，背景中则是倾颓的经典建筑以及运河里飘散的臭气——无论是莎士比亚的《威尼斯商人》，还是拜伦的诗歌，或是亨利·詹姆斯（Henry James）、约翰·罗斯金（John Ruskin）以及托马斯·曼的作品，莫不如此。

在你的内心中，对威尼斯或许有一种任性生长的衰败感。和很多人一样，托马斯·曼倾心于这座城市的破落古旧，这令这座漂浮之城有了某种“自歌谣时期以来就不曾改变”的超凡脱俗的特质。这是一座可居住的博物馆，渐渐倾颓，某天会淹没在海平面以下。我想不到欧洲还有哪座城市能像这样：浑浊的水发出阵阵臭气，却还燃起如此罗曼蒂克的热情。

威尼托地区地处意大利的东北部，它的最北端与奥地利接壤，而它的海岸线一路向北与克罗地亚的西海岸相接。威尼托位于欧洲东部和西部的交接处。这里的烹饪方式就像一只绝妙的调色板（对于那些具有超强味觉鉴赏力的人来说），但是你得深入发掘——尤其是在首府城市更是如此。表面上看，威尼斯作为美食旅行地来说过于贫乏。一群又一群的游客在这里发现的只有松软的烤碎肉卷和晚间街角售卖的可怜的小披萨，对于威尼斯本地人来说，食物的名称说起来都没什么差别。我在威尼斯偶尔会有遗憾的感觉，觉得自己在伦敦反而可能吃到更好的披萨、更棒的意大利烩饭以及更美味的意大利面。

不过有待探索的地方还有很多。在整个地区、整座城市中，在托马斯·曼笔下“窄仄的街道”周围，星星点点地分布着不惹眼的 *bàcari* 酒吧。这是当地特有的去处，供应 *ciccheti*（威尼斯小吃，例如一口大小的玉米饼，上面有肉类或者海鲜），以及一小杯葡萄酒，人称 *ombra*（“影子”）。如果这些风格特殊的名字还不够的话，*bàcari* 通常还充斥着当地人高声大气的交谈，说的都是威尼托方言。[①]

ciccheti 小吃当然不是威尼斯美食的唯一特色，相反，和大部分意大利菜系一样，当地美食会特别强调大家一起吃吃喝喝共同度过的时光，就此而言，*ciccheti* 小吃文化不啻于一座平台。而且，和多数意大利美食一样，威尼托的美食也具有欺骗性——看起来简单易做，其实有赖于当地丰富的食物出产。当地料理特色的秘诀常常在于将这些特产混合做出最佳效果。

在威尼托，意大利面让出了一些地盘给其他碳水化合物类的基本食材，尤其是白玉米饼和一种当地做烩饭用的米，名为 *vialone nono*，产自坡谷（*Po* Valley），较普通的谷物 *arborio* 更轻也更长。虽然意大利面在这里并不是很重要，但是本地的意大利面也有很多种类，主要用荞麦粉制成，是一种长条、浑圆像虫子一样的面条，人们称其为“*bigoli*”。后面我们会看到，这主要是因为该地区与欧洲中心及东部地区相接近，这使其采取了一种精细的方式来烹饪美食，注重口味和食材之间的相互影响。

拉塞尔·诺曼（Russell Norman）经营着伦敦的波尔波（Polpo）餐饮集团，他说意大利北部和南部料理的关键差别在于对底油的选择。北部意大利与地中海盆地有段距离，它和中东及北非之间并没有直接的贸易往

① 威尼托（Veneto）方言与意大利语有相似之处。不过它也和克罗地亚附近的伊斯德里亚语（Istriot tongue）相近。

来，例如橄榄树的交易。威尼斯和其他北部地区例如米拉尼塞（Milanese）的居民历史上并不使用橄榄油，而是用清黄油，表面上的一点小差别导致了菜系之间的关键变化。比如说，清黄油的使用导致了威尼托的烩饭口感绵滑，而且具有汤一样欲滴的浓稠度。*Risi e bisi*（翻译过来就是“米和豌豆”）是当地人喜欢的食物，从19世纪开始就专门用来作为圣马可节（St Mark’s Day）的供奉食品。①

芸苔类青菜（*brassica*，绿叶菜，例如甘蓝和芥菜）以及苦叶菜都是威尼托地区的重要食材，烹饪汤菜例如*cavolo verza*（其中有豆子和皱叶甘蓝）就要用几种卷心菜（皱叶甘蓝、羽衣甘蓝、绿甘蓝和红甘蓝），还有威尼斯式的快炒绿甘蓝，加入未经烟熏的咸猪肉、大蒜和蔬菜汤。每一座小镇似乎都有自己独特的菊苣。*treviso tardivo*可能是最著名的一种，这种当地才有的菊苣类型，叶片有卷边，苦味，叶子是浅紫色的，看起来更像是蔬菜中的章鱼。所以，拉塞尔·诺曼（他的餐厅名字“Polpo”意思就是“章鱼”）说*treviso*芸苔类蔬菜“几乎是威尼斯的象征”，这并不是偶然的。我们通常会把芸苔类蔬菜和沙拉联系起来，在这种菜肴里，它的爽脆口感似乎为食物划下了界限，但是在威尼斯，这种蔬菜也常常炒着吃②或是油炸，或者只是用大量橄榄油调味后烘烤（这种做法和味道重的肉食同吃最美味，例如野味或上好的香肠）。

绝妙紫色蔬菜“三合一”的第三位就是朝鲜蓟，这也是在威尼斯备受欢迎的季节性蔬菜。Rialto市场里能买到朝鲜蓟的一个当地品种，人们叫它“*castraure*”（去势），因为这种菜要从根茎处切掉。朝鲜蓟可以焖熟后简单地浇上柠檬汁和一点特级初榨橄榄油，也可以填馅儿食用（填入面包屑、佩科里诺奶酪和欧芹），或者加入柔滑细腻、柠檬味儿的烩饭之中。

其他受欢迎的蔬菜还包括秋季的南瓜等各种瓜类，这是做*risotto di*

●●●●

① 圣马可是威尼斯的圣贤和保护神，每年的4月25日都要纪念他。

② 我有时候会在做芸苔类蔬菜或者红菊苣（一种非常相近的本地蔬菜）的时候加一点*bagna cauda*（一种皮埃蒙特的蒜味凤尾鱼油），让它渗进压得密实的叶子中。菜谱见第137页。

zucca 的基本食材，这道菜能够抚慰人心，甜甜的、橘色，完美地代表了秋天这个季节。豌豆、孜然这两种食材都很新鲜，种籽可用于调味。拉塞尔·诺曼推荐切成片的新鲜蔬果，吃的时候蘸一点点橄榄油、柠檬汁，并搭配一些烤榛子。新鲜的香料如罗勒、欧芹和薄荷也是威尼斯料理的主角。

威尼斯在 15 世纪时曾是东方和西方的连接地带[①]，这里接受了从丝绸之路进入欧洲的所有丰富香料——丝路横跨了整个亚洲并穿越了中东和非洲。反讽的是，威尼斯运河那难闻的气味却成为其历史财富的标记。贡多拉小船用来卸载新近从拜占庭帝国以及更遥远的地方运来的货物。而当代的威尼斯菜肴还在使用异国香料，例如小豆蔻、丁香、藏红花以及肉桂，这成为佐证香料通商历史的一条线索。

去 Rialto 市场看看，你肯定会想起威尼斯的贸易史。尽管今日这座城市的经济更依赖于旅游业而不是商品贸易，但是威尼斯依然是食品零售商贩售货品的中心。Rialto 市场现在划分为几个食品专卖区，比如 *Spezializi* 主要售卖香料，*Naranzeria* 卖橘子，带棚顶的 *Pescheria* 卖鱼。这是当地最新鲜也最原汁原味的鱼市，拉塞尔讲的一个故事可以证明这一点：有一次他问卢卡（Luca），标志性的威尼斯海鲜餐馆 *Alle Testieri* 的老板，为什么他的餐厅周末只有一半时间营业。“星期日和星期一我们怎么可能开门营业嘛！市场不开啊！”在这样的日子里，*baccalà*（鳕鱼松）总是在手边——这是威尼斯人食品柜里储备的主要食材——可以用水泡发并打成奶油状的 *baccalà mantecato*，一种鱼肉慕斯，佐以大蒜、橄榄油和月桂叶，可以搭配面包或者玉米饼片一起吃。

当地捕捞的所有鱼类都能在 Rialto 市场找到，每一种鱼的做法都体现了不同的威尼托风味或烹饪技巧。一年有两个短季节可以捕捞软壳蟹，这种食材非常受欢迎，要么包在 *fritto misto* 瓜花中，要么油炸之后为沙拉盖顶，再浇点儿柠檬汁。还有叫作“*gó*”的鱼，在威尼斯潟湖的泥沼里可以发现

① 同时作为连接地的还有盖诺阿（Genoa），利古里亚的首府，在意大利北部的另一边。

这种小小的、丑丑的家伙游来游去。它们构成了 *risotto Buranello* 的基本风味（这道烩饭得名于邻近威尼斯的岛屿、景致明媚的渔村布拉诺 [Burano]）。这里还有大量的蛤蜊——地毯蛤、蛏子以及其他很多种类——只要简单烤一烤或者和生姜一起烹饪就很美味。凤尾鱼则用来烹制当地人喜爱的意大利面，*bigoli* 意大利面浇上萨尔萨辣酱，这道菜包含了荞麦的或者全麦的意大利面、凤尾鱼、洋葱和欧芹。

威尼托的地理位置接近欧洲中心，这解释了为什么很多菜的做法同时有意大利和其他国家的影子，而它们最初看起来完全不同。我经常把斯特鲁德尔（Strudel）和奥地利以及德国联系起来，而在多罗米特（Dolomite）山区，它是主要的食物，威尼斯人也嗜好这种又苦又甜的味道，对于腌渍口味较重的食物很着迷，这在欧洲中部和东部很常见[①]（见第 140 页）。经典的威尼斯菜如 *fegato alla Veneziana* 可以看成是斯拉夫菜系的余响——细细切碎的肝脏加入碎的甜洋葱，碎洋葱看上去会让人想起德国酸菜。醋和鼠尾草也经常用来制造特别具有腌渍味的口感。鸭肝也很受欢迎，最经典的做法是把意大利面和鼠尾草一起做成名为“*bigoli con l'anatra*”的菜肴。

这些风味，还有这些菜式（例如沙丁鱼佐以 *saor*[②] 或 *agrodolce*[③] 酱汁），典型地反映了当地人对于又苦又甜的食物的迷恋。鉴于威尼斯本身具有的朦胧美，它那同时存在的颓废和浪漫，又苦又甜的口味似乎恰当地代表了这座城市——甚至可能是整个地区——正在消逝的华美。你不同意吗，托马斯·曼？

••••

① 另一方面，你也可以看到，像面条这种淀粉类食品（例如 *spatzle* 鸡蛋面）是如何在像匈牙利这样的地方出现的，因为全世界的意大利面之都就在它西边不远的地方。

② 酸甜的沙丁鱼，威尼斯的典型食物。鱼裹上面粉后炸过，然后与混合调料一起上桌，混合调料是将洋葱在醋、藏红花、丁香、月桂、无籽葡萄干和松仁混合的底料中煎炸制成。

③ 这种料汁在整个意大利都能见到，又甜又酸，主要用糖和醋做成，常常加入水果和蔬菜。适合搭配意大利辣香肠 *pepperoni*、鱼类以及大部分其他食物。

食材清单：意大利烩饭用米（尤其是 *arborio*）• *radicchio* 意大利菊苣 • 普通菊苣 •*baccalà* 鳕鱼松 • 凤尾鱼 • 沙丁鱼 • 南瓜 • 朝鲜蓟 • 小茴香 • 豌豆 • 香草（欧芹、薄荷、罗勒）• 精选香料（藏红花、小豆蔻、肉桂）• 荞麦意大利面

◆◆◆

• 菊苣搭配蒜味凤尾鱼酱料 •

Radicchio with Bagna Càuda

bagna càuda 是一种油油的、蒜味的凤尾鱼酱，实际上它被认为是皮埃蒙特的特产。但是，意大利北部的大部分地区都会食用这种酱料，考虑到凤尾鱼和意大利菊苣在威尼托地区的产量较大，这道菜其实也体现了某种典型的威尼斯风味和食材特产。它用来做风靡夏天的沙拉和冷切，作为头盘或小菜都很不错。也可以试试看用普通菊苣代替意大利菊苣。

• 4 人份（作为小菜）•

意大利菊苣，3—4 头，每头切成四等份

特级初榨橄榄油，100 毫升，再加一些用于煎炸

凤尾鱼罐头（带油），1 罐 50 克

大蒜，4 瓣，细细切碎

无盐黄油，100 克，切成小方块

1 • 取一只大号煎锅，中火至高火加热橄榄油，加入切成四等份的意大利菊苣。经常翻动所有的菊苣，以保证平均受热。应该烹 5—7 分钟，这样菊苣会变软并开始变成褐色。

2• 另取一只锅，制作 *bagna càuda* 凤尾鱼酱料。中火加热 100 毫升橄榄油，加入凤尾鱼和大蒜，烹烧 1—2 分钟，不停搅拌，直到凤尾鱼烹碎、溶解在料汁里。加入黄油使之融化。

3• 将意大利菊苣摆盘，切面朝上，用勺子将 *bagna càuda* 酱料舀在菊苣上。立刻上桌。

• 豌豆烩饭 •

Pea Risotto

这本书里有两道“米饭和豌豆”的食谱，不过种类完全不同。在威尼斯，这道豌豆烩饭传统上是在每年 4 月 25 日为城市保护神圣马可举行的节日大餐上享用的。意大利人所说的那种 *risi e bisi*，就要比你平时吃到的烩饭更多汤水，味道也很简单，就是大量黄油和味道浓郁的帕玛森干酪，想吃得更荤一些，也可以搭配意大利火腿切片和鸡汤。这两种主要食材都是象征性的：米饭代表丰产，豌豆则意味着春天。如果你喜欢把豌豆和薄荷放在一起吃，那你可以在配菜里加入薄荷，甚至可以把欧芹完全拿掉。

• 4—6 人份 •

豌豆，200 克，剥好的（豆荚留着）

上好的蔬菜汤或鸡汤，1 升

黄油 100 克

洋葱 2 个或大葱 4 棵，细细切碎

干火腿片（比如 *prosciutto*），100 克，切丁（可选）

米（*arborio*），200 克

大量磨碎的帕玛森干酪

海盐和现磨黑胡椒

扁叶欧芹或薄荷，盛盘用，切碎

1 • 豌豆剥好后放在一旁备用。将高汤用一只大号炖锅加热，加入豆荚煮软。将豆荚和浓汤倒入混合器（取决于煮出来的浓汤有多顺滑，你可能会想要直接把汤倒入筛子以滤掉那些硬杆儿），然后再倒回汤锅里。煮出来的液体应该类似于豌豆汤。放在一旁备用。

2 • 取一只大号煎锅，将黄油融化，中火将洋葱或青葱微微煎熟。大概 1 分钟后，加入火腿（如果要吃的话），然后继续煎 8—10 分钟，直到洋葱变得透明并且开始变成金黄色。

3 • 在汤锅中加入大米和剥好的豌豆，以及黄油和洋葱的混合调料。然后慢慢搅拌，直到米饭将汤料完全吸收——要用 10—15 分钟。米饭应该煮得有些咬劲儿。如果米粒还是颗颗分开，那就再加点水继续煮一会。

4 • 加入帕玛森干酪收汁，用黑胡椒和海盐（需要的话）调味，然后撒上欧芹或薄荷，上桌。

– 欧洲东部 –

对她来说，食物不只是食物。食物是恐惧，是尊严，是感激，是复仇，是欢喜，是耻辱，是宗教和历史，当然也是爱。食物就像那些水果，那些她总是给我们的水果，从我们那棵家庭之树的毁损的枝条上摘下的水果。

• 乔纳森·萨弗兰·弗尔（Jonathan Safran Foer），
《吃动物》（*Eating Animals*）[①] •

对于作家乔纳森·萨弗兰·弗尔的波兰祖母来说，一日三餐不仅仅是历史的赠予，而且意味着幸运。弗尔描述了他的祖母如何从大屠杀中逃生，并藏了几只土豆在裤子里，向一位俄罗斯农夫寻求庇护。这位农夫为她提供了一餐有猪肉的饭食。尽管极度饥饿，但她还是拒绝了，因为这是犹太教规不允许的。

德系犹太人的移民社区——也就是说，这些犹太人的祖先最初来自欧洲中部和东部，弗尔的祖母也曾是其中一员——赋予那些关于食物的传统和信念系统以极大的重要性，其中很多在今天依然可见。就像弗尔所描写的：“星期四我们烘面包、白面包和小圆面包卷，它们可以吃一个星期。星期五我们做煎饼。安息日我们总要做鸡肉以及汤面。”

有时候，德系犹太人的食物被认为无法摆脱欧洲中部和东部的影响。这很可能是因为欧洲犹太人在大屠杀之前大规模地逃亡，从而令其饮食传

••••

①《吃动物》列举了弗尔决定不再吃肉的理由，我必须承认自己对此颇有共鸣。但是令我印象尤为深刻的则是他对自身作为德系犹太人的成长经历的探究。

统扩展到欧洲其他区域。*goulash* 炖菜和 *borscht* 罗宋汤[1]，这两道著名的斯拉夫菜因此才以犹太名称而得以推广。这令我猛然意识到，尽管从弗尔书中引用的段落毫无疑问是描述了东欧犹太人的典型体验，但他们对于感恩、历史和爱的强调在整个欧洲东部文化中都非常普遍，并将其融入他们对于食物的态度之中。

我将欧洲中部和东部的国家归为一组——这些国家为黑海、波罗的海（Baltic）和亚得里亚海所围绕，位于德国、奥地利以东和俄罗斯以西——这样划分虽有些粗糙，但主要依据是这些国家的菜式具有很大的相似性。这些国家都有推行共产主义的历史，这种思潮在厨房中有两方面的影响，一方面它限制了人们获取不同的食材，另一方面也保护了传统不受饮食现代化的冲击。保加利亚大厨、美食书作者西尔维娜·罗伊（Silvena Rowe）注意到，“这种思潮所导致的隔离政策产生了很多影响，但是毫无疑问，我们现在所能获得的益处在于，本国菜肴的基础从来没有被饮食时尚所玷染，而这种风潮近年来横扫了几乎整个欧洲”。当然她是对的——这也是为什么“东方集团”（Eastern Bloc）国家的食物吃起来会有陌生感。大量的新口味以及出乎意料的食材组合占据了你的味觉。就像所有你第一次尝试的事物一样，吃到真正好的斯拉夫美食，这种体验会被新鲜感加强。只看单一菜肴看来是错的，所以我们要展开的旅程将环绕匈牙利、波兰和捷克共和国，看看其饮食料理方面的共同特点。

尽管这些菜肴整体上“没有被饮食时尚所玷染”，但是各个国家的菜式之间还是会有一些融合。原先的“东方集团”各国菜系的融合导致了地区共享菜式的产生，例如匈牙利红酒烩牛肉，这道菜本来是匈牙利菜，但是在其他地方，例如在捷克等国家也被吸纳为当地菜。其他典型的“东方集团”国家饮食包括汤菜、炖菜、饺子，食材都采用植物块茎（甜菜根、胡萝卜、马铃薯）、肉类（你可以设想有很多种，几乎没剩下什么动物）、腌菜、谷物、

[1] 这是两道来自欧洲中部和东部的标志性汤菜或者说炖菜。*goulash* 是将肉、面条和蔬菜炖在一起，用香菜和红辣椒调味。*borscht* 则是甜菜根汤。我会给出这两道菜的菜谱。

水果、坚果以及香料如辣椒、葛缕子、莳萝等。强烈的风味是主导。

欧洲中部和东部将斯堪的纳维亚（见第 159 页）和德国（见第 150 页）的料理传统与中东（见第 168 页）的饮食习惯搭建起了一座桥梁。各种口味的食材如酸奶油、莳萝、腌鱼、香菜和辣椒与波斯[①]和阿拉伯世界经典的酸甜口味相契合。在《大餐》（*Feasts*）这本介绍中欧和东欧那些分享性食物的书中，西尔维娜·罗伊分享了她的食谱，例如石榴、南瓜炖羔羊肉，以及杏仁石榴酱汁烧鸭子，这令我想到一些摩尔人带往西班牙南部的菜式，而且直到今天还在为人们所食用。波兰国菜 *bigos* 是将牛肉、猪肉、香肠、酸菜、蘑菇、苹果和西梅干一起炖，它也具有前面所说的酸甜口感。不过同样地，某些菜肴也具有更多德国式的或者至少部分地中海式的特点，例如 *papricas*，这是一道著名的匈牙利炖菜，用瘦肉、辣椒、番茄、甜椒和酸奶油一起烹制而成。东欧的菜肴处在两种或许是更有名的饮食传统之间——斯堪的纳维亚和中东——它的菜肴如 *papricas* 和 *bigos* 都是其地理位置在食物上的表现。

几个世纪的贫困以及后来的共产主义思潮影响了这些菜肴的发展，虽然都是由简单的食材构成，但是味道绝对令人一震。汤菜和炖菜是基本款，都是便宜好做又有营养的一锅炖，其中只要加一点点肉或油脂就可以令效果出众。一个经典的例子就是 *borscht*（罗宋汤）。我第一次发现这道美味的甜菜根汤还是 9 岁的时候，我的朋友艾米丽亚·布隆尼基（Emilia Brunicki）的波兰祖母做给我们吃的。我还记得走进位于伦敦南部的她家那间挂着印花棉布的门厅，一阵混合了甜菜、肉汤以及慢炖了很久的食物香气立刻裹住了我。我们当时太小，还不能喝伏特加，但是现在我可以想象，这两样搭配起来该有多么合适，在漫长的寒夜中，它们能够用热量和能量紧紧地包住你的身体。有时候布隆尼基奶奶不做罗宋汤，那她就会做最美味的鸡汤细面条。这和我之前吃过的任何一道鸡肉料理都不一样，我

① 举个例子，波斯菜如 *khoresht-e-most*，就是将鸡肉、酸奶、橘子和浆果（第 206 页）一起做，叙利亚菜如樱桃烤肉（*kebabs*）也是这样。

还记得自己是如何狼吞虎咽地吞下这种“不一样”的——胡萝卜煮了好几个小时直到变得又甜又软，褐色的鸡肉小薄片还有那种饭后产生的、被宠坏了的饱足感。

我已经意识到，小时候我就感觉到布隆尼基奶奶所做的汤菜很滋补，这并不偶然。鸡汤被人亲切地称为“犹太人的盘尼西林”，而且对很多犹太人来说已经成为典型的安息日（星期六安息日）美食，对于那些有德系犹太背景的人就更是如此。每个家庭似乎都有自己烹煮鸡汤的做法，但是不管怎样，鸡汤总是金黄色的，清亮并且表面漂浮着好看的油脂小珠。鸡汤里还常常加入胡萝卜和芹菜，通常还有 *kneidlach* 或者说面球，是一种小饺子，用死面薄饼粉、鸡蛋和油脂做成。人们涌进纽约的第二大道德里餐厅（2nd Avenue Deli）——这家餐厅由波兰移民在 1950 年创建——为的是品尝他们地道的鸡汤以及包括不下六道鸡汤的菜肴！

在欧洲中部和东部，汤菜则既包括最基本的农家菜（在这里，“农家菜”真是一个恰当的用法，而不是那种“丰盛暖心”的热菜的时髦名字），例如 *soup mit nisht*（“平淡无奇汤”，一种用土豆和甘蓝菜打底的汤菜），也包括标准的番茄汤或蘑菇汤，一直到酸黑麦汤、酸黄瓜汤、牛肚汤和水果冷汤（用蓝莓或野草莓烹制）。

炖菜也很受欢迎，这种菜比该地区的汤菜更浓也更荤。红酒烩牛肉一般来说被认为是匈牙利菜，它确实是，但是周边很多国家也有自己的做法。我的捷克朋友克拉拉（Klara Cecmanova）有时候会在炖菜里放入孜然和法兰克福香肠，但是这道菜更为经典的做法则是加入牛肉、洋葱、大蒜、葛缕子、番茄、甜椒及土豆等食材。这道“横”菜是要使得匈牙利的农民和牧人能够抵御寒冷的天气。而这些炖菜共有的特点，除了不贵和实在之外，还有“持续发展”的能力。这种菜加一点点水就可以加量，而且据说可以放一星期都不会变质。[1] 当地的鸡蛋面，名字叫作 *spatzle*，比意大利面更

••••

① 按照西尔维娜的说法，红酒烩牛肉传统上是储存在羊胃里以便保存——或许这种保鲜方式不是最令人有食欲的，但至少是个办法。

容易饱，而且很像大号的意大利通心粉——这种面经常和炖菜一起吃，同样的还有黑麦面包和土豆泥。

东欧人经常吃的饺子，有时候作为配菜，有时候作为主菜。饺子可以是鸡蛋面的（例如匈牙利的 *galuska*），也可以是土豆面的（例如波兰的 *pierogi*），吃法就是简单搭配炖菜或是有更为复杂的填馅，例如奶油干酪、蘑菇、腌菜或鸡肝。

盐腌鱼常常用来烘托甜味和酸味。盐鲱鱼、黑线鳕、渍鲑鱼片甚至鱼子酱都有类似的性质，常用来制作种类繁多的小食，搭配黑麦面包和酸奶油，或者裹上面包屑后炸熟作为主菜。新鲜的活鱼也可以很好地突出其他食材的甜味和酸味，可佐以盐腌黄瓜以及好味的香醋、柠檬和莳萝。

甘蓝菜很容易种植且富含维生素 C 和 β-胡萝卜素，它是欧洲中部和东部的另一种基本食材。腌酸菜在北部地区是重要食物——从德国起，东至乌克兰——大量的炖菜、汤菜和饺子馅都会用到它。不过，最著名的 *goblaki* 则是填馅的波兰甘蓝菜，菜叶子包着肉末、香肠、大米和香料——这也是该地区花费不多而式样繁多的料理方式的另一个证据。

欧洲东部素以啤酒闻名——捷克共和国出产的比尔森（pilsner）啤酒是尤其好的、淡的窖藏啤酒，例如世界各地都可买到的 *Budvar* 和 *Staropramen*——不过伏特加依然是波兰文化的支柱。酿造伏特加可以用土豆、黑麦或燕麦（后面这点有争议），也可以用容易获得的庄稼酿造价格低廉的伏特加，可以想象这种酒主要为了应对寒冷的冬季，它是和炖菜、汤菜以及美味甜品齐名的重要“治愈系”饮食。

东欧和中欧甜点通常由海绵蛋糕、酥皮软点心、坚果和野生水果的种子构成。蛋糕卷里面裹着果酱或罂粟籽，还有与果子馅饼、薄煎饼相似的烙饼（*palacsinta*），里面也有果酱；还有我最喜欢的 *bàbovka*，是一种捷克的圈形蛋糕。我家的捷克朋友佩特拉·莱科诺夫斯卡（Petra Rychnovska）在我青少年时期和我们住在一起，直到今天我还和一位姐妹保持着最密切的关系。当她的母亲来访时，总是会带着装得满满的好几箱子用铝箔包裹的果子馅饼，还有 *bàbovka* 蛋糕，这是莱科诺夫斯卡的奶奶在布拉格做的浓厚而湿软的大理石蛋糕，像一顶美丽的王冠。我们在接下来的日子里，每一餐（真的是每一餐）都吃这些美味的食品。尽管佩特拉的妈妈完全不会说英语，但是餐桌旁的微笑已经超越了语言。*bàbovka* 蛋糕替我们说出了心中的想法，将我们在两件事情上联结在一起：对食物的爱，以及对她女儿的爱。

食材清单： 辣椒 • 葛缕子 • 月桂叶 • 莳萝 • 杜松子 • 黑胡椒 • 马郁兰 • 牛至 • 细香葱 • 酸奶油 • 甜菜根 • 甘蓝菜 • 面条（*vermicelli* 用来做汤，*spatzle* 用来搭配炖菜）• 做饺子用的死面薄饼粉 • 盐渍鱼类 • 罂粟籽蛋糕

◆◆◆

• 罗宋汤 •

Borscht

我的朋友艾米丽亚已故的波兰祖母海丽娜·布隆尼基过去常做这道汤菜——而我能吃到它真是运气够好。当我问艾米丽亚能否分享这个菜谱的时候，她却跟我说，所有的做法都在祖母的脑子里，每个星期都是凭记忆来做这道菜。所以，你在这里读到的就是布隆尼基一家人头脑风暴的产物，在这个过程中他们试图尽可能忠实地回忆起每一个步骤和用量。尽管我们永远不可能完全像布隆尼基奶奶那样烹制这道菜了，但是我很荣幸能够在这里写下最为接近的版本——她的孙女的演绎。在罗宋汤上面淋一滴酸奶油或经过分离的稀奶油，再为吃饭的人准备一些莳萝调料，或者也可以在寒冷的星期日夜晚享用这道菜，这是享用它最原汁原味的形式。如果你从肉贩那里买不到带骨的牛肉，炖牛排也可以。如果必要的话，这道菜也可以做成素食的版本，只要别加入牛腿肉并将牛肉汤改成同样分量的蔬菜汤就行。

• 4 人份 •

上好的肉汤（布隆尼基奶奶用的是牛肉汤），1.5 升

牛腿肉（大约 750 克，带骨），1 份

洋葱，白的黄的均可，1 个，切成 4 份

甜菜根，大的，6 个，一半磨碎，一半切碎

胡萝卜，3 根，大致切碎

土豆，1 个，去皮并切成小块

蘑菇，5 只，切片

甘蓝菜，小一点的，半棵，撕碎

百香果粉，1 茶匙

糖，1 茶匙

月桂叶，1—2 片

柠檬，1/4 个，挤汁（需要的话可再多些）

伏特加，50 毫升（可选）

海盐，根据口味决定

盛盘用

鲜奶油

莳萝，1 把，切碎

pierogi 饺子形馅饼或者干酪酥条

1 • 取一只大号卡苏莱焖锅，将牛肉汤、牛腿肉和洋葱放进去煮，然后将火调小，慢炖 1.5—2 小时。从火上取下，将肉汤放凉，将牛腿肉全部剔下，将骨头、脂肪和筋腱丢弃。

2 • 放几个小时，待油脂凉透可以取动时，撇去表层肉沫，加入甜菜根、胡萝卜、土豆和蘑菇。放到火上煮开，然后再调小火炖 30 分钟。

3 • 加入甘蓝菜、百香果粉、糖、月桂叶和柠檬汁，一直煮到甘蓝菜变软。如

果用伏特加的话，现在就加进去。如果将汤放一夜的话，效果就会更好，因为会更入味。上桌前再次加热煮沸即可。

4 • 有人喜欢滤掉汤料，只剩清汤。我更喜欢有点牛肉、甜菜根和蘑菇的口感，不管怎样，只要你喜欢就好。趁热上桌，佐以饺子形馅饼或者干酪条，一团鲜奶油，再加点切碎的莳萝调味。

• 鸡汤 •
Chicken Soup

鸡汤是对付寒冷和感冒的法宝（还记得“犹太人的盘尼西林”吧）。实际上，可以多做一些然后分批冷藏，这样整个冬天手边都有鸡汤可以备用了。在德系犹太人的社区里，按照传统鸡汤是和 *kneidlach* 或者说面球（用死面薄饼粉和鸡油制作的小饺子）一起吃的，在逾越节期间更是如此。这里列举的这个简单的鸡汤菜谱忽略了 *kneidlach* 小饺子，而且是用剩饭菜做了美味的一餐——用烤鸡的骨架来做一顿完全不同的饭菜。在我家里，这是星期一的主要菜式，因为星期天的烧烤大餐之后，做这样的“一锅烩”就很容易。你还可以加一些新鲜的鼠尾草或者百里香，这样闻起来会更香。

• 4 人份 •

黄油，50 克
洋葱，白的黄的都行，1 个，大致切碎
芹菜茎，2—3 根，大致切段
韭葱，大一点儿的，1—2 根，大致切段
胡萝卜，3—4 根，大致切碎
大蒜，3 瓣，细细切碎
大蒜，3 瓣，不去皮也不切碎
鸡架，1 整个，带着烧烤汁
上好的鸡汤，1.5 升

月桂叶，1 片

黑胡椒粒，1 小把

海盐

vermicelli 面条，50 克

扁叶欧芹，大致切一下，盛盘用

现磨黑胡椒

1 • 取一只大号煎锅加热黄油，小火煸炒洋葱、韭葱、香菜和胡萝卜 3—4 分钟。加入所有的大蒜，再煸 1 分钟左右。

2 • 接下来，将鸡骨架和所有配料都放入锅中——无论是小片鸡皮、骨头、烤鸡所用的料汁还是肉卤——再加入番茄香料 *sofrito*，加入鸡汤，放入月桂叶和胡椒粒。加盐调味。

3 • 小火再炖 1 小时。准备吃的时候将汤汁滗出，取走鸡架、月桂叶、整蒜和胡椒粒，然后将汤倒回锅中。

4 • 将 *vermicelli* 面条弄成小段，放入汤中煮到弹牙。上桌前我喜欢剥一整头大蒜，放入滤净的汤中，搅拌均匀。

5 • 往汤里撒上一圈现磨的欧芹碎和黑胡椒，然后上桌。

• 捷克蛋糕 •

Bàbovka

我愿意一天三顿都吃这个，只要我的消化系统不反对。多亏了最好的克拉拉（她的消化系统还真是受不了经常吃 *bàbovka* 蛋糕）为本书提供了这个食谱。克拉拉强调使用捷克面粉的重要性，这种面粉可以在波兰商店或是网上买到——如果你是生活在伦敦西南部的人，那么她会推荐里士满的 Halusky，她就是在那里买的面粉——但是如果你找不到这种面粉，也可以用普通面粉代替。你也可以在某些超市里买到现成的香草糖，但是自己做也很简单，而且还能很好地利用你家食品柜中的存货。只要将 2—3 只用过的、去籽的香草荚放进一罐 500—1000 克的细白砂糖中，

然后放置一个星期左右的时间待其融合。或者你也可以用 20 克细砂糖和 2—3 滴香草精来代替香草糖。你还会需要一只环形的蛋糕模。我个人觉得 *bàbovka* 蛋糕纯吃最好，但是如果你喜欢加点别的乐趣，那就试试加一汤匙朗姆酒、一点柠檬汁、巧克力碎或者水果干。

• 10—12 人份 •

无盐黄油，200 克，室温存放，另外多备一点用来擦模子

糖霜，170 克

香草糖，20 克（见前文）

鸡蛋，4 个，分离出蛋黄

捷克面粉（*polohrube mouky*）或者普通面粉，225 克

泡打粉，1/2 茶匙

可可粉，2 汤匙

糖霜，用来撒在表面

1 • 预热烤箱至 180℃ /160℃（风扇烤箱）/4 档（燃气烤箱）。取一只直径 24—26 厘米的环形蛋糕模，抹上黄油，各面撒上一点面粉，抖掉多余的面粉。

2 • 取一只大碗，将黄油和接近三分之二的糖霜以及香草糖一起搅成奶油状。慢慢打入鸡蛋黄，彻底混合。加入一半面粉和泡打粉拌匀，然后将剩下的糖霜和面粉拌匀。做这一步的时候也不要混合得过分，否则搅拌物会变得太黏。

3 • 另取一只碗，最大限度地将蛋白搅拌均匀，然后轻轻倒入混合物。小心不要过分混合。混合物从汤匙中倒出的时候应该是块状的，而不是一滴一滴的。将混合物对半分到两只碗里。一半撒入可可粉并充分混合，另一半还是白的。

4 • 将这一半白一半黑的混合物逐层放入蛋糕模，用一只叉子从中间插进去并转动，制造出大理石的花纹效果。模子应该有三分之二盛满混合物。

5 • 在烤箱中烘烤 30—40 分钟，或者用一柄小刀插入中心，取出的时候不沾任何混合物即可。再放置 10 分钟，然后翻转蛋糕模，上面撒些糖霜，上桌。

– 德国 –

快乐对我而言实际上就在于，我的内心能够感受到和农夫一样简朴单纯的快乐，他们的餐桌上摆满自家地里的出产，他们不仅喜爱这顿饭食，而且记得播种谷蔬的快乐日子和明媚清晨，记得灌溉它的那些和煦傍晚，以及每日注视着它生长时所体会到的快乐。

• 约翰·沃尔夫冈·冯·歌德（Johann Wolfgang von Goethe），
《少年维特之烦恼》（*The Sorrows of Young Werther*）•

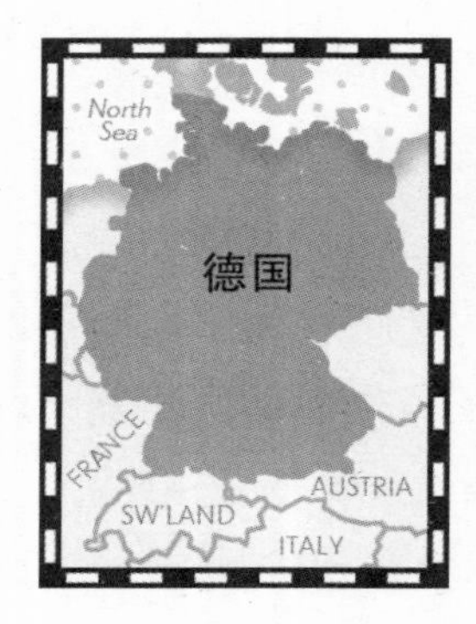

对于我们这些生活在英国的人来说，德国食物与木质玩具及圣诞市场上的手风琴音乐联系在一起，在每个冬季里都令我们小镇的广场变得恩慈优美。当我在利兹（Leeds）念书的时候，我们一群人总会为了 *glühwein* 热红酒和 *bratwurst* 小香肠而匆忙赶往千禧广场，从中发现欧洲北部的圣诞节景观——漆黑的夜晚、厚厚的积雪、精致的手工艺品以及丰盛的食物。这很迷人，不过更多是因为它是人们所庆祝的圣诞传统，而不是非凡的饮食体验。而当我毫无疑问从自己的偏好和偏见得出结论时，我很怀疑会有那么多人认为热狗真是美食领域的一项突破。

是啊，如果真有什么菜系被认为是毫无迷人之处的话，那很可能就是德国菜了。香肠和酸菜、黑麦面包和普通硬干酪，这些都代表了全世界对德国食物的认知：重口、粗糙、易饱。像这样的食物服务于一个重要的目标，当然就是要养活大量的手工劳动者，因为这个国家在过去的两个世纪里迅速地工业化了。

几年之前，我和几个朋友决定在 11 天里从伦敦骑行到柏林。这个计划很疯狂，但是我们真的做到了，很大一部分原因要归功于顶事儿的肉炖土豆，其中含有大量的香菜和杜松子，还有野味香肠和酸菜，所有这些都佐以晚餐的麦芽啤酒。这些传统菜肴如今依然可以在全德国的餐馆里吃到。虽然它们很美味，而且做得很好，但是很难谈得上符合现代的营养均衡概念（比如低碳水化合物、低脂）。虽不合饮食风尚，但德国食物其实还是完美地表现了当地的地理和历史背景。

这是一个黑森林蛋糕的国度，同胞兄弟汉森和格莱特尔，也就是格林兄弟迷失在充满舌尖诱惑的危险森林中——“牛奶和蛋饼，还有糖、苹果与坚果”，而邪恶女巫的房子“由面包做成，屋顶是蛋糕，窗户是晶亮的白糖”。很多被我们归于德国菜的食物，例如野蘑菇和甜菜根、新鲜采摘的苹果、南瓜还有葵花子，感觉就好像它们是刚从森林被发掘出来的，或刚从泥地里被连根拔起。种籽与谷物，无论是小麦、燕麦还是黑麦以及裸麦，对于种类极多的德国面包和各色各味的椒盐卷饼来说都是极为重要的食材。

几个世纪以来，我们今天称为“德国”的这片土地实际上是欧洲中部的所谓“神圣罗马帝国”的一部分，它大体上包括了今天的奥地利、德国、法国的勃艮第地区、意大利以及欧洲东部的大部分地区（后来被称为“波西米亚”）。就像我父亲爱说的那样，是不是真的“神圣”“罗马”，甚至称得上“帝国”都值得商榷，而在 1648 年三十年战争结束时，在“帝国”被摧毁之后，德国被划分为很多个邦国，包括普鲁士、巴伐利亚和萨克森。随后在 1871 年又统一为德意志帝国。

了解历史梗概加强了两个要点：第一，德国实际上还是一个相对新生的国家，就像很多欧洲国家一样，而它的饮食认同可以说还在形成中；第二，我们认为属于德国的很多食物实际上属于奥地利，这其实并不令人惊讶——*Wiener schnitzel*[①]（严格说来出自维也纳）、苹果馅饼和 *sachertorte*（奥

① *Wiener schnitzel* 是一种裹上面包屑后烹制的、油炸的薄肉饼。传统上用小牛肉制作，但是用猪肉制作的更为便宜也更常见。

地利巧克力蛋糕）只是其中很小一部分。在“德国的”和“日耳曼的”之间有很细微的差别，这个事实非常重要。

德国传统菜式在过去几十年里几乎没什么变化。[①] 如果不想追问 20 世纪中期的一系列事件是否依然决定着这个国家菜系的走向，那恐怕是目光短浅的。当美国和英国的饮食环境逐渐商业化，当地中海的欧洲国家还在沿袭传统的饮食习惯——大量使用温暖气候下出产的自然食材、每座村子都有自己出色的面包店，阿拉伯的、犹太人的和基督教的烹饪传统继续发挥影响——德国的国内政策则采取了一种国家主义的立场，避开了种种影响。在 1945 年，随着战争结束、纳粹垮台，国际势力对德国的生产施加了限制，以遏制军国主义的进一步发展。以上因素再加上程度相对较低的种族融合，就意味着德国菜在 20 世纪相对而言没什么发展。

1949 年，德国分裂为东德和西德，这在两种饮食文化之间产生了一些明显的区别。西德还保留着传统的饮食，而且由于它的地理范围囊括了德国的整个南部地区（包括“香肠之都”法兰克福），也就保持了其风味食品如 *wurst*（德式香肠）。同时，东德则不可避免地受到邻国如波兰和俄罗斯的影响，继承了他们对于盐、腌菜以及香料例如莳萝（见第 142 页）的热爱。*solyanka*（一种俄罗斯浓汤，有肉、鱼或者蔬菜打底，放入足量的卤水、黄瓜、甘蓝菜以及酸奶油）在东德就非常受欢迎，而且恰切地体现了该地区的食材风味。

无论过去这些年来德国饮食受到了什么样的限制，所能获得的食物种类还是在稳步增加。比如说，400 万土耳其人口构成了当今德国最大的少数族群。我在 *Kreutzberg*（即柏林的波西米亚聚集区）吃过绝妙的 *kebabs*（烤肉），在这里，土耳其餐馆和食品车所供应的快餐食品其实比本地传统的 *wurst* 香肠和油腻腻的洋葱还要更健康。

德国也有蓬勃发展的蔬食运动——与之相比，我们英国真是相形见

••••

① 与此极端相反的另一个情况则是，重视细节又谨小慎微的德国主厨在“现代欧洲料理”的名义下模仿法国和西班牙料理的技巧，这在大城市和昂贵的酒店尤其常见。

绌。[1]应季的蔬菜农产品——比如甘蓝菜（*kraut*，绿色和红色）和芦笋（典型的德国白芦笋，名为 *spargel*）——都很容易找到。这里的人们比英国人更爱去小型的、专门供应某些货品的商店，而大多数镇子都有每个星期开放一次的农夫市集。骑着自行车购买杂货，车筐里放着新鲜面包和蔬菜，这在德国很常见。我上一次去德国的时候得了个印象，觉得这个国家远比所谓“钟爱德式小香肠”的描述更为健康。

香草和香辛料传达着德国食物的热情，但不是热量。葛缕子、细香葱、莳萝、欧芹和百里香满载着香味，并准备好接受浓烈的口味，你越往东边走，到达波兰、俄罗斯和东欧，就越容易体验到这种口味。辣椒很罕见，就像大蒜一样，都是由诸如意大利人或土耳其人的移民社区带入德国的。热量则是由芥末或辣根传递的，这两种作料在料理肉类或河鱼（例如鳟鱼）所用的酱汁中非常重要，同时也可以用作调味品。它们可以互换使用，也都能佐食日耳曼菜系与斯拉夫菜系中常见的荤菜和腌菜。“3C”香料——小豆蔻（cardamom）、肉桂（cinnamom）和丁香（clove）——与甜味能够很好地混合，在德国甜品和香料饼干等甜食中都很常见，后者类似于斯堪的纳维亚美食（参见第 159 页）中的姜饼和水果蛋糕。

最后，但同时也很重要的是，*wurst* 既指热肠也指冷肠。德国有超过 1500 种各式各样的香肠。人们似乎每顿饭都吃香肠，无论是早饭时搭着奶酪和面包吃的冷切肠，还是热狗，还是后面几顿饭搭配酸菜或土豆沙拉一起吃的香肠。*bockwurst* 和 *wollwurst*（小牛肉和猪肉混合，后者煮过以后再煎）、*knackwurst*（短肠，用猪肉和大蒜做成）、*landjager*（牛肉干和猪肉干，调味后再风干）、法兰克福肠（*frankfurters*）、血肠、白肠（*weisswurst*，主要用小牛肉，来自巴伐利亚），这些只是一小部分较出名的香肠。美国记者门肯（H.L.Mencken）可以通过出色地描写无数种 *wurst* 香肠来填满书页：“它们有大小的不同，有的小香肠实在太小，有的是浅色，有的太脆以至

[1] 这在很大程度上是由 Öko Institut 或者说应用生态协会（the Institute of Applied Ecology）推动的，这个私人机构致力于绿色生态、再生能源以及生物多样性的研究。

于吃起来简直是犯罪，还有巨大的吓人的香肠，看起来就像重型火炮的炮弹一样。这些香肠的口味也不同，从最精细的到最粗粝的都有；口感也不同，有的像落在蛛网上的羽毛，有的则像粘在油毡布上的羽毛；形状也有不同，有的是立柱形，有的则是可爱的扭结和花纹。”

对我来说，当我饿极了的时候，或是在寒冷的冬夜结束了令人厌倦的通勤回到家中的时候，或是在我做了太多运动的时候，德国菜就是最适合狼吞虎咽的大餐——还可以就着一品脱啤酒。实际上，啤酒是德国最受重视的饮食之一。尽管我们最熟悉的是德国大规模生产的那些大牌啤酒，例如碧特博格（Bitburger）、贝克（Becks）、艾丁格（Erdinger）和柏龙（Paulaner），但是当我在柏林骑行的时候，我们路过的每一座小镇似乎都有当地自酿的啤酒品牌，无论是白小麦啤酒还是淡啤酒，无论是琥珀色的、麦芽的还是有啤酒花苦味的黑啤酒。另一方面，德国的葡萄酒则不如啤酒有名。在我成长的过程中，我被父母潜移默化地灌输了这样的教条：要远离那些细长的酒瓶，因为那意味着甜得发腻的雷司令（Rieslings）和 *Gewürztraminers* 琼瑶浆葡萄酒。不过根据我的经验（尽管也就是最近十来年的经验），德国酿造了一些口感极其精妙、质量上乘的葡萄酒，例如莫塞尔河谷（Mosel valley）的雷司令（limey Rieslings）。要注意的是，德国葡萄酒的分类有时候会令人困惑。比如说，*Prädikat* 这个词除了指甜度，也指一种质量超好的酒。你或许熟知 *Spätlese*（晚收）和 *Eiswein*（冰酒）这类标签，但它们只是六种可能的不同分类之中的两种而已。我建议你去阅读马特·沃斯（Matt Walls）撰写的《干杯！》（*Drink Me!*）一书，以获取更多信息。还有我们肯定不会忘记杜松子酒——又烈、又甜，这是一种以谷物或是水果为基底的烈酒，最早源自德国。

虽然德国菜肯定不会是我滞留荒岛时的首选，但是我想德国人的厨房也能提供绝好的食物来搭配我们通常吃的饭食。比如说，我经常在做烧烤大餐的时候做一些包含两种甘蓝菜的菜肴（后面会介绍菜谱）。紫甘蓝是我祖母的拿手菜，而且（肯定）很适合搭配香肠和土豆泥，而皱叶甘蓝和葛缕子籽则是我的玛丽阿姨最常做的菜肴之一——我们每到圣诞节都用这道菜来搭配火鸡大餐。从德国厨房里拣选少量食物，而不是被那些容易饱又不好吃的食物压倒，这会为你的一日三餐增加浓烈的风味。下面你会看到一些食谱，教你烹制最好的德国香肠菜……（不好意思，但我对此实在无力抵挡。）

食材清单：甘蓝菜（紫甘蓝或卷心菜）• 香肠 • 土豆 • 野生菌类 • 黑麦和裸麦面包 • 芥末 • 辣根 • 葛缕子 • 细香葱 • 百里香 • 杜松子 • 八角 • 小豆蔻 • 肉桂和丁香（用来制作布丁）

◆◆◆

• 皱叶甘蓝菜和葛缕子籽 •

Savoy Cabbage and Caraway Seed

我强烈地感觉到人们对甘蓝菜的评价过低。我像德国人一样爱这种蔬菜，而只要你试试以下三个菜谱之一（或是全部），你就知道为什么了。这道菜作为时令鲜蔬，是我家圣诞节餐桌上的一部分，不过它在一年中的任何时节作为配菜来搭配肉类（尤其是鸡肉和其他家禽，或者香肠和土豆泥）都很好。

• 4—6 人份 / 作为配菜 •

黄油，50 克

洋葱，1 个，白的黄的均可，细细切碎

葛缕子籽，2 茶匙

皱叶甘蓝，1 个（800—1000 克），去芯后撕碎

海盐和现磨黑胡椒

1 • 取一只大号炖锅，开中火将黄油融化，加入洋葱和葛缕子籽，微微煎5分钟，不时地搅拌。加入甘蓝菜后再煎2—3分钟。

2 • 加入200毫升水，盖上锅盖。炖5分钟，然后取下盖子，摇匀混合物，再稍微煮一下。如果你想要葛缕子籽入味更均匀，而且甘蓝菜叶子缩水后又不完全失去咬头，那你就需要根据甘蓝菜的用量再加点水。用盐和黑胡椒调味，然后上桌。

• 焖烧紫甘蓝 •

Braised Red Cabbage

我的外祖母并不是最爱烹饪的大厨，但她在这方面绝对是内行。我妈妈和舅舅们小时候常常搭配烤野鸡吃这道菜——农家的孩子喜欢的食谱——不过在整个德国，这道菜和各种肉类、香肠、饺子、土豆泥一同备受喜爱。

• 4—6人份的小菜 •

橄榄油，1汤匙

洋葱，1个，细细切碎

红酒，175毫升

红苹果，1个，去核并切成小丁

紫甘蓝，1个，中等大小，去芯并撕碎

红酒醋，4汤匙

糖，2汤匙

蔬菜高汤，200毫升

海盐和现磨黑胡椒，用来调味

1 • 取一只煎锅，加热橄榄油并微煎洋葱约10分钟，直到变得半透明。

2 • 加入一半红酒、一半苹果、一半撕碎了的紫甘蓝、一半红酒醋以及一半的糖，充分搅拌。然后加入另一半配料，重复上述过程。

3 • 倒入蔬菜高汤并炖 30 分钟左右，偶尔搅拌，直到甘蓝煮熟。调味后尝一下——你可能会觉得还要更酸一点或是更甜一点。如果是这样，加入更多红酒醋或是相应用量的糖。

• 酸菜 •

Sauerkraut

sauerkraut 或者说“酸洋白菜”就是像罐头上面说的一样，只不过和前面那个紫甘蓝菜谱不同，这道菜的酸味不是来自醋，而是来自发酵。如果你喜欢，这就是德国人的“kimchi”（韩国泡菜，见第 284 页）。它也不是合乎每个人的口味，而且味道也可能有点太重，我觉得需要搭配口味比较重的肉类来加以平衡。不过野味、牛肉、香肠——任何一种——它都能搭配。

• 4—6 人份，作为配菜 •

甘蓝菜，1 整个，选择你喜欢的种类，去芯后撕碎

精盐，4 汤匙

裂开的杜松子果，6 颗

1 • 取一只碗，混合甘蓝菜和盐，确保甘蓝菜的叶子上都沾匀食盐。揉捏混合物，这能挤出甘蓝菜中的水分，而发酵就要靠这水分。加入杜松子果。

2 • 倒入一只大罐子，顶上放一块湿布（擦碗布最好）。用一只盘子盖上，顶上再压一点重量。这能压紧混合物并从甘蓝菜中挤出更多盐水。

3 • 将罐子放在温暖干燥的地方（但也不要太热，否则可能会破坏味道），例如通风的碗柜，放置一个月左右。每天都把顶上的盘子往罐子里压一压，这样能从甘蓝菜中挤出更多汁水。

4 • 一个月以后，如果你想吃酸菜，就用小号炖锅开中火煮熟，或者直接盛盘。

• 啤酒味德式小香肠配酸菜 •

Beery Bratwurst with Sauerkraut

这里教你怎么吃餐桌上的德式老一套——香肠、啤酒和酸菜——还有个机会教你使用酸菜菜谱。如果在好的超市买不到的话（取决于你所在的地区），你也可以在网上找到地道的德式小香肠（见第 403 页供货商名录）。

• 6 人份 •

bratwurst 德式小香肠，6 根

德国啤酒，1 升（比如 *Erdinger* 或 *Paulaner*）

上好的白棍面包，6 只

黄油

酸菜，6 把（做法见第 157 页）

芥末（我比较喜欢带芥末籽的）

1 • 每根肠用叉子扎几下，然后放入炖锅，倒入啤酒后煮沸。加盖儿，火调小，再炖 15—20 分钟，直到香肠不再是粉红色。

2 • 打开你的烤炉，将香肠从锅里取出（啤酒倒掉不用），烤几分钟直至每一面都变成金黄色。

3 • 面包上抹好黄油，夹一根香肠，每份配一些酸菜以及满满一匙芥末。大口吃吧！

– 斯堪的纳维亚 –

起来总要
吃一顿早餐，
不过在盛宴之前吃掉你的那份。
如果你饿，
你就顾不上
在餐桌上交谈。

• 《维京史诗》(*The Hàvamàl*)[①] •

丹麦、瑞典、挪威和芬兰——这一组彼此相邻的斯堪的纳维亚国家坐落在北海、德国、俄罗斯以及波罗的海之间，就像一只单片三明治——对于世界上的其他国家来说至今还是谜一样的存在，在很多人看来，它们只是与极简主义设计和丹麦酥皮饼有稍许联系。实际上，这个地区的食物与其丰富多样的当地食材一样，产生了相当大的影响，这些食材让人想起那些雪松林、寒冷的海岸线、漫长的冬季与暗夜。实际上，斯堪的纳维亚是迟来的时代宠儿——无论是在字面意义上还是在比喻的意义上，都是如此。

没错，整个世界都感受到了北欧文化的某种特质，而美食只是其中一部分。北欧犯罪小说已经以其既怪诞又迷人的描写席卷了大众文化。挪威的尤·奈斯博（Jo Nesbø）或是瑞典的斯蒂格·拉森（Stieg Larsson），以及诸如丹麦的《谋杀》(*The Killing*）和《权利的堡垒》(*Borgen*）这样的剧

①*The Hàvamàl* 是 9—13 世纪期间成诗的维京史诗，其内容大多是以箴言写成的警世智慧。

集都吸引了大批读者和观众，而且——对于这样一种黑色类型作品来说反讽的是——由此向我们展现了斯堪的纳维亚的面貌。

斯堪的纳维亚美食——过去给人留下的印象常常是乏味的酥皮点心、廉价的培根还有宜家家居商场售卖的肉圆——现在浮出水面，给人的印象是清新多彩的饮食风味。盐渍的以及盐腌的美味，全谷物的面包以及重口味的肉食，还有水果和大量使用奶制品及香辛料的烘焙，所有这些美食此前始终不为人所知且很少受人赏识。丹麦的明星主厨雷内·莱茨皮（René Redzepi）及其打理的餐厅诺玛（Noma）无疑将享乐主义者的目光吸引到斯堪的纳维亚美食上来，这家餐厅于2010年、2011年和2012年连续三年获得圣培露（San Pellegrino）餐厅大赏的“世界餐厅”称号。他使用了很多祖国的食材，有时甚至是我们未曾听说过的北欧食材，但是他所烹饪的菜式又是现代融合菜——可以说是费朗·亚德里亚的牛头犬餐厅菜肴的某种北欧版本。

英国人对家庭烘焙重新发生兴趣，这很可能也是我们把目光投向北欧美食的一个原因，因为烘焙正是斯堪的纳维亚各国所擅长的厨艺。北欧的烘焙在我们所理解的蛋糕和面包之外又添加了一些新奇的东西，而这反过来令我们能够对这些食物有更深的理解——包括他们的大杂烩、盐腌肉和烟熏肉、腌鱼、腌菜和卷心菜沙拉。斯堪的纳维亚的烘焙食品使用进口的坚果、香料、奶制品以及大量的水果。我爱*fika*这种理念，它是一种轻松随意的瑞典饮食传统，基础在于同时享用烘焙食品和咖啡。尽管*fika*这种饮食观念本身属于瑞典人，但是对面包、蛋糕以及烘焙的热爱将整个北欧文化都结合在一起。这里有酸度很重的黑面包，和鱼类、肉类、奶酪都能完美搭配，并且以此为基础做成著名的北欧风格三明治。蛋糕、饼干和受人喜爱的肉桂面包也是随处可见，裹着浆果汁儿的酥皮点心在芬兰可能更为常见，而像杏仁盖顶的*tosca*蛋糕这样的坚果蛋糕在挪威和瑞典更受人欢迎。挪威西海岸的烘焙尤为独特，其中带有很强的犹太文化影响，反映出与德国之间的贸易往来。

往东穿越斯堪的纳维亚地区，食物口味的变化并不明显。丹麦的美食有某些很明显的日耳曼特质（大量的猪肉和香料，例如鼠尾草），而另一方面，芬兰的食物口味中有俄罗斯风味的影子：明显多用口感丰厚而质朴的风味食材，例如葛缕子籽、莳萝、甜菜、野味以及——当然少不了的——伏特加，粗糙的食物加上烈酒，以此来抵御严寒。瑞典菜和挪威菜在很多方面都没有明显的特征，而其间的差别还是出自风土——比如说，在瑞典可以寻获丰饶的野生菌类，而在挪威则有更多的海鲜供人食用。

总的来说，斯堪的纳维亚人做的面包既有乡野风味，又富含纤维素，他们使用当地的谷物如黑麦、燕麦、斯佩尔脱（spelt）小麦以及亚麻籽来制作面包。人们还普遍钟爱腌渍和风干的食物，搭配各种肉类一起吃，而且常用极富当地特色的产品，例如野外寻获的云莓（很明显挪威人对这种食材极为狂热，它很像某种酸味且有麝香味道的、橘味的覆盆子），或是更为常见的越橘[①]——挪威人用它做菜，而美食书作者西涅·约翰森（Signe Johansen）将之描述为“斯堪的纳维亚蔓越莓”。

鳟鱼、鳕鱼、沙丁鱼和鲑鱼这样的鱼类在北欧菜肴中占有核心地位，在少有其他食物的漫长冬季是人们的主要食物。鱼类加工有其历史上的必然性，这已成为斯堪的纳维亚烹饪的精髓与灵魂。腌鲱鱼和 *gravadlax*（渍鲑鱼片，腌鲑鱼，以莳萝调味[②]——菜谱见后）在斯堪的纳维亚地区都很常见，而挪威则是广泛为人食用的 *bacalhau*（盐鳕鱼，见第 095 页）的起源地。盐鳕鱼干[③]构成了上百年来挪威经济的基础，而且衍生出各种变化：*lettsaltet torsk*（盐渍鳕鱼）和 *klippfisk*（风干盐鳕鱼）。

本章开篇从维京史诗中引用了一种维京人的实用主义观点，一条对于

••••

① 越橘是某种常绿灌木的果子，这种灌木生长在遍及斯堪的纳维亚地区的森林里。它比蔓越莓更小一些，汁水更多，它们有股酸味，制成的果酱常用来搭配牛肉、肝脏以及野味等红肉。

② 尽管香草的使用并不普及，但是莳萝在北欧人的餐桌上是不可或缺的调味品。西涅说它是“北方的大蒜”。

③ *bacalhau* 盐鳕鱼在葡萄牙、西班牙和意大利菜肴中似乎更为著名，但是斯堪的纳维亚才是它的家乡，尤其是挪威，尽管现在很多 *bacalhau* 出产于其他国家，例如葡萄牙和中国。

饥肠辘辘的武士来说并非无用的格言。或许正是这种实用的观点使得北欧菜近年来备受欢迎，即食物对应于陆地及其居民的生活方式。这种食物显然与一种以健康、平衡且在风味和特色方面也不逊色的现代烹饪方式相呼应。供给营养的谷物、时令的肉类佐以极具当地特色的作料以及新鲜捕捞的鱼类都意味着人们极为重视蛋白质和纤维摄入。这也是一种可持续的、应时应季并保留当地风俗的饮食习惯，同时加工某些食材，例如鳕鱼和鲱鱼，以应对食物短缺的萧条时期。基于这些考虑，难道还有人会怀疑北欧美食正在走出黑暗吗？

食材清单：香料（百香果、肉豆蔻、肉桂、小豆蔻）• 莳萝 • 鲑鱼 • 鲱鱼 • 盐鳕鱼 • 野味 • 全麦面包（黑麦和裸麦粉粗面包）• 甘蓝菜（红的和白的）• 腌黄瓜 • 甜菜根 • 水果罐头或者果脯（樱桃、李子、杏子和越橘）

◆◆◆

• 渍鱼片 •

Gravadlax

在我恢复吃肉之前，鲑鱼片曾是我在宴会和餐厅中略去的一道菜（当时还没出现海鲈鱼的风潮）。我对鲑鱼厌倦了。厌倦透了。渍鱼片将我从这种“鱼肉疲劳”中拯救出来，绝对是在字面意义上“治愈”（curing）了它的温吞，并佐以某种口感十分精致细腻的调料，又甜又具有莳萝味道的美味。试试用这道典型的斯堪的纳维亚菜式作为头盘，或者用一小块夹鱼子的烤面包盛着，见证温和无味的鲑鱼是如何转变的。（注意：这道菜需要将鱼放在冰箱里腌几天，所以要提前准备。）

• 10—15人，自助大餐的一道菜 •

鲑鱼，1整条，剖半剔骨，切成鱼片

白胡椒籽，1 汤匙

香菜籽，2 汤匙

德麦拉拉蔗糖（一种红糖），100 克

岩盐，100 克

莳萝，90 克

制作莳萝汁

莳萝，45 克

菜油，3 汤匙

白葡萄酒，3 汤匙

德麦拉拉蔗糖，3 汤匙

法国芥末，3 汤匙

海盐

1 • 检查鲑鱼的刺是否剔净，然后将带皮的一面朝下放入盘子里。用杵和臼将白胡椒籽和香菜籽捣碎，与糖和盐混合。将一半莳萝剁碎，压入鲑鱼不带皮的一面，然后将混合香料抹在鱼肉上。

2 • 将鱼片夹在一起，这样就把莳萝混合香料夹在中间。把剩下的调料抹在鱼肉的其他部分，然后用保鲜膜将鱼肉紧紧裹住，放入有盖儿的炖锅或者烤盘中，于冰箱内放置 48 小时。

3 • 料汁就是把所有材料简单混合起来，这样就准备好了。

4 • 两天以后剥掉保鲜膜，洗净香料，将鱼肉拍干。西涅建议接下来将剩下的新鲜莳萝抹在每片鱼上，不带皮的那一面，抹的时候力道可以大一些，但不要压扁鱼肉。然后将鱼片斜切成薄条，盛在黑麦或裸麦粗面包上，淋一点点料汁，上桌。

• 腌黄瓜沙拉 •

Pickled Cucumber Salad

这道菜在斯堪的纳维亚地区到处可见，不过各个地方使用的食材有所不同。主要由三部分构成：黄瓜（肯定的）、糖、白酒醋。有人喜欢用葛缕子或芹菜籽增加一些风味，不过我自己的做法是直接用黑胡椒和白胡椒的混合调料。至于香草，莳萝是最好的。不过如果和渍鱼片一起吃，你可能会觉得莳萝味儿太重，所以可能用欧芹会比较好。

• 6 人份 •

黄瓜，2 根

白酒醋，3 汤匙

砂糖，3 汤匙

海盐，1 大撮

白胡椒粉，1/2 茶匙

黑胡椒粉，1/2 茶匙

莳萝或者欧芹，15 克，去秆儿，叶子切碎

柠檬汁（可选）

1 • 准备黄瓜，两端切掉，根据个人喜好去皮。如果喜欢的话也可以留一点深绿色的皮，或者全部刮掉——这纯粹是个审美判断的问题。将黄瓜切成非常薄的小圆片。

2 • 将剩下的食材全部混在一起——包括柠檬汁（如果你的口味是偏酸一些的话），留一些香草以备盛盘时用。

3 • 把黄瓜片在碗中摆好，将料汁浇在上面，放入冰箱中约半个小时，这样能让调味料充分混合入味，而且也不会令黄瓜变得湿漉漉的。

4 • 盛盘的时候把最后一点香草撒在黄瓜上，搭配鱼肉如渍鱼片或水煮鲑鱼一起享用。

• *丹麦梦幻蛋糕* •

Danish Dream Cake

我母亲的梦幻蛋糕食谱（20 世纪 90 年代从一个丹麦朋友那儿“偷”来的）潦草地记录在一个很古老的手写蛋糕配方便笺簿上。还是个孩子的时候，我就一直吃这种蛋糕，不过最近已经很久没有吃它了。就像它的名字一样，我对这款蛋糕的记忆——令人愉快的白色海绵蛋糕打底，裹着一层椰子和红糖饰顶——已经有了梦幻般的质地。当然，是烹饪和美食之梦。

• 12 人份 •

全脂牛奶，350 毫升

无盐黄油，80 克，放软

鸡蛋，5 个，大个儿的

细砂糖，350 克

普通面粉，450 克，筛过

发酵粉，3 茶匙

香草精，2 茶匙

制作蛋糕饰顶

无盐黄油，125 克

椰蓉，100 克

黑砂糖，200 克

全脂牛奶，50 毫升

1 • 预热烤箱至 180℃ /160℃（风扇烤箱）/4 档（燃气烤箱）。用黄油涂抹一只深底、24 厘米活底蛋糕模，底上和边上都铺好烘焙纸。

2 • 取一只小锅，用中火将牛奶和黄油融化，不时地搅拌。之后放置冷却。

3 • 同时取一只大碗，将鸡蛋和细砂糖一起搅拌 8–10 分钟，直到变淡变蓬松，然后加入面粉、酵母粉和香草精，搅拌以使之充分混合直到完全变柔滑。

4 • 调入黄油牛奶混合物，然后倒入已经准备好的蛋糕模中。放入烤箱中一只烘焙盘上（会有一些液体从蛋糕模中渗出来）烤 35–40 分钟。

5 • 把所有用来制作饰顶的食材都放入一只小锅，中火搅拌直至充分混合。等海绵蛋糕的部分烤好后，从烤箱中取出，立刻将混合物均匀地涂抹在蛋糕顶上。

6 • 将烤箱档位调大至 200℃ /180℃（风扇烤箱）/6 档（燃气烤箱），放入涂好饰顶的蛋糕，再烤 5 分钟。从烤箱中取出，在蛋糕模中放凉，然后再取出，就可以吃了。

中东

· THE MIDDLEEAST ·

糖、香料以及一切好东西

◆◆◆

如果没有糖、香料以及这张地图上的某些芳香食材，我们的生活几乎不可能是现在这个样子——不只是为了满足日常的糖分摄入。如今在任何地方烹饪都不能缺少这里的原料，香料用法的差别尤其决定了菜式的多样，使之根据香料的种类变化、用量以及不同配方的混合而有所不同。这份地图以及后页的糖和香料之路的简史都表明，我最钟爱的某些芳香或者甜味的食材最早是从哪里起源的。如今人们已经在世界各地种植并使用这些食材，而这些地方基本都与它们最初的起源地相隔遥远。

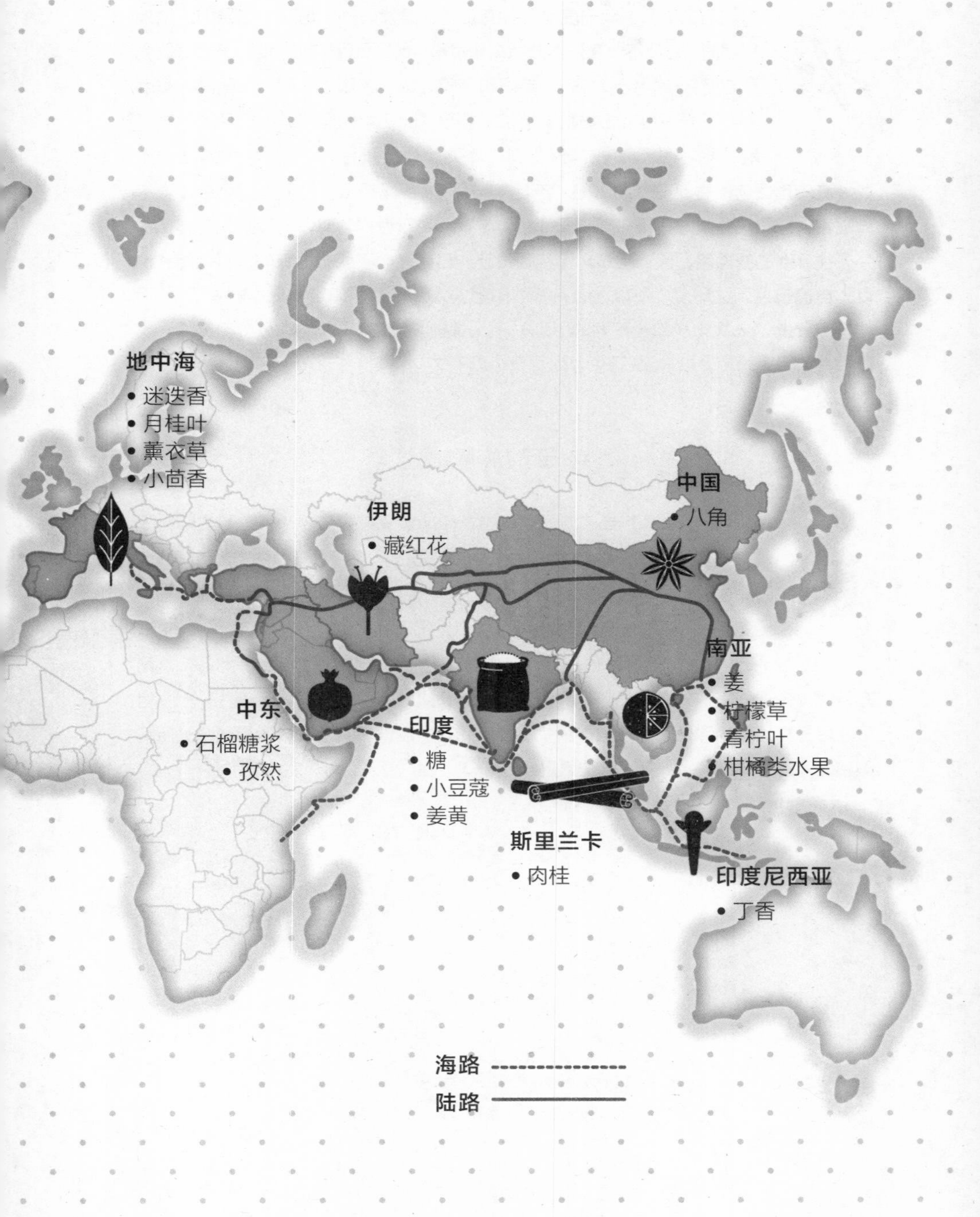
地中海
• 迷迭香
• 月桂叶
• 薰衣草
• 小茴香
伊朗
• 藏红花
中国
• 八角
南亚
• 姜
• 柠檬草
• 青柠叶
• 柑橘类水果
中东
• 石榴糖浆
• 孜然
印度
• 糖
• 小豆蔻
• 姜黄
斯里兰卡
• 肉桂
印度尼西亚
• 丁香
海路
陆路

• 香料之路 •

历史上，香料一度是一种有价值的通货——无论在金融层面还是外交层面。它们不仅在东西方贸易中价值连城，而且香料之路（上一页图示）奠定了数个世纪以来各个邦国和帝国之间的关系。例如，土耳其人崛起并在世界舞台上占据重要地位正好与 1453 年他们从拜占庭帝国手中夺取香料之路是同一时间（见第 173 页）。这幅地图标示出数种世界上最重要、流传也最广的香料在理论上的“产地”，其中大多数都可以将范围缩小至印度次大陆和中东的某些地方。当哥伦布于 1492 年发现“新世界”时，他其实是在寻找一条去往亚洲的新通路，因为土耳其人和葡萄牙人已经控制了两条已有的香料之路。他以为自己已经到达印度（所以才会有“红印第安人”和“西印度群岛”的说法），而他其实登上了一块物产完全不同的土地——从辣椒（见第 298—302 页）到玉米、土豆和番茄（见第 368 页），从巧克力到香草（见下文）。

• 糖的旅程 •

糖也是原产自东方，据说是在印度首先被提炼出来。但是实际上是中国（当时亚洲强大的帝国政权）首先在 7 世纪经营了糖作物种植园。糖逐渐迁往中东地区，在当地成为制作甜食的主要原料，而且经常和小豆蔻、肉桂等香料一起食用。在 12 世纪，十字军从圣地带回糖，接下来，在 15 世纪，哥伦布又将它带往美洲。在“新世界”的热带地区，从南方各邦（今天的美国）直到美洲中部和南部的加勒比地区，欧洲殖民者于 18—19 世纪开始建立糖作物种植园。糖的扩张就这样开始了；没过多久它就成为我们今天所认识和喜爱的厨房必备品——不管结果是好是坏。

• 巧克力 •

巧克力产自与玛雅人有关的美洲中部地区——玛雅文明的鼎盛期在250年至900年之间，大概位置在今天的墨西哥、危地马拉、伯利兹和洪都拉斯地区。我们使用的这个词来自玛雅人的“*chocolatl*”，翻译过来就是“热水”，这就意味着它最初（就像在前1100年一样）是作为热饮享用的——尽管会比较苦（不加糖）。当阿兹特克人于15世纪统治中美洲的时候，这种可可饮品还佐以其他食材，例如香草和辣椒，欧洲人的到来使得巧克力突然在不同国家都受到欢迎。很快，种植园就开始定量种植可可，糖也和可可一起使用以制作我们今天所了解的固体巧克力。

• 香草 •

香草和巧克力不同，它的出产地可以追溯到墨西哥一个非常具体的地区——如今的维拉克鲁斯（Veracruz）。最早使用它的是15世纪的土著——托托纳克人（Totonac），但是随着西班牙征服者的到来，它很快就风靡欧洲，这些西班牙征服者称它为“*vainilla*”或者“小豆荚”。如今它是全世界最受欢迎的巧克力、甜点和饮料的口味。最大的香草生产地是马达加斯加，排在第二位的是这种食材的原产地——墨西哥。

– 土耳其 –

色彩是眼睛的触感，是聋子所闻的音乐，是出离黑暗的语词。

• 奥尔罕·帕慕克（Orhan Pamuk）

《我的名字叫红》（*My Name Is Red*） •

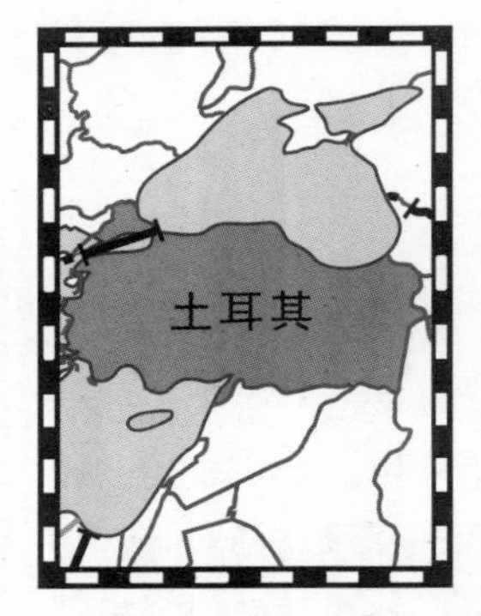

“色彩”这个词保留了伊斯坦布尔令我着迷的一切。奥尔罕·帕慕克，土耳其最著名的当代作家，在一个灵巧的句子中捕捉到了它的变化。伊斯坦布尔是视觉奇观的美妙集会。从蓝色清真寺那令人屏息的建筑内部，到日落时闪闪发光的博斯普鲁斯（Bosphorous）海峡，到各种彩色玻璃灯在大巴扎的墙上投下的五颜六色的光影，再到各种干果和坚果堆成的小山，还有那些色彩明丽的香料堆。伊斯坦布尔是眼睛的盛宴。

幸运的是，它也是鼻子、嘴和味觉的盛宴，日常市集货摊中这些炫目的色彩只是线索，指向土耳其所提供的全部风味：堆成小山的肉桂、玫瑰花蕾、金色的无籽葡萄干和粗糙的胡桃、无花果干，还有五颜六色、闪亮饱满的橄榄，带着丝丝蜂蜜的蜂巢以及各种各样的新鲜酸奶；水果蔬菜摊子炫耀着暗红色的苹果、深紫色的茄子、石榴以及怪怪的菠萝。伊斯坦布尔就像一座动态的博物馆，展示着土耳其的食物，无论是古代的还是现代的。

我自己探访伊斯坦布尔的经历简直就是严格意义上的“美食之旅”。我们整天就是吃，然后走去下一个有美食的地方，然后再吃。我们一路摇摇摆摆地，从早餐的新鲜酸奶、蜂蜜和坚果吃到午餐的 *pide*（土耳其披萨），其间还吃点 *lokum*（土耳其软糖）和 *baklava*（果仁蜜饼）之类的小吃，然后是晚间的艾菲（Efes）啤酒和 *raki*（八角茴香酒），就着炖肉和烤肉（*kebabs*）。我一直都很饱，但我绝对不是一个会错过尝试新东西的人——再说对我这种西欧口味而言，所有的东西看起来和吃起来都很新奇。

土耳其这片土地上有7000万人口和50个不同的共同体部落，它是一个介于基督教与伊斯兰教、欧洲与中东之间的国家。伊斯坦布尔正处于这个区域划分的核心地带，这座城市散落在三个从大陆伸出的岬角上——其中两个位于欧洲，另一个在东边，位于亚洲。欧亚两个大陆被人称"博斯普鲁斯"的海峡隔开。对于欧洲人来说，伊斯坦布尔可能不像其他国际化的穆斯林大都市那样熟悉（例如贝鲁特[Beirut]或马拉喀什[Marrakech]），而它的阿拉伯邻居也同样感到隔阂，因为这座城市有一个世俗的政府，说的也是完全不同的语言。无论在欧洲还是亚洲，伊斯坦布尔都不是很自在——并非偶然的是，安纳托利亚半岛一度被称为"小亚细亚"。

我选择探索伊斯坦布尔而不是土耳其其他地区的美食，不仅是因为你可以在这里找到真正交汇融合的土耳其食物（就像在很多首府城市一样），也是因为这座城市是托普卡帕宫（Topkapi Palace）的所在地，奥斯曼美食就是在这里发展了数个世纪。奥斯曼土耳其帝国统治诸国的传奇奠定了今日土耳其菜的样貌，而这些线索正是我在这一章中想要予以追溯的，用一点帕慕克所描绘的色彩来体现其中的细微变化。

数个世纪（确切说是623年）以来，强大的奥斯曼土耳其帝国不断地侵入并由此打断了欧洲政治。1453年，当土耳其人征服拜占庭帝国时[①]，他们掌控了香料之路（见第169页），这一举动令奥斯曼帝国的影响变得深远而广泛，同时也从外国将灵感带回了安纳托利亚的土地。[②] 你从别处或许也能认出这里菜式的影子：开胃菜拼盘有鹰嘴豆泥和酸奶做的蘸料、填馅儿的蔬菜、酥皮点心、甜和酸的口味——这些都源自土耳其并随着奥斯

••••

① 拜占庭帝国由说希腊语的人领导，位于今天的伊斯坦布尔周边（后来以"君士坦丁堡"闻名），是罗马帝国在地中海东部地区的延续。

② "安纳托利亚"指的是土耳其的亚洲部分。尽管伊斯坦布尔地跨土耳其的欧洲和亚洲两部分，但是亚洲占据了整个国家面积的97%。

曼帝国传播到别的地方。同时，沿香料之路收集的各种香料，从印度到摩洛哥，都会返回帝国的首都；糖、甜食（例如 *gaz*[牛轧糖]，见第 038 页，可能影响了今天的 *lokum*[1][土耳其软糖] 的形成）和大米也从波斯运来；葡萄酒来自希腊；*kebabs* 烤肉或许是土耳其在国外最有名的食物，它们反映了许多奥斯曼战士马鞍上的生活。

如今土耳其烤肉店在伦敦东部街区的人行道上比比皆是，在整个英国也很常见：*beyti*（比耶提烤肉）、*schawarma*（沙瓦玛，皮塔饼夹烤肉）以及 *shish*（烤肉串）是为数不多的烤肉类型，听起来可能会比较熟悉。在土耳其，不同地区有极多不同类型的烤肉，例如阿达纳（*adana*）和乌尔法（*urfa*），大多数都能在伊斯坦布尔找到。这些烤肉通常以其起源的城市命名（这两种分别来自土耳其南部和东南部），阿达纳和乌尔法都是用羊肉末、羊尾油[2]和磨碎的干小麦一起做成长条状，然后烤熟，搭配沙拉和酸奶一起吃。阿达纳烤肉用辣椒碎[3]调出浓郁的味道，火红的辣椒切成小薄片装饰了无数的土耳其菜肴。我的伊斯坦布尔权威向导瑞贝卡·西尔（Rebecca Seal）——她出版过一本关于这座城市里那些美好食物的烹饪书，名字就叫《伊斯坦布尔》（*Istanbul*）——也跟我说过，人们通常用不同的方式来烹饪食材的边角料：炒、干炸、烤、配上洋葱或者裹上面粉。正是这种食物反映了马背上的生活方式，无论是牧人还是奥斯曼帝国的战士。典型的例子有 *kekerec*，一种经过调味的绵羊肠子，盘成一圈圈后再烤；还有 *mumbar*，肠子里面塞上碎肉、碎小麦和洋葱。这两种食物通常都是搭配面包和沙拉一起吃。

••••

① lokum 也叫土耳其软糖，跟果仁蜜饼一样都是最最特别的东西，伊斯坦布尔的商店用它们打造艺术品——这些商店简直就是展示美丽物品（可以吃的！）的画廊。土耳其软糖是那种你从未见过的糖果；忘了小时候吃过的那些浅粉色又甜腻腻的东西吧！想象一种柔软的、渍着玫瑰的精致糖卷儿，里面裹着胡桃、海枣、柠檬皮或是薄荷，最后还撒上糖霜。

② 羊尾油是一种极为浓郁美味的油底料，在中东地区备受欢迎，这种油脂取自阿瓦西（Awassi）绵羊——一种专为此目的而饲养的羊。公羊貌似能在尾巴里储存 12 千克油脂。

③ 有时候也叫阿勒颇胡椒（用了一个叙利亚名字，有点令人困惑）。

奥斯曼帝国的饮食传统与当代土耳其烹调之间依然有联系，因此离你的厨房也并不遥远。幸运的是，在家烹饪土耳其美食所需要的食材在英国也能买到，就算是那些最特殊的材料，也能在不错的土耳其商店买到。一开始可以备点新鲜香草、芳香调料、辣椒碎（*pulbiber*）、普通酸奶以及好产地的羊肉或鸡肉。如果你有一个好烤架且烤炉有明火的话，也会有助于你探索地道的高温烤肉和烤蔬菜，这些正是奥斯曼筵席上的重头戏。

安纳托利亚（今天的土耳其）菜式不仅在战场和香料之路上发展，也在后方沿袭演变。和摩洛哥一样（见第 318 页），现代土耳其菜在很大程度上继承了王室的传统——其中的很多基本菜式，例如油酥千层饼、肉饭、软面包和各种以酸奶做底料的菜肴等，都是在托普卡帕宫的厨房里由王室的御用厨师加以发展并使之日益成熟精湛的。食材的来源意味着当时曾有多达 1400 个寄住在宫廷的御厨，由于法律对食物的新鲜度有所规定，因而这些人都十分擅长处理新鲜食材。时至今日，成熟的蔬菜和水果、新鲜供应的肉类和海鲜、现做的乳制品、面食以及酥皮点心都是土耳其菜单上的保留菜品，加工过的腌制品还是很少见的。不仅如此，酸奶也是土耳其人的发明。当我头一次被中东菜和印度菜迷住的时候，最意外的发现或许就是酸奶的吃法。我和很多英国佬一样，从小到大只把酸奶当作布丁的一部分，然而我现在发现，酸奶更多地是作为美味菜肴的食材，以其丝滑的口感和好吃的酸味而为肉类和谷物增添风味。

土耳其人无疑比任何一个民族都更懂得制作酥皮点心的艺术，他们把油酥千层饼（当地人称为 *yufca*）卷成一层层极薄的酥皮，做得如同艺术品一样精美。层层卷起的时候，这种点心有着无可比拟的酥脆口感，并以此为各种咸味和甜味的菜肴打底，例如 *borek*（油炸千层酥），填入各种碎肉、奶酪、土豆以及菠菜，这是主要的开胃小吃；还有 *baklava*（果仁蜜饼），风靡全世界的食物：甜甜的千层酥铺满果仁（开心果、杏仁还有胡桃）和蜂蜜糖浆。专门售卖 *baklava* 的店铺出售各种形状的点心：正方形的、长方形的、圆形的，还有三角形的，上面铺满各式各样五颜六色的果仁——真是美极了。千层酥也是“走出国门”的土耳其佳肴。如今全世界都能享用这款美食，而不只局限在穆斯林世界，例如摩洛哥的 *bastilla*，还有 *knafeh* 甜点，一种巴勒斯坦美食，主要来自黎凡特地区以及以色列（见第 195 页）。

dolma（填馅儿蔬菜——“*dolma*”是所有填馅儿食品的统称）还有 *pilaf*（烩饭，大米或是谷物打底，混合各种食材）[①] 不仅在土耳其随处可见，在整个穆斯林世界也非常流行。本书包括了很多填馅儿蔬菜和烩饭的例子——从黎巴嫩到西西里到西班牙南部，还有印度的 *pilau*、伊朗的 *polow*——这些都是由中东地区特有的日常菜式演变而成。这些菜谱也都是在托普卡帕宫中得到完善的：烩饭达到标准程度的松软，填馅儿菜要足够干，这样在有足够的汤汁的情况下还能保持形状的完整。这些菜恐怕都要含有茄子（土耳其菜中的主角）、朝鲜蓟、鱿鱼甚至蜜瓜。所有这些都填满了米饭或碎小麦、肉末及香料。*midye dolma* 是伊斯坦布尔的特色烩饭——带壳的贻贝和香米烩饭堆在一起，烩饭里面有葡萄干、大蒜、松仁以及各种香草。

还有一种土耳其菜也是无处不在：*simit*，编起来或者扭在一起的面包圈浸在石榴糖浆里，吃的时候撒上芝麻。大街小巷随处可见售卖 *simit* 的小贩，虽然这种面包是经典的早餐包，通常搭配酸奶和果酱一起吃，但是你也可以一整天时不时地吃上几口。它特别像椒盐卷饼，而 *pide* 和 *lahmacun* 则更像是披萨的“大饼”版本，上面盛着肉馅、腌菜、烤蔬菜和香草。

正如你对滨海城市所期待的那样，伊斯坦布尔出产上好的海鲜。从博斯普鲁斯海峡和马尔马拉海（Marmara）中新鲜捕捞的鱼类在坎卡皮（Kumkapi）地区的夜市闪闪发光，在电灯泡的强光照射下，它们炫耀着蓝色、粉色和灰色的鳞片与水淋淋的鱼鳍。吞拿鱼、鲣鱼、马鲛鱼、沙丁鱼、

• • • •

① *pilaf* 可以用大米、碾碎的干小麦或者其他谷物制作，调味后混合各种豆子，比如鹰嘴豆。另一种典型的“粮食菜”则是 *kisir*，通常和下面这种料汁搭着吃：碾碎的干小麦混合番茄酱、欧芹、洋葱以及酸甜爽口的石榴糖浆。

箭鱼，还有最最重要的，凤尾鱼（*hamsi*，这种鱼可以长到15厘米长），是当地菜肴中的主打食材。凤尾鱼裹玉米浆在油中炸过，就是*hamsitava*，这也是一道特色菜，而且盛盘时要摆成星星或是扇子形状（参见本章末尾的食谱）。*balik dolma*（鱼身中填了馅儿）也很普遍，也是*pilaki*的做法：鱼用甜味的蔬菜汤汁烹饪，汤汁中有洋葱、番茄、橄榄油、胡萝卜和糖。鱼本身的做法可以多种多样，煎、烤或是水煮都行，然后用最简单的方式盛盘——放入柠檬和欧芹，也可以留在汤或砂锅里。

奥斯曼菜肴实际上是一种往昔的菜式，人们（包括土耳其人）试图在回忆中想象它。正如土耳其最知名的主厨之一穆萨·达杰维伦（Musa Dagdeviren）[①]所说，重现原汁原味的奥斯曼土耳其菜肴是不可能的，那些号称能够这样做的餐馆不过是为了吸引那些狂热地在舌尖上追寻土耳其丰富历史的游客。历史上的土耳其行会对其技艺方式是出了名地严格保密，但是我们依然可以加以猜想，并且将香料之路上奥斯曼帝国曾经统治的那些地点联系起来。通过这种方式，我们画了一幅线描草图，描绘出大致的轮廓，然后以今日土耳其菜肴赋予我们的味觉体验为这幅草图填上最鲜活的色彩，而伊斯坦布尔向充满渴望的游客如此美好地展示了这一点。再次借用帕慕克的话，我们可以说，在这个意义上，颜色的确是“出离黑暗的语词”。

食材清单：石榴糖浆 • 红辣椒酱 • 酸奶 • 孜然 • 漆树果实粉 • 土耳其红辣椒粉 • 红椒粉 • 欧芹 • 薄荷 • 莳萝 • 果仁（开心果、榛子、核桃、杏仁）• 千层酥 • 柑橘 • 肉末（羊肉和鸡肉）• 橙花水 • 玫瑰花水

① 穆萨致力于破解土耳其（他的祖国）菜肴的美味密码，不仅要准确地指出地区差异，而且要发掘出那些似乎消失在历史长河中的菜式。他的餐厅 CiyaSofrasi 位于伊斯坦布尔的亚洲部分，据说那里的食物能让上了年纪的女士流泪，那是普鲁斯特式的、对于过去时光的追忆。

◆◆◆

• 干炸凤尾鱼 •

Deep-Fried Anchovies

将凤尾鱼干炸之后再吃，是伊斯坦布尔饮食的一个特点。凤尾鱼通常在盘子里摆成星星的形状，搭配切瓣的柠檬，这样可以浸一下凤尾鱼起皱而又干脆的鱼皮。这种鱼有点像土耳其银鱼，不过体型更大，味道也更足。如果你找不到新鲜的凤尾鱼，瑞贝卡·西尔推荐使用更大的鲱鱼来替代，因为在英国很难找到凤尾鱼。

• 6 人份 •

葵花油或菜油，500 毫升，用来炸鱼

普通面粉，100 克

海盐，1 大撮，现磨黑胡椒

鲜凤尾鱼，20—30 条（或者 20 条鲱鱼）

柠檬切瓣，用于盛盘

扁叶欧芹，用于盛盘

1 • 用一只炒锅或深底炖锅将油烧热（4—5 厘米深比较好），可以用一块面包皮来估计油温：丢一块面包皮进去，看它是否“嗞嗞”作响并且颜色变暗。如果是这样，那就差不多了。

2 • 等油烧热的时间里，将面粉和足够丰富的调料在碗中混合，然后将凤尾鱼彻底裹满面粉和调料的混合物。

3 • 准备下锅之前，将鱼身上多余的面粉抖掉，分批丢进热油中。凤尾鱼应该不超过 2—3 分钟就会变成金黄色，这时用漏勺将它们从锅中捞出来，放到厨用纸巾上，将多余的油脂吸干。

4 • 盛盘时摆成星星的形状，炸鱼从中心向边缘呈扇面散开。散放柠檬瓣，撒些欧芹和黑胡椒。

• 牛肉丸 •
Beef Kofte

这些牛肉丸子向我们展现了酸奶和肉类在土耳其及其周边国家是如何搭配入菜的。它们也是对中东地区主流的羊肉做法的一种创新。瑞贝卡·西尔给了我们这个绝妙的菜谱，它来自《伊斯坦布尔》这本著作。瑞贝卡在前言中写道，肉丸子在土耳其有很多种不同的做法。她鼓励你去发明某种自己的独特配方，换句话说就是，你可以在食材和分量方面自由发挥。我还要加上一点：虽说漆树果实粉（sumac）不是必备的配料，但我还是建议在制作柠檬料汁时使用它，这样可以促使牛肉和酸奶之间的味道完美融合。

• 2—4 人份 •

制作肉丸子

面包屑，3—4 汤匙

碎牛肉，300 克

洋葱，1/4 个，细细切碎

大蒜，1 瓣，细细切碎

扁叶欧芹，15 克，细细切碎

漆树果实粉，1 茶匙，还可以多加一些用作装饰（此项可选）

孜然，1 茶匙，磨粉

土耳其红辣椒酱，1 茶匙；也可以用 1/2 茶匙红椒粉代替

土耳其番茄酱，1 茶匙；也可以用 2 茶匙浓缩番茄汁

现磨黑胡椒碎，1/2 茶匙

盐，1/2 茶匙

鸡蛋，1 个

菜油，用于油炸

制作酸奶酱

希腊或土耳其酸奶，175 毫升

大蒜，1/2 瓣，切成极碎的蒜末（也可以多放些，根据口味决定）

扁叶欧芹，15 克，细细切碎

1 • 如果面包屑是新鲜的，就放进一只不加油的煎锅里微微烘一下。取一只碗，在牛肉中拌入大蒜、洋葱、欧芹、香料、番茄酱或浓缩番茄汁、其他调味料以及三汤匙面包屑。

2 • 加入鸡蛋然后快速拌匀。如果混合物水分比较多，再加入剩下的面包屑拌匀。将混合物分成 12 份，团成丸子。

3 • 烹制佐菜的酸奶酱，将酸奶和其他食材混合。尝一下，调味。放入冰箱冷藏直至盛盘。

4 • 将用来炸丸子的油烧热，直到丢一块放了一天的面包进去后能在 30 秒内“嗞嗞”作响并且颜色变黄，此时可以将火关小。如果你没有深底炸锅（我说过，这太奢侈），那我推荐用炒锅代替（不好意思，不够“原汁原味”），这样能快速将油加热。或者用一只深底炖锅也不错。将肉丸子分批干炸，每只 4 分钟左右，或者直到肉丸里面炸透、外表变成较深的金黄色。用漏勺将丸子捞出，放在纸巾上吸去多余油脂。（还有一种做法是把丸子压平，做成小馅饼，然后每面微微炸 3 分钟左右，直到颜色变成金黄、完全炸透。）

5 • 直接上桌，搭配酸奶酱，再撒点儿漆树果实粉。

- 黎凡特 -

按本性来说，讲故事的人其实就是抄袭者。人们遇到的一切——每一个事件、每一本书、每一部小说、每一个生活片段、每一个故事、每一个人、每一份新闻剪报——都像咖啡豆一样，被碾碎、研磨，混上一点小豆蔻，有时候再加一小撮盐，然后加上几倍的糖烹煮，最后呈上一篇热腾腾的故事。

• 拉比 · 阿拉梅丁（Rabih Alameddine），

《说书人》（*The Hakawati*） •

在阿拉伯语中，*hakawati* 的意思是“讲故事的人”，而在同名小说里，讲故事的人正是叙述者的祖父。拉比 · 阿拉梅丁将讲述故事的过程（从各个来源吸收信息然后加以修饰润色）比作煮一杯浓烈芳香的阿拉伯咖啡。这是一个优雅的比喻，它也提醒了我，就在这个小小的、人口密集的区域里（被划分成紧密联结然而又各自不同的国家），所有菜式都在融合中。

“黎凡特”指的是跨越黎巴嫩、叙利亚、约旦、以色列和巴勒斯坦范围的中东地区。这里是圣地，是橄榄山（the Mount of Olives）的所在地，是淌着奶与蜜的地方，在这里，阳光沿着雅各的天梯照耀崎岖的群山，用穿破阴影的光束将之渲染成淡紫色和赭石色。令人难过的是，除了自然的奇观，黎凡特这个地方并没有多少好新闻：占据头版的总是那些地区战争和宗教冲突。但是对于一个像这样被冲突所分裂的地方，黎凡特的食物有一种奇妙的将当地人联结在一起的能力，这种能力不仅体现在大家一起分享的什锦小吃文化中，也体现在各个不同的国家或宗教团体之间共享如此众多的菜式。几乎不可能拒绝那些色彩明亮、口感十足的菜肴，例如塔博拉（*tabbouleh*）沙拉和茄泥酱（*baba ghanoush*），黎凡特地区的人民都爱吃这些菜。好食物是属于全世界的。当各个共同体在头和心的部位发生了分裂，有时候胃口依然能够使他们保持一致——我们都是由血和肉构成的存在。

不过，中东地区有一场重要的冲突尚未平息，它却具有快乐主义的色彩。黎巴嫩和以色列之间的这场“战争”涉及鹰嘴豆泥。两个国家都声称自己发明了这种柔滑的鹰嘴豆蘸酱，不过考虑到犹太国家的历史稍微短一些，看来还是主张鹰嘴豆泥出自居于此地的黎凡特人的创造更为合理。顺便说一句，尽管我并不想维持“分裂”，但是从烹饪的角度来看，这样做比较合理，所以我将以色列菜肴从黎凡特的阿拉伯菜肴中分离出去。考虑到有这么多种影响的作用，以色列的饮食文化已经发展成为一种丰富而复杂的融合菜，这确保了它有自己的烹饪路线。

我们要探索的典型阿拉伯菜式是黎巴嫩美食，其新鲜的风味已经成功地推广到全世界。在伦敦，黎巴嫩餐厅已经不再局限于艾奇韦尔路（Edgware Road）一带，它们简直是忽然间遍及整个伦敦城，满足了很多人（比如说法拉三明治“狂热粉”或是肉丸子成瘾者）的渴求。虽然黎巴嫩菜和叙利亚菜之间有很多相似之处（不仅是因为它们直到20世纪还曾是同一个国家即大叙利亚的一部分①），但是叙利亚美食还是被认为更加精致一些。鉴于叙利亚的国土面积比黎巴嫩更大，它在美食方面也包含了一些有趣的地区变化，例如阿勒颇菜式——我的朋友阿妮莎·荷露（Anissa Helou）是一位中东菜的厨师以及美食书作者，她说阿勒颇是“中东世界的美食之都”。在考察黎巴嫩和叙利亚的美食时，我也涉及了一些巴勒斯坦菜，其中之一已经成为约旦国菜，那里如今生活着250万巴勒斯坦人。

阿妮莎的近作《黎凡特》（*Levant*）是一本真正的黎凡特烹饪“圣经”

① 大叙利亚曾是奥斯曼土耳其帝国统治下的国家，包括了如今的叙利亚和黎巴嫩。大叙利亚在第一次世界大战之后被国际联盟（the League of Nations）分裂。

（你也可以说是你自己所信奉的宗教文本）。她在黎巴嫩长大，但是夏天都和长辈亲戚在叙利亚度过。她强调两种菜系之间的共同基础：生食，将香草用作食材（不只是作配菜），口味偏酸、甜辣，果仁、豆类和谷物，大饼，特别看重黑胡椒和白胡椒之间的差别，还有橄榄油。不过两种菜系之间也还有一些关键性的差异。黎巴嫩美食的基础在于简单和新鲜——大量的沙拉、柠檬汁、橄榄油和大蒜，而叙利亚美食则加入了更多油脂和酸甜的口味，从而增加了复杂性。

黎凡特地区的烹饪技巧和食用方法大体上很相似。在这种小吃文化中，人们分享手抓食物（例如蘸酱、沙拉、腌菜或是酥炸法拉三明治）的做法非常普遍。大饼（人称 *khobez*）是可以吃的器皿，可用来盛舀食物，尤其是那种更为绵滑的、用来蘸着吃的菜，例如鹰嘴豆泥（而在埃塞俄比亚，人们用 *injera*[一种灰白色的大饼——译注] 作为主食；在西非用 *fufu*[一种木薯粉经发酵做成的面食——译注]，亚洲则用大米）。准备食物的常见做法是裹上酱汁和填馅儿，这两种方式都要用到大饼（想想看，肉类裹上 *halloumi* 奶酪或者 *labneh*[浓稠的酸奶]），以便制作我们会比作三明治的食物；都会用到的食物还有类似于辣椒之类的蔬菜，里面填上大米、羊肉、番茄和薄荷。

黎凡特美食的新鲜源于使用本地出产的上好产品。中东地区酷烈的阳光令水果和蔬菜自然熟成至最佳状态；有这样好的食材，料理其实已经成了，烹饪不过成为某种辅助而非调制，不要看不起这一点。新鲜沙拉与其他当地风味（橄榄油、一点柠檬汁、新鲜的绿色香草、白胡椒）的简单结合令人神清气爽。例如经典的阿拉伯沙拉 *fattoush* 就是用野生菜混合黄瓜、番茄、小萝卜、烤饼、欧芹和薄荷，再加上一点简单的料汁。

黎凡特美食的一个关键特质就是对香草的使用，香草不像在西式菜肴中那样仅仅作为陪衬，而是在很多菜式中担当头号角色（在伊朗周边国家也是一样，一碗新鲜香草 *sabzikhordan* 放在桌子中间，几乎每一餐都少不了它，详见第 205 页）。塔博拉沙拉则是另一道典型且有名的沙拉，可以用不同的酱料来搭配切得极细的薄荷与欧芹，其中再加上碾碎的干小麦、青葱和番茄增加一些变化。对我来说，探索黎凡特菜肴最大的好处之一就在于发现某种最熟悉食材的新用法，比如沙拉原料、干小麦碎以及花园香草，等等。我能毫不费劲地用很多生活中看来不起眼的食材入菜（还是得存点儿石榴糖浆和芝麻酱，如果你住在大城市的郊区，那可能需要从网上订购），令那些品尝我手艺的人感到新鲜有趣。

坚果和种籽作为食物在黎凡特地区也很盛行，大概没有什么比不起眼的芝麻更普遍的了，它在很多中东菜里都是最基本的食材，但是也常常被忽视。芝麻籽常常用于面包、三明治、沙拉和甜饼干的调味，而且也是 *za'atar* 这种黎凡特经典混合香料的材料之一。[①] 它们也用来制作芝麻酱的底料，芝麻籽经焙烤后榨出一种质地黏稠的暗色食用油，有着蜂蜜般的质地，除了加入其他菜肴之外，还可以加在鹰嘴豆泥和茄泥酱之中。（要想在鳕鱼等鱼肉或茄子、南瓜之类的蔬菜里加点儿简单的阿拉伯风味，那你用下面这种浇汁绝不会有错——市售的芝麻酱混点儿柠檬汁、水和海盐，最后加点儿新鲜欧芹和一点儿 *za'atar* 调味。）

松仁和开心果在甜咸口儿的食物中也很常见。我最喜欢的一种食物是 *knafeh* 甜点，一种巴勒斯坦甜点，千层酥加上浸在玫瑰水或有一丝橙花水风味的柔软白奶酪，外面再裹上果仁。我很少像在位于阿曼和约旦的 Habibah（一家巴勒斯坦面包房，专做 *knafeh*）这样简直像被食物的壮观景象催眠了。店里面满是巨大的、圆形的装饰着各种食材的 *knafeh*——要么撒满了色彩鲜亮的开心果，要么带着排列成某种图案的芝麻与核桃，或者泡在 *nablusi* 奶酪和糖浆里，切开时就会拔出蛛网一样的细糖丝。

••••

① *za'atar* 是一种混合的野生干香草：牛至和马郁兰、漆树果、芝麻籽再加上盐（见第 218 页）。*baharat* 简单翻译过来就是“香料”，它是标准的黎凡特香辛料，大量菜肴（例如碎羊肉夹饼）都会用到它，它也可以和肉桂、肉豆蔻、百香果以及胡椒籽一起混合食用。漆树果实粉则是 *za'atar* 的原料之一，这种食材本身可以用来制造浓郁酸甜的口味——可以撒在鹰嘴豆上或拌在 *fattoush*（阿拉伯沙拉）蔬菜沙拉中食用。中东地区都能找到这种食材，它是一种亚热带植物的果子，在阿拉伯语中，这种植物的名字意为“红”，因为它有一种很深的土红色。

说到鹰嘴豆，这可是黎凡特菜肴中辨识度最高的食材——绝妙的鹰嘴豆泥。在我还是一个奉行素食主义的穷学生时，我几乎只吃鹰嘴豆，这可以算是我最喜欢的食物。不，我当然不会吃腻。鹰嘴豆的做法非常多，尤其是可以和其他的黎凡特食材相结合——最典型的就是在三明治中加入鹰嘴豆，还可以加在 *balilah*（把鹰嘴豆和大葱、柠檬、大蒜、欧芹混在一起）这样的沙拉里面，可以和稠稠的黎凡特蒸麦粉一起吃，也可以加在 *fatteh* 里面（烤皮塔饼，加上热的鹰嘴豆和酸奶酱）。在某些菜肴中，鹰嘴豆也可以替换成蚕豆或是菜豆。蚕豆是一种著名的埃及蒜蓉酱 *fuul* 的底料，这种酱已经风靡整个中东地区；菜豆则可以搭配各种汤或沙拉，和橄榄油、柠檬、大蒜、香草组合做成典型的浇汁。

中东地区的奶制品和西方菜肴中丰厚绵稠的奶制品不同。像 *feta*（羊奶酪）或是 *halloumi*（硬质的羊奶酪）这样的奶酪都是用绵羊或山羊奶做成的。经过发酵的凝乳奶酪（*kashk* 或者 *kishk*）也很常见，即将酸奶的凝乳和乳清分离，再用增厚的凝乳卷起混合香草，然后放一段时间让它慢慢成熟。制作 *lebneh* 奶酪的时候也采用同样的原理，将稠稠的酸奶用奶酪包布绷紧成形，搭配橄榄油以及大饼一起作为开胃小吃，有时候还会加点香草和香辛料调味。阿妮莎自己做 *lebneh* 时会用山羊奶做成的酸奶、香菜还有大蒜，搭配填馅儿小胡瓜、羊肉和肉饺子。不过我最喜欢的酸奶用法是约旦国菜 *mansaf* 的做法——羔羊肉加上滗去汁水的酸奶酱，再和碎干小麦或大米、松仁以及杏仁一起盛盘。你可以试一下——奥托蓝吉（Yotam Ottolenghi）在后面（第 192 页）贡献了超级棒的 *mansaf* 菜谱。

谷物是黎凡特美食的另一个重要特征，最重要的谷物要算碎干小麦了。做法是将煮过的小麦滗干并磨碎，然后作为关键食材加入经典的黎巴嫩菜肴中，比如 *kibbeh*（肉丸子，或者干炸焙烤后食用，或者和生羊肉一起吃，我在阿妮莎的菜谱里介绍过），比如塔博拉沙拉。能找到的小麦通常都是棕色或白色的，磨成三种程度——粗的、细的、极细的，这种谷物在烹饪中的用途极为多样，而且整个中东地区都会用它做菜。绿小麦（人称

freekeh)[1] 则更多地用在叙利亚菜肴中，而且有一种坚果的甚至烟熏的风味。

叙利亚菜肴沿用了黎凡特地区的食材以及烹饪手法，并在此基础上创造出一种复杂的风味。叙利亚实在是一个气候多样的国家，境内有沙漠、高山、平原以及海岸，出产各种各样的食材，而且它周边的国家也有着丰富而悠久的饮食传统。叙利亚的北部毗邻土耳其，最东边则几乎与伊朗接壤——你还没坐到叙利亚餐桌旁边，就会时不时地看到土耳其和波斯菜的影子了。这方面的例子包括：肉和水果一同入菜，比如说樱桃烤肉（阿勒颇的典型菜式）；大量使用北方出产的开心果；使用酥油（经过过滤的黄油）——而大多数人都会认为这是印度菜的基本用油。黎巴嫩出产大量的新鲜水果和蔬菜，而叙利亚人则能将它们搭配烹饪并为自己发明的各种腌制方法而颇感自豪。糖渍的瓜果蔬菜有杏、无花果、刺梨、胡桃甚至茄子；脱水蔬菜还可以浸泡补充水分后再烹饪，例如胡瓜、秋葵还有茄子（又是茄子！）——这是黎巴嫩人最爱的蔬菜（见我后面的茄泥酱菜谱）。

最能让我联想到叙利亚菜肴的食材是石榴糖浆，如果黎凡特和波斯菜让你垂涎欲滴，那么买一瓶石榴糖浆绝对是值得的。通常在超市的特色食品区能够找到它。这种糖浆的味道非常浓烈，你只需要加一点点就够了，而且它的极酸口味会给很多菜肴增添一丝酸酸甜甜的清爽口感，尤其是那些来自阿勒颇的菜肴。叙利亚北部的这座古代城市在丝绸之路上占据着最佳位置，因此成为远方运来的各色食材和香料的中心，它也是北非、欧洲和东方的商旅队伍的停歇处。

叙利亚和黎巴嫩的差别在于，它对香草和香辛料的使用更为广泛——比如龙蒿（有时候会加在 *labneh* 浓酸奶上）和阿勒颇胡椒，这是一种中度辣的干辣椒，它使得包括 *muhammara*（一种辣酱）在内的阿勒颇菜肴具有了与众不同的特质。*muhammara* 是一种小吃蘸酱，红辣椒烤过后捣成泥，加上胡桃、石榴糖浆、大蒜、橄榄和柠檬汁制成。

①这种小麦与干小麦的加工方式类似，不过成品的阶段更早，这也解释了为什么它是绿色的。

有些黎凡特食材很小众，需要从网上购买（见第403页供货商名录）——尽管这种菜肴已经开始流行，对某些食材例如*za' atar*混合香料的介绍也开始多起来。不过总的来说，在家里做这些菜式非常简单。就像本书中所介绍的大多数菜肴一样，它们是否地道主要取决于你所买到的食材质量。一旦你克服了不协调的感觉——把糖浆和胡椒、胡桃混合，或者是直接吃下用五香调料腌制过的生羊肉，你的眼界就会打开，进入一个生机勃勃的、年轻而健康的美味世界，它既能挑战你的味觉，又能给你带来抚慰。从这种美食中“偷取”一些元素吧，相信我，你会有更多的美食故事——就像最为老道的说书人一样。

食材清单：柠檬 • 腌菜 • 芝麻 • 酸味奶制品和酸味水果 • 橄榄 • 芝麻酱 • 肉类（羔羊肉、山羊肉和鸡肉）• 鹰嘴豆 • 蚕豆 • 碎干小麦 • 香草（欧芹、薄荷、龙蒿）• 香辛料（百香果、肉豆蔻、月桂、*za' atar*混合香料、漆树果实粉）• 酸奶（新鲜酸奶或酸乳粉）• *labneh*浓酸奶 • 白奶酪（例如*feta*）

◆◆◆

• 黎巴嫩沙拉 •

Fattoush

这是我最喜欢的沙拉，混合了松脆的烤面包和美味成熟的蔬菜、香草以及用上好的特级初榨橄榄油、柠檬汁和漆树果实粉制成的清淡简单的料汁。如果你对蛋白质不是那么热衷，那么单是这道菜本身就可以成为一餐了。不过当然，这道沙拉搭配烤肉、三明治和蘸酱也十分美味。

• 4 人份 •

皮塔饼，3 张

小宝石生菜，2 棵，切成大块

野生菜，1 把，切成大块

熟透的大番茄，4 个，对半切成半圆形切片

黄瓜，1 根，半圆形切片

小萝卜，8 根，切大块

绿柿子椒，1 只，细细切碎

青葱，6 棵，细细切末

薄荷，15 克，细细切碎

扁叶欧芹，15 克，细细切碎

特级初榨橄榄油，少许

柠檬，1 个，挤汁

漆木果实粉，1 茶匙

海盐，少许

1 • 预热烤箱至 180℃ /160℃(风扇烤箱)/4 档(燃气烤箱)。将皮塔饼薄薄切开，裹上一点橄榄油和海盐。烤 20 分钟左右，不断翻转，直至酥脆金黄。

2 • 把所有切好的蔬菜都混合起来，加入大部分薄荷与欧芹。在加入烤好的皮塔饼之前，浇上你能找到的颜色最深、质地最浓稠的特级初榨橄榄油，加入柠檬汁、漆树果实粉和海盐，将皮塔饼弄碎成小块并放入沙拉中。撒上剩下的薄荷与欧芹，然后盛盘。

• 塔博拉沙拉 •

Tabbouleh

做塔博拉沙拉的时候最重要的是找对香草和干小麦的比例。这就意味着将欧芹和薄荷作为中心，少用干小麦（要避免将干小麦当成蒸粗麦粉来用）。阿拉伯语“*tabil*”（“*tabbouleh*”就是从这个词得名的）意为“调味”，所以，对于这道风味浓烈的沙拉来说，调味不可缺少。你做出的塔博拉沙拉应该是一片绿色的海洋，其中夹杂着点点番茄和小麦的光泽。

• 4 人份 •

碎干小麦，40 克

柠檬，3 个，挤汁

扁叶欧芹，20 克，细细切碎

薄荷，20 克，细细切碎

大番茄，4 个，切大块，滗干

青葱，6 棵，细细切片

特级初榨橄榄油，4 汤匙

肉桂粉，1 小撮

海盐和黑胡椒，1 小撮

小宝石生菜，用于盛盘

1 • 将碎干小麦在水中漂洗几次直至洗净，取一个柠檬挤汁，将小麦泡在柠檬汁中 10 分钟。用叉子抖松后滗干。

2 • 混合番茄、香草和青葱。将干小麦撒在上面，淋上剩下的柠檬汁、特级初榨橄榄油、肉桂、海盐和胡椒。

3 • 与小宝石生菜一起盛盘，将叶子围绕在沙拉碗的边缘并浸在沙拉中。这些叶子可以用来舀沙拉。

• 茄泥酱 •

Baba Ghanoush

这道烟熏味儿的蘸酱，名字的意思是“爸爸的最爱”——或者也可以叫“乖女儿蘸酱”，我比较喜欢这么叫。要做出完美的茄泥酱，秘诀就在于平衡和烟熏味道：食材的数量不要太多，而且一定要在明火上烤茄子，不要炉烤。烟熏调是这道菜做成功的基础。如果你有一台电炉，我恐怕你必须得支起烤架、用叉子尖来烤茄子。这样做绝对有它的道理。

• 4 人份 •

茄子，3 只，大个儿的

芝麻酱，1 汤匙

天然酸奶，1 汤匙

柠檬，1 个，挤汁

大蒜，2 瓣，要切得非常细

海盐和黑胡椒，1 小撮

特级初榨橄榄油，1 汤匙

za'atar 混合香料（做法见第 218 页），一小撮

大饼，盛盘用

1 • 用叉子将每只茄子刺穿，举在明火上面烤，火要开到足够大，能把茄子整个熏黑。这需要 15—20 分钟，茄子会看起来焦焦的，又酥又软。

2 • 剥下茄子皮丢弃。还会剩一点熏黑的皮，不过尽可能剥掉，剩得越少越好。用刀或叉——最好是用土豆捣碎器——把茄子弄碎。别用搅拌器，如果你想要保持茄子本身的质地和口感。把茄子碎盛到筛子里，在水槽中放置 5—10 分钟，沥干多余的汁液。

3 • 将滗干的茄子和芝麻酱、酸奶、柠檬汁、大蒜混合。有些菜谱不用酸奶，不过我更喜欢用比较清淡的酸奶平衡一下芝麻酱的浓郁味道。加入盐和黑胡椒调味。

4 • 最后在茄子上面细细地淋上你最好的特级初榨橄榄油，这样在茄子块之间就会出现少许小水汪。撒上 *za'atar* 混合香料，和上好的新鲜大饼一起享用吧。

• 小吃蘸酱 •

Muhammara

这道蘸酱在叙利亚是阿勒颇的特色美食，典型之处就在于它绝妙的甜酸口味——-烤焦的红椒、石榴糖浆、柠檬、大蒜和胡桃。*muhammara* 通常作为开胃小吃与皮塔饼一起食用，不过如果你不是特别追求原汁原味的吃法，那它作为调料和烤肉也很搭（你最后要把它做成意大利面酱一样的浓度）。如果将 *muhammara* 静置一段时间，上桌前放在冰箱里再熟个几小时，口味则会更好——这样会令大蒜变软，而且能让各种味道结合得更加充分。

• 4 人份 •

红椒，大个儿的，3 只

胡桃，100 克，多加一把供盛盘时使用

白洋葱，半个，细细切碎

大蒜，1 瓣，细细切碎

石榴糖浆，1 汤匙

新鲜面包屑，60 克

特级初榨橄榄油，少许

干辣椒碎，1 撮

柠檬，半个，挤汁

海盐，1 撮

大饼，稍微烤一下，盛盘用

1 • 预热烤箱至 200℃ /180℃（风扇烤箱）/6 档（燃气烤箱）。

2 • 用烤盘烤红椒，加上少许橄榄油、一些盐和胡椒，直到红椒变黑、变得有点儿蔫——大概需要半个小时。

3 • 将胡桃放在烤盘上，在烤箱中烤6—7分钟，不时翻动。你会闻到它们冒出坚果香味，注意不要烤糊。

4 • 将红椒从烤炉中取出，晾凉到不烫手后，将茎和籽取出丢弃。将红椒和果仁、洋葱、大蒜、石榴糖浆、面包屑、油、辣椒碎、柠檬汁一起放入搅拌器。打碎搅拌直至这些食材充分混合。品尝并估计一下味道的平衡——甜味要和酸味持平。

5 • 准备上桌的时候，在碗中放一点儿特级初榨橄榄油，将剩下的胡桃撒在酱上。然后可以与美味的大饼一起享用。

• 约旦什锦羊肉 •

Mansaf

我是在约旦发现的 *mansaf*，那里的贝都因人发明了这种食物。*mansaf* 是哈希姆王国的国菜，大家一起食用，拿很大的大饼作盘子，上面盛着羔羊肉、酸奶、米和果仁。甚至还有快餐店专门售卖 *mansaf*。这种食物绝好地说明了酸奶如何与肉类以及其他可口的食材相结合，做成惊人美味的中东菜。酸奶为菜肴增添了一种深度的鲜美滋味，而这对于欧洲人的味觉而言在很大程度上是十分陌生的。这里用到的奶酪是 *kashk*，一种源于波斯菜的发酵干酪（在黎凡特地区被称作 *kishk*），奥托蓝吉（他非常热心地贡献了这道豪华大餐的菜谱）说这种奶酪就像是乳清，可以是液体状，也可以凝固成固体，使用时用水化开。如果你的家在伦敦，你会发现找到这种奶酪并不困难（有些商店里可以买到，例如位于佩克海姆 [Peckham] 的 Persepolis，达尔斯顿的 TFC，等等。详见第403页供货商清单）。但是如果你找不到，那么奥托蓝吉建议用希腊酸奶代替 *kashk*，同时再加上500克山羊酸奶，或者加上250克酸奶油，混合250克鲜奶油、3大匙搓得很碎的帕玛森干酪以及5条凤尾鱼（要切得特别碎）。上桌时要搭配新鲜绿叶菜和石榴沙拉。

• 4人份 •

橄榄油，2汤匙

羔羊肉，4—8块（总量约1千克）

月桂叶，3片

百香果，1茶匙，要完整的

黑胡椒籽，1/4茶匙

洋葱，1个，切成4份

*Kashk*酸奶，液体状，250克

希腊酸奶，250克

鸡蛋，1个

藏红花，1小撮

印度香米，250克

无盐黄油，45克

鹰嘴豆罐头，400克，沥干水分

杏仁碎，60克

阿勒颇干辣椒碎，1茶匙（或者也可以用别的中度辣的辣椒代替）

漆树果实粉，1茶匙

大饼，3张大的，稍微热一下（印度薄饼也不错，还有亚美尼亚大饼）

柠檬汁，1汤匙

扁叶欧芹，25克，切碎

海盐

1 • 取一只大号炖锅，中火加热一大匙橄榄油。放入羊肉，每面煎4分钟直到略变色。倒入600毫升水，加入月桂叶、百香果、胡椒籽、洋葱以及半茶匙盐。加上锅盖，小火焖70分钟，直到肉完全变软。然后立刻撇去表面的油脂。

2 • 将*kashk*酸奶、希腊酸奶和鸡蛋在一起搅拌，加两匙热肉汤。慢慢将搅拌后的料汁加入羊肉中，边倒入边搅拌，然后加入藏红花。要用非常小的火来炖

（如果温度过高，混合物就会分离），20 分钟左右，要不停地轻轻搅拌，直到料汁变稠。

3 • 同时往大米中倒入沸水，泡 20 分钟。沥干水分后漂洗，再沥干。用一只中号炖锅，加热融化 30 克黄油和剩下的橄榄油，倒入米以及 3/4 茶匙盐。加入 300 毫升水，烧开后立刻搅拌，然后关至中火，盖上锅盖焖 20 分钟。从火上取下锅，倒入鹰嘴豆，再次调味之后盖上锅盖。

4 • 焖米饭的时候，取一只小煎锅，放入杏仁碎、剩下的黄油、辣椒碎和一小撮盐。小火烧 5 分钟，不时搅拌，直到杏仁烤好。从火上取下煎锅，加入漆树果实粉。

5 • 把大饼放在一只大号的金属圆托盘中，或者也可以用陶制的大浅盘，确保面包将盘子都盖住。将米饭和鹰嘴豆浇在大饼上面，饼和饼之间留出可取用的边缘，将柠檬汁挤在米饭上。将羊肉放在米饭上，上面再浇料汁，想浇多少就浇多少，锅里留个余香就好。最后撒上杏仁和碎欧芹，上桌。

– 以色列 –

这里的生活充满混乱，因为这就是生活本身。这里，过去是一团昏昧和悲伤，而未来则被扼住了咽喉。这里，欧洲终结，中东崛起，人们试着开始在那团特别的、疯狂的矛盾中生活。

• 琳达 · 格兰特（Linda Grant），
《当我生活在现代》（*When I Lived in Modern Times*） •

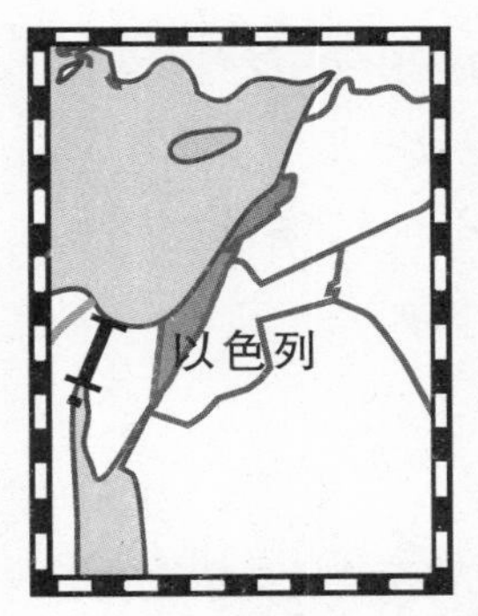

所有的美食都是流动的，不过恐怕没有流动到以色列这样的程度，就像这个国家本身一样，是一个转动的万花筒，混合了古代与现代、犹太人与阿拉伯人、清真饮食传统和犹太饮食传统……一种“特别的、疯狂的矛盾”，的确如此。

以色列的西部朝向地中海，而其他部分则接壤埃及、约旦、黎巴嫩、约旦河西岸、加沙和叙利亚。它与这些国家及地区都有着同样的物产，极大程度上依赖阿拉伯饮食文化。自 1948 年以来，已在以色列扎根 50 余年的德系犹太人和西班牙系犹太人（整体上是在“二战”之后迁移的，然后于 20 世纪 70 年代和 80 年代又各有迁移）带来了各自特有的饮食传统，同时创造了一种混合的美食以及全新的饮食方式。

以色列厨师界定国菜的方式是往传统配方中加入各种新东西。奥托蓝吉将他的家乡耶路撒冷称为“一锅汤”，而他正是从这只“融化各种食物的锅”中得到自己的收获。这个说法对于整个以色列美食来说也成立。如果说 *sofrito* 混合香料的三种基本食材就是阿拉伯人、德系犹太人和西班牙系犹太人的话，那么新来的移民就是一直在为这锅汤调味。奥托蓝吉自己就是一个证明：他的父母分别来自意大利和德国，他在耶路撒冷出生，在伦敦长大并定居。他有备受称赞的饮食书和餐厅，并以此在传播中东菜肴和食材方面发挥了重要作用，同时他也借助那些伴随他成长的食物，创造出属于自己的、独特的风味菜。

奥托蓝吉将以色列饮食文化的历史讲成了一个故事，一个外来移民相互融合并拥抱这块土地的故事——有开端，有中段，还有一个不算结束的结尾。我说“不算结束的结尾”，是因为他很快就强调今日伊斯兰美食的开放性，这是一种尚在成形，还在努力适应、寻找立足点的美食体系。

故事从 19 世纪晚期开始，当时犹太复国主义理想开始在东欧萌芽。随着 19 世纪 80 年代俄罗斯国家政策的推行，大量俄裔犹太人迁往巴勒斯坦（不过更多人迁往美国）。从 1909 年开始，第二轮犹太移民浪潮来到“应许之地”，从当地阿拉伯人那里购买土地，建立了特拉维夫。从 1948 年开始，犹太人整体迁移过来，也带来了那些我们今天会和美式熟食联系起来的食物，比如炸肉排（*schnitzel*）、炸馅饼（*knish*）、汤团（*matzo ball soup*）以及夸克奶酪（*quark cheese*）。

犹太移民开始采用当地的阿拉伯烹饪传统和食材。这很可能有必然的原因——为了让以色列集体农场[①]中的上百号人又快又便宜地填饱肚子，就必须使用现成的食物来源。经典的以色列碎切沙拉就是这样的菜肴：它使用的底料有切碎的番茄、黄瓜、橄榄油以及柠檬汁（另外还可以加入小水萝卜、红椒、洋葱、青葱、欧芹和香菜）。在今天的以色列菜肴中，清淡鲜甜的混合蔬菜每餐都要有，从早餐搭配鸡蛋、大饼到卷饼再到摊饼。我的朋友扎克·弗兰克尔（Zac Frankel）来自澳大利亚的墨尔本，他的祖上是埃及犹太人，他是克劳迪娅·罗登（Claudia Roden，著名的美食书作者、饮食文化传播者）的追随者，也是制作鹰嘴豆泥的行家——这部分结尾有他的菜谱。他在一个素食主义的犹太农场住过 6 个月。他们早餐吃

① Kibbutz 是一种以色列人的社区共同体，大多采取某种以农业为基础的、自给自足的经济模式。农场文化始于 20 世纪，最初是一种耕种气候恶劣下干旱的加利利谷地的方式，后来数十年间成为犹太人在圣地生活的理想模式。

生蔬菜、水煮蛋、类似于*feta*的白奶酪以及手工酵母面包。午饭时他们会吃一锅热炖菜，比如*matbutcha*（番茄和茄子）或是*majadra*（小扁豆和大米）。晚餐则由几道简单的沙拉（比如塔博拉沙拉）组成，不过星期五晚上是例外，他们会庆祝即将到来的安息日[①]，吃一些"*challah*（白面包）和芝麻酱，用也门番茄和黑橄榄酱调汁烹制的鱼肉，烤茄子和腌茄子，以及白米饭"。

自从20世纪70年代以来，大量西班牙系犹太人开始从北非迁入中东其他地区（尤其是伊拉克和伊朗）以及东地中海沿岸。西班牙人对于香辛料和豆子的使用对于今天的以色列菜肴具有决定性的影响。比如说，摩洛哥和突尼斯的食材，例如蒸燕麦粉、枣浆和辣椒橄榄酱等都可以入菜，例如*chraime*（一种炖菜，西班牙式烩鱼，特色是加了辣椒和香菜籽，是人们在犹太新年[②]最常吃的菜式)，例如塔吉陶锅，还有作为早餐的沙卡蔬卡(最早来自突尼斯)，这是一种甜辣味道的菜，番茄和红椒烩在一起，再打入鸡蛋。毗邻的埃及则影响了几道极为普遍的以色列菜，例如*fuul*（蚕豆捣成泥，加入浸过油的蒜味调料），以及*koshari*（将扁豆和米、千层面、辣洋葱、番茄混在一起）。

由此，以色列菜肴开始成为一场持续不断的饮食运动。就像奥托蓝吉所说："西班牙系菜式的引入与对'以色列食物'的认识具有内在的联系。这种菜式更令人欢快、更为丰富多彩、风味更为浓郁，而且较德系犹太人的饮食更适宜于当地的气候和环境。"

一个事实或许对以色列的菜肴产生了最大影响，即巴勒斯坦阿拉伯人与犹太人脚下的土地是连在一起的。有些菜式事实上与我们在黎凡特地区所发现的那些食物密不可分，比如鹰嘴豆泥也是以色列人极为擅长的一道菜，还有*kibbeh*（肉末、切得极细的碎洋葱以及干小麦碎一起做成的肉圆），

① 星期六是犹太人的安息日（Shabbat）。每个星期五的晚餐，人们都会食用*challah*（白面包，香甜的"犹太式黄油卷"）庆祝安息日的到来。

② 人们在每年9月庆祝犹太新年，相信这是对于亚当和夏娃的创造的纪念。

还有各种填馅儿蔬菜以及加奶酪的酥皮点心的做法。奥托蓝吉说，在 20 世纪 90 年代，炸肉饼突然间变成了“老爷爷爱吃的菜”，而本地的巴勒斯坦菜肴要求新的吸引力。食材由此更新升级，同时由以色列的新来者加以料理。

那么，阿拉伯食物被以色列“殖民化”了吗？或许吧。不过就像奥托蓝吉在《耶路撒冷》一书中指出的，以色列是这样一个地方，在那里“饮食文化被揉碎并混合在一起，不可能再加以拆分”。没有人能够明确断言一道菜（无论是鹰嘴豆泥还是别的）的来历，就像没有人能从一锅汤中再提取出单独的某种原料。

作为一个犹太国家，以色列人与肉类、海鲜之间的关系非常特殊。犹太饮食法[①]规定只能食用偶蹄且反刍的动物。猪是最明显的不洁净的动物（它们是偶蹄的，但是并不吃草）。没有鳍和鳞的鱼类也不洁净。这就排除了如鳗鱼、龙虾、对虾等甲壳类动物和贻贝、鱿鱼等软体动物。虽然很多年轻的以色列人在遵循饮食法方面采取一种更为自由的态度，但是饮食法在餐厅文化中依然盛行，并且规定了市场销售的食物种类。人们大量食用羊肉和鸡肉——因为羊和鸡是在圣地的崎岖山地中养大的——可以将这些肉用来烧烤、焖烧，或是绞成肉末混合并加入丰富的本地调料后食用。不过，一般说来，中东美食尤精于素菜料理。任何想要减少肉类摄取量的人都会从以色列、黎巴嫩和叙利亚的菜肴中获得丰富的灵感。虽然肉类对于这些菜肴来说非常重要，但是人们用餐时通常不吃肉。

下面这份以色列菜的食材清单与黎巴嫩菜的清单一样，为了做得地道，你一定要保证找到质量上好的特级初榨橄榄油、足够的柠檬、各种新鲜香草和香辛料，例如欧芹、薄荷、*za'atar* 混合香料以及漆树果实粉，这样才能无拘无束地做出清淡美味的沙拉和小吃。

① 这一法规非常复杂，但是它的基本内容是说动物必须根据犹太传统加以宰杀（一刀割喉），而且肉类、乳类和酒类的生产必须受到监管，储存和加工都必须分别进行。

食材清单：柠檬 • 欧芹 • 薄荷 • 白胡椒 • 腌菜 • 芝麻 • 酸味奶制品和酸味水果 • 橄榄 • 芝麻酱 • 肉类（羊肉和鸡肉）• 鹰嘴豆 • 蚕豆 • 碎干小麦 • 香草（欧芹、薄荷、龙蒿）• 香辛料（百香果、肉豆蔻、月桂、*za' atar* 混合香料、漆树果实粉）• 酸奶（新鲜酸奶或酸乳粉）• *labneh* 浓酸奶 • 白奶酪

◆◆◆

• *鹰嘴豆泥* •

Hummus

我吃过的最棒的家庭手工鹰嘴豆泥——也就是说，是某个我相识的人在家里自己做的——是我的好朋友扎克做的鹰嘴豆泥。基于这个情感上的原因（而不是某个干巴巴的食谱编撰原则），我把这道菜放在本书的以色列部分加以介绍。扎克说，你需要浸泡鹰嘴豆，然后再逐一去皮，这听起来很烦琐，但是绝对值得。虽然使用罐装带皮的鹰嘴豆可以省点儿时间，但是这道质朴简单的鹰嘴豆泥要求口感的完美。如此冗长的制作过程能够令这道蘸酱获得最为地道的顺滑口感。在以色列，鹰嘴豆泥通常和其他的食材（例如 *fulmedames* 炖蚕豆、水煮蛋、煎蘑菇等）一起上桌，盛在碗的中央，四周放上腌菜和沙拉。所以，你尽可以大胆尝试任何搭配，这就是最地道的吃法。

• 4 人份 •

干鹰嘴豆，300 克

小苏打，1 茶匙

大蒜，4 瓣，大致切碎

芝麻酱，230 克

柠檬，2个，挤汁

盐，1茶匙半

红辣椒，盛盘用

1• 鹰嘴豆泡一夜。你可以煮过以后再去皮，不过我觉得那样反而更慢，而且更难弄。我的诀窍是：泡过沥干之后，立刻往豆子上面浇沸水，然后等一会儿。这样能让鹰嘴豆的皮和豆子分开，它们看起来颜色会变浅。如果没有变化，那就再沥干水分，再浇热水。然后，我会用拇指和食指将豆子一粒一粒挤爆，豆子脱出之后，皮就留在了我手里。没错，这样做是很费时费力，但是一旦这个过程结束，这道菜也就做好一半了。

2• 取一只炖锅，放入鹰嘴豆，加水，加入小苏打，水开后一直焖烧直到豆子煮好，撇去上面的浮沫。这里小苏打非常重要：它能令鹰嘴豆变软，而且可以产生很好的口感。

3• 将鹰嘴豆沥干，煮豆子的水放在一只碗中待用。将鹰嘴豆和大蒜一起放入食品搅拌器，搅拌至混合物成形并变得顺滑。然后加入芝麻酱、四分之一杯煮豆子水、盐和大部分柠檬汁。充分拌匀，尝尝看是否需要再加柠檬汁或盐。然后再加点煮豆子水（如果不够的话就用水代替），直到获得你想要的绵滑口感。柠檬汁会令芝麻酱变稠并影响鹰嘴豆泥整体的绵滑口感，因此，你加的柠檬汁越多，你需要加的水也就越多。别忘了，如果你把鹰嘴豆泥放进冰箱，它就会变稠而且味道也会变得更浓郁。

4• 盛盘时取一只浅口碗，舀一勺鹰嘴豆泥放入碗中，用汤匙弄平，然后在中间弄一个浅凹，最好周边再有一些小裂缝。在豆泥上面淋一些特级初榨橄榄油，然后撒少许辣椒碎。

• 沙卡蔬卡 •

Shakshuka

名字很可爱，对吗？我是在以色列第一次吃到沙卡蔬卡的，但它源于突尼斯和北非。通常人们是在早餐和午餐时吃这道菜，不过我觉得任何时候它都足以成为一道好菜。沙卡蔬卡其实就是一道简单的、甜辣口味的、打进一个鸡蛋的甜椒菜肴。一切都很可爱——包括它的名字。

• 4 人份 •

藏红花，1 撮

孜然，1 汤匙

特级初榨橄榄油，少许

洋葱，2 个，黄的或白的都行，切成极薄的片

甜椒，4 只（什么颜色都行，只要不是绿的），纵向切片

大蒜，2 瓣，切成小薄片

现磨黑胡椒，1 茶匙

黑砂糖，1/2 茶匙

百里香叶，5 克

香菜，15 克，切碎

红辣椒碎，1 撮

甜辣椒粉，1 茶匙（也可以不用红辣椒碎和辣椒粉，用 harissa 辣椒酱代替）

碎番茄罐头，1 罐 400 克

海盐，1 大撮

有机鸡蛋，4 个，大个儿的

用于盛盘

海盐

za'atar 香料（做法见第 218 页）

扁叶欧芹，10 克，叶子切碎

大饼，口感要松软香脆

1 • 取一只碗，将藏红花用温水浸在一只汤匙里，放在一边待用。

2 • 取一只大号煎锅，将孜然烤 1—2 分钟，或者烤到开始散发香味即可。加入油、洋葱和甜椒，快炒 3—5 分钟或者炒至变软即可。加入大蒜、黑胡椒、糖、百里香、香菜、藏红花、红辣椒碎和甜辣椒粉（或者辣椒酱），烹烧 2 分钟，然后加入番茄块。炖 10—15 分钟，确保始终有绵稠的汁水。如果番茄析出的汁液快要烧干了，那就再加一点水。

3 • 加盐调味，在番茄糊上弄出一点小凹陷后打入鸡蛋。舀一点糊糊放在鸡蛋上面。有人在这个时候会用烤箱来烤沙卡蔬卡（190℃ /170℃ [风扇烤箱]/7 档 [燃气烤箱]）5—10 分钟（你的锅显然得是耐高温的才行），不过我更喜欢放在烤架上烤。你需要确保鸡蛋周边的火力，以便将它们烤熟，不过无论用烤箱还是烤架，最后都能做成。需要 10—15 分钟。

4 • 撒上海盐、*za'atar* 和欧芹，盛盘上桌，可以用好吃的大饼泡着吃或者舀着吃。

– 伊朗 –

赛蒂就是热情好客的伊朗主妇的最佳代表……她的餐桌上摆满了精心选择的各式菜肴，冒着热气的 *khoresht* 炖菜、小山一样杂着斑斑点点藏红花的米饭、填馅儿的鱼类、撒满碎玫瑰干花瓣和薄荷的酸奶以及大量的腌菜和沙拉。

• 卡门·莫哈马迪（Kamin Mohammadi），
《柏树》（*The Cypress Tree*）•

关于源自伊朗的事物该如何界定，一直有一个传统说法。当代文化是“伊朗的”——电影、饶舌歌曲、民族，而任何20世纪以前的东西都是“波斯的”——艺术、文学、地毯和食物。莫哈马迪的母亲是一位“热情好客的伊朗主妇”，但是她餐桌上的丰富菜肴绝对是波斯的。

波斯菜是古老的菜式，在传统中被捧得很高，而且其影响简直令人目迷，它的影响扩展至今日的阿拉伯、印度和伊比利亚饮食文化之中。不过，虽然波斯菜在历史上如此重要，尤其是它如此美味，但是对波斯菜的推广介绍却是惊人的低调，甚至常常被那些更为外国人所喜爱的土耳其、摩洛哥和黎巴嫩菜肴的风头盖过。

这个名为“伊朗”的国家如今不到80岁（本书写作时间是2014年——译注），但是它隶属于世界上最古老的文化之一。1935年，外国人称呼了上千年“中东”的地区更名为“伊朗”，意为“波斯语中的雅利安人之地”[1]。

••••

① 尽管如今我们会不可避免地联想到纳粹令人厌恶的优生学，但是英语词“Aryan”诞生于19世纪，是描述印欧人后裔的中性词语。上千年来，波斯人自己都用“Iran”（伊朗）来称呼他们的国家。“Persia”（波斯）实际上是古希腊人发明的说法。

这块广袤的土地面积超过150万平方千米，有着极端的气候、崎岖的山地、内陆的盆地和古老的烹饪传统。波斯菜数个世纪以来都没有太大变化，这与邻近的以色列不同，后者的饮食永远在变化发展着。近代以来，伊朗在政治和文化上都脱离西方，这段历史使得伊朗的饮食传统得以保留了自身的特性；巨大的快餐链在这里完全不见踪影，而且（谢天谢地！）那些极为精巧地道的菜式——炖菜（*khoresht*）、汤（*ash*）和烩饭（*polow*）——继续装点着伊朗人的餐桌。

在英国，我们对于波斯菜的熟悉程度不如穆斯林世界的其他菜系，例如黎巴嫩、摩洛哥和土耳其的菜肴，这些菜系之间其实有很多的共同点。香草、酸奶、烤肉或炖肉，尤其是羔羊肉都是共同元素。还有食用和准备这些菜肴的方式（比如什锦小吃和一锅炖）也都是一样的。比如说，摩洛哥的塔吉锅（见第318页）和巴勒斯坦的*maqluba*（一种把米饭倒在肉、坚果和蔬菜上，并与之拌在一起的菜式），在波斯菜中都有类似的菜式。（有人说中东菜可以按其使用的精华水来加以区分：伊朗菜和土耳其菜使用玫瑰水，黎凡特菜和摩洛哥菜使用橙花水。这当然只是一个方便的概括罢了。）

不过，由于波斯菜常用的香料（葫芦巴籽、孜然和香菜）及其对大米的依赖，在某些方面这种菜系其实更接近北印度菜和巴基斯坦菜，而不是中东菜或北非菜。波斯的莫卧儿人在北印度根脉深远，这也体现在今天的阿瓦迪菜肴中（见第227页）。

波斯菜不如土耳其菜和黎巴嫩菜影响广泛，对于这个事实，一个可能的解释是，伊朗的餐馆文化相当有限，仅限于*kebob*（烤肉）和*chelow*（香米饭）。"我能在家做得更好，为什么还要花钱去外面吃呢？"很多伊朗人都会这么问。真的，为什么呢？除了*kebob*（做这道菜要求昂贵的专业用具），我所吃到的最好也最地道的伊朗美食都是在家里的厨房做的。我发现这一点是在遇到普丽·沙里斐（Pury Sharif）之后，奥托蓝吉介绍我们认识的。奥托蓝吉认识她是在自己的厨师培训课上，他意识到普丽可以教给他一些关于波斯菜的知识。普丽那张位于伦敦北部的家庭餐桌放着各种各样的美食，以此来欢迎我——浅紫色的茄子、橘子、葡萄干、绵滑的乳白色酸奶、*kashk* 菜品（经过发酵的酸奶）以及大量的新鲜香草，盛在图样繁复的碗中。

普丽的烹饪向我表明，波斯菜和其他中东菜之间除了相似性之外，也有一种独特的艺术，即搭配两种不同的口味，创造出前所未有的风味。想象一下，用茄子搭配胡桃，浇上厚厚的乳清；黑樱桃搭配羔羊肉；鸡肉搭配橘子和藏红花；脱脂奶粉和风干的青柠混合出自然的甜酸味。虽然肉类加入水果慢炖听起来更像是（比如说）叙利亚菜或摩洛哥菜，但是伊朗人的特有做法是使用大量的不同食材，每一种虽然只占很小的比例，但是会像点金术一样为做好的菜肴添加关键的风味，伊朗人也正是以这种方式使其美食具有他人无法复制的复杂口味。

波斯菜要求使用大量新鲜的香草（所谓 *sabzi*，意思是“绿色的”），这意味着生长与健康。*sabzi polo*，即米饭和香草，是 Nawrooz（波斯新年，3 月 21 日）时常吃的食物，要用数量极大的香草（香菜、细香葱、莳萝、欧芹和葫芦巴籽）调出精致均衡的口味。在每一张伊朗人的餐桌上，你都会看到 *sabzikhordan*，一大盘新鲜原味的香草，包括龙蒿、罗勒、薄荷和细香葱（有时还有小萝卜和青葱），吃饭的人开始会一小口一小口地品尝，最后就会拿起盘子吃干净自己的那份。龙蒿尤其出彩，加一点点焙过的八角就可以唤醒你的味觉。在 *sabzikhordan* 香草拼盘里，不太出名的香草还有 *marzeh*（英语的意思就是香薄荷，这是一种芳香的高山香草，味道有点像马郁兰、百里香和鼠尾草的混合）以及艾菊（也叫“香脂草”，是一种大叶子的植物，属于杜松子科）。

各种香辛料也是波斯菜的核心，不过值得注意的是：没有辣椒。葫芦巴籽、芥末籽、孜然和香菜籽都会被用到，还有姜黄以及更甜、暖调的香辛料，例如肉桂和小豆蔻。*advieh*（见第 217 页）则是一种经典的波斯混合香料，尽管它在不同地区会有各种变化，但是总会有肉桂、小豆蔻、香菜、孜然和玫瑰花瓣。可以在米饭上桌前撒上这种香料，也可以加到 *khoresht* 炖菜中，你可以在基本成分之外加上任意香料混合（基本成分包括干青柠、丁香、黑胡椒和姜黄）。所有的香料都会精妙地相互平衡并和谐地混合在一起。就像普丽说的："波斯菜之所以精致，是因为我们使用了如此多样的食材。但是我们从来不会过量使用其中任何一种……除了藏红花。但是藏红花本身口感就很精致，而且我们是在上桌前最后一刻才用。"

藏红花有着明亮的橘子色和无法比拟的干草香味，它是波斯菜的特点所在，而人们在烹饪时会大量使用。一撮藏红花丝，再加入一点点温水，就能在上桌前点亮整道菜。普丽做的蘸酱（*borani esfanaj*，包含菠菜和酸奶、洋葱、葡萄干）就是一个例子。将很少一点藏红花汁加入蘸酱表面的小凹陷里，就能在上桌前的最后一刻为菜肴的色彩和芳香增加活力。

小檗木浆果（*zereshk*）是一种酸酸的、有红宝石颜色的浆果，也是一种典型的波斯食材，它可以为很多菜肴增添一种绝妙的犀利口感。[①] 它们也被用作另一种甜味和酸味的来源，可以与鸡肉很好地融合，也可以放在米饭和炖菜（例如 *khoresht-e-mast*）上面，增加一点宝石般的光泽。清淡却又丰盛，锐利然而令人愉快，这就是鸡肉、酸奶和橙皮炖在一起的菜肴，它展示了两种波斯传统——甜与酸、肉和水果，而所有这些都要浇上藏红花汁和小檗木浆果。

还有其他不计其数的炖菜展现出类似的特点，不过，*khoresht nanah jafari gojeh*（羔羊肉加上薄荷、欧芹和葫芦巴籽）尤为吸引人。炖菜最常用羊肉做底料，但是也可以用鸡肉、牛肉，有时还有鱼肉。另一种经典的炖菜是 *fesenjan*，是一种颜色较深的、颗粒状的炖菜，主要在秋季和冬季食用，混合了鸡肉、石榴糖浆、焦糖洋葱和胡桃。不过，最有名的可能还要算 *ghormeh sabzi*[②]，一道几乎无所不包的波斯炖羊肉与香草。小檗木浆果、

••••

① 事实上，在人们发现小檗木树丛携带小麦霉菌寄生虫之前，小檗木浆果在中古英国菜中一直扮演着重要的角色。现在看来英伦烹饪对小檗木浆果的使用有了新倾向，不过这种浆果主要还是从伊朗进口，而且在使用之前还是要泡发或者快炒一下。

② 就我个人而言，你们可能已经知道我对羊肉比较反感，但是普丽的 *ghormeh sabzi* 盛在漂亮的碗里，看上去是如此诱人，于是我尝了一口，而且非常喜欢。15 年不吃羊肉，而波斯菜改变了我。我现在对羊肉不再反感了。

杏仁、胡桃、西梅、黄瓜、小胡瓜和萝卜只是在无数波斯炖菜中搭配肉类的部分食材。不过炖菜中最重要的食材往往也是最常见的——酸奶或脱脂奶、干青柠或是混合香辛料。虽然我不说波斯语，但是记住 *ghormeh sabzi* 这个名字对我来说绝无问题，因为"*ghormeh*"听起来就像"*gourmet*"（老饕）——再恰当不过了。

汤是波斯菜的一个重要部分，它比你在欧洲喝到的汤更浓也更丰盛，对于伊朗人来说这也是一种便宜的食物，在冬天的北方尤其如此。比如，*eshkeneh* 就是一种洋葱汤，用面粉和鸡蛋增稠，用姜黄和葫芦巴籽调味。豆类（例如芸豆、绿豆、橙色扁豆和绿色扁豆）是汤类的主要食材——尤其是那些被人称为"*ash*"的汤。普丽最爱的汤是 *ash-e-jo*，一种大麦汤，用鹰嘴豆、扁豆、芸豆、菠菜和欧芹做成。既然含有这些健康的成分（而且也能负担得起），我们就很容易理解为什么汤在伊朗被认为具有药用价值——有点像被全世界的德系犹太人看作"犹太盘尼西林"的鸡汤。

在伊朗，米饭也有各种不同的式样：香米饭（*chelow*），淘洗后混合其他食材的烩饭（*polow*），还有 *tahdig*，意思是"锅底"，米饭被做成蛋糕的形状，上面有一层用鸡蛋、酸奶和藏红花做成的硬壳，食客需要凿开硬皮来吃。"*Polow*"（意思是任何米混合其他食材做的菜）这个词标示出伊朗与印度之间的联系，我们更熟悉的印度词"*pilau*"就从这个词而来[①]，而且与土耳其的"*pilaf*"也有关系——它们都来自一个传统：做出微辣的米饭，让它在锅底粘一粘，加入黄油和藏红花使之变成金黄色。最简单的烩饭只用藏红花和黄油，但是厨子还是会丢进去一些香草、豆子或酸樱桃（这样就创造出一道菜——"红晕米饭"）。"宝石米饭"（*morasa polow*）则结合了小檗木浆果、开心果、杏仁、橙皮、小葡萄干、*advieh* 香料和藏红花水（当然要有）。将藏红花浸在温水里能让你最大程度地获取它的香味（这味香料可是出了名的贵）。我会把 5—10 缕藏红花（取决于想要菜肴味道有

①由波斯的莫卧儿人于 16 世纪引入印度。

多浓烈）泡在一点开水里，然后焖上 5 分钟左右。水会变成琥珀色——看着红色从藏红花丝中渗出，这个过程很美——然后就可以把水加到你正在烧的菜里。

在伊朗，所有的菜是同时上桌的。欧洲人那种分几道菜上桌的方式没有了，取而代之的是，炖菜、生香草、开胃小吃和大饼都一股脑儿地端上来。蘸酱用 *nan*（大饼，又是一个与印度菜的相似处，印度人的说法是 *naan*）舀着吃，不过这种饼也有很多不同的样式，无论是又薄又酥的 *nan-e-lavash*，还是十分松软的 *nan-e-taftoon*，普丽都用它们来搭配蘸酱，例如 *borani-e-labu*（烤甜菜根加酸奶和鲜薄荷）、*borani esfanaj*（菠菜、酸奶、洋葱、葡萄干和藏红花）以及 *kashk-e-bademjan*（茄子、胡桃、发酵乳清和薄荷干叶）。

在本章开始所引用的莫哈马迪回忆录《柏树》的那段话中，食物（米、炖菜和酸奶那鲜活缤纷的铺展）不可避免地与热情好客联系起来。在我遇到普丽·沙里斐之前，我听说过很多关于伊朗人好客的事（不过我本人没怎么经历过），而普丽烹制的食物尽管对我而言是完全陌生的，但它立刻就令我感到放松和舒服。她告诉我：“‘客人’的概念在伊朗是非常重要的，尤其当客人是一位陌生人的时候。一种良好的伊朗式欢迎正是民族自豪感的来源之一。”我对伊朗式欢迎的最初体验肯定会令伊朗自豪。我离开时甚至还带走了几个普丽的菜谱，这样即使我不能为客人提供地道的伊朗式欢迎，至少我可以烹饪地道的波斯食物。

食材清单：藏红花 • 玫瑰水 • 香草（龙蒿、薄荷、香薄荷、罗勒、香葱）• 香辛料（葫芦巴籽、肉桂、香菜、孜然、丁香、黑胡椒、姜黄）• 玫瑰花瓣 • 酸奶（新鲜的或酸乳粉、*kashk*）• 青柠干 • 橙子 • 小檗木浆果干 • 杏仁 • 开心果 • 芸豆 • 羔羊肉

◆◆◆

• 鸡肉炖小檗木浆果、酸奶以及橙皮 •

Chicken with Barberries, Yoghurt and Orange Peel

这道菜的波斯名字是 *khoresht-e-mast*，它绝妙地平衡了各种口味，听着和看着都很有异国情调，不过所需的食材在欧洲其实都能找到。小檗木浆果干会是最大的问题，但是在大多数中东货品小铺和网上都能找到。使用前要先用一碗温水将它们泡 10 分钟，然后沥干。这种浆果有一种独一无二、十分地道的波斯式酸爽口感，值得花时间去寻找。不过如果你实在找不到，也可以试试用红莓、红醋栗或酸樱桃代替。这是普丽·沙里斐的私房菜谱。

• 4 人份 •

希腊酸奶，满满 7 大匙

橄榄油，5 汤匙

洋葱，中等大小，2 个，薄薄切片

鸡腿，4 个（下段与大腿分开，去皮）

海盐和黑胡椒，根据需要决定用量

橙子，2 个，大个儿的

藏红花，1 大撮

小檗木浆果干，15 克，泡发（参见前文）

杏仁片，2 汤匙，作为装饰（可选），烤过

1 • 用穆斯林包布将酸奶包紧成形，大概需要几个小时，最好能隔夜——你可以把布包挂在厨房水槽的水龙头上。

2 • 取一只重一点的锅，加热橄榄油，煎炒洋葱，撒一撮盐，开至中火直到洋葱变成金色——将近 10—15 分钟。放入鸡腿，然后烹炒 2—3 分钟使鸡肉都裹上油，可以一次性放入，也可以分几次放入。加入水，盖住一半鸡肉，根据

口味加入盐和胡椒。盖上锅盖，焖30—40分钟。

3• 同时用土豆削皮器将橙子去皮，注意所有橙皮都要去净。将橙皮切成火柴大小的细条。取一只小煎锅，烧开一锅水，放入橙皮煮3分钟。沥干后再用冷水洗净。

4• 将藏红花用臼捣碎，然后用4勺温水泡10分钟。将藏红花水、橙皮和小檗木浆果干加入鸡肉中，翻动鸡肉。尝一下味道，然后再炖10分钟。取出鸡肉。用很小的火继续煮料汁，加入包紧成形后的酸奶，搅拌直至融化。然后将鸡肉放入锅中，在料汁中烹烧2分钟（不停翻面）直到熟透。将鸡肉盛盘，倒入料汁，再撒上杏仁片装饰。与 *chelow* 香米饭一起上桌（米饭做法见下文）。

• 羊肉烧豌豆、青柠干和茄子 •

Lamb with Split Peas, Dried Lime and Aubergines

这道传统的炖菜是普丽一家最爱的菜，它的名字叫 *khoresht-e-gheimeh bademjan*。青柠干（*limouomani*）在波斯菜中特别常用，它能为菜肴带来一丝独特的香味和极为浓郁的口感——这和摩洛哥美食中使用的柠檬干有些相似。使用前应该用叉子或尖刀将青柠干刺穿，以使它们的味道充分释放。有人喜欢在吃炖菜的时候连青柠一起吃掉，有人则觉得这样太酸了。想要知道哪里能够买到青柠干，可以参看本书的“供货商名录”（第403页）。佩克海姆的 Persepolis 也有干青柠粉出售。

• 6—8人份 •

茄子，4只，大个儿的，从中间纵向剖开

海盐

藏红花，1撮

橄榄油，6汤匙，用来煎洋葱

洋葱，2个，中等大小，切成薄片

黄豌豆，70克，漂洗后沥干

羊肩肉或羊腿，750 克，切成 2 厘米见方的小块

姜黄，1 茶匙

青柠干，5—6 个，刺穿

海盐和现磨黑胡椒

菜油，用来煎茄子

番茄汤，满满 2 汤匙

advieh 混合香辛料，1 茶匙（做法见第 217 页）

番茄，2 个，四分切开

1 • 在茄子的两面都撒上盐，放在一只滤器中至少 1 小时。

2 • 用臼将藏红花捣碎，用 4 汤匙温水浸泡 10 分钟。

3 • 取一只较重的锅，加热橄榄油并将洋葱快炒一下，撒一撮盐，开至中火，直到洋葱变成金黄色——需要 10—15 分钟。加入豌豆，搅拌 2 分钟，这样它们就能裹上油。然后加入切好的肉块，搅拌至每一面都裹上油，需要 5—6 分钟。肉一变成浅褐色，就加入姜黄，再煎 2 分钟。为了避免粘锅，你可能还需要再加一点油。

4 • 加入足量的冷水，刚好盖住肉，然后根据口味加入青柠干、盐和胡椒。盖上锅盖，慢慢烧开后再炖 30—40 分钟。

5 • 炖菜在火上炖着的时候，用刀背将茄子中多余的水分挤净，然后取一只大号煎锅，分批煎至每一面都变成褐色——每批大概需要 10 分钟。然后放在一旁待用。

6 • 炖菜炖了 30—40 分钟以后，将番茄汤、藏红花水和 *advieh* 混合香料拌匀，一起加入炖菜。用木勺的背面轻轻挤压青柠，使之充分释放香味，盖上锅盖再炖 15 分钟。

7 • 往炖菜中加入茄子和番茄，这样它们就能够被酱汁盖住一部分。再炖 25—30 分钟，不时检查一下茄子，确保不会煮过头。最后和 *chelow* 香米饭一起上桌。

• *伊朗香米饭* •

Chelow Rice

这种以浸泡、煮到半熟再炖的方式做出的米饭，人称“*chelow*”，这种做法能让米粒非常松软，而且锅底还有好吃的锅巴（*tahdig*）。普丽保证，下面这些看起来可能有点复杂的程序不会让你放弃，一旦你做过几次就会发现，做 *chelow* 香米饭就跟制作派一样简单（甚至更简单）。

• 8 人份 •

印度香米，700 克

盐

藏红花，1 撮

橄榄油，5 汤匙

1 • 将米放入一只大碗，加水盖过，用手轻轻搅洗，然后将水倒掉。重复几次，直到把多余的淀粉去掉。再加一点新的冷水，盖过香米，加两汤匙盐，然后泡最少 3 小时、最多 24 小时。盐可以保证米不会泡烂。

2 • 用臼将藏红花捣碎，用 4 汤匙温水泡 10 分钟。

3 • 取一只大号不粘锅，四分之三都加满水，再加入 2 汤匙盐，然后烧开。放入洗净沥干的米，再次烧开，大火煮 6—10 分钟，其间轻轻搅拌数次。这一步很关键，因为你需要不时尝一下，以保证米既不会夹生又不会煮过了。尝一点儿就行。普丽的妈妈给了一个建议：水烧开后（从中央烧开，米翻腾至表面）将米从火上取下，静置一会儿。将米放入一只大号滤器，用微温的水漂洗一下，然后沥干。

4 • 往锅中加入 100 毫升水，开中火，水一烧开就加入藏红花水并轻轻转动锅子以使藏红花匀开，然后加入油。烧至开始沸腾时，加入沥干的米饭，一次加一点，将它做成金字塔形。用木勺柄在饭堆儿上做几个 5 厘米深的洞，当蒸汽从洞里冒出，将火关至中低。用一块干净的茶巾包住盖子底端，将它稳稳地盖在锅上，这样蒸汽就不会逸出。将米饭煮 50 分钟，或者煮到米变松软即可。

5 • 将锅从火上取下，放在一块潮湿的餐巾上，搁几分钟——这样使锅巴更容易取下。将一只大号餐盘扣在锅上，锅和盘子都拿牢，然后将锅子翻过来。这样米饭上桌的时候形状就像是一个蛋糕，而且还有金黄的锅巴。或者你也可以留一些藏红花水，和三勺米饭拌在一起。将其他米饭取出，平摊在餐盘上，然后将藏红花米饭点在上面。你还可以将锅巴敲碎，单独放在一只盘子里上桌。

东亚和南亚

· ASIA ·

重组香料之路

◆◆◆

古代香料之路的各个国家和地区都会使用当地的混合香料，这样能够保存它们最重要的风味特点。这些香料可以入菜，也可以撒在做好的菜肴上，用来提味和增加香味。

要注意的是，各个国家、各个地区，甚至各家各户之间所使用的混合香料都不同。个体都是不同的——因此后面的建议真的只是一个大概的指南。一般来说，我用香料的时候会用茶匙计量，而不会大量使用。你需要添置一组臼和杵来制作你自己的混合香料——这是最基本也最管用的厨房用具！大号的花岗岩研磨组很重，也足够稳定，你可以用它把种子和豆荚磨成粉，粗磨或细磨都可以。还要注意的是，像*dukkah*埃及香料、*ras el hanout*、*panch phoron*以及*za'atar*这样的混合香料是不能磨成粉的。这里要感谢普丽·沙里斐，她为我们提供了*advieh*香料的做法。

中式五香粉

（中国）

四川花椒，磨粉，1 茶匙

八角，磨粉，1 茶匙

孜然，磨粉，1 茶匙

丁香，磨粉，1/2 茶匙

肉桂，磨粉，1/2 茶匙

Advieh

（伊朗）

肉桂，磨粉，2 茶匙

小豆蔻，磨粉，1 茶匙

黑胡椒，磨粉，1 茶匙

肉豆蔻，磨粉，1 茶匙

香菜籽，磨粉，1 茶匙

丁香粉，1/2 茶匙

Panch Phoron

（西孟加拉）

孜然，1 茶匙

小茴香籽，1 茶匙

葫芦巴籽，1 茶匙

芥末籽，1 茶匙

黑种草籽，1 茶匙

Berbere

（埃塞俄比亚）

盐，2 茶匙

丁香，3 只整的

香菜籽，2 茶匙

葫芦巴籽，1 茶匙

小豆蔻，白色带荚，5 只

干洋葱片，5 汤匙

迪阿波干辣椒（de árbol），

5 只，带茎、籽一起切成小片

肉豆蔻，磨粉，1 茶匙

姜，磨粉，1/2 茶匙

肉桂，磨粉，1/2 茶匙

黑胡椒籽，1/2 茶匙

百香果，整只，1/4 茶匙

红辣椒，3 茶匙

Ras el Hanout

（摩洛哥）

肉豆蔻，1 茶匙
孜然，1 茶匙
香菜，1 茶匙
姜，1 茶匙
肉桂，1 茶匙
姜黄，1 茶匙
玫瑰花瓣，1 茶匙
黑胡椒，1/2 茶匙
红辣椒，1/2 茶匙
糖，1/2 茶匙
小豆蔻粉，1/2 茶匙
丁香，磨粉，1/2 茶匙
百香果，1/2 茶匙

Garam Masala

（北印度）

黑胡椒，磨粉，1 茶匙
肉桂杆，磨粉，1 根
丁香，磨粉，1 茶匙
小豆蔻，磨粉，1 茶匙
孜然，磨粉，1 茶匙
肉豆蔻，磨粉，1/4 茶匙

Za' atar

（黎凡特和以色列）

漆树果实粉，4 茶匙
芝麻籽，4 茶匙
海盐，1 茶匙
孜然，1 茶匙
牛至，1 茶匙
马郁兰，1 茶匙

La kama

（北非）

肉桂，磨粉，2 茶匙

姜黄，磨粉，1 茶匙

黑胡椒，磨粉，1 茶匙

姜，磨粉，1 茶匙

肉豆蔻，磨碎，1 茶匙

Baharat

（土耳其）

干薄荷，2 茶匙

干牛至，2 茶匙

肉桂，磨粉，1 茶匙

芥末籽，磨粉，1 茶匙

香菜籽，磨粉，1 茶匙

孜然，磨粉，1 茶匙

黑胡椒，磨粉，1 茶匙

丁香，磨粉，1 茶匙

小茴香籽，磨粉，1 茶匙

肉豆蔻，磨粉，1 茶匙

Dukkah

（埃及）

榛子，10 粒

芝麻籽，1 茶匙

香菜籽，1 茶匙

孜然籽，1 茶匙

小茴香籽，1 茶匙

黑种草籽，1 茶匙

胡椒籽，1 茶匙

海盐，1 大撮

– 印度 –

印度人就是亚洲的意大利人，反过来也是一样。这两个国家的每一个男人在开心的时候都是歌者，而每一个女人在走进街角的商铺时都是舞者。对他们来说，食物就是身体里面的音乐，而音乐就是心灵之中的食物。

• 乔治・大卫・罗伯茨（Gregory David Roberts），
《项塔兰》（*Shantaram*） •

把食物比作音乐并不新鲜——举个例子，莎士比亚的《第十二夜》已经说过音乐是“爱的食物”——但是乔治・大卫・罗伯茨的比喻特别适用于印度。就像音乐有无限的种类、风格、调性、节奏等的结合，印度食物也是如此多样，而非只是某种单一的菜系。从恒河平原到喜马拉雅山脉，到点缀着椰子树的喀拉拉（Kerala）和果阿（Goa）的海滩，印度这片土地上交错着地理和饮食上的多样性。它是全世界的香料之都，这里有上百种地域性和历史上的美食，还有不计其数的菜谱在每一个家庭厨师的手中得到修改和诠释。

因此，多少有些令人沮丧的是，虽然典型的英国—印度人、英国—孟加拉人、英国—巴基斯坦人以及英帝国在印度都有漫长的管理历史，但是我们西方人，尤其是英国人对于南亚食物的理解还是惊人的狭隘。与那些更为边缘化的小众菜系不同，印度餐馆遍布全英国的大街，而这并不是大都市独有的现象——几乎没有哪个小镇没有自己的唐杜里烤肉。“去吃咖喱”是一种非常英国化的习惯：吃一些中度辣的、带汤汁的旁遮普菜，这是数百万人日常生活的一部分。我们英国人如此强行推崇经过修改的旁遮普菜，例如鸡肉块、咖喱酱以及比尔亚尼菜，就着烤牛肉、各种小菜、鱼和薯条，这样就形成了我们的国民菜。不过，在我看来，像这样一一列举印度菜以及我们在英国吃印度菜的一贯方式，会造成两方面的后果：一方面会大大地刺激我们对这种美味菜肴的胃口，另一方面则会阻碍我们对于印度（以及孟加拉和巴基斯坦）食物的认识。

我记得我的祖母（她于1919年出生在印度北部的奈尼陶[Nainital]）为我和兄弟烹制超级美味的鸡蛋葱豆饭，那时我们都还是小孩子。我们狼吞虎咽地吃下印度香米饭那裹着黄油的米粒，还有中间夹杂的煎洋葱、煮老了的鸡蛋以及烟熏黑鳕鱼（众所周知，我们在所有的蘸酱中都放黑鳕鱼）。当祖母跟我说这道菜实际上来自印度，而且是那里的传统早餐时，我并不相信——我们都坚信这道菜来自她在诺福克的厨房。直到最近，直到我对印度菜相当熟悉之后（因为我的职业，以及我在伦敦南部接近郊区的地方长大，那周围有一个非常大的印度社区），我才真的发现，素食主义者的某些乐趣其实是由南印度菜提供的：*pani puri*（印度油炸小点）、*masala dosa*（马萨拉薄饼）以及拌了椰浆和红辣椒的咖喱。

那么这种情况是如何发生的呢？“二战”以后，大量孟加拉和巴基斯坦移民在英伦各地开餐馆——最著名的大概有伦敦的红砖巷（Brick Lane）、伯明翰的巴尔蒂三角地（Balti Triangle）以及曼彻斯特的咖喱里（Curry Mile）——通过贩售“印度”原产食物来谋生。对于很多英国人来说，这使人联想到我们的殖民史及其遗产：在食物的“他者”特性之中，我们似乎有种亲切感甚至某种荣耀感。没过多久，英国化的印度菜就产生了，其中巴尔蒂锅菜（balti）就是最典型的例子①：这绝对是来自伯明翰的、独一无二的英国发明。这个词在旁遮普语中意为“桶”，而且“baltis”是用来盛锅菜的用具，这种菜肴中混合了一些微微腌过的肉类和蔬菜。像

••••

① 不过也有很多其他的例子。鸡肉块有时候会加马萨拉酱汁一起烧；咖喱酱和 *dopiaza*（一种受波斯菜影响的酱料）也是由定居在德里和勒克瑙的莫卧儿人发展出来的；还有 *jalfrezi*，是一种受人喜爱的孟加拉菜，将剩下的菜和肉混合煎着吃。

balti 这样的菜肴毫无疑问在英国美食图景中占据重要位置（它们确实标示出某种令人着迷的人种学），而且非常棒。但是它们所代表的只是印度菜的一小部分，而且妨碍了我们去理解真正的印度食物及其全貌。

要理解什么是真正的印度食物，你需要把握这个菜系中的各种变化和潜能。大量的香辛料使得（比如说）一道简单的鸡肉咖喱成为一种永远不可能重样的菜——你在印度的每一个市区、村庄甚至家庭中所见的咖喱鸡都会不同。下面这一点或许是显而易见的，但是它仍然令我吃惊：印度食物或许比世界上其他任何菜系都更容易发生改变。各种不同的香料的混合[①]是无限的，这就意味着根本不存在什么菜式的“经典版”或“最终版”。这一点在我们照着菜谱烹制印度菜的时候值得铭记在心——哪怕是对那些极妙的范例也是如此，尽管它们都是由美食书的作者米拉·索哈（Meera Sodha）和《印度制造》（*Made in India*）一书的作者、伦敦莫蒂餐厅（Moti Mahal）的主厨阿尼鲁多·阿罗拉（Anirudh Arora）非常友善地提供的。

你还必须理解个体在印度菜系中的重要性。印度依然是一个以家庭料理为主的国家。每一位母亲或家庭厨师都会改变他们使用食材的方法，哪怕只是极其细微的改变。印度料理可以像外科手术那样精确，但是其中也有大量的创新，我特别希望你在依据这些食谱烹饪时进行一些创新。尽情试一试——往豆汤里多加一点点 *garam masala* 混合香料或姜黄，看看你是否喜欢。最棒的就是，改变咖喱菜的口感其实很简单，就拿豆汤来说，多加点儿扁豆或是多加点儿水就行。

80% 以上的印度人都信奉印度教，这种古代宗教相信因果，崇奉多位神祇和神牛，牛因其能够为人们提供日常不可缺的乳制品而受到尊崇。在印度西北部，奶制品是日常饮食中最重要的一部分，形式包括 *ghee*（清黄油）、*paneer*（凝乳酪）、奶油、牛奶以及酸奶。这个国家还有少数人

••••

① 比如说孜然、*garam masala* 混合香料、姜（可以是新鲜的，也可以磨粉）；芥末的籽、油和叶子都可以用；还有姜黄、葫芦巴籽、月桂、香菜、小豆蔻、藏红花、丁香、泰国柠檬叶、克什米尔辣椒和黑胡椒。

信奉伊斯兰教（在巴基斯坦和孟加拉国的边界地区是主要宗教）、基督教（在果阿、喀拉拉和东孟加拉的海岸地区是主要宗教）、耆那教[1]（主要盛行于中部地区和西部地区，例如拉贾斯坦邦 [Rajasthan] 和古吉拉特邦 [Gujarat]）、佛教（在接近尼泊尔边界地区盛行）和锡克教（主要集中在旁遮普周边地区）。

要探讨印度各个区域的大量食物，需要写一整本书（甚至两三本书），所以我自作主张将这个国家分为两个部分——北部和南部——这种粗糙的区域划分主要是由大致不同的气候和地理条件（还有宗教的和一些后殖民的差别）决定的。大致说来，海岸线、椰子和辣椒代表了印度南部的食物，而在北方则主要是奶制品、芥末和唐杜里烤肉。在北方，我们会沿着古代的贸易主干道（the Grand Trunk Road）一路北上，这样能够让我们描绘出饮食文化中发生的转变。

在这一章中，我希望能够让你体会到在你身边那些咖喱店之外的印度食物的味道，同时也想向你表明，在印度，食物是如何成为“身体里面的音乐”的。

①耆那教是一种古代宗教，在印度是信众较少的宗教，其教义强调众生平等。

印度北部

吃饭简直就是一场场盛事……烤鹿肉装满了小豆蔻，小鹌鹑填满了肉桂，鹰嘴豆根和青辣椒、姜一起煎炸，还有新鲜小土豆和孜然、芒果粉一同烹制。

● 玛德许·杰弗利（Madhur Jaffrey），
《爬上芒果树》（*Climbing the Mango Trees*） ●

根据官方标准，北印度包括11个印度邦[①]，但是我对这个术语的使用更为宽泛，还包括了西孟加拉的东部地区。这块土地上有炎夏、寒冬和季风雨，喜马拉雅山巅著名的紫光随地势下降而变成了葱绿的北印度河平原——这个地区从恒河与印度河流域的土地延伸出来，土壤肥沃，排水良好。人类活动的踪迹遍布以下图景：小路围绕山区紧密交错，人类的居住地星星点点，庙宇散落其间，铃铛在山羊的脖颈上叮铃作响。自然作为辽阔的背景在其中若隐若现。

古代商业大道[②]是一条古老的贸易通路，它绵延了2500千米，跨越了曾经为英国人统治的地区：孟加拉国、印度和巴基斯坦（再远一点还可以

① 比哈尔（Bihar）、查蒂斯加尔（Chhattisgarh）、哈里亚纳（Haryana）、喜马偕尔邦（Himachal Pradesh）、查谟和克什米尔（Jammu and Kashmir）、贾坎德（Jharkhand）、中央邦（Madhya Pradesh）、旁遮普（Punjab）、拉贾斯坦（Rajasthan）、乌塔拉坎德（Uttarakhand）和北方邦（Uttar Pradesh）。

② 鲁德亚德·吉卜林在他的小说《基姆》（*Kim*）中提到这条商道时说："世界上其他任何地方都没有这样一条生命之河。"这一说法构建了一个迷人的比喻，将这条人造的"生命之河"与真实的自然河流联系起来，即蜿蜒流经商道的恒河。

到阿富汗）。“商业大道”这一名称来自英国殖民者，因为有大量的货物沿着这条道路往来运送，这条商路跨越了广袤的印度北部，而且，正如你所预期的，随着你沿此路行进，文化和饮食也会有所改变。在这幅不断变化的图景中，地理、历史和宗教都呈现出细微的差别，而菜式正是对这些差别的回应。在这里，我们要探索很多美食“现场”，以此一窥北印度菜肴的规模及其惊人的多样性。

我们的探寻从克什米尔开始，越过旁遮普、德里（Delhi）、勒克瑙（Lucknow）和西孟加拉（West Bengal），涉及的食物从西孟加拉的淡水鱼咖喱到勒克瑙的莫卧儿—阿瓦迪融合菜，从唐杜里到德里和旁遮普，再到美味的克什米尔烤肉。除了差异之外，也有相似之处，玛德许在她的自传《爬上芒果树》的导言中提及了一些普遍的风味。这里有大量的青辣椒、姜和孜然在等着你。

克什米尔的位置像是北印度的一顶王冠，向北毗邻巴基斯坦，向南则面对覆盖着积雪的喜马拉雅山、苍翠的河谷、澄净的湖泊以及亚热带松叶林。这里的食物得是多种多样的，要能够在变化极其剧烈的气温下生长，能够供给那些在极端气候下摄食的生灵。

这里烹饪所用的食材比其他印度菜要少——香料用得少一些，肉要多一些，尤其是羊肉。寒冷冰封的冬季是宴请的好时节，用的是夏季里晒干的土产以及简单美味的咖喱菜，例如 *rogan josh*，一种辣味的羊肉咖喱，我在后面会介绍烹制的菜谱。*rogan josh* 在波斯语中的意思是“热油”，这道菜是经典的，也是传播最广的克什米尔菜，就像它的名字所暗示的那样，这道菜有波斯血统。羊肉在油里烹过，油中加小茴香籽、姜、红辣椒和克什米尔辣椒，这样带着烟火味的丰盛食物可以抵御严寒的侵袭。

克什米尔辣椒（见第 300 页）闻名世界，因为它们拥有深红的颜色，且辣味十分温和。这种辣椒为菜肴增添了许多风味，但不会太辣。在克什米尔，这种辣椒常常和大量的干姜一起入菜，搭配很多米饭一起吃，可以让人感觉非常满足。红色的辣肉汁和酱汁连同绵滑如凝乳的口感是克什米尔咖喱的特点，不过肉类（例如羊腿）还是要整只放在明火上烤来吃的。

tava 烧烤（食物在一个凸面的盘子形铸铁锅上烤到焦嫩）是克什米尔地区烹饪肉类和饼的典型做法。对肉类的食用在北印度愈演愈烈，到了巴基斯坦更是如此，在这里，内脏和边角料也是可以和红肉、鸡肉一起烤的。想一下，烤羊脑、烤羊腰、烤羊肝、烤羊蝎子，还有烤蹄子。

旁遮普地区也使用 *tava* 这种烹饪方式，不过这里最著名的唐杜里烤炉更为主流。用这种印度西北部的容器烹饪的菜肴（统称为"旁遮普菜"，不过实际上包含了德里、哈里亚纳和喜马偕尔邦等几个地方的菜式），是所有印度菜中最有名的，而且已经传播到全世界。正是旁遮普烹饪法使得很多英国人对印度食物着迷，而且我们会将很多风味和食材首先与印度食物联系起来（例如孜然、番茄、洋葱、柠檬和香菜），而在许多我们所熟悉的唐杜里菜肴中，这些食材都是搭配肉类、凝乳酪和蔬菜一起食用的。

旁遮普境内有五条河流交错，因而一度洪水泛滥。不过，自从 19 世纪英国殖民政权修建运河以来，该地区的排水就更为有效，现在丰产庄稼，例如小麦、水稻和甘蔗，这为旁遮普赢得了一个美名——"印度的面包篮"。毫不意外，这个地区出产大量上好的面包（或者大饼——译注），吃的时候在唐杜里烤炉中烘一下，这种厨用烤具在印度西北部的烹饪中是如此基本，以至于它几乎成了烹饪的代名词。传统上，木炭或者柴火会让这种圆柱形的陶罐内部持续加热，这样就能够产生热量并使之一直萦绕在容器周围，由此为罐中的食物带去泥土和炭烧的风味。今天，不锈钢的唐杜里烤具模仿传统的陶罐，这样就可以让热力更持久一些。

阿尼鲁多·阿罗拉[①]，这位伦敦莫蒂餐厅的主厨，在他还是德里的一个小男孩时，会把家里的生面团带到"唐杜里人"那儿去。那是街道尽头一个有唐杜里烤炉的男人，他将生面团爆成多汁的馕圈。在旁遮普乡下，类

① 阿尼鲁多的父亲是驻印度的英国军官，阿尼小时候就游遍了北印度并且对不同区域的印度菜产生了热情。他现在专攻古代主商道沿路的食物，他的菜单能够使餐厅的食客穿越恒河平原，行至巴基斯坦的崎岖山地。

似的设备是 *sanja chula,* 或者人称“晚间炉子”的东西，这是一套唐杜里烧烤设备，放在地上，村里的女人们每天晚上带着自家的生面团来烤。馕只是众多饼类中的一种，还有 *kachori*，一种炸过的饼，塞满了蔬菜填馅儿（跟咖喱饺有点儿像）；以及 *paratha*，一种用 *tava* 烧烤的大饼，特别适合用来舀咖喱、炖菜，还有其他各种菜肴。

在德里，基本的唐杜里食材与旁遮普的不同。这里的食材会和孜然、青辣椒、洋葱一起，有时候腌一下，而在旁遮普则用辣椒、大蒜、芥末油、柠檬汁以及——最关键的——酸奶。旁遮普是一片苍翠的乳业农场，这里有大量的蔬菜、唐杜里肉类以及面包。各种菜肴都用酥油、奶油和黄油来烹饪，也会广泛使用凝乳酪或 *paneer*（印度奶酪）。*paneer* 是旁遮普特有的，与绿色蔬菜搭配简直完美——你可能已经熟知 *saag paneer*（菠菜和印度奶酪）或 *muttar paneer*（豌豆和印度奶酪）了。

旁遮普的芥末种植也很有名。除了种子和油，芥菜叶也用来烹饪，这是旁遮普人与西孟加拉人使用芥末的最大不同。相关菜式包括 *sarson ka saag*，用芥菜叶子与菠菜、大蒜、姜、辣椒、其他香辛料一起烹饪，这种菜搭着 *roti* 饼一起吃极其美味。

穿越乌塔拉坎德（Uttarakhand，这个地区包括奈尼陶小镇，1919 年我的祖母就在那儿出生），一路蜿蜒向下，进入北方邦（Uttar Pradesh），印度最靠东北部的一个邦，我们于是就进入了勒克瑙。恒河继续为大地提供自然的灌溉，农业再度超越工业而居于主导。油类让位于酥油，番茄让位于酸奶，口感更为绵稠的咖喱（例如 *korma*）则不再是餐桌的主导。奶制品在这里变得不可或缺——这不仅仅是地域和农业变化的标志，同时也是地区的丰富文化史发生变化的标识。

在被人称作“勒克瑙”之前，这座城市的名字是“阿瓦德”（Awadh）。“阿瓦迪”（awadhi）依然用来指当地的地方菜，这一菜系是由三种因素交织形成的。第一，采用了印度北部唐杜里烹饪法和我们在旁遮普及克什米尔都见过的烧烤；第二，这里受到 16—17 世纪印度的莫卧儿殖民者的持续影响，波斯皇帝将勒克瑙作为他们的都城。最后，这里受到200英里以外的圣城贝拿勒斯（Benares，也称瓦腊纳西[Varanasi]）的影响，是5万名茹素的婆罗门教徒的家园，而且在历史上，屠宰业在这里是被法律禁止的。[①] 这些因素结合产生了一种生机勃勃的混合菜式，既有肉食，又包含了素食。

阿瓦迪煎烤首选的方式是*tava*，用它来做*kebabs*烤肉。这种烧烤技巧取自更靠近北方的地区，克什米尔（甚至巴基斯坦）地区最盛行的烧烤方式就是*tava*。勒克瑙最著名的菜式就是烤碎羊肉，在明火的烤炉上，用各种不同的*masalas*（混合香辛料）加以煎烤。这些现切现烤的羊肉以其肉质柔软、油脂丰富而闻名，它们会融化在嘴里，对此阿尼鲁多大厨评论道："以前常有人说勒克瑙人太懒了，懒得连嚼都不愿意嚼。"

不过，阿瓦迪菜的特色烹饪方式是*dum*（全称是*dum phukt*，字面意思是食物"在烹饪的时候在空气中非常缓慢地熟"）。即使在今天，*dum*慢烹饪还是阿瓦迪菜不可缺少的一部分，而且比尔亚尼菜（*biryani*）也是用这种方式烹制的，它是将食材封在容器中，用木炭、小火慢慢烹调，这样能令食材逐渐吸收对方的味道。

古代波斯菜在勒克瑙依然有影响。有些食材，例如藏红花、坚果、金银叶、小豆蔻和酸奶都是阿瓦迪菜肴中的关键食材，而且令人想起当代伊朗菜，不过这种影响与该地区的其他传统结合在一起，创造出一种非常独特的阿瓦迪菜式。从语义上来说，它与波斯的联系是非常清楚的——*pilau rice*（肉饭）来自*polow*（烩饭），而*biryani*来自*birian*，意思是"烹饪前先炸一下"。[②]

同样明显受到莫卧儿人影响的还有*korma*咖喱，这道咖喱几乎已经主宰了英伦的咖喱菜单。它富含黄油、酸奶、奶油、坚果酱以及微辣调料，

①印度教在传统上是一个茹素的宗教教派。婆罗门教徒是最为虔敬的，至今依然不吃任何动物。

②在阿瓦迪的比尔亚尼菜中，羊肉是要提前煎过的，然后才好做整道菜，而且羊肉里面还包含了很多独特的波斯食材：玫瑰花水、薄荷叶和肉桂。

例如孜然和香菜。这道堪称放纵的咖喱之所以得名 *korma*，并不是因为我们一下子就会想到的绵滑口感，而是来自它所使用的烧肉技巧。一个素食的版本 *navratan korma* 则是因其所包含的九种蔬菜而得名。大多数荤菜都有它的素食版本（就连 *kebabs* 也有，主要是烤薯类和豆子），主要是供那些严格茹素的印度教教徒食用。

往东南方向走，我们就会到达西孟加拉。孟加拉分成两部分，东边是孟加拉国，西边则在印度。[①] 西孟加拉在文化和地理层面都有丰厚的积累，这里有充满活力的邦首府、大城市加尔各答（Calcutta），也有从北部喜马拉雅山（丛林地带，也是由此得名的孟加拉虎的家园）到南部恒河三角洲（想想红树林和鳄鱼）的多变地形，这些都使得这个地方既对旅行者具有巨大吸引力，同时对于整个国家来说也是重要农业区。这个地区包括了某些印度最富饶的地域，恒河平原有冲积形成的土壤，稻米、土豆和谷物茂盛地生长，而河流本身也是淡水鱼的最佳产地。

往内陆走大约 50 英里，在加尔各答，河鱼绝对是一道美味。鱼的种类有很多，例如 *rohn*（类似于鲤鱼），还有 *hilsa*（非常多刺、非常多油脂而且非常受人喜爱），这种鱼能卖出龙虾的价钱，通常会与咖喱搭配食用——切成小片，这样可以增加肉质的延展度。芥末、芒果、姜和番茄是西孟加拉地区烹制咖喱鱼的典型配料。与南印度人常用来做咖喱的阿拉伯海鱼相比，这些河鱼有一种更为浓烈的“鱼味儿”，孟加拉人更喜欢咖喱做得清淡一些，更突出鱼的味道。阿尼鲁多解释说：“在孟加拉咖喱中，你可以在尝香料之前首先尝到鱼的美味，而在果阿，鱼味完全被辣椒、香料和椰汁盖住了。”孟加拉人甚至会用他们自己的方式切鱼——不是斩块儿，而是像切牛排一样，顺着骨头片下来。

美籍孟加拉裔作家许姆帕·拉西里（Jhumpa Lahiri）以其对于孟加拉移民及其第一代美国后裔的细腻描写而闻名，她将个人叙事与食物融合在

••••

① 出于宗教方面的原因，孟加拉在 1947 年被分成两半。西边是印度教的领地，属于印度；东边是伊斯兰教国家，成为巴基斯坦的一部分。1971 年，东边独立成为孟加拉国。

一起。生机勃勃的、微辣的咖喱鱼和芥末油烹制的蔬菜成为她笔下各个人物与印度之间的一种可靠联结，同时也是一种能够令印度的特质渗透进他们在美国的下一代的方式。在短篇小说《何时皮尔加达先生用餐》（*When Mr Pirzada Came To Dine*）中，拉西里写道："一连串的菜肴：扁豆和煎洋葱、绿豆和椰子、鱼和葡萄干用酸奶料汁烹制……"各种典型的地方食材和菜式混合在一起。不止如此，"一连串"的菜肴就像是按"道"上桌的——而不是像你在印度其他地方会看的那样一锅端上——暗示了欧洲的影响，即那些英国和法国统治者的影响。（香德纳戈尔 [Chandannagar] 是孟加拉的一个小地方，17 世纪以来由法国东印度公司治理。直到 1947 年孟加拉独立三年后，这里才被归还印度，后来于 1955 年建立西孟加拉后归入后者。）

番茄、柠檬、青柠、一些椰浆还有一点点辣椒，这就构成了典型的孟加拉咖喱底料，不过人们更喜欢用芥末油、花生油来煎炒这些食材，越来越多的人更喜欢葵花子油。酥油和黄油在孟加拉被看作昂贵的奢侈品，奶制品也远不如更北边的旁遮普那么盛行。三角洲地区缺少大片连续的区域，无法牧养奶牛以满足大规模生产酸奶、黄油和酥油的需要，牛是被养来犁地、种庄稼的。

米、蔬菜和小扁豆是孟加拉菜的最重要元素。秋葵、茄子、油菜花、南瓜、豆类、土豆和青香蕉也可以做成咖喱，微微炒一下，裹在一片香蕉叶子里蒸熟（这种做法在当地是十分普遍的技巧）或是用来烹制比尔亚尼的米饭菜。[①] 孟加拉人最著名的就是他们对于蔬菜边角料的创造性利用：削皮、剥皮、极富创造性地将它们用在咖喱菜和炖菜中——如果你喜欢的话，可以"从头吃到尾"地充分利用蔬菜。小扁豆，尤其是黑色的那种（名字叫 *kaali dal*）常常作为配菜，而且能够在你吃没什么汤的菜式（例如煎茄子或炖鱼）时，提供一种绝妙的"湿滑"口感。（除非你吃过这种黑

① 比尔亚尼米饭菜是一种"一锅炖"，来自莫卧儿菜系。米要加入香辛料并且炒过，咖喱也要同时做好。然后将米和咖喱间杂着一层一层铺在一起。

色的小扁豆，否则就不算吃过 *dal*，它能为菜肴加入一种绵滑口感以及烟熏风味。我特别喜欢用这个作为主菜，更不要说在鱼或者蔬菜之外再加点 *dal* 作配菜了）。

孟加拉食物味道比较柔和，有一点细腻的辛辣。当地（更宽泛地说，还包括印度东部）特有的混合香料是 *panch phoron*（或“五香粉”，见第217页），将葫芦巴籽、黑种草籽、孜然、小茴香籽、芥末籽混合使用。这种香料只要丢进咖喱或是撒在 *dal* 的上面就好，它的温和香气能够使得美味的咖喱与多种食材的形状、色彩融合成一个整体。整粒的芥末籽十分常用，例如 *kasundi*（孟加拉芥末酱，加了油、大蒜和香辛料），这种酱用来当作佐料或是给河鱼提味。

西孟加拉的饮茶风俗要追溯到英国统治时期。红茶首先是在 19 世纪中叶的北部大吉岭地区开始种植。到了世纪之交，茶园已经成了大生意。大吉岭红茶如今已获产品认证保护，类似于法国或欧洲其他地方的 AOC 农产品认证体系，而且它被称为“茶中香槟”，因为具有精致的葡萄风味，能够搭配任何食物并为之增添风味。

在加尔各答，面包店（例如 *Nahoum's*）令人们再度注意到不断萎缩的犹太亚文化。加尔各答的犹太社群被认为在源头上来自巴格达，自 18 世纪末开始出现在加尔各答，以色列建国后陆续前往以色列。但是 *Nahoum's* 这家位于加尔各答新市场（New Market）的面包店兼糖果店依然在出售各种美味的点心，例如腰果马卡龙和凤梨千层酥，这些点心配上一杯大吉岭红茶堪称完美。

如果你的食品橱跟我的差不多，那么烹饪印度北部的食物就需要比烹制南印度的食物多添置一些材料了，因为这种菜系的重点在于动物蛋白。在准备尝试下面这些菜谱之前（米拉的鸡块或者阿尼鲁多的 *rogan josh* 咖喱羊肉），买些酥油（在有亚洲人居住的地方，杂货店里很容易买到，或者也可以在比较好的超市里买到），还要买些好肉——然后再大胆尝试你家里有的香辛料，可以参考本书 217—219 页的配料表。个人化的香料混合意味着每个人在烹饪方面的创造各不相同，而现在正是你在厨房里练习创造力的好时机！

食材清单：香辛料（种类、数量均不限）以及混合香料（见第217—219页）• 小茴香籽 • 芥末籽 • 芥菜叶 • 大吉岭茶 • 酥油 • 奶油 • 酸奶 • *paneer* 印度奶酪 • 小扁豆（黑的和橙色的）• 柠檬 • 青柠 • 番茄 • 辣椒 • 馕 • 河鱼 • 羔羊肉

◆◆◆

• 黄瓜薄荷酱 •

Cucumber and Mint Raita

raita 是希腊蘸酱 *tzatziki* 的印度亲戚，这种作料可以在你吃一道又辣又烫的主菜时抚慰你的口腔。黄瓜的生脆与薄荷的清爽在热辣辣的嘴里增强了酸奶所带来的舒适。我没法想象如果没有 *raita*，要怎么吃 *rogan josh* 这样的辣咖喱。

• 4人份 •

黄瓜，1根大的，削皮切半

希腊酸奶或天然酸奶，500克

薄荷叶，20片，切碎

孜然粉，1/2茶匙

海盐和现磨黑胡椒

红辣椒粉（可选）

1 • 磨碎半根黄瓜，放在筛子里，在水槽上沥干多余水分。另一半粗粗切碎，尽量避免中间带籽的部分（切完后把籽丢掉，否则会让这道菜水分太多）。

2 • 现在就是简单将酸奶、薄荷和孜然一起放在一只碗里，加入黄瓜并调味。

3 • 放入冰箱冷藏，直到上桌时再撒一些红辣椒粉和一点鲜薄荷。

• 咖喱羊肉 •

Rogan Josh

rogan josh（字面意思是“热油”，一道经典的克什米尔羔羊菜，从莫卧儿人那里流传下来）的热量和鲜艳的红色有时候会让人想到激情。如果阿尼鲁多·阿罗拉的这个绝妙菜谱还不能满足你对辣椒和辣味的激情，可以试试在上桌前再加点切得极碎的红辣椒。（玛德许·杰弗利的版本也需要加入红辣椒和其他辣椒，以创造出一种不同的混合风味，或者说，甜辣味）。如果你和我一样，那你在吃这道菜的时候可能想要搭配大量的 *raita* 或者更多的酸奶，这样才能抵消咖喱的辣味。

• 4 人份 •

羔羊肉，1 千克，切块

菜油，60 毫升

带荚小豆蔻，6 只（最好是既有绿的也有黑的）

丁香，6 个整的

肉桂，1 根

月桂叶，1 片

洋葱，2 个，粗粗切碎

大蒜酱，1 汤匙

姜膏，1 汤匙

红辣椒粉，2 茶匙

姜黄，1/2 茶匙

香菜，磨粉，1 茶匙

番茄，4 个，中等大小，剥皮后快炒一下

天然酸奶，100 克

盐，根据口味决定

盛盘用

红辣椒，1 只，去籽后细细切碎（可选）

garam masala 混合香料，1 茶匙（见第 218 页）

香菜，小枝，不要太多，切碎

一些原味酸奶（也可以是 *raita*，见第 232 页）

1 • 羊肉用冷水冲洗干净，沥干水分后再用厨房纸巾拍干。

2 • 取一只大号煎锅，加热菜油。放入所有香辛料（小豆蔻、丁香、肉桂、月桂叶），然后中火烧几分钟，令香味充分融合。

3 • 往锅中放入洋葱，烧 5—7 分钟直到变金黄，然后加入羊肉，再开大火烧 4—5 分钟，直到烧透。加入姜膏和大蒜酱再烧 2 分钟，时不时搅拌一下。

4 • 加入 400 毫升水，慢火焖 30 分钟左右，如果需要还可以再加水。将剩下的香辛料拌匀，再烧 15 分钟。

5 • 加入快炒过的番茄，再加入酸奶，再烧 15 分钟，直到羊肉烧烂变软。

6 • 取走所有的香料，调味，上桌前再撒上红辣椒、*garam masala* 混合香料和香菜碎。

印度南部

阿亚门乃姆的5月真是燥热沉闷。日子潮湿而又漫长。河流干涸，黑色的母牛大口吞着树上的芒果，树却纹丝不动，一片灰绿色。红香蕉熟了，菠萝蜜熟得就要爆开来。放荡的青蝇在充满水果味的空气中空洞地嗡嗡着，飞来飞去。

• 阿兰达蒂·洛伊（Arundhati Roy），
《微物之神》（*The God of Small Things*）•

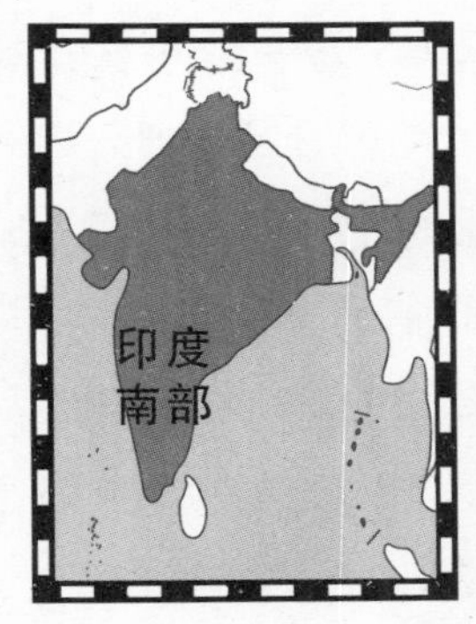

印度南部的喀拉拉邦沉滞而令人难以忍受的热度洇出了《微物之神》的书页。阿兰达蒂·洛伊的这部重要作品，其主要情节就设定在一个虚构的村庄阿亚门乃姆，在一个叙利亚基督徒社群中（这是古代的一个基督教传统，人称“喀拉拉的圣托马斯基督徒”）。洛伊探讨了后殖民时期喀拉拉邦的生活，那里的各个教派、根深蒂固的种姓制度、漫长的海岸线、炎热的气候以及片片死水——那是阿拉伯海沿岸的潟湖。你可以真实地听到青蝇围着熟过了的水果发出的嗡嗡声，你或许会觉得，当自己在读小说的时候，真的会有一只青蝇从书中飞出来。

印度南部包括四个主要的邦——喀拉拉、泰米尔纳德（Tamil Nadu）、卡纳塔克（Karnataka）和安德拉邦（Andhra Pradesh）——它们嵌入这个国家的三角地带，还有一点在果阿，451年葡萄牙的殖民统治将果阿与其他部分分离开来。葡萄牙殖民统治的历史影响之一就是文化和饮食的独特融合。印度南部各个菜系之间有很多相似之处，例如都看重椰汁和辣椒的使用，例如都会用*dosas*（用大米粉做的填馅儿煎饼）当作早餐。尽管每个邦的烹饪都有自己的特点，但这些相似之处还是反映出南部在族群和地理层面的独特融合，地域差异与北方相比没有那么分明（当然，必须承认，北部涵盖的地区也更为广阔）。

如果你受够了印度北部那重口味、油腻腻的咖喱——或者其实你受够了身边那些所谓咖喱屋的咖喱——那么印度南部的食物能够给你提供另一种风味，更为清淡也更加鲜爽。比如说，奶油和酸奶被椰浆代替，油油的唐杜里烤肉让位于柔软的鱼块，上面还撒点辣椒。烹制南印度菜肴的必备食材包括一系列香辛料，其中要有咖喱叶、葫芦巴籽、罐装椰浆、辣椒和新鲜香草，还要有漂亮的、油脂丰富的海鱼。（把你常去光顾的鱼贩电话加入"一键拨通"名单。好鱼就是这种菜肴所要求的唯一一项花费，其他的都是能负担得起的日常食品采购项目，而根据我的经验，鱼的质量可以成就一道菜，也可以毁了它。）

南印度菜肴是当地气候的产物，这种气候产生了气味浓郁的热带水果和极好的蔬菜，这也要求用盐和香辛料来妥善保存这些新鲜食物。椰子和很辣的 *Byadagi* 辣椒[①] 都很普遍，而且是当地饮食中的重要食材。椰子是喀拉拉最大的出口产品[②]，它的肉、油和浆都可以使用，尤其椰浆是令南印度著名的咖喱鱼得以和孟加拉的同名菜肴区分开来的重要因素。椰油通常都是油脂底料的精品，用了椰子油以后再加点酥油，一道菜就算"大功告成"。椰子肉则常用来制作甜点，与 *jaggery*（未经提纯的蔗糖）一同使用以增加甜味，或者晒干后刨成椰蓉，通常填入蔬菜中，或者加到用椰浆打底做成的咖喱中。

与北方相比，水果在开胃菜中所占的比重更大——可以作为咖喱的一种成分，也可以当作烹调或盛盘的用具。比如说，香蕉和芭蕉的叶子常常用来当作盘子，或是在做鱼之前用来当作容器将鱼包起。还有 *kokum*（印

① Byadagi 是卡纳塔克的一座小镇，出产深红色辣椒，大多数南印度食物都用它来调味。

② 印度超过九成的椰子都种植在南部各邦，其中喀拉拉一地就种植了超过半数的椰子。

度山竹），这种当地特有的水果看起来和番茄有点像，它可是南印度特有的酸辣调料。山竹的作用有点类似于酸角，为咖喱和木豆菜中加入酸爽口感（顺便一说，酸角也是很普遍的水果，见第247页）。此外，当地还有酸葫芦和酸瓜，都是这里的特产，而且也能用来做咖喱——可以单独食用，也可以搭配其他蔬菜或填上椰蓉一起吃。

红辣椒和青辣椒的浓烈辣味是多数南印度菜肴的典型特征，这种特质来自人们在面对炎热天气时保存食物的需要。历史上的必然规律塑造了现代人的口味，直到今天，辛辣食物似乎还是喀拉拉和南部其他诸邦饮食中最核心的部分。辣椒常与葫芦巴籽（同时具有坚果风味和芹菜的味道）、芳香咖喱叶（也被人叫作甜味的 *neem*）、芥末、姜、大蒜和黑胡椒一起调味。孜然在南印度菜肴中不如在北印度那么重要，不过用途也还是十分广泛的。伦敦著名的“肉桂俱乐部”（Cinnamon Club）餐厅执行主厨维瓦·辛（Vivek Singh）在他的著作《肉桂厨房》中解释说，香辛料在全印度都“很好料理”——意思是说，种子只要简单加入热油中，就可以释放并充分表达它们自身的风味——很适宜创造一种混合了种子与油的 *tadka*（有时候也叫 *chaunk*），然后在菜肴将要出锅、即将上桌的时候加入咖喱。南方的 *tadka* 更加细腻，包括葫芦巴籽、芥末籽、小扁豆和咖喱叶，而北方的 *tadka* 配料有限，主要就是孜然和大蒜。

有了这种保存食物的需要，酸辣酱和腌菜就非常流行，而且经常就着薄饼和咖喱一起吃。南印度特有的 *pachadi* 则是另一种佐料：将煮熟的蔬菜捣碎，加入分量不等的辣椒、香辛料、酸奶和花生油，与米饭或大饼（例如 *dosa* 和 *uttapam*）一起上桌。*dosa* 是南印度特有的食物，而且被认为是卡纳塔克的特色食品，它是一种脆脆的煎饼，用经过发酵的米粉、小扁豆、燕麦粉和粗面粉制成。*dosa* 可以作为一种清淡的小点心，填上咖喱土豆和洋葱（这叫作 *masala* 填料），或者也可以原味上桌，搭配酸辣酱和 *pachadi*。*uttapam* 和 *dosa* 有点像，不过更厚一些，有点像南印度披萨——空心的圆饼，上面有做成糊状的辣椒、洋葱和番茄。

南印度人吃饭离不开米，米经常用来做菜（不过这不是单方面的影响）。比如说，*mulligatawny*（咖喱肉汤）本来是一道泰米尔菜[①]，后来被英国殖民者加以改良，加入肉类如鸡肉或羔羊肉，还有米，以及咖喱味的肉汤。

因为有大量的印度教徒，印度南部地区依然有大量的人茹素，尽管由于文化实务方面的变化，很多印度教徒如今已经不那么严格地奉行饮食戒律了。素菜有像 *rasam*（小扁豆和酸角汤）、*sambar*（小扁豆和木豆[②]炖菜）这样的菜肴，也有就着 *dosa* 或 *uttapam* 一起吃的木豆饭，这些都是印度人最常吃的主食，不过在香辛料的调味方面有细微的差别，而这一差别标示着各邦的不同做法。不过，喀拉拉有印度境内规模最大的基督教社群，还有一个实质上的穆斯林社群，这使得鱼类和肉类的消费要比其他地区更为常见。鱼和海鲜是喀拉拉和果阿地方菜的根本，这里的鱼有鲨鱼、吞拿鱼、鲳鱼、沙丁鱼和鲭鱼。果阿的鱼或大虾咖喱（*humann*）是全世界印度餐厅菜单上的重头菜，而喀拉拉的 *moily* 咖喱也很受欢迎：通常就是一种简单的底料，配料有椰子、姜黄、洋葱、青辣椒、咖喱叶以及任何你想要烹制的鱼或海鲜。这道菜非常适合你在自家厨房里做一些改良发挥，我希望你在做下面这几道菜的时候都能这样做。

最后简单概括一下果阿菜：对于这样一个小邦来说（果阿面积不到 4000 平方千米），这里饮食文化的多元程度实在是超出你的想象。尽管果阿菜与喀拉拉以及印度南部其他地方菜之间有很多基本元素都是相同的，但是由于葡萄牙殖民者的统治，这里的烹饪引入了番茄和土豆等食材，还有热带水果，例如凤梨，还有坚果，例如巴西的腰果，等等，这都令果阿菜有了特殊的质感——从新世界到旧世界的兴盛。果阿甚至有自己的辣肉

••••

① 泰米尔族（Tamil）生活在南印度以及印度次大陆的南部地区，包括斯里兰卡和马来西亚。他们说自己的语言（泰米尔语），而且大多数人都是印度教徒。

② 木豆是一种亚热带和热带的绿色豆类作物，在南印度的素食饮食中非常重要，尤其常用于泰米尔菜。

肠，或者也叫 *chouriço*：猪肉（常常是用猪下水）、红辣椒、棕榈醋、姜黄和大蒜一起烹制出一种口感丰富的肉肠，和你以前吃过的那些香肠都不一样。人们经常吃果阿辣肉肠，而且是和当地的大饼搭在一起吃。

南印度食物在口味方面有一系列辛辣和明亮的绝妙变化，而且这个地方满是成熟的红香蕉和熟到胀开的菠萝蜜。来这里玩一圈吧。你在家就很容易实现。

食材清单：咖喱叶 • 椰子 • 辣椒（红的和青的）• 芥末 • 葫芦巴籽 • 酸角 • 黑胡椒 • 山竹 • 椰子油 • 酸辣酱和腌菜 • 上好的鲜鱼和海鲜

◆◆◆

• 椰子咖喱鱼 •
Coconut Fish Curry

米拉·索哈（Meera Sodha）为本书贡献了这个菜谱，称这道美味的咖喱鱼为"盘子上的喀拉拉"，因为它将椰子和鱼（这两种食材在喀拉拉简直到处都是）一起做成一道菜。任何一种紧实的白鱼肉都可以用来做这道菜，例如鳕鱼、青鳕或是扁鲨，不过米拉的最爱还是黑线鳕。

• 4 人份 •

姜，5 厘米大小一块，大致切碎

大蒜，4 瓣，大致切碎

青辣椒，1 只，去籽后切大块

椰子油（或者菜籽油），3 汤匙

白洋葱，2 个，中等大小，薄薄切片

熟番茄，2 个，大个儿的，四分切开

盐，1 茶匙半

姜黄，3/4 茶匙

红辣椒粉，1/2 茶匙

新鲜咖喱叶（干叶也可以），20 片（可选）

椰浆，300 毫升

黑线鳕（或其他肉质紧实的白鱼），4 块（每块 150—180 克），去皮

青柠，1 个，四分切开，上桌用（可选）

1 • 用臼将姜、大蒜和青辣椒捣碎，再加上一撮粗盐，直到混合物捣成浆。

2 • 取一只可以盛下所有食材的煎锅（你还得有个盖子），用中火将油烧热，放入洋葱，不时搅拌直至变成浅黄色。这要用 5—10 分钟。加入姜、大蒜和辣椒的混合物，再烧 2—3 分钟。然后放入番茄、盐、姜黄、红辣椒粉和咖喱叶，如果你要用这些调料的话。盖上锅盖，再焖 2—3 分钟。

3 • 继续焖烧的同时，将椰浆与 100 毫升水混合并倒入锅中。当椰浆开始冒泡时加入鱼块，盖上盖子，再焖将近 5 分钟，也可以焖到鱼肉熟透为止。和米饭一起上桌，加一点青柠汁。

• 炉烤鸡肉块搭配薄荷酸辣酱 •

Oven Roasted Chicken Tikka with Mint Chutney

chicken tikka（鸡肉块）是餐馆中最流行的印度菜之一，也是印度北部唐杜里烤肉的一道经典菜，通常作为头盘。我们熟知的 *chicken tikka* 颜色很浅，是近乎发光的粉红色，但是米拉·索哈的这道私房菜却完全不同。它的颜色没那么亮，而且风味极为浓郁（尤其是和薄荷酸辣酱一起吃）。米拉的 *chicken tikka* 说明，尽管看起来没那么醒目，但是和其他布丁（或头盘）相比，愈发能显示这道菜的魅力。

• 4—6 人份（作为头盘或者主菜时也可以分着吃）•

鸡腿，600 克，去骨去皮

姜，1 块，4 厘米左右，大致切一下

大蒜，4 瓣，大致切碎

青辣椒，1 只，去籽后大致切碎

天然酸奶，130 毫升

盐，1 茶匙多一点，根据口味决定

辣椒粉，1/2 茶匙（辣度根据个人口味选择）

姜黄，1/2 茶匙

孜然籽，3/4 茶匙，碾碎

甜辣椒，1 茶匙

garam masala 混合香料，1/3 茶匙（做法见第 218 页）

粗糖，3/4 茶匙

菜叶沙拉，上桌用

制作薄荷酸辣酱

青辣椒，半只，去籽后细细切碎

柠檬，半个，挤汁

薄荷叶，10 克，细细切碎

希腊酸奶，2 汤匙

粗糖，2 茶匙

1 • 仔细挑选鸡腿，去掉多余的油脂，切成约 3 厘米 x 2 厘米的小块，然后放入一只大碗，放在一边待用。

2 • 姜、大蒜和青辣椒再加一撮粗海盐，用臼捣成酱。把酱加入鸡肉中，再加入酸奶、盐、香辛料和糖，拌匀后盖好。放置至少 5 分钟，最多数小时（时间越长越好）。

3 • 预热烤炉至 200℃ /180℃（风扇烤箱）/6 档位（燃气烤箱）。

4 • 排好两只烤盘，都抹上一层薄薄的油。将鸡肉分别摆在两只盘子中，这样就不会太挤，如果有酱汁没用完，可以留着。烤大约 20 分钟，中间翻一次面以保证受热均匀。

5 • 与此同时，将制作薄荷酸辣酱的所有食材用搅拌器打碎拌匀直至口感绵滑。

6 • 上桌时在鸡肉块下面铺上沙拉菜叶，淋上一些薄荷酸辣酱。

• 香蕉薄饼搭配椰子和棕榈糖 •
Banana Pancakes with Coconut and Jaggery

喀拉拉这片肥沃的土地盛产椰子和香蕉。米拉的菜谱介绍的就是这种让人流口水的当地甜点，用甜如蜜的香蕉和烤椰子制成，这道菜受到她的喀拉拉朋友库玛利（Kumari）烹制的菜肴启发而成。在米拉的著作《印度制造》中，她描绘出一幅画面，是她们坐在库玛利家的芒果树下吃着香蕉薄饼，旁边就是奶牛。所以，当你在吃这道点心的时候，不妨想象这个画面，仿佛你在热带地区旅行。棕榈糖是印度的一种糖，用棕榈树的汁液制成，口感有点像软糖。如果你找不到棕榈糖，也可以用红糖代替。

• 4 人份（8 只薄饼）•

制作薄饼面糊

普通面粉，150 克

肉桂粉，1/2 茶匙

盐，少许

鸡蛋，2 个，中等大小

半脱脂牛奶，225 毫升

黄油（用来煎薄饼）

制作填料

棕榈糖，100 克（或浅褐色砂糖 75 克）

香蕉，3 根，切成 2 厘米厚的圆片

小豆蔻粉，1/2 茶匙（或者 2 只小豆蔻荚，磨成很细的粉）

脱水椰子，80 克

1 • 将面粉、肉桂粉和盐筛过，放入一只碗中，在中间弄一个小坑，打入鸡蛋。用一只叉子或打蛋器搅拌，同时缓缓将牛奶倒入面粉中，边倒边搅拌，直到你倒完所有牛奶并做出一块绵滑的面糊，中间不夹杂面块。放在一旁备用。

2 • 做填料之前，将棕榈糖取出并碾成碎块，可以用臼，也可以用擀面杖。将棕榈糖放入一只炖锅，确保摊成一层然后小火加热 15 分钟左右。不要搅拌，但是要仔细盯着，直到融化、熬成一种可爱的金棕色糖浆——确保它不会粘在一起。拌入香蕉片和小豆蔻——糖浆会溅出和冒泡，香蕉也会流出一些液体，不时搅拌，再熬 2—3 分钟。从火上取下，再拌入椰子。

3 • 要做薄饼的时候，用一张厨房纸巾将黄油在不粘锅的内部擦一遍，然后将锅均匀加热。用一柄小的长柄勺将面糊放入锅中（3—4 勺差不多就够了），然后快速搅拌，令面糊覆盖整个锅底。加热约 30 秒，直到面糊中心凝固，周围变松散。加入八分之一的香蕉糖浆，小心地将它加入薄饼里面，匀开抹上一半的薄饼。将薄饼的另一半叠起，盖住糖浆，用铲子压实边缘封紧。每面加热 15 秒，直到烤好变成金黄色。

4 • 将填了香蕉糖浆的煎饼移入盘中，上桌时加上厚厚一团法式鲜奶油。吃完可以再加！

– 泰国 –

泰国料理与西方菜肴截然相反，它们以一种优雅的方式将两三种调料混合起来，将必不可少的味道精粹而成独特的口味。泰国菜在每一道菜肴中都充分调动食材的本味，打造出诱人的风味。

• 大卫·汤普森（David Thompson），
《泰国美食》（*Thai Food*）•

我们第一次去祖父退休的泰国度假胜地——芭堤雅海滩看望他的时候，他用拳头重重地捶着餐厅的桌子，用泰国话大喊了些什么，我们这些英国人听着像是："你这头母牛，母牛！"（you cow, you cow!）恭顺的泰国女服务员笑得有点紧张，不过看起来并没有被这个粗鲁的英国佬儿惹恼。祖父接着略带嘲讽地跟我们解释，他说的其实是"hiu kao"，泰国话的意思是"我饿了"，按字面意思翻译过来就是"我要米"。看到自己的客人被吓到、把他的饥饿误解成粗鲁，祖父还觉得挺好笑。（不过说句公道话，他本来就很嚣张，所以把女服务员称为"母牛"发生在他身上毫不令人意外。回到英国以后，每次我们去意大利餐厅吃饭，他管每一位服务员都叫"帕斯夸尔"[①]，这让我们很丢脸。）我祖父的这件事情第一次让我了解到，米在泰国人的饮食当中占据着多么重要的位置。[②]

••••

① 原文为 Pasquale，是意大利女孩的常用名之一。——编注

② 大卫·汤普森在《泰国美食》中写过，泰国人日常打招呼会说："gin kao ruu yang?" 意思跟英语中的"今天怎么样？"（How are you doing?）差不多，不过按字面翻译过来就是："吃米饭了吗？"（其实跟中国人打招呼时说"吃（饭）了吗？"一样，只不过这里作者强调米在泰国菜中的重要性——译注）

一盘子或一篮子煮熟的白米饭就是泰国人一餐的中心。虽然不同地区的泰国菜也有极大的差别，但是米在整个国家都占据着不可动摇的核心地位。北部地区主要是糯米[①]，泰国中部的平原地区（大片稻田被称为“全国的饭碗”）[②]大量出产这种米，而南方则盛产普通大米和香米[③]，米饭是泰国人餐桌上无可争议的主角。《东南亚饮食》(*South East Asian Food*)一书(1969年出版的时候就被伊丽莎白·戴维推崇为“严肃厨师必备”、直到今天还在重印）的作者罗斯玛丽·布里森登（Rosemary Brissenden）写到，其他所有的菜肴——无论是肉、鱼还是咖喱——都被称为“配菜”，从这个角度再次“宣告了米的主导地位”。当堆得老高的白米饭被送上餐桌，你可以舀上一大勺，搭配别的配菜一起吃。就像在很多国家一样，在泰国，北欧文化中那种去餐厅只为自己点上一份菜的进餐方式是与日常生活方式相冲突的。米饭及其配菜是要大家一起享用的。

早在我的孩提时代，泰国就在我生命中占据着很大一部分。祖父退休之前就经常去那里度假，而柠檬草和椰子的香气多少总是带着种种回忆，飘荡在他位于诺福克的家中。自打我记事起，远东对于祖父那颇为“英国中心”的头脑来说就是一个延伸，“牛津、诺福克、芭堤雅”对他来说就像很多人心目中的“纽约、巴黎、伦敦”一样。在20世纪90年代末期，他退休并移居泰国海湾，搬到他心爱的芭堤雅居住，余生的大部分时光都在阳光下读着英文报纸，享受着泰国海边美味的海鲜。芭堤雅是美国大兵在越南前线服役期间短期休假的地方，泰国一切有名的事物在这里都被放大到极致——无论是好的、坏的还是丑陋的。最有名的或许是泰国那“挤

••••

① 黏米 / 糯米（sticky/glutinous）在亚洲是广泛种植的作物，这种不透明的谷物在烹制过程中会粘在一起。通常在做之前要浸泡数小时，然后放在竹子上蒸半小时左右即可。黏米是泰国中部和北部的主要谷物，此外在老挝也是主要的食材，人们几乎餐餐都要吃黏米饭。

② 泰国的稻田主要位于中部的冲积平原，五条河流在湄南河盆地交汇。农业上的发展潜力意味着这个地区有大量的居住人口而且是全国的经济中心，因此菜系也比较丰富多样。花生、玉米和芋头在这里都有种植。

③ 虽说做米饭最流行也最普遍的方式是蒸，不过传统的泰国蒸饭技术是用陶罐在很小很小的火上（比余烬热不了多少）慢慢焖熟。

满闲散游客的海滨脱衣舞俱乐部”（布里森登语），但是和很多海滨旅游城市一样（最先想到的是墨西哥的坎昆 [Cancun]），它之所以如此有名，还是因为那里迷人的自然风光以及吸引人的文化——美食当然是其中很重要的一部分。我们一家在泰国度过的时光总伴随着各种鲜明的味道，至今它还在我的回忆中挥之不去——海滩上享用的蛋炒饭、芒果和糯米早餐；落日余晖下或兴奋的夜晚点缀着辣椒、酸角和椰子的味道。当然，更多的是米饭。

在泰国，你可以找到很多不同的菜肴，不过海湾菜可是泰国在世界上最有名的菜式——比如说，我们更熟悉的是椰子咖喱，其中有酸味的酸角、青柠和超甜的棕榈糖混合而成的平衡口感，而不是味道更强烈的北方菜。这只是一部分传播到海外的菜式和食材，同时也只是部分地构成了大多数旅行者想要探寻的胜地。这就是充满了满月派对、水肺潜水、桶装的强劲鸡尾酒、鱼肉大餐和辣椒的泰国。

与马来西亚、印度尼西亚、印度果阿及喀拉拉等其他南亚和东南亚的海边菜系一样，在泰国海湾菜的各种美食中，椰浆、辣椒和姜黄是非常普遍的食材。这些食材经常与鱼类和海鲜搭配，而后者往往令那些更主流的肉类相形见绌。鱼类在信奉佛教的泰国尤其重要，因为屠杀大型的四蹄哺乳动物在传统上是一种禁忌，现在也不是很能为人接受。比如，尽管在泰国已经有更多的人接受食用猪肉，但泰国人还是经常请中国的屠夫来杀猪。

就像大部分东南亚国家一样，泰国菜也深受中国影响。这一点在曼谷尤为明显（因为 20 世纪初有大量移民涌入），煎炒烹炸是饮食中不可缺少的部分，这种影响也传到了海边地区。蛋炒饭、糖醋鱼（我记得最清楚，浓浓的红色酱汁还点缀着凤梨）、米粉（在华人市场可以买到新鲜的米粉）以及 *kaeng jut*（一种比较清淡爽口的汤），所有这些都来自中国的影响。大卫·汤普森在《泰国美食》中认为，“泰国菜最大的天分就在于能够融合陌生的元素”，并以泰国人“在一个世纪之内”就将辣椒纳入本地菜系为例（他还对比了欧洲人对番茄的抵制，番茄经过两百多年才被西班牙和意大利的饮食规则所接受）。

我已经数次提到酸角这种食材，而它对泰国人而言是最重要的食材之一。它的果实可以做一种暗棕色的酱。除了味道极酸之外，它的那种水果般的口感不知怎么会让我想起：如果椰枣被捣成酱的话，大概也是这个口感。并非巧合，它的名字在阿拉伯语意为“印度椰枣”——这个名字有点反讽，因为它其实是非洲热带地区的特产。不过，如今酸角在墨西哥菜中越来越常见（可以榨汁饮用，新鲜果实可以食用，也可以渍成糖果子），在东南亚例如泰国和越南的菜肴中也是一样。青柠是泰国菜中另一种关键的酸味食材，而且，考虑到鱼肉的主导地位，青柠尤其适合与当地的各种食材搭配。虽然青柠如今在欧洲也十分常见，但我还是觉得它颇有一些异国风味。它们的柑橘香调比柠檬那种直接而强烈的酸味更为微妙，有一点点甜，而且与酸味混合在一起更为迷人。

青柠和酸角可以和棕榈糖很好地平衡，将后者的甜味与酸味结合在一起。不多几粒糖就可以提供非常独特的甜味，并且向我们展示食材间微妙的差异如何在不同的菜肴中创造出极为不同的结果。棕榈糖从棕榈树提取而成，树的汁液要熬煮多次，其中丰富的味道令我想起榛子和咖啡。将青柠和酸角这两种酸到令人生畏的食物结合在一起，它们能为疲惫和饥饿的人注入能量也就不足为奇了。

辣椒、大蒜、柠檬草和香菜都是泰国菜里重要而又富有生气的食材——它们带来了不同层次的风味和口感，无论是精致细腻还是强烈浓郁，在很多菜肴例如红咖喱和绿咖喱中都是这样。有趣的是，尽管我们经常认为红辣椒比青辣椒有更强烈的辣味，但这其实是一个常见的误解。泰式绿咖喱有几次把我辣坏了——你要是犹豫的话，就直接用不那么辣的红咖喱吧。香菜是极其常见的配菜，可用在数不清的菜肴里，而泰国罗勒的叶子比欧洲罗勒的叶子更甜，还有一股很浓的甘草味道，泰国人也经常将它加到咖喱和汤里。

姜类在泰国南部那些具有“斋饭”性质的菜肴中具有重要地位。（“斋饭”这个说法是我多年来从奈吉拉·劳森 [Nigella Lawson] 那里借用的。[①] 她用这个词组来描述那些健康烹制的饮食。我会证明说，多数泰国菜都可以划入这个类型；这个国家拥有大量辉煌的佛教庙宇，而这一点令这个说法格外地生动妥帖。）姜根、高良姜（比我们熟悉的生姜更为浓烈的东南亚姜类）以及姜黄都在各种菜肴中充分释放着它们的香气与色彩。姜黄的加入尤其有趣，因为它在印度菜中非常流行，为很多菜式例如木豆饭增加了橘色的暖调——它其实是更典型的南亚菜，而不是东南亚菜。

泰国菜里的鲜味来自鱼露（*nam pla*）和虾酱（*kapi*）。这两种酱在大部分菜肴中都是关键的食材，而且也单独作为佐料使用。在你的橱柜里备上一瓶鱼露格外有用——它是一种鲜味的浓缩，出现在如此众多的亚洲菜肴中。加一点点到你的泰式炒粉（*pad Thai*）或是面汤里，它就会令你的创意提升一个台阶，将你从自家的厨房带到令人陶醉的暹罗热力之中。

泰国的鱼露类似于罗马的 garum（鱼酱）或日本的 *dashi*（出汁）：将经过发酵的凤尾鱼与糖、盐混合在一起。作为一种调料，它甚至比酱油还重要，后者是从中国传入的，味道没有那么复杂的变化。鱼露这种食材用起来要特别小心——太少会湮没于其他食材，太多则会毁了整道菜。泰国人在咖喱、汤和所有酱料中都加入鱼露，不过也会拿它和大蒜、辣椒一起作为蘸酱食用。

鱼露是直接加入咖喱中的，相比之下，虾酱则是咖喱酱的重要成分。虾要先用盐腌过，在太阳下晒干，然后碾成酱，虾酱的咸淡和色彩可以有很大变化（从浅褐色到巧克力色都有），再加上大蒜、葱和高良姜，这样口感就会更湿滑，更能粘合咖喱酱中的各种元素——其他元素还有干辣椒、孜然、胡椒粒等香辛料。

为了将咖喱中的油分减至最少，泰国人往锅中放入鱼、香辛料和椰浆

••••

① 我非常喜欢奈吉拉的“斋饭”概念，不过我也同样喜欢安东尼·伯尔顿（Anthony Bourdain）在《厨房机密》（*Kitchen Confidential*）中提出的理论，即：“你的身体不是一座庙宇，而是一座充满趣味的乐园。尽情享受吧！”总之，对你的身体怀有敬意，并通过美食探险来保持一种平衡。这样将两者结合起来会令你真正感到充满活力。

后就会立刻加入咖喱酱（而不是像印度尼西亚人和马来西亚人那样先用油煎一下酱）。这就意味着虾酱是用其他食材析出的油脂来烹制的，这样就将油分降到了最低，而不必接受烹制过程中其他食材析出的油脂。

椰浆在南亚和东南亚都被用来烹制咖喱菜，但是在我心目中这种食材始终是泰国的特产。就我个人的口味来说，椰浆是理想的背景，可以在上面展示一系列复杂的泰式风味。（任何时候给我一道咖喱鱼，加入柠檬草、酸角、青柠和鱼露，我总会说它是泰国菜而不是果阿菜。）

我在这一章为你们精选了几个基本的泰国菜谱。也就是说，我决定放弃一些我最爱的食物，因为在本书其他章节中，我已经提供了类似菜肴的食谱。我也略去了典型的泰国菜，例如冬阴功汤（*tom yum* soup），因为你在这本书中会找到很多同样美味的亚洲汤菜（例如日本的乌冬汤面 [见第 290 页]、越南河粉 [见第 255 页]）。我还删掉了泰式炒粉，仅仅是因为这道菜在西方受欢迎的程度已经令人难以置信，有如此众多的烹饪书都给出了很棒的菜谱。相反，我给你们提供的是一些比较有用的基本菜谱，包括一种很好做的家庭手工咖喱酱以及一道咖喱菜，它总是会令我想起和我祖父一起在芭堤雅度过的海滩假日。最后还有我妈妈的菜谱“泰式猪肉碎”，在我们一家人的心中，这是主题食物。

泰国人在举杯祝酒的时候会说 *chok dee*（意思是“祝你好运”）。作为一个总是要吸引别人注意力的人，我的祖父总会加一个脏字儿表示强调。作为本章最后的礼物，我恐怕自己也要这么做了——

祝所有人—— *Chok effing dee*！

食材清单：酸角 • 青柠 • 鱼露 • 虾酱 • 椰浆 • 姜 • 高良姜 • 姜黄 • 辣椒 • 棕榈糖 • 香菜 • 柠檬草 • 泰国罗勒 • 薄荷 • 泰国柠檬叶 • 新鲜的鱼类和海鲜

◆◆◆

• 泰式蔬菜咖喱 •

Thai Vegetable Curry

以前那些指导我做咖喱酱的菜谱总是令我敬而远之。作为一个学徒，我用罐装咖喱酱（当然是非常好的咖喱酱）来做泰式咖喱菜以及冬阴功汤。但是自家手做的实在是地道太多了。如果你有一套上好的臼和杵，那你可以很快地做出自己的咖喱酱，而且我坚定地认为，你不可能将一道不是你全手工制作的菜肴称为“你的菜”……不好意思。下面是我的蔬菜咖喱菜谱。它可以作为底料，如果你想要加一些更复杂的食材例如鸡肉、对虾、豆腐等，也可以。我个人喜欢纯素的蔬菜咖喱，但是只要你愿意，你完全可以将它仅仅当作荤咖喱的底料使用。如果你实在很难找到酸角酱，那就多加一点青柠的皮和汁。虽然它们的味道并不相同，但是青柠也可以为这道菜提供更多、更强烈的酸味。

• 4 人份 •

制作咖喱酱

孜然籽，1/2 茶匙

香菜籽，1/2 茶匙

黑胡椒籽，1/2 茶匙

干辣椒，2 只，用热水泡大概 10 分钟

干辣椒碎，1/2 茶匙

柠檬草，1 棵，外面的叶子去掉，切成大段（罐装的柠檬草则取 1—2 茶匙）

大蒜，3 大瓣，大致切碎

姜，1 片，2—3 厘米，大致切碎

虾酱，1/2 茶匙

制作咖喱菜

椰子酱，1 袋 50 克

椰浆，1 罐 400 毫升

水，200 毫升

鱼露，2 汤匙

棕榈糖，2 茶匙

酸角酱，3 汤匙

胡瓜，1 个，大个儿的，纵向切成条状

甜椒，2 只（我用 1 只橙色的、1 只红色的），纵向切成薄片

玉米笋，10 只

甜豆，100 克

口蘑，8 只，切片

青柠，1 个，取皮和汁（根据口味决定）

酱油，根据口味决定

香菜，几小枝，不要太多，切碎，盛盘时使用

1 • 取一只煎锅，将孜然粒和香菜籽烤至褐色并发出香味，然后用臼和其他做咖喱酱的食材一起磨碎，放在一旁待用。

2 • 将椰子酱放入一只大号煎锅，小火让它慢慢融化。加入咖喱酱，搅拌并让混合物再烹烧 1 分钟。开大火，加入椰浆、水、鱼露、棕榈糖和酸角酱。煮至沸腾，搅拌后再焖烧 10 分钟。

3 • 加入蔬菜，关小火并盖上锅盖。时不时尝一下蔬菜看看是否已经熟透——应该需要 10—15 分钟，取决于你想要蔬菜有多脆。拌入青柠皮，在加入酱油和青柠汁之前先尝一下，估计一下大概要多咸、多酸。上桌时和蒸熟的米饭一起（香米就很好），然后再多撒一些香菜碎。

• 泰式猪肉碎 •

Mum's Thai Pork Mince

自打我记事开始，母亲就在做这道菜了。它的味道是如此复杂，以至于我一度相信我妈是唯一会做这道菜的人……我错了（不好意思啊老妈）。这道菜超级简单。只需要存一些东南亚的主要食材（所有大超市里都能买到，例如米酒醋、鱼露和柠檬草），然后你就可以开始动手做了。你甚至还可以把新鲜大蒜、辣椒、姜和柠檬草都换成瓶装酱料，这样就可以做一顿地道的“橱柜存货大餐”。上桌时搭配煮熟的米饭，这顿并不复杂，但是有些不同的星期三晚餐就能令你直通暹罗了。

• 2 人份（作为主菜）/4 人份（分食）•

菜油或葵花子油，3 汤匙

姜，1 片，3 厘米，细细切碎

大蒜，2—3 瓣，要切成极细的蒜末

青辣椒，1 只，去皮切块

柠檬草，1 棵，去掉外面的叶子，细细切碎（罐装的话则取 1—2 茶匙）

棕榈糖，2 茶匙

上好的猪肉馅，500 克

青柠，2 个，挤汁

鱼露，1 汤匙

米酒醋，1 汤匙

酱油，3 汤匙

水，50—100 毫升

盛盘用

青葱，1 棵，切碎

香菜，几小枝，不要太多，切碎

干辣椒碎，1 大撮

1 • 取一只大号煎锅，将油烧热并煎炒生姜、大蒜、青辣椒和柠檬草 2—3 分钟，注意不要炒糊。再炒 3—5 分钟，搅拌并将肉馅打散，这样它可以全部变成褐色。

2 • 加入所有的液体（柠檬汁、鱼露、米酒醋、酱油和水），焖烧 5—6 分钟直到猪肉熟透。注意：我喜欢用 100 毫升水，因为它会产生大量的液体，这样搭配米饭很好吃，也可以在将猪肉取出之后用勺子单独舀一些到一个碗中，上桌后搭着吃。这样会超级美味，不过如果你要是盛盘上桌的话，汁水未免太多了。所以要根据情况决定。

3 • 撒上青葱、香菜和辣椒碎，然后和煮熟的米饭一起上桌。

– 越南 –

他们说，无论你在找什么，在这里都能找到。他们说，你来到越南，你在短短几分钟之内就明白了很多很多，而剩下的就是活着。气味：第一个击中你的东西，用所有的一切来换你的灵魂。还有热。你的衬衫直接就变成一块破布。你很难记得住自己的名字，也记不住是在逃离什么。

• 格雷厄姆·格林（Graham Greene），
《安静的美国人》（*The Quiet American*） •

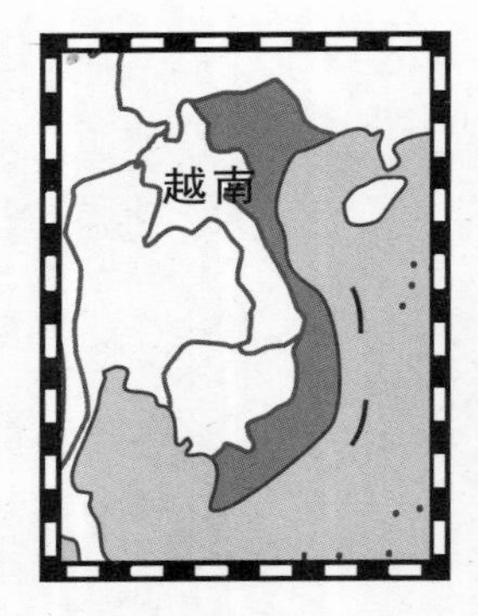

格雷厄姆·格林对越南、对令越南与英伦土地如此不同之特质的生动描述是诉诸感官且是诉诸多重感官的。一切所感、所闻、所见——“色彩、味道甚至那里的雨”——他如此爱这个懒洋洋地盘踞在中南半岛上的小国家，而他对这种爱的解释则在一阵感官的骚动中打动了读者。或许，格林的种种感觉如此密不可分并非偶然？越南文化（以及更为重要的越南饮食）毕竟建立在几组五重本质之上，而它们彼此之间要保持平衡：五种元素、五种色彩、五种营养、五种器官以及（当然！）五种感觉。①

我们将会在中国和日本看到某些特质，而上面这些当然就是这些特质的回响。又一次，我们说，这不是偶然。罗斯玛丽·布里森登注意到，越南菜“最为紧密地接近于中国菜，又加上了某些法国菜的影响——除此之外，它比中国菜更少油、更多糖而且更多地使用未经烹制的新鲜香草和蔬菜”。越南或许在地理上与邻国泰国、柬埔寨、老挝更近，但是数次殖民

••••

① 这几组“五行”之间互相呼应，例如，味道与元素相对应：辣（金）、酸（木）、苦（火）、咸（水）和甜（土）。色彩也是一样，我们在日本菜里也会看到同样的：红、绿、黄、白和黑。

统治所带来的文化影响是巨大的。简单说来，中国统治越南1000年左右，在这段时间里中国人将其根脉扩展至越南文化的自觉意识当中。[①]接下来是法国。然后在20世纪中叶、冷战期间，这个国家成为几种政治意识形态争夺的战场。

越南长期以来一直是暴力和易主的中心，经过时间的累积，这有助于形成一种既充满活力又资源丰富的文化。几个世纪以来（部分地出于必然），越南菜发展出一种健康而微妙的菜系，在今天风靡世界。

总的来说，越南食物新鲜、好做而且不贵。它推崇食材的本味，而不是用酱汁将其加以遮掩。食物常常生食，或者只用最简单的方法稍加料理，例如*pho*（河粉，一种清淡又十分健康的汤面条）。越南河粉与英伦外卖菜馆里便宜重口的中国菜之间的差别不能再大了，不过伦敦的越南社区仅仅集中在肖迪奇区（Shoreditch）的金士兰路（Kinsland Road），历史上这里是烹制和售卖中国菜的，为了满足英国人对于多淀粉、多味精的菜肴例如*chop suey*（炒杂碎）的需求。只是到了相对晚近的时候，情况才有所转变，人们对“越南食物”的性质也才有了不同的认识。

在大多数情况下，越南人会用水和高汤来烹烧食材，而不是用油或脂肪，这种方式能够让每种食材的香味得以保存，形成健康美味的佳肴。河粉在这方面再典型不过了，清澈香甜的高汤用肉桂、八角和姜调味，这些香辛料要先烤过再用滤茶器加入汤粉中。混合之后的汤粉接下来要煲24小时。这部分工作肯定不省时间，不过只要你提前一天把汤熬好，上桌前几小时再加肉煮，那么最后的成品出锅就很快了。你可以将米粉（人称*banh pho*[越南河粉]）煮约30秒，然后在上桌前再简单丢一些豆

••••

① 越南一直被定为汉文化圈的一个部分，即接受中国文化影响的地域之一，而且普遍认为遵循儒家的道德准则。用罗斯玛丽·布里森登的话来说，“中国的统治在越南的文化和机构上烙下了无法抹去的儒家印迹，至少在更高的层面上来说是这样，越南如今依然是东南亚各国当中唯一一个在艺术、文化和宗教领域没有被‘印度化’的国家”。

芽进去，再放些香草如香菜、甜罗勒或者青柠之类的就可以了。最重要的是，汤里不加油脂，你可能在汤表面看到小滴的油，那可能是肉本身析出的油分。

河粉最初产生在更北边的河内，这是越南的首都，通常也被认为是越南的街边小吃之都。不过，1954 年越南分裂后，有上百万人逃离北方，河粉在南部地区迅速地流行起来。这里还有一个关于 *pho* 这个词历史上来自中国还是法国的词源学争论。无论它是来自广东话里表示“牛肉粉”的 *luc pho*，还是受到法语 *pot au feu*（蔬菜牛肉汤）的启发，*pho* 的历史大概只能追溯到 100 年前，而在越南发生一系列重大变化的这段时间里，河粉在越南和海外迅速成为美食界的主流。

bún riêu（蟹面汤）和 *bánh cuon*（春卷）是另外两道著名的越南菜，也来自北方。蟹面汤是另一种汤粉，其中有辣蟹粉和米粉漂浮在番茄高汤里，汤中还有很丰富的内容，例如经过发酵的虾酱、酸角和青葱。*bánh cuon* 则是用发酵后的米糊制成，看起来就像孩子喜欢的点心，也叫春卷：比较长的卷饺子，内馅儿有猪肉、蘑菇和大葱，一天中的任何时候都可以蘸着鱼肉打底的酱汁食用。北越菜一般来说更适合在家自己做——河内的餐厅比胡志明市的更少，在胡志明市，你会更强烈地感受到中国的影响。这些美味的北越街边小吃最终在全球风行，其开端正是 20 世纪中叶人们从北方去往南方的那场迁徙。

在 19 世纪中叶法国人到达越南之前，越南人并没有大块食用牛肉的习惯。欧洲人在越南历史上的介入丰富了当地的菜式，由法国（至今依然是世界美食之都）带来的食材和食谱今日更是成为很多越南特色菜不可缺少的部分。我们已经看到的牛肉河粉就是一例，还有 *bo luc lac*（筛子牛肉），有此名称是因为牛外脊在炒锅中颠熟的时候要做快速的摇动。而 *bo luc lac* 的简单易做是出了名的，它可以作为一道热沙拉与生菜、荷兰芥、洋葱一起盛盘，牛肉则要在最有越南特色的风味卤汁（配料包括鱼露、酱油、青柠、辣椒、泰国罗勒以及大蒜）中卤过。尽管像薄荷、泰国罗勒和香菜这样的香草长期以来都在越南菜里出现，但是生吃它们（以及其他绿叶菜）还是比较晚近的现象，这反映出欧洲的影响。当法国在1858年入侵越南时，为当地的香草种类又增添了莳萝和荷兰芥，越南人当时仿效中国传统，是要将香草一同入菜烹煮的。

继牛肉之后，法国对越南菜最大的贡献或许要算法棍面包了。越南人用自己的传统方式改造了这款经典的法式面包，使之较欧洲原版颜色更浅，内部则有更为疏松的孔洞。由于越式法棍的外皮更粗糙、内部更松软，因此对于盛装三明治的夹料来说就十分完美，而越南人就用这款面包来做三明治。*Banh mi*（越南语"面包"的意思）是一种能令越南人回忆往昔的吃食，融合了殖民者原创的面包和被殖民者原创的填馅儿。沙拉、腌黄瓜、白萝卜、香菜、辣椒酱以及丘比蛋黄酱[①]再加上猪肉、鸡肉、鸡蛋或豆腐，这就是融合菜式中最为成功的案例之一。

Banh mi 三明治是了解越南美食的最佳起点。它既能令你品味酸脆的口感，也能领略美食的历史。试着买一点颜色较浅的法棍、新鲜香草、丘比蛋黄酱以及腌肉或腌鱼，如果你还想再大胆尝试一下的话（而且时间充裕！），还可以按照下面这个食谱做一道河粉，这个菜谱是由裴孝钟（Hieu Trung Bui）贡献的，他是凯啜（Cây Tre）餐厅（总部设在伦敦的越南餐厅）以及金士兰路上烤味（Viet Grillsa）餐厅的老板。所有这些菜肴的风味、感觉和气味都会诱惑你——不过别担心。我相信你不必像格雷厄姆·格林说的那样"用所有的一切来换你的灵魂"，毕竟，你是在自家的厨房里。

①丘比蛋黄酱是经日本人改造的一种蛋黄酱，其中加了米醋，如今这款酱已经推广至整个东南亚。

食材清单：香菜 • 薄荷 • 泰国罗勒 • 八角 • 红辣椒 • 莳萝 • 青柠 • 鱼露 • 姜 • 酱油 • 荷兰芥 • 青葱 • 豆芽 • 生菜 • 白萝卜 • 丘比蛋黄酱 • 米粉 • 牛腩

◆◆◆

• 青木瓜沙拉 •

Green Papaya Salad

这道菜有一点像是越南式的卷心菜沙拉，主要配料有切碎的胡萝卜和没熟透的木瓜，再拌上辣椒和鲜味浇汁。这道菜的各种味道形成了平衡的口感，公认地要比西方的凉拌卷心菜更为精致可口。不过我有时候也用做凉拌卷心菜的方式来做这道菜：找一个温暖的夏日傍晚，用它来搭配烤肉，堪称完美。你可以很容易地在亚洲商店里找到青木瓜（见供货商名录，第 403 页）。

• 4—6 人份 •

青木瓜，1 只，大个儿的，削皮去籽

胡萝卜，1 根，大个儿的，削皮

大蒜，2 瓣，要切得极碎

青葱，2 棵，细细切片

鱼露，5 汤匙

砂糖，3 汤匙

青柠，2—3 个，挤汁，再加上半只青柠的皮

泰国红辣椒，2 只，薄薄切片

盛盘用

烤腰果或花生，1 把，大致切成果仁碎

香菜小枝，不需要太多，切碎

青葱，1 棵，切碎

1 • 将青木瓜和胡萝卜切成棒状，形状和大小都跟大号火柴棍类似。

2 • 现在就是把剩下的各种食材简单混合，确保糖在加入卷心菜之前已经融化、拌匀。

3 • 上桌前冷藏 1 小时，这样各种味道才能真正融合。然后在上面撒上烤腰果或花生碎、香菜和青葱。

• 牛肉河粉 •

Beef Pho

烹制牛肉河粉是一个冗长的过程，最好是你有一下午的余闲时再去做。不过值得多做一些，冻起来留着雨天吃——它绝对是一道理想的热汤，能够治愈咳嗽、感冒以及冬季忧郁。裴孝钟的下面这道牛肉河粉，食材除了棒骨、牛尾和牛胸肉之外，还包括牛肉块，不过我已经自作主张地把它删去了，因为我觉得用牛肉碎料更为经济。牛肉河粉基本上是一道做起来并不复杂的街边小吃，不过它可包含着无数种复杂的味道呢。

• 6 人份 •

牛棒骨，1.5 千克

牛尾，750 克

牛胸肉，1 千克

大葱，大根，4-—5 根，对半切开

姜，1 块，5 厘米，切薄片

香菜籽，1 汤匙

小豆蔻荚，5 只

八角，3 只

青葱，12 棵，切碎

香菜，25 克，切碎

干粉，200 克（宽米粉）

鱼露，75 毫升

糖，50 克

盐，25 克

现磨黑胡椒

盛盘用

青柠挤汁器

豆芽，一把

海鲜酱

1 • 取一只大碗，将棒骨和肉浸泡在碗中。加一大撮盐，加水盖过棒骨和肉，放两个小时，然后洗净拍干。

2 • 预热烤箱至 200℃ /180℃（风扇烤箱）/6 档（燃气烤箱）。

3 • 将大葱、生姜、香菜籽、小豆蔻和八角都放入烤盘，在烤箱中烘烤 15 分钟，不时晃动一下烤盘，以免烤焦。

4 • 将棒骨放入一只大号汤锅中，加水后煮沸。然后关小火炖 30 分钟，之后撇去表面的浮沫和油脂，直至汤变清澈。继续炖 1 小时，然后加入牛尾。

5 • 用一组大号的臼和杵，将烤好的八角、香菜籽、小豆蔻、姜和大葱磨碎。将这些香料混合物包入一块奶酪布或穆斯林包布，绑紧后放入汤锅中。再炖 30 分钟，然后加入牛胸肉。再次将汤煮至沸腾，然后关小火，撇清油脂和浮沫。再炖两个半小时。

6 • 与此同时，按照包装上的说明煮好粉，放在一旁待用。

7 • 将所有的肉取出，将骨头丢弃。将牛胸肉和牛尾浸在冷水中直至变凉，然后放入一只滤器，架在碗上，沥干肉中所有的汁水。将牛胸肉切成薄片。将牛尾上的肉剔下，丢掉油脂。往高汤中加入鱼露、糖和盐调味。

8 • 将已煮好的米粉盛入碗中，加一些牛胸肉和牛尾，撒上青葱和香菜。加入一满勺滚沸的高汤，加一些黑胡椒，然后和新鲜香草、豆芽、青柠瓣、海鲜酱一起上桌。

– 中国 –

吃药不忌口，枉费大夫手。

• 中国谚语 •

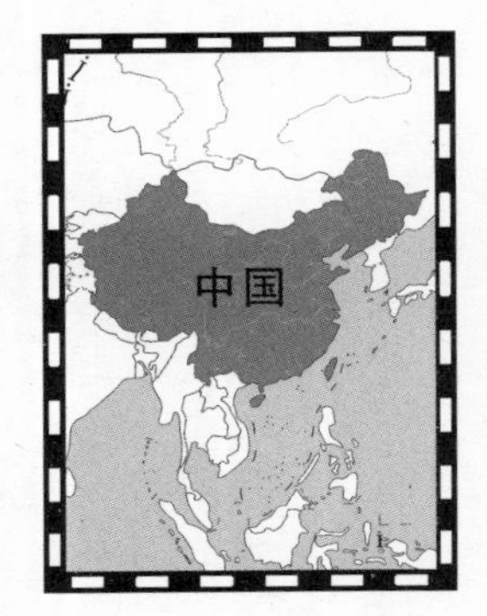

在中国，“和谐”的概念（即你的五种元素——木、火、气、土、水之间相互平衡[1]）被看作一种生活准则。在西方，这些观念依然被看作替代性的，甚至“新纪元”的（尽管它们出现的时间要比大多数最大的一神论宗教都早），但是对于中国人而言，过一种平衡的生活就是一种常识。

我喜欢中医（以及一般而言的东方健康准则）的一点在于，它们是以一种前瞻性的、预防性的方式来维持健康。每一种元素都与一种感觉、色彩和味道紧密相关，也和身体的主导元素“阴”和“阳”相关，它们不仅有助于诊断病症（例如偏好甜食可能意味着你的脾脏有问题），而且也会提出关于饮食的建议，按照这种建议生活就可以使这些元素以一种稳定的方式保持平衡。同样地，食物在中医的观念里也有维持健康的积极作用。

食物本身就有阴阳之分。碳水化合物、蔬菜和任何能去火、能舒缓身体的食物都属“阴”，而属“阳”的食品则更为强劲，例如蛋白质、香辛料和咖啡。中国人的饮食讲究阴阳平衡，以此保持身体的稳定，不过西方的饮食习惯（主要是摄入更多的肉类和糖）正在悄悄地进入中国，阴与阳的平衡结构面临着被打破的危险。

“和谐”的观念也被引入中国人的厨房里和餐盘中。正是这一点，再

① 此处作者对中国的“五行”理解有误，五种元素应为木、火、土、金、水。——编注

加上中国菜在任何一个社会经济层面上所具有的无与伦比的优势，使得这种菜系成为世界上最棒的美食传统之一。[①] 然而，西方人对中国菜的典型认识是“不健康”“垃圾食品”。我在成长的过程中，一直把中国菜直接和令人上瘾的食物、令人上瘾的味精（MSG）[②] 联系起来。味精令中国食物具有浓烈的、令人欲罢不能的鲜美口感，但是要警惕，它也是西方人称为“中餐馆综合征”的元凶，症状表现为：在吃完一餐西方化的中国食物之后，出现刺麻感、心悸和困倦等。这里有一个根本性的悖论：对于中国菜来说这个结果诚然令人遗憾，但它也是一个进行教育的好机会。或许，我只是说或许，如果西方人能够了解一点儿关于中国菜的真相，了解一点儿那些并不在外卖菜馆出售的、真正的中国美食，他们或许立刻就会接受中医的某些基本观点，选择这样一种生活方式：不是排除传统的医学，而是接受并奉行其中某些观点（这样你就会尽可能地少去医院）。

另一种古代中国的教义则列举了每天开始时必须要做的七件事情，全都和食物有关：柴、米、油、盐、酱、醋、茶。“开门七件事”建立了一个框架，其中根据风味、口感、技艺以及进餐规矩等不同种类而囊括了所有对于中国菜来说必不可少的事项。

柴，或者说燃料，用来提供火与热，这对于中国各种各样的烹饪方式（无论是蒸、煸炒还是慢炖）来说是最关键的。柴火赋予食物香味，同时也给它们带来了烟熏的味道，例如豆腐、樟茶鸭，也有茶叶本身就带烟熏

••••

① 我已经听到不少关于“世界三大菜系”的非官方说法，即：法国菜、中国菜和土耳其菜。在《最后的中国大厨》（*The Last Chinese Chef*）一书中，尼克尔·莫内斯（Nicole Mones）用以下理由来说明中国菜应该跻身“三大菜系”：“中国有三个特点令这片土地发展出一种极好的菜系。首先，这片土地包括了苍穹之下的所有地貌：群山、沙漠、平原以及肥沃的新月地带。这里还有大海与江河。其次，历史上，中国人口极多而大多数都很贫穷。他们总是不得不想尽一切可能的办法、充分利用每一块土地与资源的营养与益处，在任何地方都讲求经济（除了人力与精巧的技艺，因为这两者总是过剩的）。第三，中国有其精英阶层。在品味上的精致讲究催生了美食家。而食物不仅仅作为履行仪式、获得声望的复杂手段，同时也成为一种艺术形式，为那些富有激情的人所追求。”

② 味精（MSG）用来为菜肴提鲜，在人们的印象中多用于亚洲食物。它是由发酵的谷物或糖蜜蛋白质与微生物（通常是转基因的）一起制成，然后再加入钠。

味的，比如红茶里的正山小种。

中国食物那极度鲜美可口的味道主要来自盐，这种调料一方面来自豆酱，另一方面来自其最纯粹的形式。酱油是由经过发酵的大豆酿造而成的，具有极其强大的提鲜能力，它能带来更为复杂的味道层次，远比滋味简单的海盐丰富得多。

一般说来，酱是中国各个地方菜系都使用的基本材料，它主要采用的是发酵过的、黏黏的液体中那股甜酸的味道。吃北京烤鸭通常要搭配甜面酱[①]，这种酱将水果中的酸甜味道分解为糖、醋和姜，由此创造出一种用来搭配肉类、面条以及蔬菜等菜式的佐料。通用的酸甜酱比这种甜面酱更简单一些，只需将大豆、糖、米醋和玉米淀粉加热，就可以做出一种口感复杂的调料，远胜过盐、大豆或醋等调味品的单独作用。

米是中国人厨房中的主角，简单蒸熟以吸收来自各种蛋白质和蔬菜中的多种滋味。面尽管不属于开门七件事，但是更广泛地说，小麦也受到中国人的欢迎，在中国厨房里和那“七件事”同样重要。小麦面粉做的面条最早起源于中国，而且可追溯到汉朝（公元前206年—公元220年），如今在整个亚洲都是主要食物，还可以用荞麦和米来做（有时候称为“粉丝”或“米粉”）。

油也是一种基本的食材，和其他菜系一样，这里各种各样的煎炒烹炸也都要用到油。例如煸炒，要根据各种油的发烟点（油受热后开始冒烟的温度）来选择。发烟点越高越好，因为冒烟的油会导致炒锅内的食物变苦。花生油、葡萄籽油、葵花子油以及玉米油都是中国菜中煎炒常用的油类。在炒锅中煸炒的时间要短，因为热力会在很短的时间内快速传递到食材，油只需要稍微炒一下蔬菜、面条和肉类以使之出味，最理想的则是不要达到油的发烟点。芝麻油具有强烈的坚果风味，常用在出锅之后，淋在炒菜、饺子或是春卷上面。

① 一道官家菜，主要是烤鸭子，上桌时搭配卷饼、青葱、甜面酱或海鲜酱。

由于甜味和酸味对于中国菜来说非常重要，醋于是成为“七件事”中列举的另一个关键食材。醋既苦又酸，因此被认为具有强大的能量特质而备受中医推崇，此外它还具有镇痛和解毒的功效。米醋可用于加工和腌制香草和蔬菜，例如萝卜、竹笋和大蒜。红米醋则有甜味和少许酸味，粤菜常用它来作为蘸汁食用。

喝茶是第七件必备事项，也是一项深深嵌入中国人日常生活中的古老风俗。这种活动被认为起源于商朝（公元前17世纪—前11世纪），现在则在某些地区（例如广东）形成了一种全民的日常仪式，人称“饮茶”。茶富含大量抗氧化剂，并具有消炎和镇静的功效。

有趣的是，肉和鱼并不包括在“开门七件事”之内。中国菜并不要求经常摄取动物蛋白，尽管越来越多的中国人开始每餐都要吃肉。传统上，贫穷的人家一点儿肉可以吃很久，有点儿像意大利拉齐奥的 *quinto quarto*（“第五个四分之一”），或是像西班牙南部和中部用猪肉碎料烹制的 *cocidos* 炖菜。大豆、腌过或渍过的蔬菜、面，还有前面所说的“七件事”中列举的事项，这些曾经是、如今也依然是中国菜的基本，不过今天也纳入了越来越多的肉类或鱼类。

我选择了中国南方的两个菜系加以介绍，因为从总体上说，这两种菜系的口味、食材以及菜式较其他地方更为多样。历史上，官家菜属于北京，因为这里曾是皇帝所在的地方，而上海因为有很多富商居住，所以是商贾美食的繁华地。我在后面并没有对这些菜系逐一介绍，而是选择探索广东和四川两省的菜式，这两种所谓“下里巴人”的菜系已经稳步成为风行全球的美食。广东菜（或称粤菜）是中国菜在海外声名鹊起的先锋，而四川菜尽管出身贫寒人家，但是经过当地聪明机灵的工薪阶层的发展推动，如今已经成为全中国最好吃的食物。此外，看看这些地区出产的各种不同的食材（例如粤菜中的牡蛎和海鲜酱，以及四川花椒）是如何逐渐成为中国国民菜标杆的，也是一件很有趣的事。

中国哲学家孔子[1]说过："割不正，不食。"(《论语·乡党第十》)。饮食上的幻想会影响到你的思维状态，但是也表现了食物在中国所具有的象征性作用——无论是体现在社会中，还是作为一个因素体现在一种均衡的生活中。食物与身体和思想的康健具有紧密的联系，同时与阶层、财富和教养之间也密不可分。你吃什么、怎么吃，不仅仅体现了你的生活环境，同时也在改变着你的生活环境。

①孔子被认为生活于公元前551年—前479年之间，他非常强调研读古典文本对于解释当下的道德问题来说很有助益。尽管他谈论的是有关灵性的问题，但他的教诲并不是关于宗教，而是涉及道德哲学与正义的问题。这些教导对于后来中国数代当政者都极为重要，而儒家理想后来也不断影响着中国在越南等地的政治理念。

稻 米

◆◆◆

稻米被认为数千年前起源于中国，现在则成为全世界最重要的粮食作物。唯一一种比稻米种植更广泛的庄稼是玉米（见第 348 页），但是稻米的种植主要是为了人类的食用消费，而玉米通常还有其他用途，例如作为燃料。

米饭是全世界各个菜系中的主食，无论是东亚国家四季常吃的糯米，还是西非的 *jollof* 米饭（辣椒炖肉饭，第 313 页）、加勒比海地区的豌豆饭（第 358 页）、意大利烩饭、伊朗的普通米饭，还是土耳其和印度的烩饭。

稻米是用途极为多样、种植范围也十分广泛的作物，但是它生长需要大量的水，因而在东亚以及东南亚著名的稻田环境下长势极好。种植稻米的田地被水覆盖，这样既能令稻子在大量的水中茂盛生长，同时也能将害虫的危害减至最小。收获时节，要对谷物去壳得到糙米，再将糙米进一步加工成白米。尽管白米的营养价值不及糙米，但可以储存很长时间，而且烹饪起来十分简单快捷，因此对于那些家中只有基本炊具的人来说，白米无疑是既负担得起又好做的食物。

在起源地中国，米是帝王的“十二章纹”之一，这是对于天地万物的一种象征化解释，以此来证明皇帝为仅次于神的统治者。米代表了他能够哺养子民的能力，是丰产与昌盛的标志。

◆◆◆

RICE

广东（粤）

地上走的，水里游的，四脚爬的，天上飞的，背朝天的都能吃。

• 广东民谚 •

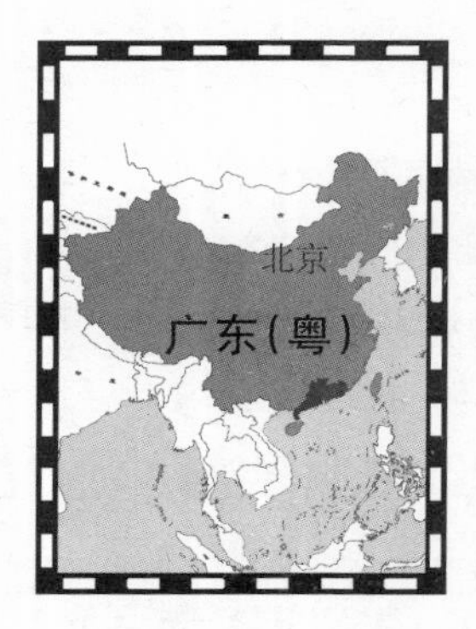

广东，旧称 Canton[①]，是中国东南部的一个省，位于中国南海漫长的海岸线上。东江、北江和西江三条河流流经这个省份并由此入海，形成了珠江三角洲。珠江三角洲地区长期以来既是中国了解外部世界的窗口，也是外部世界以前进入中国的入口：这里是海上丝路的第一站。大量人口密集居住在广东，尤其是在省会城市广州周边，中国其他地方的人被吸引来到这里（例如邻近的香港），因为这里有很好的经济机遇：相对低的税收以及该省手工业对劳动力的大量需求。

由于地理交通便利，广东菜是中国所有菜系中传播最广的一个，它就像旁遮普菜一样（如果你喜欢的话），传播到世界各地并且得到大量仿制（如果还算地道的话）。如果你是一个学生，精疲力竭地回到家里，看时间还早，于是叫了一份“中国菜”——有湿淋淋的酱汁和大量的味精——那你点的外卖八成声称是“粤菜”。

其实，粤菜烹饪的所谓“简单”只是假象。与川菜相反，粤菜以其融合更为复杂的风味和口感而闻名，很多粤菜都是将食材清淡地融合，然后佐以诸如大蒜、青葱等辅料，或是从数种酱汁中选择其一，以释放食物本身自然而新鲜的滋味。

••••

① 尽管“广东”（Guangdong）是该省现在的名字，但是这里的菜系和居民还是被称为“粤”（Cantonese）。

粤菜用餐的核心仪式是饮茶（*yum cha*），在这个过程中，当地茶馆也用一些小食来搭配不同的茶（无论是红茶、绿茶或白茶，还是半发酵茶——乌龙茶）。英国人将茶视为佐蛋糕和司康的饮料，这两种“茶”的观念实在太不同了。尽管某些食物（例如茶食）是设计来佐茶的，不过茶有时也有点作为香料佐餐的意思，例如乌龙茶和普洱茶被认为可以作为饮料与任何一餐搭配。“点心”字面上的意思是“轻触心间”，是一些小包子或饺子，里面包着肉、贝类或蔬菜。它们或者蒸熟或者煎熟，盛在竹子做的笼屉或食盒里，以保持热度和水分。备受欢迎的叉烧包就是一个极其美味的例子——包子蒸熟，里面裹着叉烧肉，就是将猪肉用芝麻油、绍兴黄酒[①]、牡蛎、海鲜酱和酱油腌过以后烤熟。

正如你对沿海地区的菜肴所期待的，海鲜传统上就是粤菜的主打菜式。鱼通常是整条蒸熟来吃的，佐以大蒜、生姜、青葱和酱油——简单几样调味品最充分地强调了鱼本身的美味。鱿鱼、龙虾、对虾和蛤蜊都有各种料理方式，但是最常见的总是加上切成小圆环的青葱，还有鲜亮的“O”形红辣椒。广东是虾米和蚝油等调味品的主要产地，这些调料对于粤菜来说极为重要。干虾仁可以放入炒菜、点心、汤和面条以提鲜，蚝油（用熟牡蛎、汤和盐制成）则是粤菜绝大多数菜品都会用到的调料，可以加入任何菜肴中，无论是猪肉、简单料理的蔬菜还是炒面。

猪肉、鸡肉和牛肉是粤菜中最普遍使用的肉类（牛肉不像前两种肉那么普遍）。广东人爱吃肉，他们很喜欢叉烧，就是将保持本味的熟肉（猪肉、鸡肉、鸭肉、鹅肉）用扦子在旋转烤架上烤成，然后直接搭配米饭和某种酱汁一起吃。另一种肉食的做法则被称为“卤味”，要慢慢将内脏和碎料（胸肉、舌头）做熟，在上桌前备好，然后搭一些海鲜或蚝油食用。

大蒜、青葱和细香葱（都是葱类）在整个中国都是至关重要的食材，

••••

① 绍兴黄酒是一种基本的中国烹调食材，尝起来就像干雪利酒，它是用大米发酵酿成。如果你找不到绍兴黄酒，那就试试用欧洛罗索（Oloroso）之类的干雪利酒代替，但是不要用日本米酒，后者完全是另一种味道。

但是粤菜烹调的简单原味更凸显了葱的重要性。美食作者、川菜专家富希娅·邓洛普（Fuchsia Dunlop）在她的《每一粒米》（*Every Grain of Rice*）一书中用整整一章来讨论葱，不仅列举了它们在中式烹饪中的重要性，而且讨论了在什么意义上肉、蛋和豆腐的地位通常不如蔬菜。像香葱炒猪肉或鹿肉片、蒜苗炒培根这样的菜肴就是两个例子，说明了烹制肉类的好方式是什么样的——既健康，又负担得起，而且原汁原味——肉基本上就像是蔬菜的调味品（而这和英国人“肉与菜，一对二”的错误观念截然相反）。[1] 不过，广东人在吃“活鲜”这件事情上心态十分开放，这一点从前面引用的民谚中就能看出来。他们对待肉类的节俭态度主要还是“阴阳”平衡的古代中国饮食观念的回响。

食材清单：青葱 • 糖 • 盐 • 酱油 • 米酒 • 玉米淀粉 • 醋 • 葱油 • 芝麻油 • 大蒜 • 细香葱 • 绍兴黄酒 • 蚝油 • 海鲜酱 • 辣椒 • 动物内脏 • 鱼和海鲜

◆◆◆

• 粤式清蒸鱼 •

Cantonese Steamed Fish

这道菜可作为证据说明，中国菜（尤其是粤菜）并不像人们通常以为的那样不健康。还有什么料理比只用生姜做配料、简单蒸熟一条鱼来吃更有营养呢？我会选择鲷鱼，不过任何一种肉质丰腴的白鱼都很好——想想中国南海那丰富的海鲜种类。

••••

① 不过，休•费恩利—威汀斯托尔（Hugh Fearnley-Whittingstall）以及更晚近的布鲁诺•罗贝（Bruno Loubet）提出下面这个说法：“vegevorism”（亲素食主义），以此来代替令人尴尬的绰号——他们主张将蔬菜摆在盘子中央，然后在周围搭配一点动物蛋白。而我们可以借鉴的一个例子就是中国人的饮食原则。

• 1—2 人份（作为主菜）/2—3 人份（分食）•

白鱼，1 整条（约 300 克），海鲈鱼、海鲷鱼或鲳鱼都可以，取出内脏并洗净

岩盐，1 茶匙

绍兴黄酒，2 汤匙

姜，2 汤匙，细细切碎

花生油，1 汤匙

芝麻油，2 汤匙

大蒜，1 瓣，细细切碎（可选）

青葱，3 棵，纵向切丝

酱油，1—2 汤匙

细香葱和香菜，15 克，盛盘用，切碎

1 • 将鱼身上抹遍盐，肚子里和外面都要抹上。将鱼放在一只盘子里，肚子里倒进一汤匙绍兴黄酒，剩下的浇在鱼身上。将一半生姜塞入鱼腹，剩下的撒在鱼身上。然后或者用蒸锅，或者用一个架子架在一只大号炖锅上，锅里加水煮沸，蒸 12 分钟左右。当鱼肉开始变成不透明的白色，就是蒸好了。

2 • 在蒸鱼的最后一分钟，用一只炒锅（煎锅也行）加热芝麻油和花生油，如果用大蒜的话，在最后半分钟加入油中。

3 • 将鱼盛入盘子上桌，将青葱撒在表面，再淋上加了大蒜的油以及酱油。最后在鱼身上撒上细香葱和香菜。

• 溜白菜 •

Stir-Fried Pak Choi

这道菜和清蒸鱼一起吃会非常棒，而且几分钟就能搞定。白菜的意思是“白色的菜”——或许这有点奇怪，因为除了它的帮子是白色的而且很脆，它的叶子还是很耀眼的浅绿色。炒锅的形状和薄壁使其非常适合用来炝炒分量大的食材——如果

你有一只炒锅当然最好，但这不是必需的。如果你用的是一只标准的煎锅，那么只要热油的时间长点就行，而且可能需要分批、少量地炝炒食材。

• 4 人份 •

花生油或菜油，2 汤匙

大蒜，2 瓣，细细切碎

白菜，4 棵（这里说的应该是白菜心或较小的白菜——译注）

青葱，2 棵，切大段

酱油，少许

蚝油，2 汤匙

红辣椒，1 只，去籽，纵向切成条

1 • 取一只铁锅，将油烧热至开始冒烟，加入大蒜，持续翻动以防烧焦，大概 1 分钟。

2 • 将白菜和青葱加入锅中，一旦白菜开始萎缩（大概需要 2 分钟），就加入酱料和两汤匙水。撒上辣椒，立刻上桌。

四川

四川的食物都是普通老百姓的吃食，我们都知道，有些最有名的四川菜都是起源自路边小摊。

• 尼克尔·莫内斯，
《最后的中国大厨》•

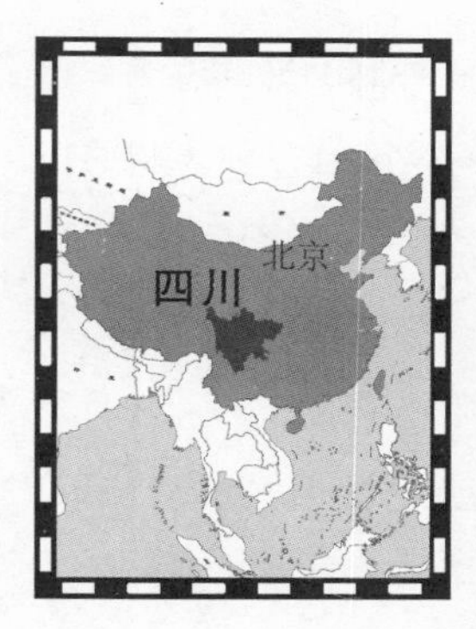

四川省（有时候也写作“Szechuan”）也在中国南方，不过比广东更靠近内陆。这里长期以来被称为“天府之国”，因为它那葱葱郁郁的景致，也因为它有丰富的自然资源。就前者来说，西部有海拔 4000 米左右的高山和高原，而盆地和平原地区则有长江环绕；就后者来说，这里的自然资源足以支持产量极丰的农业。稻米、猪肉和水果在这里都有产地，在宜宾附近甚至还成功地种植了葡萄，以便满足海外对于中国葡萄酒日渐增长的需求。[①]

这里诞生了全中国最好也最辣的农家菜，其辣味来自辣椒和四川花椒的结合。在西方国家，四川菜已经在大城市变得非常流行：简单的菜式掩盖了它的复杂香味和辣味。这是一种能够俘获感官的食物，那些之前未曾接触过它的人常常会感到震惊。

就像广东一样，传统上，肉类在这里用得比较节俭，而且四川厨师尤为擅长将蔬菜和豆腐烹制得香气四溢，这有赖于味道强烈的调味品，例如

••••

① 2013 年，英国知名酒商贝利·布罗斯 & 拉德（Berry Bros & Rudd）宣布他们将要从中国最大、年头也最久的酒厂“张裕”那里购买四种葡萄酒用于储存。张裕总部其实是在山东省，而非四川省，但是这依然表明了英国对于中国葡萄酒的胃口日渐增长。

大蒜、花生，还有因地方得名的四川花椒。四川菜的基本特点在于简单、亲民以及可口。

即便如此，四川菜里绝对经典的一道菜还是回锅肉（我会给出它的做法），就是先把五花肉煮熟，然后加韭葱和青蒜煸炒，最后加入各种四川辣椒调料（详情见后文）以及豆豉酱。牛肉在四川比在广东更常吃，可以先煮过然后漂在红辣汤里捞着吃，也可以和红辣豆豉酱以及生姜一起干煸。同样，动物身上的任何部分都不会浪费，而四川菜有各种花样对动物内脏物尽其用，比如夫妻肺片就是动物的肚子、舌头、心和胃，加入川胡椒籽、花生以及一种混合了八角和姜的香辛料做成的一道凉菜。

四川花椒为菜肴添加了辛辣香味，令人口中有一种麻酥酥的感觉。尽管它们的名字也叫“椒”，但是和辣椒完全不同，而是产自一种多刺的白蜡树，名为“花椒树”。它们是小小的红色果子或果荚，晒干后再入菜，为食客带来一种强烈却又净爽的口感。这种感觉在中文里称为“麻”，与之相配的则是“辣”，指的是辣椒为食物所带来的那种辛辣口感。这两种味道经常在当地菜肴中合而为一，例如“麻辣”酱，就是用四川花椒、辣椒、香辛料和油做成，搭配烤肉一起吃。四川花椒也是中国五香粉的五种成分之一（见第 217 页）。

辣椒定义了四川的食物，而辣椒在这里的用法也有很多：晒干后的整个辣椒（人称“朝天椒”，因为它们的茎好像在仰望天空）可以用来糟辣椒酱，也可以做成辣椒油。干辣椒还常常切成一厘米见方的小块儿，然后就直接丢进菜里。我还记得有一次在索霍区的舒吧（Shu）吃饭时，不小心夹了一块干辣椒和一些黑豆子一起放进了嘴里——我当时并没意识到那是什么——结果接下来整整一顿饭都在为此后悔。在吃四川菜的时候，给那些第一次吃的人适当提个醒，这绝对是必要的。

人们吃很多辣椒，而且吃什么都放辣椒——芦笋和蘑菇、菜豆、辣豆腐或豆干、木耳菜和黄瓜、蚕豆、黄豆，更不用说面条和米饭了。不过这些食材还只是一部分，四川厨师做素菜的时候还会用到其他的——大蒜以及花生。据称毛泽东甚至用大饼夹辣椒吃，而且还曾对俄罗斯的外交官说过一句名言：不吃辣椒闹不了革命。

四川菜的红油馄饨对馄饨这种遍及全中国的食物进行了改造，馄饨是一种带馅儿的、面皮包成的小团。[1] 四川当地人称“抄手”，因为面团包起来以后的形状或许就像是四川人在寒冬季节抱着胳膊的姿势一样。馄饨馅儿通常都是经过调味的猪肉，它们的四川特质来自红辣油浇头，这种汤汁是由辣椒油、大蒜、青葱以及豆酱或酱油制成。

黏黏的米团，或者也叫“汤圆”，绝对是最地道的成都（四川省的省会）小吃。长粒米浸泡数天之后再碾成粉，包成面团或湿面粉，滚成球状。汤圆中填入芝麻、糖以及油脂底料（猪油或是椰子油）做馅儿，加水煮沸后稍微再烧一小会儿，就可以上桌搭配一种更甜的芝麻蘸酱一起吃。汤圆有时候也可以放入醪糟里煮，按照富希娅·邓洛普的说法，这是四川人传统上给产妇补身子的吃食——毫无疑问，对于补充供给能量的葡萄糖来说，这是既快捷又有效的方法。

绍兴黄酒是用米酿造的酒，实际上它既不是四川特产也不是广东特产，却在这两个菜系中扮演了重要角色。对于“糟醉”肉类的菜肴来说，黄酒是用作腌汁的关键配料，你会发现，其实它无所不在，不过很多菜肴中只需一点点用量。虽说大米经过发酵之后会增添一丝复杂的口感，但是做菜时加入绍兴黄酒的效果跟你用雪利酒佐餐的味道还是有点像——都增加了一种甜甜的酒味。

虽说四川菜是作为“穷人菜”而声名远播，但我一点儿都不觉得这有什么不好。川菜中那些富有冲击力的味道以及精简的菜式都说明了一个事实：如果你吃得对，那么一点点就可以吃得很好。这是一种让你觉得自己活得有滋有味的菜肴：热辣带来的刺激口感和浓郁的滋味会充分调动你

••••

① 馄饨的做法是用面粉和鸡蛋打底做成的生面团，擀成方形的面皮，然后捏在厨师手心里包馅儿。内馅儿一般是猪肉（这是最常见的），不过北方流行的做法是加点儿韭菜，广东人则用虾和猪肉做馅儿。馄饨一般煮熟连汤一起吃，不过也可以煎着吃，蘸着料汁。红油抄手则是四川特有的。

的味觉。买一些经典的中国调料吧，比如蚝油、*tamari*（溜酱油）、绍兴黄酒……当然还要有四川花椒，它们能够令最简单的蔬菜瞬间变成国王才能吃到的珍馐佳肴——尽管四川菜最初来自普通老百姓。

食材清单：四川花椒（整个的和磨粉的）• 辣椒 • 酱油 • 青葱 • 豆芽 • 绍兴黄酒 • 芝麻 • 花生 • 豆腐 • 蚝油

⋄⋄⋄

• 回锅肉 •

Twice-Cooked Pork

这道经典川菜使用了当地的“豆酱三宝”——辣豆酱、甜豆酱以及黑豆豉，这些食材在网上的中国商铺很容易就能找到（见供货商清单，第 403 页）。就像这道菜的名字所说的，五花肉做两遍——先要用加了盐的水煮至变软，放凉待肉质变紧实，然后再切片加豆酱煸炒，直到边缘有一点焦脆。可搭配米饭和干煸四季豆（我的推荐）。

• 2—4 人份 •

猪五花肉，400 克（剔骨，去掉外皮）

菜油或花生油，2 汤匙

辣豆酱，2 汤匙

甜豆酱，2 茶匙

黑豆豉，2 茶匙（也可以用味噌酱代替）

酱油，2 汤匙

糖，2 茶匙

小韭菜，6 棵；或者青葱，12 棵，切片

1 • 将锅中的水煮沸，火关小，加入猪肉炖。猪肉要完全炖透，需要 20—25 分钟。之后将肉取出，放凉后放入冰箱，冷藏 1—2 小时。

2 • 将猪肉切成薄片—— 1—2 毫米厚最好。取一只炒锅或大号煎锅，将油烧热，煸炒猪肉片约 4 分钟，直至两面都变成褐色而且焦脆。

3 • 从锅中取出猪肉，加入辣豆酱，这样油会变成红色，然后加入甜豆酱和黑豆豉。把肉倒回锅中，放入酱油和盐。加入韭菜或青葱，再煸炒 1 分钟，盛盘上桌。

• 干煸四季豆 •

Stir-fried Green Beans

你可以用这道菜和本书推荐的任何一道猪肉或鱼肉菜肴搭配，不过我最喜欢就着白米饭，每一粒米都裹上四川辣酱汁。吃的时候还可以喝点茶来冲淡浓烈的辣味——我最喜欢搭配茉莉花茶。

• 4 人份 •

四季豆，500 克

花生，2 汤匙，切成花生碎

菜油，2 汤匙

干红辣椒，6 只，切成 2 毫米厚的小片

四川花椒，1/4 茶匙

大蒜，4 瓣，切成极细的碎末

姜，1 块，1 厘米，细细切碎

青葱，3 棵，切片

制作酱汁

绍兴黄酒，2 茶匙

辣豆酱，2 茶匙

芝麻油，1 茶匙

糖，1 茶匙

盐，少许

1 • 你得先从弄干四季豆开始，漂洗后一定要小心拍干。将每根四季豆切成两段或三段（取决于具体长度）。

2 • 将所有用来做酱汁的食材一起炒，直到糖融化，放在一旁备用。

3 • 用一只没有水的煎锅烤一下四季豆，直到有香味发出且颜色变成褐色。放在一旁待用。

4 • 大火将炒锅烧热（需要两三分钟），然后加入菜油。翻炒四季豆 5 分钟直至颜色开始变暗并且起泡。放在一旁的厨用纸巾上，这样可以吸干多余的油分。

5 • 锅中留下 1 汤匙左右的油，其余都倒掉，然后煸炒辣椒、四川花椒、大蒜、生姜以及青葱约 30 秒。加入酱汁、四季豆以及花生。再炒 1 分钟左右，然后立刻盛盘上桌。

大 豆

◆◆◆

大豆起源于东亚，今天在中国、日本、韩国以及东南亚各国的菜系中扮演着主要角色，它入菜的形式有很多：豆子原貌（比如说毛豆）以及无穷无尽、各种各样的变化和副产品。豆腐和黄豆酱，日本的味噌与纳豆（见第 287 页），韩国的 *doenjang*（大酱）和 *ganjang*（韩国酱油，见第 280 页），更不必说无处不在的黄豆酱了，这些都是标准的亚洲食材和调料，它们都来自不起眼的黄豆。

今天，美洲各国（尤其是阿根廷、巴西和美国）是最大的黄豆生产国。除了出口亚洲，大豆也用于当地生产豆浆、豆油以及相关的饭食。大豆是全世界蛋白质含量最高的食物之一——按说它应该是一种极其健康、对环境危害更小的肉类替代品。然而，大豆种植的规模如今已经导致了相反的后果。美国豆类作物的基因改造工程近年来已经放弃了从大豆中提取成分。在南美，大豆种植与砍伐森林、腐蚀土壤、损害生物多样性以及破坏传统生活方式等负面影响联系在一起。或许，大豆并不是一个很好的肉类替代品。

◆◆◆

– 韩国 –

天啊，做个韩国菜可真麻烦。什么都得捞出来泡，然后滚一滚，然后再泡。弄弄这儿，转转那儿。算了吧还是。

• 杰·雷纳（Jay Rayner），

《观察家杂志》（*Observer Magazine*）•

毫无疑问，烹制韩国菜会令你劳作得十分辛苦。每次我去韩国餐馆吃饭的时候，我都感到和杰·雷纳同样的震惊：在韩国人的餐桌上吃个饭，开场的准备实在是太多了。*ssam*（包饭）[1] 是韩国菜的主要菜式之一，就是将米、*banchan*（饭馔，或者说小菜）和调料包在一片叶子里吃（可以是生菜、紫菜、卷心菜）。填料，卷起，准备好你的生菜叶子，这就够艰巨了，要是正赶上你饿得很，那就更艰苦。不过幸运的是，最终的结果会是一场异国风味的大爆发，这就令所有的辛苦都值得。

虽然韩国和东亚的其他地区一样，从同一个饮食传统中借鉴和吸收，比如我们一下子能想起来的有黄豆酱调料、芝麻油、辣椒以及经过发酵的食材等，但是韩国菜依然具有某种单一性，这掩盖了该地区充满紧张的、屡遭征服的历史：先是中国和日本的统治，然后是冷“二战”后陷于美国和苏联之间的争端，这导致朝鲜半岛被划分为两个彼此敌对的国家。朝鲜食物简直成了一个隐喻，象征着这个国家是如何在抵制外来力量的同时吸收了外来的影响；我愿意把朝鲜想象成一片用来包饭的叶子、一块色板或是帆布，用来包容强劲的口味和丰盈的口感——中国可能是米，日本像是

① *ssam* 这个词是美籍韩裔大厨张大卫（David Chang）的“粉丝”从他旗下一家纽约餐厅那里学到的，餐厅名叫 Momofuku Ssam Bar。

kimchi（韩国泡菜），苏联是某种腌大蒜，而美国则是烤肉。

在日本统治期间，朝鲜始终处于贫困状态。人们每餐只能吃一点白米饭，以及其他更便宜的谷物，只够果腹、维持生存，但是基本上是吃不饱的。1945 年，日本退出了朝鲜。在北部的朝鲜，营养总体上还是不够的。

另一方面，韩国则在获取全新的风味和食品技术方面经历了一次蓬勃的发展。人们能够买到各种不同的食材，而且肉类供应丰富（当时已经开始大规模生产肉食）。肉类消费上涨，米的消费下降，中国面条和美国面包开始进口。各种精致可口的食物都开始进入人们的生活，但是，韩国人在 20 世纪 60 年代和 70 年代并没有简单追随美国人的饮食模式（英国人应该反思，他们为了追求方便快捷而放弃了自己的国民菜），他们在日本占领之前就已经建立了自己的宫廷菜系。*bulgogi*（韩式烤肉）餐厅、供应腌烤肉类的小饭馆再一次成为主流，是新兴的韩国中产阶级频繁光顾的地方。以 *ssam* 包饭方式为核心的餐饮文化如今既在韩国国内，同时也在世界各地广泛受到欢迎，其基础就是 *bulgogi* 烤肉——一个极烫的金属烤架放在桌子中间，上面放着腌好的牛肉、鸡肉、猪肉和鱼，这些肉类烤好之后再用一片不起眼的生菜叶子卷起来，就着米饭和经过发酵的调料一起吃。

在上炉子烤之前，*bulgogi* 烤肉要先用芝麻油、糖、酱油和大蒜腌过。标准的烤肉类型包括烤小排（*galbi*，也要在类似的料汁中腌过，再加上辣椒和用经过发酵的黄豆制成的大酱）和烤五花肉（*samgyeopsal*），看起来就像切得很厚的培根。有两种肉菜是韩国菜里特有的，一个是 *soondae*（煮熟的血肠，用猪肠的肠衣填上猪血和粉丝——吃不吃你自己选择，我就算了，谢谢），另一个在我看来让人更有胃口的则是 *hobak ori*（南瓜鸭子），做法完全就按字面意思来的，野味浓烈的鸭子装在甜南瓜里面上桌。

因为境内有漫长的太平洋海岸线，像鲭鱼和狗鱼之类的鱼类于是成为韩国菜的主要食材，通常的吃法是整条鱼抹盐后熏烤来吃。历史上，鱼类是蛋白质的重要来源之一，尤其是在韩国，而正如我们在其他地方看到的，丰富的红肉则是有钱人家常吃的食物。（这也说明了为什么 20 世纪 70 年代肉类的大量供应会是如此新鲜的事情，以及为什么日常的肉类消费会成为迅速崛起的中产阶级的身份象征。）亚洲的其他地区通常也是这样，大量鱼类——尤其是凤尾鱼和虾——被晒干然后经过发酵，通常和鱼的内脏一起，做成名为 *jeotgal*（鱼酱）的调味品，用来制作泡菜、汤、炖菜以及 *soondae* 血肠。

发酵技艺在整个亚洲都很普遍。所有能够提供鲜味的主要食材（酱油、虾酱等）都是通过这种自然过程而将糖转变为酸的，由此创造出一种迷人的酸味。发酵食品近年来几乎可以称得上是超级食品。这个过程中产生的 *lactobactilli*（益生菌）有助于肠道保持良好的运行状态，由此能够有效地抵御肥胖以及消化系统疾病。（再说发酵食品的味道显然很棒！）

韩国人用他们的国菜—— *kimchi*（韩国泡菜）——将发酵技艺整体上推向了一个新高度。有将近两百种泡菜，根据地区和时节而有所不同，不过它们通常都用一种白卷心菜或白萝卜作底，然后再通过不同分量的盐水、辣椒、青葱、香草、腌鱼（例如凤尾鱼）或虾子等增加变化，有时候甚至还会加入梨汁。泡菜才是韩国菜里真正的主导，几乎每一餐都会吃到，而且也是韩国人餐桌上最为重要的小菜，因为它能打开味觉并平衡烤肉和脆脆的生蔬菜的味道。（电视明星主厨吉兹·厄尔斯金 [Gizzi Erskine] 十分喜爱泡菜，以至于干脆以 *kimchi* 为她的厨房命名……）

韩国菜里其他一些主打菜式也需要发酵，包括大酱（经过发酵的豆酱）和 *gochujang* 辣椒酱（经过发酵的红辣椒酱），它们既可以作为开胃小吃，也可以单独作为核心食材。大酱汤（*doenjang jjigae*）备受欢迎，可以搭配大部分餐食（就像日本的味噌汤一样），它是一种便宜又简单的汤，用大酱加水做成，再放入蔬菜和豆腐。流行歌星朴载相（鸟叔）2012 年凭一首单曲《江南 Style》爆红，这首歌是关于首尔江南区的生活，其 MV 中嘲讽了所谓的“酱汤女孩”——这是韩国的一种女性类型，由于生活拮据，她们在人后就只吃酱汤，这样才能负担得起人前的光鲜亮丽。*gochujang* 辣椒酱是另一种用糯米、辣椒和黄豆做成的辣椒酱，它与 *tteok*（韩国年糕）

的组合备受人们喜爱，年糕与我们所知的西方那种圆盘形的米糕非常不同，它是含有大量淀粉的椭圆形米糕。将辣椒酱和大酱结合起来就得到了 *ssamjang* 烤肉酱，这是一种经典酱料，是在卷烤肉、鱼、米饭和蔬菜之前抹在生菜叶子上的。

辣椒酱也可以用于搭配面条，常用于制作 *naengmyeon*（朝鲜冷面），一种由 *pojangmachas*（路边小吃摊，现在已经逐渐变成了专业的快餐店）贩售的流行小吃。朝鲜冷面是荞麦做的冷面，搭着冷肉汤，上面放着水煮蛋、青葱、梨片、黄瓜和牛肉片。另一种食物是 *jap-chae*（韩式炒冬粉），甜味的红薯淀粉制成冬粉，然后与蔬菜（比如蘑菇和胡萝卜）、牛肉、酱油、辣椒同炒。它们也常常和米饭一起吃。

bibimbap（石锅拌饭）可能是韩国最著名的米食，它的意思就是“混合拌饭”。它其实也是韩国菜里面对应于世界上其他地区的各种烩饭（例如中东烩饭、印度烩饭以及西班牙海鲜烩饭等）的食物，就是将米饭与肉类、蔬菜混在一起，再加上最有韩国特点的发酵红辣椒酱。不过，与其他国家的烩饭不同，韩国的石锅拌饭在端到食客面前时还没有拌起来——只是一碗米饭，上面盖着五颜六色、各种不同的配菜，吃的时候再根据口味将它们拌起来。粥和年糕也很受欢迎。这种 *dakjuk*（韩国鸡汤粥）和我们所熟悉的粥不同，而是稀米粥加上鸡肉、大蒜和青葱，最经典的吃法是不加香辛料的。

对于那些不熟悉韩国菜的人来说，惊喜还在前面等着你，无论是准备第一次卷烤肉的“折腾”，还是每一片裹满食材的叶子所包含的香味。当你第一次品尝这种菜的时候，单独一片泡菜（腌卷心菜）就能令你退缩，但是，就像其他亚洲美食一样（比如中国菜和日本菜），韩国菜也强调平衡：一片叶子、一大块烤牛肉、一些白米饭、一片生的白萝卜、一点泡菜、一点烤肉酱，这样均衡的搭配就能创造出令人感到深深满足的、美味而又健康的餐食。虽说吃韩国菜需要像杰·雷纳所说的做大量的工作，但这都是你为了烹制韩国食物所须付出的辛苦……吃起来则非常简单——我是这么觉得。

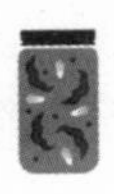

食材清单：大酱 • 生姜 • 辣椒碎和 *gochujang* 辣椒酱 • 圆白菜 • 白萝卜 • 韩国年糕 • 韩式炒冬粉 • 鸡蛋 • 梨 • *jeotgal* 鱼酱

◆◆◆

• 韩国泡菜 •

Kimchi

人们对泡菜褒贬不一，不过我喜欢它那冒泡的、经过发酵的味道。它可以单吃，也可以入菜。中国圆白菜的叶子包得很紧，形状和口感都有点介乎皱叶生菜和罗马生菜之间，不过颜色更白一些。在大多数超级市场都能买到。白萝卜（*daikon*，有时候也叫 *mooli*）看起来就像白色的胡萝卜，但是口感和小萝卜有点像。这个也是一样，你应该能在更大的超市或者亚洲超市买到。

• 4—6 人份 •

圆白菜，1 棵

餐桌盐，4 汤匙

大蒜，6 瓣，切成极碎的蒜末

生姜，1 块，2 厘米，切成极碎的姜末

糖，1 茶匙

鱼露，2 汤匙

辣椒碎，2—4 汤匙或根据口味决定（韩国辣椒粉最好）

白萝卜，2 根，去皮，切成火柴棍大小

青葱，4 棵，切成 3 厘米左右的葱段

1 • 将圆白菜四分切开，每部分再切成 3 厘米宽的叶片，然后放入碗中，每片白菜都抹上盐以使叶子变软。碗中注满水，没过菜叶，然后用一只大号盘子扣在碗上，盘子上面放点重物，这样可以压紧菜叶。放置 2—3 小时。

2 • 接下来，你需要把菜叶上所有的盐都洗净。一定要彻底。反复洗两遍或三遍，然后晾干。

3 • 用杵和臼将大蒜、生姜、糖、鱼露和辣椒捣碎。把这些调料和圆白菜、白萝卜、青葱混在一起，然后封入一只经过消毒的罐子里。封口压紧，直到各种蔬菜都被碗中余下的盐水盖过。

4 • 让泡菜在室温下发酵 4—5 天。经常检查，不停向下压紧各种蔬菜，以保持它们始终被盐水没过。4—5 天之后应该就可以吃了——这时候就可以把它存在冰箱里，直到你准备好来一顿韩式大餐。

• 韩式烤牛肉 •

Beef Bulgogi

这道韩国“烧肉”（按字面翻译）的主料是肋眼牛排切成的薄条，经典的吃法是腌过然后烤熟，不过有时候也会煎熟。如果你提前有所准备而且买了一块上好的牛排，那么相对来说这道菜并不难做。你可以搭配煮熟的白米饭、泡菜以及各种韩国酱料（比如辣椒酱）一起吃，或者也可以不要米饭，把肉和配料塞进法棍面包，这样就有一个临时版本的“韩式越南三明治”了。

• 4 人份 •

酱油，3 汤匙

芝麻油，1 汤匙

大蒜，2 瓣，切成极碎的蒜末

粗糖，1 汤匙

芝麻，2 汤匙，烤熟

盐，1/2 茶匙

现磨黑胡椒，1 茶匙

肋眼牛排，500 克，去掉油脂，切成薄条

青葱，2 棵，切成 2 厘米左右的葱段

胡萝卜，1 根，切成细棒

白洋葱，1 只，切成半月形的薄片

1 • 取一只结实的、可以密封的冷藏袋，将它放进一只碗或罐子里面。往袋子里倒入酱油、芝麻油、大蒜、糖、烤芝麻、盐以及胡椒，然后封好。猛烈摇晃罐子，确保糖融化。

2 • 将牛排、青葱、胡萝卜和洋葱放进袋子，抹遍腌汁，封紧袋子。放入冰箱冷藏，至少 4 个小时，最好是隔夜。

3 • 要烤肉的时候，沥干腌汁并丢掉，将牛排、胡萝卜和洋葱封入一包锡纸。烤 15—20 分钟。或者也可以用另一种方式，中火，用一点菜油或花生油煎 3—5 分钟，直到牛排开始变硬。

– 日本 –

团子或鲜花，我选前者。

• 日本民谚 •

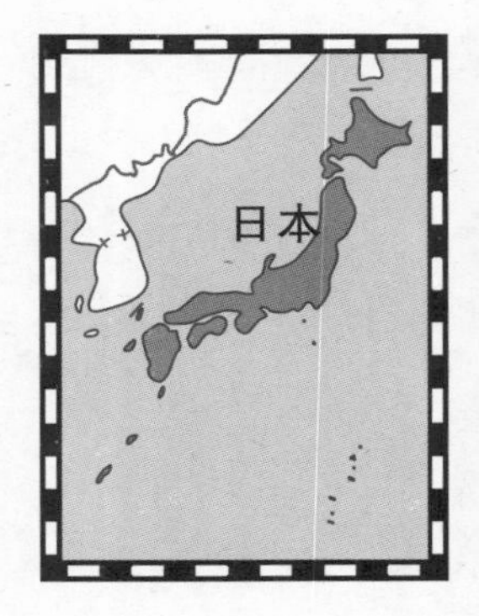

京都的樱花正在盛开，花树伸展曲曲弯弯的树枝，仿佛笼上了粉色的云雾，这种缥缈超凡的意象就是典型的日本形象。它在艺术和电影等领域扮演了重要角色——无论是浮世绘版画，还是改编自村上春树《挪威的森林》的同名电影。在一个隐喻的层面上，我们对日本的认知就是一种经过装扮的华丽；日本给人的感觉就是一个繁复的国度（细致精巧），从人们的社会风俗，到电子、卡通以及食物（寿司）等各个领域的创新，莫不如此。

传统食物中最复杂的莫过于寿司了。在日本餐厅里，寿司卷被排成直线，就像黑白片中的军队一样，还有厚厚的生鱼握寿司（*nigiri*，生鲑鱼懒懒地搭在白米饭垛上）。日本料理店对我们是一种诱惑，不仅因为寿司是如此美味，也因为它对我们来说完全陌生却又如此美丽。寿司的制作犹如外科手术般精准，它那精巧的结构甚至能让软壳蟹伸开已经被炸透的蟹脚。飞鱼子（*tobiko*）闪闪发亮，就像一颗颗小珠宝，而吃寿司的整套用具——从筷子到细致堆叠的渍姜以及刺激味蕾的山葵，所有这些都令人眼花缭乱。

我们讨论过的很多菜肴都与我们自己的传统不同，但是基本的料理技巧和食材依然是我们所熟悉的——炖菜里面包括肉类、豆子和蔬菜，有时候只是通过当地的食材和调味品而相互区分，例如西班牙炖菜、印度炖菜等等。但是日本寿司全然不同于西方烹饪，完全是一种新奇的事物。它或许也包括了一些熟悉的材料如米、鱼类和蔬菜，但是当寿司将这些材料组合起来，就完全颠覆了我们关于烹饪的理解：生鱼？大米裹在干海带里？

尽管寿司如今已经传播到世界各地，但它依然还是半掩在神秘面纱之中——我们有多少人懂得如何做寿司呢？训练一个人成为寿司师傅需要几十年的时间，而以制作寿司为事业的大厨要将他们的整个生命都献给这门艺术。2011 年的纪录片《寿司之神》（*Jiro Dreams of Sushi*）表现了这一点，该片讲的是东京寿司界的传奇餐厅数寄屋桥次郎及其 80 多岁的大厨。片中引用了为餐厅供应虾子的商贩的话："如果你在次郎那样的地方工作，你就等于是交出了自己的一生。"

在任何菜系中，对食材的组合以及食材本身共同构成了各种饮食习惯。或许是因为日本食物在西方通常售出极高的价格，所以日本食物因其制作繁复而具有的国际声誉已经被放大了，盖过了普通人所吃的日常食物。不过，真实的情况就像我在这一章开始引用的那句民谚所说，我们将会看到，大多数日本菜肴其实更注重实际价值，而不是其审美属性。团子胜过鲜花。

由于寿司具有新鲜感以及无限的市场销路，因此我们一说到日本，首先想到的食物通常就是寿司。事实是，日本人并不经常吃寿司，如果你很幸运地到日本一游，就会发现，对于大多数日本人来说，日常的主食就是面条和米饭。日本人最为传统的一餐就是，一碗汤（通常是味噌汤，碗底藏着豆腐丁和紫菜，食客喝完汤就可以把它们吃掉），还有三道小菜：其中一个总是一碗白饭（*gohan*），另一个是渍物（*tsukemono*），还有一道小菜（*okazu*），可能会以鱼为主（例如刺身），也可能是肉或蔬菜。

日本政府直到约 150 年前仍禁止食用家禽和家畜，因此日本食物多从应季的蔬菜以及围绕着这个岛国的海域中的大量海鲜中取材。日本人对肉类的态度与西方科学家不断提高的呼吁相一致：吃肉要更少数量、更高质量。日本人是吃肉的，但不是每天都吃。肉类在这里不像它在西方餐桌上那么重要，这从日本人的餐桌摆放就能体现出来。食者面前近在手边的地方，摆着筷子、一碗汤和一碗米饭。所有的肉菜都在右手边更远的地方，而腌菜则在左手边，挨着肉菜。（日本餐桌的这种几何学设计令人愉快，你在盒饭中也可以看到更为小规模的类似设计。*bento*[便当] 的意思是“方便”，它将日本餐桌上的不同层次浓缩在一个可爱的小盒子里，里面盛着米饭、腌菜、肉或鱼，如果是现吃，还会有一些汤。)

或许正是由于有种种吃肉的禁忌，日本菜才会不如其他亚洲国家（比如中国、泰国和印度）的菜式那样种类丰富。肉吃得少，香辛料的需求量也就减少，种类变化也就更少。在日本，调料的使用相对来说是最简单的，仅限于蒜、姜（不过有无数种形式，例如姜根、腌渍、醋浸以及姜芽等）、辣椒、丁香、柚子（一种黄色的圆形柑橘类水果，用于制作寿司浸料和沙拉浇汁）、味醂（一种甜米酒，用来给鱼和照烧料汁调味）以及山葵（一种绿色辣酱，和辣根有点像）。即使是现在日本已经近乎“习俗”的咖喱（经典菜谱例如咖喱鸡排），也是到 19 世纪晚期才由英国人引入日本的。不过，与印度人做咖喱时要一丝不苟地混合很多香辛料不同，日式咖喱[①]（通常和米饭、乌冬面一起吃，或者揉在面里）的制作只是由大蒜和咖喱粉混合构成。

传统上，牛是用来犁地的，因此即使奶制品在日本也不是很常见。在 19 世纪以前，日本饮食结构几乎没有什么肉、黄油或是奶酪，而且 19 世纪以后日本人也不像我们一样吃得过饱。菜油、葵花子油和芝麻油是煎炒烹炸的基本用油，前两种用来干炸，例如天妇罗，后一种则用于简单的烹炒，例如大阪烧[②]。

日本菜讲究色彩和味道之间的平衡。二者各有五式：红、黄、绿、黑和白，以及甜、酸、苦、咸和鲜（有人可能还要加上辣）。食物的颜色或许反映了它的烹制方式——比如，黑色意味着晒干的紫菜或烤焦的茄子，红色则可能意味着咖喱肉排或是飞鱼子。在铺陈餐桌或搭配盒饭的时候将

① 咖喱肉排饭在西方越来越受欢迎，尤其是鸡排饭。肉是裹了面包屑炸过的，与米饭、日本咖喱酱同吃。

② 大阪烧是一种非常美味的日本铁板煎饼，来自关西和广岛地区。这种煎饼的面糊用鸡蛋、鱼干、切碎的卷心菜和面粉制成，在烹制过程中加入肉类、海鲜或是豆腐。表面撒满鱼肉松、紫菜、渍姜或蛋黄酱，然后食用。

这些要素加以平衡，这会吸引日本人同时追求审美层面的繁复美感和饮食层面的实际价值的平衡。

当“鲜”（Umami）成为一种味道，日本人对此感到非常自豪。[①] 这或许是日本菜中最为重要的一个元素，而作为构成第五种基本味道的谷氨酸盐，尽管已经普遍为人们所认识，但依然不像其他四种味道（甜、酸、咸、苦）那样容易界定。“鲜”是一种令人欲罢不能的可口味道，它会刺激食者的口腔后部，而且尽管这种味道并非仅为日本食物所有，但是或许日本菜最有意识地对它加以利用。鲜味是专属于某种感觉的。比如，经过发酵的大豆是最能提鲜的，常用于制作豆酱、味噌（也是一种经过发酵的黄豆酱）以及纳豆（经过发酵的整颗黄豆），所有这些都是日本菜中极其重要的配料和食材。豆腐也是由经过处理的大豆凝乳制成的，是日本饮食结构中提供蛋白质的关键来源。

日本高汤富含鲜味，其基础就是出汁（*dashi*），一种经过提纯的提鲜剂，有点像鱼露（这种凤尾鱼为底料的调味品源自古罗马）。基本上，这种调料来自凤尾鱼和经过发酵的鲣鱼片（不过有时候也用鲭鱼、沙丁鱼或者加入海带），一经加入菜肴，就会释放出其他食材的鲜味，例如肉、鱼、蛋或面条。山崎纯也（Junya Yamasaki）是伦敦第一家专做乌冬汤面的餐厅 Koya 的主厨——乌冬面是日本乡下的大多数人每天都会吃到、一天甚至会吃几顿的食物。纯也说，现在几乎全世界的厨师都会用到出汁，但这种调料依然绝对“占据日本饮食的核心，比如你区分各家面馆的标准不是他们的面条——通常面条也没什么区别——而是他们的出汁”。纯也自家餐厅的出汁保持了最初的纯粹，没有添加海带、香菇或其他蔬菜。这种鱼汤非常简单，但是味道却极为浓郁。因此，毫不奇怪为什么他会把上好的出汁形容为“一门艺术”。

●●●●

① 鲜味是由东京帝国大学的池田菊苗（Kikune Ikeda）教授于 1908 年发现的，因此日本被认为是“鲜味”的起源地。富含鲜味的食材包括：绿茶、蔬菜、陈年奶酪（例如帕玛森干酪）、海鲜和鱼——尤其是凤尾鱼。

面条是工人阶层的食物，通常盛在汤里吃，而汤是日本饮食结构中绝对不可缺少的部分。二者可以都是热的——热汤搭着热面，可以都是冷的，也可以有新鲜的搭配法：冷面浸在热汤里吃。入汤的食材有鸭子、对虾、紫菜或蘑菇，混起来的一碗浓汤面就是日本的快餐，你可以站在那里飞快吃完，也可以打包带走。（英国快餐难道不感到羞愧吗？）用纯也的话来说：“这可不是那种让你慢慢享用的食物，它是干体力活儿的人的饭食。量大，不贵，成本不高，也负担得起。”他解释了日本各地区的汤之间有什么差别：西部的汤更清淡、汤色浅，通常搭配乌冬面（白白胖胖有点像虫子，根据加小麦粉的不同比例而有不同种类）；东部的汤是乳白色的，通常加入猪蹄同炖，更多地搭配荞麦面（面条更细，用荞麦粉做的）。

Koya 餐厅专做乌冬面，部分是因为纯也来自日本西部，不过更为重要的则是因为，过去十年间，乌冬面已经成为时尚食品。[①] 最著名的几种乌冬面，比如来自（日本四国岛）香川县的赞岐（Sanuki）乌冬，就是随着花丸乌冬面店（第一家开遍日本全国的乌冬面连锁店）的开店而日渐风行的。虽然一方面看来是花丸面店将这种“穷人饭”商业化了，但是另一方面它们也掀起了一种近乎宗教性的全国“乌冬狂热”。每年 4 月底，大量的“乌冬客”来到香川县，展开赞岐乌冬面的“朝圣之旅”，他们四处寻找最棒的、最合意的、最怪异的面条汤。“绝对超乎寻常，”纯也说，“香川有超过 700 家餐厅，光是首府高松（Tamakatsu）一地就有 300 家。在有些餐厅门口，人们排着几英里的长队，这些饭店各有特色主打。”有些擅长热汤加上热面，有些则售卖热汤冷面，还有的根本不卖出汁。

拉面（Ramen）是另一种汤面条，用了中国小麦面，来自 20 世纪初生活在日本的中国人，这种面条的烹制比乌冬面更加复杂。面条浸在丰富

① 人们对于乌冬面的狂热在 2006 年达到了高潮，以至于有一部电影以此命名——《乌冬面》（*Udon*）。其他故事情节与面条有关的还有 2008 年的《拉面女孩》（*The Ramen Girl*），布里特妮·墨菲（Brittany Murphy）在片中受训成为一名拉面大厨。还有一部电影是《蒲公英》（*Tampopo*，1985），剧情设置在一间家族经营的面条店，它被称为第一家“西方拉面”。*spaghetti*（意大利细面）现在开始风靡东方了……

的汤里，佐以各种浇头，是混合吃还是分着吃都由食客决定。比如猪骨汤拉面（*tonkotsu ramen*）有着浓浓的、奶白色的汤，是用猪骨熬制数小时做成的。上桌时汤面上再加几片五花肉之类的肉片、一些渍姜，可能还有一个煮熟的咸蛋。① 味噌拉面（*miso ramen*）当然是用味噌作为汤底，不过它也常常加入肉汤。上桌时往往加上蔬菜、肉片以及芝麻作为装点。当然，关于拉面汤里加什么作料，还有无数变化——虽说这种食物非常简单，但它总是在变化，总是在丰富你的进餐体验。

日本语的“料理”是 *ryori* 一词，构成它的两个部分中，*ryo* 意思是“经过度量的东西”，*ri* 则意味着“理由”。暗含在 *ryori* 这个词里面的，是这样一个观念：根据就餐者明智地订制膳食。听起来很简单，不过这正是健康饮食的要义。低脂，少肉，大量采用当地农场的新鲜产品②——要团子，不要鲜花——我们这些西方人应该学习这样一种以日本菜为模式的饮食方式。在饮食方面，就像在日本文化的其他方面一样，加拿大小说家威廉·吉布森（William Gibson）的话是对的：“日本是对未来的全球想象的默认场所。”③

食材清单：味噌 • 渍物 • 姜（渍姜和鲜姜）• 味醂 • 山葵 • 出汁 • 纳豆 • 乌冬面 • 荞麦面 • 豆腐

◆◆◆

① *onsen tamago*（温泉玉子）是另一种日本人喜欢的煮蛋。得名 *onsen* 是因为鸡蛋在热泉水中煮熟，*onsen tamago* 则意味着带壳煮熟，蛋黄还是汁液，蛋白则刚刚沁住。温泉玉子通常搭配青葱碎和出汁或酱油一起吃。

② 反讽的是，根据 Koya 餐厅大厨纯也的说法，“我们在日本吃的食物并不是产自日本，就连米都不是。我们制作乌冬面所用的面粉，99% 都来自澳大利亚”。

③ 来自《观察家》（*Observer*）的一篇访谈。

• 新手乌冬 •

Beginner's Udon

这道简单的汤面就像是日本俳句对越南史诗（河粉）。你可以把所有食材丢到一起煮半小时，然后加一点鲜味。如果用煎豆腐剩下的菜油，那这道菜就没什么脂肪（如果你准备加入豆腐的话）。一等出汁是一种简单的出汁制作食谱，由此你可以掌握乌冬面汤的制作。要不要使用冰冻的出汁是一个争论不休的问题——有人认为这会损害它的风味，不过我个人喜欢以这种方式备一点。你可以从碗中吸溜着喝汤（吃饭时能发出声响的一个绝好理由），然后用筷子迅速夹起面条放进嘴里。

• 4 人份 •

制作出汁（800—900 毫升）

昆布（干海带），20 克，用紫菜也可以

鲣鱼干，15 克

制作乌冬

袋装乌冬面，200 克 / 袋，2 袋

菜油，2 汤匙

豆腐，200 克，切成 1—2 厘米见方小块

出汁，800 毫升（配料见上文）

酱油，2 汤匙

味醂，1 汤匙

糖，2 茶匙

青葱，6—7 棵，切成细片

1 • 制作出汁，将昆布泡在煎锅中，加 1 公升水，浸泡约 20 分钟。将煎锅放在炉子上，开中火，当水开始沸腾，从火上取下，撒入鲣鱼干。

2 • 重新开大火，再烧沸 3—4 分钟，鲣鱼干会沉入锅底，然后用奶酪包布、穆斯林包布或咖啡过滤器将水沥净。得到的液体可以立刻使用，也可以在冰箱中冷藏数天。

3 • 按照包装上的说明煮熟乌冬面，注意不要煮过。将面条沥干，过冷水后放在一边待用。

4 • 中火将菜油烧热，煎豆腐 5—6 分钟，直到四面全变成金棕色。搁在一旁待用。

5 • 取一只煎锅，将出汁加热，再加入酱油、味醂和糖。大火煮沸，然后关小火。加入乌冬面后再焖 2 分钟。上桌时汤面上撒上青葱和豆腐。

• 煎鲑鱼搭配味噌—蛋黄酱 •

Pan-Fried Salmon with Miso-Mayonnaise Dipping Sauce

日本蛋黄酱通常用苹果醋或米醋打底制作，最著名的是丘比蛋黄酱，这个牌子专做浓稠而口感绵滑的日本蛋黄酱，所用的食材是鸡蛋黄加上麦芽和苹果醋的混合物。将这种蛋黄酱和白味噌酱（这两种食材都能在网上买到——见供货商名录单，第 403 页）混在一起，做出一种蘸酱或者说类似于“第戎芥末酱”（欧洲蛋黄酱和第戎芥末的混合）的调料，柔滑的口感佐以大量的胡椒。这是煎鲑鱼的理想酱料，鱼只需简单在油、酱油和柠檬汁里煎过即可——我喜欢用这道菜搭配腌菠菜（食谱见后文）一起吃。如果你找不到丘比蛋黄酱，那就试试做出自己的版本：2 汤匙米醋，加上 1 汤匙粗糖，和你常用的蛋黄酱混合均匀即可。

• 4 人份 •

餐桌盐，15—20 克

鲑鱼排或鱼片，4 块（每块 150 克）

丘比蛋黄酱，3 汤匙（或者其他日本蛋黄酱，你自制的蛋黄酱也行——方法见上文）

白味噌酱（赤味噌酱也行），2 汤匙

菜油，4 汤匙

酱油，1 汤匙

柠檬，半个，挤汁

柠檬，半个，切成四瓣

1 • 将鲑鱼放在案板上，案板淡淡撒上一层盐。在朝上的鱼身上再撒一层盐。放 1 个小时。

2 • 将蛋黄酱和味噌酱充分拌匀，留在一旁待用。

3 • 开大火，取一只大号煎锅将油烧热，然后将鲑鱼排每面煎 3—4 分钟。加入酱油和柠檬汁，这样它会咕嘟冒泡，飘出香味。将鱼煎好以后，从锅中取出放进盘子。

4 • 盛盘，旁边放一点味噌蛋黄酱、一瓣柠檬和一点腌菠菜。

• 腌菠菜沙拉 •

Soused Spinach Salad

冷的、打蔫的菠菜用味醂、酱油和出汁这些日本调料淋湿后，就做成了一道美味的配菜，可以佐食肉类、鱼乃至煮熟的白米饭。这道沙拉要提前做好，这样用起来就比较现成。有一件事要注意：我这里的这道出汁是偷工减料了，（我得赶紧加上一句）你所能尝到的地道的出汁，味道远比这个复杂。这只是将一些家里存的蔬菜用一些鱼露来提鲜而已。如果我的时间很紧，那么这样做也足够好了。对那些追求纯粹出汁的人，我就只能说抱歉了。

• 4 人份 •

新鲜菠菜，200 克，洗净后修剪整齐

出汁（做法见第 293 页），250 毫升，也可以用 250 毫升蔬菜汤加上 1 茶匙鱼露

味醂，1 茶匙

盐，少许

酱油，3 茶匙

1 • 将菠菜浸入水中，中火加热 2—3 分钟。你要让它完全蔫透，但是不要失去原有的翠绿。不断地将叶子从锅底翻到上面来，让鲜叶子被热量烤蔫。从火上取下以后切成 5 厘米长的菜段，放在滤器中，架到一只碗上，沥干水分后放在一旁待用。

2 • 将出汁（或者加了鱼露的汤）煮沸，然后关小火慢烧。加入味醂、酱油和盐，小火再烧 2 分钟。从火上取下，倒入一只碗中，再放入一只加了浮冰的碗中以快速冷却。

3 • 将菠菜放入混合料汁中，放入冰箱 5—6 小时。搭配煎鲑鱼、味噌蛋黄酱和米饭一起吃。

非洲

· AFRICA ·

热辣辣

国际化的辣椒

◆◆◆

辣椒已经遍及世界各地，并且在无国界的现代美食中扮演了不可缺少的角色——无论是从埃塞俄比亚到西非（西非的移民社群又到了“新世界”），还是从印度到欧洲。辣椒很有可能是由葡萄牙人（他们在东方的小片地区建立了殖民统治，例如澳门和果阿）传播的，他们通过海路绕非洲航行进入亚洲，葡萄牙成为第一个进入亚洲的国家。

如此众多的国际化美食都使用辣椒，是相对晚近的事——大概有500年。辣椒起源于美洲南部和中部，5世纪晚期，哥伦布在抵达“新世界”以后发现了它，此后它就迅速传遍欧洲。不过辣椒究竟起源于“新世界”的什么地方，关于这一点颇有争议，人们在墨西哥和秘鲁之间争执不定，辣椒在这两个地方的菜系中确实都扮演着极为重要的角色——尽管它们的品种变化繁多。下面列出其中少数几个品种，每一个都写出了地域以及与该辣椒品种相关的菜式口味，比如克什米尔的克什米尔辣椒、土耳其红辣椒（*pul biber*），等等。

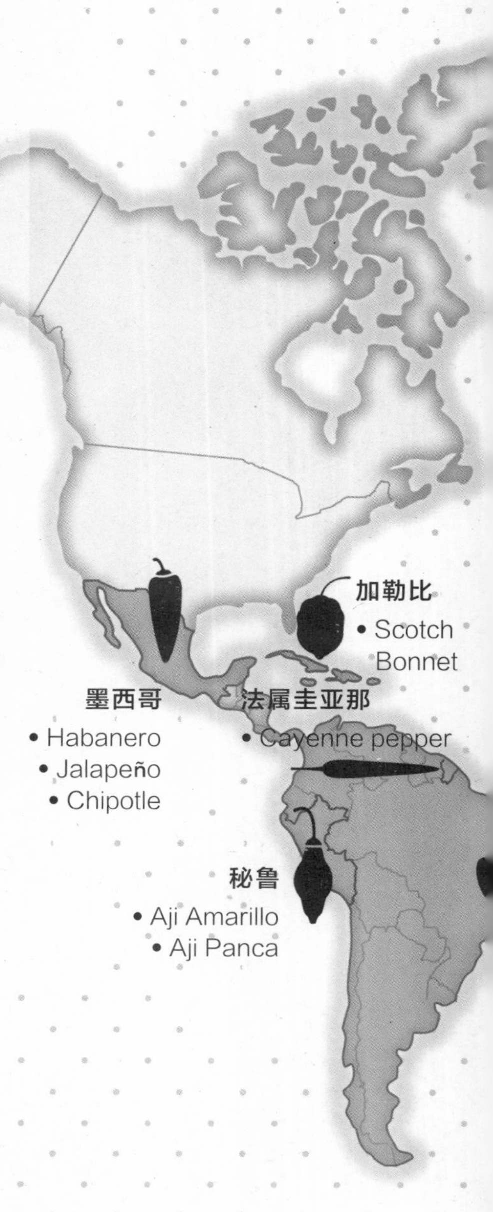

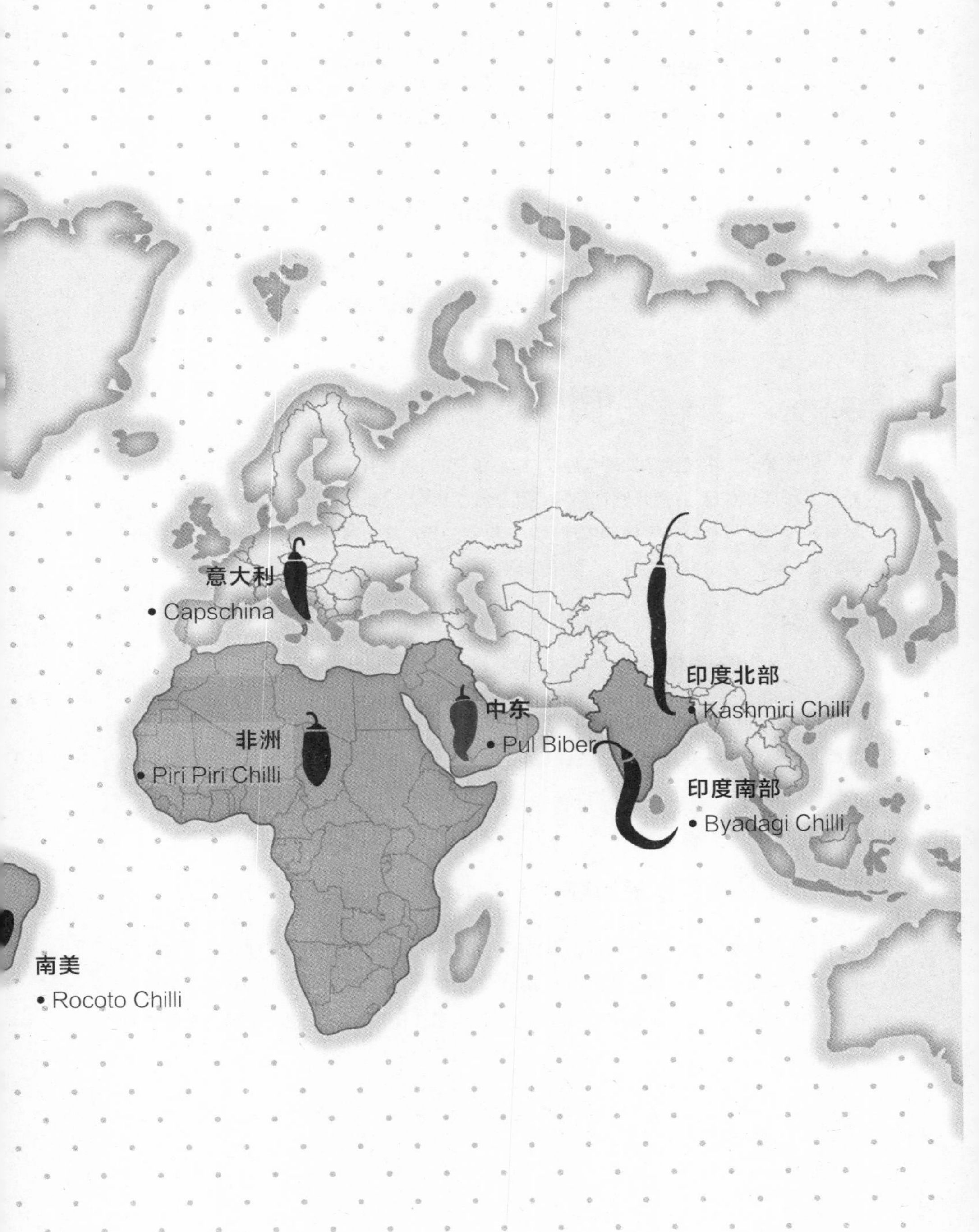

意大利
• Capschina
中东
• Pul Biber
非洲
• Piri Piri Chilli
印度北部
• Kashmiri Chilli
印度南部
• Byadagi Chilli
南美
• Rocoto Chilli

• 克什米尔辣椒（Kashimiri Chilli, 克什米尔，印度北部）•

克什米尔辣椒有着漂亮的深红色，中度辣，可以为菜肴增加很多风味，但不会太辣，是很好的美食调料。可以试着使用半干的克什米尔辣椒，做菜前用水浸泡使之恢复水分，可以用来做印度酱香鸡、各种英式咖喱菜以及唐杜里菜肴。

• 布亚达吉辣椒（Byadagi Chilli, 卡纳塔克，印度南部）•

明亮的红色，中度辣。布亚达吉辣椒出产于卡纳塔克邦的一个小县城布亚达吉，它也因此而得名。这种辣椒是印度南部的咖喱菜、酸辣酱、蔬菜汤等食物中辣味的来源。

• 土耳其红辣椒（Pul Biber, 中东）•

勃艮第红，中度辣，口感丰厚。这种红辣椒的起源并不是太清楚，因为有人称它为"土耳其红辣椒"，有人则称其为"阿勒颇胡椒"，这就意味着它们来自叙利亚。土耳其红辣椒经常被磨成辣椒碎或辣椒粉，撒在开胃小菜上佐餐，这和西班牙熏辣椒粉有点像。我个人比较喜欢用一点辣椒碎撒在鳄梨上，然后放在烤好的吐司上吃。

• 伯纳特辣椒（Scotch Bonnet, 加勒比）•

橘色或红色，辣味极其猛烈，形状非常丰腴。伯纳特辣椒是加勒比黑人和西非的菜肴中最常用的辣椒。哈瓦那人辣椒（AKA *Habañero*）则是伯纳特辣椒在墨西哥的变种，不完全一样，但是非常相似。

· 哈雷派尼奥辣椒（Jalapeño, 墨西哥）·

绿色，辣味强烈，墨西哥辣椒以其活力著称！哈雷派尼奥最为人熟知的是切片后腌泡过，再加入墨西哥菜以及诸如 *burritos* 卷饼或 *fajita* 卷饼（见第 349 页）等快餐作为佐料。哈雷派尼奥辣椒在加利福尼亚的融合菜（见第 333 页）中也扮演着重要的角色。

• 小干辣椒（Chipotle, 墨西哥）•

火红色，带着果香。*Chipotle* 小干辣椒其实是哈雷派尼奥辣椒经过烟熏后的干辣椒，用于制作阿多波酱汁（*adobo*，见第 351 页）、萨尔萨辣酱或者搭配豆子菜。

• 黄辣椒（Aji Amarillo, 秘鲁）•

火一样的黄色，就像它的名字一样。著名的秘鲁裔大厨加斯顿（Gaston Acurio）将黄辣椒称为秘鲁菜中最重要的食材，用于制作 *ceviche*（橘汁渍海鲜）以及备受欢迎的 *salsa criolla*（克莱奥尔酱，见第 369 页）。

• 橘色辣椒（Aji Panca, 秘鲁）•

深橘色，烟熏味，辣度比黄辣椒要温和。秘鲁橘色辣椒常风干后使用（烹饪时再加水浸泡），主要用来制作酱料，尤其是腌肉的料汁，它能给肉类带来一种带着果香的辣味，而又不会辣得过分。这是秘鲁人最常吃的辣椒。

• 红辣椒（Rocoto Chilli, 南美）•

猛烈、强力、果肉丰腴，有黑籽和毛茸茸的叶子，*rocoto* 红辣椒和这里的其他辣椒都不一样。它看起来像水果，而且也有果实熟透了的味道——从令人愉快的甜，到烧灼口腔的辣。这绝对是那些无辣不欢的人的菜。

• 红辣椒粉（Cayenne Pepper, 法属圭亚那）•

热带红辣椒，颜色明亮，辣味浓烈。这种红辣椒产于法属圭亚那，但是在全世界的菜式中都广泛使用，或许最著名的还是它晒干后磨成粉的形式，主要用在美国南部菜肴中。

• “霹雳”辣椒（Piri Piri Chilli，非洲）•

果实小、紧实而且辣味强劲。长在非洲，包括西非各国如尼日利亚和加纳（见第311页）和埃塞俄比亚（第303页）。在葡萄牙人发现美洲之后，他们就将这些小红辣椒带往非洲，“*pili pili*”在斯瓦西里语中的意思是“辣椒，辣椒”，后来用于制作备受欢迎的葡萄牙腌料汁（和大蒜、柑橘、香草混合制成）的时候，就成了“*peri peri*”。

• 小红辣椒（Capsichina Chilli, 卡拉布里亚，意大利）•

当地人称这些小红辣椒为*piparedduzzu*，其果实弯曲，像血一样鲜红，为卡拉布里亚菜肴带来了独特的辣味，由此令当地菜与意大利其他地方的美食区别开来。

– 埃塞俄比亚 –

在同一个盘子里吃过饭的人不会背叛对方。

• 埃塞俄比亚民谚 •

*"gursha"*这个埃塞俄比亚词的意思是将手里准备的食物喂到同伴口中，这种做法证明了上面这句民谚。*gursha*象征着信任与情谊——几乎就像是以食物为中介来一个拥抱，同时也意味着有责任让另一个人吃好。在大多数文化中，食物都可以作为一种介质，将人们联结到一起，并由此展示爱与友好。但是埃塞俄比亚的*gursha*由此更进一步。食物将人们团结在桌边，互相喂食则成为一种展示关怀和亲密的行动。

在我们开始探索埃塞俄比亚美食之前，我觉得值得一提的是，非洲食物（乃至整个非洲大陆）被某种模糊性掩盖了。地理学家乔治·金堡（George Kimble）观察到[①]，"关于非洲大陆，最幽暗的东西从来都是我们自身对它的无知"，这一观察给我留下了深刻印象，关于非洲大陆的方方面面莫不如此——无论是语言和地理，还是文化与美食。多少令人感到惭愧的是，作为英国人，我们对非洲的知识、我们与之最强的联系，往往限于那些我们曾经进行殖民统治的地域——一种该被遗忘的"主/奴"之间的动态关系，在50多年前就已结束。[②]对于西方人来说，大多数非洲食物依然是神秘的（或许不包括北非——摩洛哥、阿尔及利亚和突尼斯，因为北非经常被看作地中海地区的延伸）。非洲食物从未被看成是新兴的迷人

••••

① 参见他的著作《今日非洲：拨开黑暗面纱》（*Africa Today: Lifting the Darkness*）。

② 加纳于1957年摆脱英国统治宣布独立，尼日利亚1960年获得独立。

美食或新的“现象”，就像在别致的大都市街旁，那些向美食爱好者出售越南菜和秘鲁菜从而引发狂热的小吃店一样。埃塞俄比亚菜肴被人忽略已经有一段时间了，依然能听到有人说起那种功能多样的“大煎饼”（*injera*，我们后面会说到这种食物），它可以当主食吃，可以单独吃，也可以搭配其他菜一起吃。如果说埃塞俄比亚菜不止这些的话，那么我们对这种食物又有多少了解呢？

埃塞俄比亚坐落于非洲一角（这个半岛延伸至阿拉伯海），这里的景观要么是大片的天空，要么是平坦荒凉的平原，结着硬壳的土壤上生长着孤零零的猴面包树或金合欢树。这里的景色有某种不确定的雄浑壮观，在震撼人心的美与不稳定的天气及战争局面之间变换不定。[①] 多丽丝·莱辛（Doris Lessing）捕捉到这种脆弱的平衡，如此描写埃塞俄比亚的景象：“我知道在越发闷热的天气里，在村庄周围的树林中，鸟儿在多远的地方歌唱；我知道在草叶上悬挂的露珠不断地缩小直到消失的过程中，草儿又长高了多少；我知道人们如何走出家门、走进田地，放牧、锄草。”日常生活太容易成为自然灾害和政治剧变的牺牲品。尽管有充足的阳光和多处不错的水源（其中 12 条都汇入尼罗河），但是这里的天气变化莫测，忽而是热带季风，忽而是干旱，这使得在当地发展农业极为困难，人均生产总值也非常低（农业产值仅占埃塞俄比亚国内总产值的 40% 多一点）。

埃塞俄比亚的生活在很大程度上还是田园式的（尽管和很多非洲国家一样，快速的城市化已经成为现实，但是埃塞俄比亚首都亚迪斯亚贝巴的人口年增长率还不足 4%）。埃塞俄比亚农业的主要生产方式依然是小块农田分散耕种。咖啡、豆类、谷物和玉米是主要作物，此外还有柑橘、香蕉、葡萄、石榴、无花果和番荔枝（这种水果是一种半常绿树木的果实，主要种植于热带季风气候地区），虽然商业价值不是特别大，但都是埃塞俄比亚的土地（主要分布在奥罗米亚州的西南部）所结出的色彩缤纷的果实。

① 1974 年至 1991 年之间的一场长达 17 年的内战给埃塞俄比亚造成了严重伤害，紧接着从 1998 年至 2000 年厄立特里亚和埃塞俄比亚之间爆发了战争。

埃塞俄比亚咖啡受到伦敦博罗（Borough）市场、chi-chi 咖啡供应商（例如 Monmouth）的青睐——它的品质完全可以和哥伦比亚或巴西咖啡豆媲美——咖啡豆是埃塞俄比亚最重要的国际性出口产品。

考虑到农业的重要性，考虑到人和自然之间不确定的关系，人们聚拢在埃塞俄比亚餐桌边，这本身就充满了意义。进餐的时间也是一个机会，能够让那些在地里结束了一天劳作的人聚在一起，庆祝餐桌上收获的食物。菜式都很简单，但是味道浓郁可口，再搭配各种色彩缤纷、加入了香料的豆子以及大家用来共享饭食的大浅盘。埃塞俄比亚的菜肴是一个教科书般的范例，向我们展示了素食能够有多么美味——豆类就有鹰嘴豆和小扁豆，更不用说蔬菜了，在斋戒的日子，它们就是一餐饭的中心。宗教在埃塞俄比亚占据核心地位①，尤其是占据主导地位的科普特教派（Coptic Church）②，这意味着斋戒在埃塞俄比亚的饮食生活和习惯中扮演着主要角色。羔羊肉和成年山羊肉、牛肉和鸡肉都是炖来吃的，但是蔬食在斋戒期间依然是主要的食物（包括大斋节和每个星期三、星期五）。这就令以蔬菜为食材的烹饪创意得以广泛传播，甚至用油也使用菜油，例如从红花（safflower，是一种古老的作物，看起来像蒲公英）里榨取的油脂。红花的花风干后可作为藏红花的替代品，而且更便宜。

埃塞俄比亚食物可能是非洲最辣的，用了大量的红辣椒。辣椒晒干后再混合将近 15 种其他的香辛料，就可以制成 *berbere* 混合香料，这是埃塞俄比亚最有代表性的混合香辛料，包括大蒜、葫芦巴籽、姜、香菜和百香果。*berbere* 混合香料可以用来制作大部分埃塞俄比亚炖菜，这里的人们管这种炖菜叫 *wat*。*niteh kibbeh* 是埃塞俄比亚菜肴的另一种用作底料的关键食材，它有点像酥油，是一种经过澄清的黄油，用各种香辛料调味，经常用香蕉叶子包裹着冷藏。*niteh kibbeh* 和 *berbere* 可以一起烹制一种凝乳质地的酱

① 超过 60% 的埃塞俄比亚人是基督徒，另外约 30% 的人是穆斯林。

② 埃塞俄比亚在 4 世纪成为基督教国家，今天的国教是科普特教派的一支，该教派是中东地区和非洲最大的基督教组织。

料，名字叫作 *awaze*，再加入一些切得很碎的洋葱和水，有时候还有 *tej*（埃塞俄比亚蜂蜜酒）。*awaze* 酱可以用来做腌汁，也可以当作佐料，吃饭的时候放在餐桌中央。它的吃法跟北非的 *harissa* 辣椒酱或者亚洲的酱油差不多，（我敢说）跟英国的番茄酱也很像。如果你去一家埃塞俄比亚馆子（例如阿迪斯 [Addis]，靠近我工作的地方，在伦敦的卡里多尼亚路 [Caledonia Road]），那你的餐桌很快就会像马赛克一样，镶满了红色、褐色、黄色等色彩——或者是盛在小碗里，或者是分堆码在一块 *injera* 上面，而 *injera* 正是埃塞俄比亚饭食的基础。

在英国的市场上，并不是在哪里都能买到 *injera*，但是你能在食品大厦（The Food Hall，位于伦敦登碧巷 [Turnpike Lane] 的埃塞俄比亚超市）买到。你也可以自己做 *injera*（参见“纵深阅读”，第 393 页）。*injera* 是一种未经发酵的柔软大饼，用 *teff* 谷粒做成。[1] 磨得极细的 *teff* 粉与水混合，经过数天发酵，然后再做成 *injera*——直径大概有 30 厘米的圆饼。这些大饼摞在盘子里，就像可以吃的桌布一样，把炖菜（*wat*）倒在上面，然后舀着吃。最著名的炖菜是 *doro wat*（鸡肉和煮老的鸡蛋），不过也可以用任何一种肉类与洋葱一起快速爆炒，还有 *niteh kibbeh*（比如牛肉馅和香辛料混合的 *kifto*），在斋戒日就主要吃蔬菜。炖蔬菜包括 *miser wat*（有红色的小扁豆）、*kik pea alechi*（一种鹰嘴豆蔬菜糊）或者 *gomen wat*。最后这种炖菜用了 *gomen*，埃塞俄比亚人在炒蔬菜时加一圈大蒜（你也可以用羽衣甘蓝代替）以及 *niteh kibbeh* 和 *berbere* 混合油料。*gomen* 也可以和 *iab* 混合烹饪（*iab* 是一种埃塞俄比亚凝乳，与酸奶混合，并用柠檬和盐调味）。

人们对于非洲食物普遍缺乏认识，这是导致埃塞俄比亚美食不能为人熟知的一个原因，除此之外，对食材的陌生也是一个原因。不过，其实只要你买到了 *injera*，用 *niteh kibbeh* 换掉酥油，准备好你的 *berbere* 混合香料（方法见第 217 页）和 *awaze* 酱料，那么这种以蛋白质为主的食物其实就非

① *teff* 是一种埃塞俄比亚特产的营养价值极高的谷物（就营养价值来说类似于藜麦或小米）。它的产量接近埃塞俄比亚全部粮食产量的四分之一。

常近似于欧洲的饮食文化了：肉、鹰嘴豆和鸡蛋。和西非的菜肴一样，埃塞俄比亚烹饪也是一个绝好的范例，展示了如何从少量的本地食材中提取最充分的美味，然后将其放大、增强、延展至各道简单的菜肴，以此来喂饱一大家子人。

当 *injera* 在餐桌上摊开，各种不同的炖菜像彩虹一样堆在上面，人们于是围坐在桌边，从大饼上撕下一块，舀起肉、鹰嘴豆、蔬菜和 *awaze* 酱。*injera* 在这里发挥着三个功能：盛盘的工具、吃饭的器皿以及食物本身。当埃塞俄比亚人开始 *gursha* 这种传统的喂食行为，他们就从 *injera* 上撕一块下来——拆毁盛着食物的工具，同时建立起人与人之间的社会联结。*injera* 就是本章开始引用的那句民谚里所说的“同一个盘子”，是一顿埃塞俄比亚饭食的基础，也是一种古老的、意味着信任的符号。

食材清单：鹰嘴豆 • 花生 • 红色小扁豆 • *berbere* 混合香料 • 清油（*niteh kibbeh*）• *awaze* 酱料 • *teff* 谷物（用来制作 *injera*）• 白色凝乳奶酪（*iab*）

◆◆◆

• 鹰嘴豆炖菜 •

Chickpea Stew

这是一道便宜、好做又有营养的炖菜，它很美味，如果你喜欢的话，加入肉类也非常好吃。你可以和米饭一起吃，不过我还是推荐找一些 *injera*，买一些 *awaze* 蘸酱（参见 403 页供货商名录），这样你就可以做出原汁原味的埃塞俄比亚美食了。

• 6—8 人份 •

鹰嘴豆，3 罐，每罐 400 克，沥干

黄油，50 克

洋葱，1 个，大个儿的，细细切丁

大蒜，4 瓣，细细切成蒜末

berbere 混合香料，2—3 汤匙（配料参见第 217 页）

番茄丁，1 罐 400 克

高汤（鸡汤或菜汤），500—700 毫升

冻豌豆，150 克

菠菜，新鲜的或冷冻的都行，200 克（可选）

海盐和现磨黑胡椒

1 • 预热烤箱至 200℃ /180℃（风扇烤箱）/6 档（燃气烤箱）。

2 • 将鹰嘴豆倒入一只大号烤盘中，铺成一层，在烤箱中烤 15 分钟，经常翻动，这样更容易出香味。

3 • 取一只炖锅或深底煎锅，加热黄油后快炒一下洋葱 2—3 分钟，直到洋葱变软、透明，然后加入大蒜、姜和混合香料，再炒 2—3 分钟。

4 • 加入鹰嘴豆、番茄丁和高汤，煮沸后再小火炖 20 分钟，稍微收一下汁儿，然后加入豌豆和菠菜（如果用菠菜的话），然后再烧 10 分钟。

5 • 如果你的炖菜还是太稀，估计没办法用 *injera* 舀起来，那就再加几勺鹰嘴豆混合物，搅拌后继续炖。最后上桌的时候倒在米饭或是 *injera* 上面即可。

• 蒜味炖菜 •

Gomen Stew

另一道美味的炖菜将鹰嘴豆糊、*injera* 和 *awaze* 结合起来——这些应该都是埃塞俄比亚餐桌上常有的食物。我也很爱单吃这道菜，它为你吃圆白菜注入了几分刺激的味道！

• 4—6 人份 •

圆白菜或羽衣甘蓝，700—900 克，撕碎

橄榄油，1 汤匙

洋葱，1 个，大致切碎

大蒜，6 瓣，切成极细的蒜末

青辣椒，1 只，去籽后切成大块

柠檬，1，挤汁

盐，1 大撮

paprika 红辣椒，1/2 茶匙

姜黄，1/2 茶匙

百香果，磨粉，1/2 茶匙

姜，2 厘米左右，1 片，切成极细的姜末

1 • 取一只大号煎锅，加入 450 毫升水煮沸，加入圆白菜，盖上锅盖，煮至变软。大概需要 15 分钟。沥干，水留着后面用。

2 • 取一只大号煎锅，加热橄榄油，将洋葱煎至透明。然后加入大蒜，再炒 2 分钟，不要让大蒜烧焦。加入圆白菜和煮菜的水同煮，直至水分蒸发。

3 • 现在只需要加入其余的食材，盖上锅盖，再烧 5—10 分钟，直到辣椒有点变软，屋里开始飘出菜肴的香味。

木 薯

◆◆◆

木薯是一种褐色、有点须须的根茎类蔬菜，果肉为白色且坚硬，在英国，你在市场的蔬菜摊或地方食品商铺经常能够看到这种菜。不过，说真的，大多数欧洲人不知道应该怎么做木薯，甚至不知道它叫什么，虽然在发展中国家木薯是数百万人餐桌上的主食。

土豆和木薯都是从南美传入欧洲的，但是木薯（有时也被称为“*manioc*”，即树薯）能够在干燥的热带土壤上茂盛生长，这和我们欧洲人更为熟悉的土豆不同。木薯对于西非的烹饪来说尤为重要，人们将它和甘薯一起捣粉来制作 *fufu*（见第 316 页）。木薯粉（*tapioca* 或 *manioc*）是用木薯磨成的淀粉，可以让糊糊变得更稠，巴西人用它来烹制 *farofa*（奶油木薯粉），这种脆脆的、油油的佐料常常作为配菜食用（见第 374 页）。

◆◆◆

– 西非 –

一个男人招呼他的族人一起用餐，他这么做不是为了让他们填饱肚子。他们自己家里都有吃的。我们在月光下的村头空地上聚集，这样做也不是为了看月亮。每一个人都可以在他自己身上看到这一点：我们聚拢在一起，是因为一族人就该这样做。

• 奇奴阿·阿切比（Chinua Achebe），
《崩溃》（*Things Fall Apart*） •

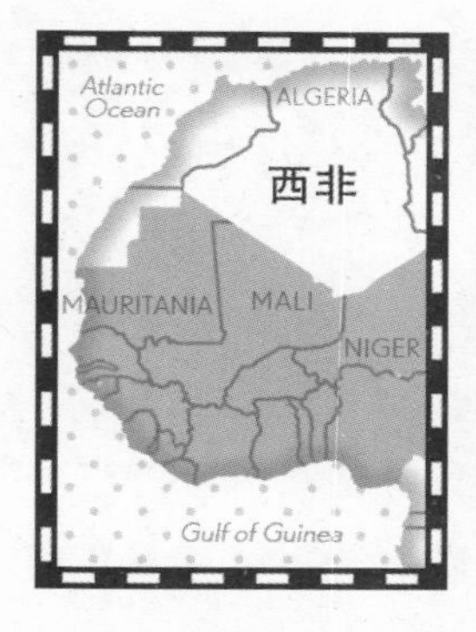

我从未去过西非，但是它一直鲜活地存在于我的想象里。我父亲出生在尼日利亚并且在那里长大，他是驻扎在东部城市埃努古（Enugu）的一个殖民区长官的儿子。在我这样在英国长大的孩子听来，他的童年简直是无忧无虑、充满了异国情调：从父母家的屋顶上往宫廷贵妇的身上扔熟芒果（她们还一边取笑他）；直接从地里摘甘蔗啜糖汁——这可能就是赤道附近的非洲孩子吃的“一分钱糖果”（penny sweets，英国糖果店散卖给孩子们当零食的糖果，种类很多，一两分钱一块，故有此名——译注）。我的祖母总是把4岁的父亲描述成下面这个样子：又矮又胖，一头金发，跟村子里的尼日利亚小朋友们站成一排，冲着照相机急切地挥舞着白白的小手——还真是字面意思上的“竖起的大拇指”（sticking out like a sore thumb，意为“极其惹眼”——译注）。我一直都有这样一个印象：他是一个快乐的孩童，很幸运地，他不需要为殖民主义所造成的任何道德问题和不平等而承担责任。

当我问父亲小时候在尼日利亚都吃过什么食物时，他总是会给我列出一长串听起来好棒的单词：“*fufu*，*sasa*，花生糊，臭鱼”。它们以某种方式保存了西非食物那种美好而又丰盛的单纯。

西非地区包括16个国家[1]，其中大多数都为几内亚湾所环绕，直接面对大西洋和美洲。每个国家都对该地区通行的菜式做出了自己的改变（更别提每位厨子都有自己的菜谱了），而且当然，这些经过改良的菜式也就成了当地独一无二的地方菜（比如加纳的地方菜是*kenkey*[2]），尽管如此，西非的食物依然构成了一种整体性的特色菜系，使用本地的特产来加以装饰调味，以提供大分量而又负担得起的食物。虽然无法做到精细复杂，但是当地食物能够满足大家庭对于食物的需求，而且如果做得好，这些饭食既美味又有营养。

在西非，各种信息都是通过口耳相传的方式来传递的，并且自然地跨越了这块土地上各种各样的地貌与风光——无论是撒哈拉沙漠，还是热带雨林。这就意味着部落的传统常常超越了国家的界限，民间传说、故事和谚语在一代又一代的人之间分享，而不必记录下来。食谱和烹饪传统的继承也是这样。各种菜肴随着不同的社群而传播，不过一代人与一代人之间还是会有些变化。尽管流行的*jollof*饭来自塞内加尔，但它实际上原产于尼日利亚南部的伊博族（Igbo），这就意味着伊博族定居下来并将其烹饪传统很好地传播到尼日利亚之外的地区。在社群的层面分享食谱，这种做法使得大量美食突破了食材产地的限制，成为人们普遍分享的食物（例如花生糊以及*fufu*）。

在旅行的这一站，我们要做的食物都是可以在比较好的地方食品店或超市买到的。这在伦敦和其他大城市都不是问题，在很多街边小店或市场都能找到像木薯和大蕉这样的食材。（如果你不在大城市生活，那么可能不太容易找到，不过网店绝对是一个好选择。参见第403页的供货商名录。）

••••

① 贝宁、布基纳法索、佛得角、象牙海岸、冈比亚、加纳、几内亚、几内亚比绍、利比里亚、马里、毛里塔尼亚、尼日尔、尼日利亚、塞内加尔、塞拉利昂和多哥。

② *kenkey* 的基本食材是经过发酵的玉米粉，这种煮熟的玉米面饺子用玉米皮包着，吃的时候搭配炸鱼糊糊。也可以用大蕉的皮来包。

木薯和大蕉对于西非人来说就是像土豆一样的基本食材，各个地区的人都把它们作为日常的主食。这些作物耐热、耐旱，能够适应贫瘠的土壤，不需要特别精心地种植和维护——是适合当地地形的、耐受力强的碳水化合物（参见第 310 页）。木薯最常与大蕉（绿香蕉）、甘薯（yam，亦即“甜土豆”，和玉米一样在这个地区种植广泛）、野芋（cocoyam，另一种热带块茎类植物，叶子也可以吃，详见下页）同煮，然后捣烂以便制作 *fufu*（见第 316 页），这种食物是一种淀粉面团，要用指尖拈着吃。*fufu* 可以泡在汤里吃，也可以在面团上弄出一道小缝，加入很浓的汤来吃。[①]

土豆和米饭这两种欧洲主要的碳水化合物由欧洲引入西非，从其他的殖民地（南美和亚洲）带到这片土地上。与西非的气候相比，土豆更喜欢凉爽的生长环境，因此在这里很稀有（也很昂贵），不过大米则作为基本食材成为了西非的主要菜肴之一—— *jollof* 米饭，用来搭配肉和炸鱼，最后常常还要吃点炸大蕉。*jollof* 饭差不多算是西非的“西班牙什锦饭”，用 *sofrito* 混合底料制作，包括洋葱、番茄和番茄酱——加纳的家庭厨师维罗妮卡（Veronica Binfor）告诉我，几乎每一道西非菜都要用到这种底料（见第 086 页）——然后再加入一种混合香辛料。经典的香料会包括大蒜、姜、肉豆蔻、伯纳特辣椒，此外还常常加入咖喱粉（这是由大英帝国从其殖民地印度带过来的）。维罗妮卡告诉我，最近几年来，阿多波肉酱越来越受欢迎。这种伊比利亚调料混合了辣椒、大蒜和盐，用作腌肉和调味，西班牙人和葡萄牙人将它带到了“新世界”，从拉丁美洲一直到菲律宾都有它的身影。现在，阿多波肉酱是西非烹饪中最常用的增加甜辣味道的酱料。

酱料、汤和糊糊之间的区别在西非并不明显。它们都有类似的黏稠度，而且食用方式类似，都是搭配 *fufu*、甘薯或米饭一起吃。花生和棕榈果所做的汤则要搭配肉类如羊肩肉或熏鱼，而鸡肉汤和西非经典菜、花生糊（*maafe*）则要用花生油、肉类的边角料、各种用量不等的辣椒、玉米和

①巴西的奶油木薯粉和牙买加饺子或肉饼（见第 358 页）都是“新世界”中与 *fufu* 相应的食物。

秋葵做成。*palaver* 调味酱包括番茄、洋葱、*igushi*（类似于南瓜籽）、肉或鱼、野芋叶和木薯粉，这个根本上是另一道糊糊。它的名字被认为来自葡萄牙语，关于这一点有一场冗长的讨论，《非洲烹饪》（*The African Cookbook*）一书的作者贝阿·桑德勒（Bea Sandler）认为，它很有可能来自厨师们在厨房中的争论，他们拿着蔫儿了的野芋叶子[①]（有时候被称为“大象耳朵”）打来打去，后来就加到了菜里。真要是这样，以前那些讨论可真是白忙活一场！

鱼肉经过风干、烟熏或腌制（例如咸鱼）以后，像鲱鱼或鲭鱼之类的鱼肉就常用于给汤菜调味，不过西非海岸线捕捞上来的鲜鱼和海鲜也具有超凡的好品质。在南部的阿善堤（Ashanti）和沿海地区，鲷鱼、罗非鱼、章鱼和虾都是简单加盐煎炸，直到炸透之后才和甘薯或 *kenkey*（在加纳是这样）一起食用。又新鲜，又快捷，这绝对是典型的街边小吃。在有的地方，也可以用 *waakye*（一种烟熏的黑眼豆，和米饭一起做熟）来搭配肉和鱼。*waakye* 是一道受人喜爱的加勒比菜肴（见第 358 页），这又一次展现了西非饮食传统在美洲的延续。

在有西非人居住的城市，西非餐馆令这些地方飘满了辣椒香味，这种食物最适合在家亲手做，再和一大群人一起分享。就像本节开始引用的奇奴阿·阿切比所写的，人们聚在一起共享这些菜肴，不仅是为了食物，也是为了某种共同体的意义。所以，我要推荐后面给出的家常菜谱，这样你就可以在家招待客人。这些菜都很好做，也好吃，而且来自某种以口耳相传为基础的文化传统，它们始终向着无限的阐释和发挥空间敞开——这才是最好的食谱。

••••

① 野芋只有在当地才能找到，因此我推荐用菠菜，甚至用罐装的 *callaloo*（苋菜，一种蔬菜浓汤，在某些超市能够买到，尤其在那些有较大的加勒比社群的地区）代替。野芋也常常和咸鱼（或者就像我爸以前说的，“臭鱼”）一起做。将蔫了的蔬菜和腌制的鱼肉结合起来（或者用秋葵），这种做法显然后来传遍了加勒比地区，类似的菜式成为那里早餐的主食（见第 358 页）。

食材清单：咖喱粉 • 肉豆蔻 • 姜 • 阿多波肉酱 • 咸鱼 • 棕榈 • 椰子 • 花生 • 棕榈仁油 • 牛油果油 • 花生油 • 木薯 • 甘薯 • 大蕉 • 花生

◆◆◆

• 伊也的火锅 •

Ije’s Hot Pot

伊也（Ije Nwokerie）是我的朋友，来自埃努古，他很热心，提供了自己的火锅菜谱。他说从自己在伦敦的厨房很容易回到家乡，并发明了这道特别的菜，以便能够用一种更健康的方式来吃大蕉（传统的方式是干炸）。这道菜结合了鸡肉和大蕉，伊也说在他小时候的尼日利亚，这两种食材可都是大菜。做这道菜只需要15分钟的时间来准备，可能你会担心找不到大蕉——其实真不用担心，只要你家附近有好市场，那你肯定买得到。

• 4人份 •

菜油或花生油，5汤匙

黄洋葱或白洋葱，2个，对半切开

伯纳特辣椒，1只，去籽后对半切开

姜酱，1/2汤匙（或者1/2汤匙鲜姜，切成很细的姜末）

大蒜酱，1/2汤匙（或者大蒜，3瓣，切成很细的蒜末）

鸡肉块，去皮，450克（4个鸡大腿也很好）

小番茄，2罐，每罐400克

辣椒，1茶匙，或根据口味决定

黄香蕉，4根，熟透的，去皮后切成3厘米长的香蕉段

蜂蜜，1—2汤匙

新鲜菠菜，200 克

1 • 预热烤箱至 200℃ /180℃（风扇烤箱）/6 档（燃气烤箱）。

2 • 取一只大号的耐热炖锅，将油加热后快炒洋葱至透明。加入伯纳特辣椒、姜和大蒜，再炒两三分钟。将火关小，放入鸡块。翻炒 5—7 分钟，直到开始冒出香味，肉的每一面都变成褐色。

3 • 加入番茄、辣椒和盐，盖上锅盖。再烧 4 分钟左右。加入大蕉、蜂蜜和菠菜。翻炒，盖锅盖，再煮沸。然后放入炉中烤 45—60 分钟。

4 • 从炖锅中取出后直接盛盘上桌，搭配 *fufu* 或者煮熟的米饭。

• 富富 •

Fufu

fufu 是西非菜中碳水化合物的主要来源（淀粉或块茎），通常搭配汤和炖菜一起吃，它有很多种做法。我在这里选择了一种最基本的西非方式——经过调味、加入油脂的甘薯，这在英国市场上很容易找到。（我小的时候常去布里克斯顿市场 [Brixton market] 或佩克海姆路 [Peckham Rye] 搬弄那些成堆的块茎类蔬菜——它们长得实在不怎么得体——而不知道该怎么做来吃。）不过 *fufu* 可以用木薯来做，或者混合甘薯、木薯、甜土豆和大蕉。它可以卷起来，形成可以吃的勺子，这样就可以用它来舀汤和炖菜。单吃 *fufu* 也很美味，有点像某种西非风格的土豆泥，如果你喜欢的话。

• 4—6 人份 •

白甘薯，1 千克

黄油，100 克

海盐和现磨黑胡椒

1 • 将整只未削皮的甘薯放入一只盛满冷水的大号煎锅中，开大火将水煮沸。

一旦水沸腾，立刻关至中火，炖 20—30 分钟，直到甘薯变软。

2 • 将甘薯沥干、放凉，然后削皮并切成大块。倒回锅中，加入黄油并调味，然后只需将甘薯捣烂、混合在一起。为了达到一种绵滑的稠度，我更喜欢用薯泥加工器，不过捣土豆器也不错。

3 • *fufu* 上桌时做成一个大的球形，人们从它上面取一点，做成一口大小的小块，用来舀炖菜吃。将你做成的混合物放进一只碗中，然后弄成一个大号的、平滑的球。（先把手弄湿，这样就不会粘手了。）

– 摩洛哥 –

在摩洛哥旅行简直就像翻开了一部装饰华美的波斯手稿，绣满了明媚的形象和精致的线条。

• 伊迪丝·沃顿（Edith Wharton），

《在摩洛哥》（*In Morocco*） •

摩洛哥绝对是美食旅行家的探险地，是视觉和舌尖上的飨宴，奢华的香气和集市上的喧闹俘获了你所有的感官。甜辣的香味从厨房门口飘来，氤氲的水蒸气从一堆堆蓬松的蒸粗麦粉上升起，干炸沙丁鱼在小贩的摊子上发出“噼啪”声，塔吉锅的盖子一揭开，露出团团蒸汽下的焖米饭。摩洛哥菜肴的魔力就在于此——在这些旋涡之中，你简直就要期待着有妖怪现身了……

摩洛哥的食物非常丰富，这是其他的非洲菜系所不能比拟的。它位于非洲大陆的顶部，距离西班牙海岸线只有20英里，历史上是往来货物经由香料之路进入欧洲的最后一站，这里一直都有丰富的传统和食材可供使用。或许最为重要的影响在于君主制，也正是这个因素令摩洛哥与其邻国阿尔及利亚、突尼斯有所不同。王室的厨房在摩洛哥菜系的发展过程中扮演了极为重要的角色，当地的食材（例如南部塔利温 [Taliouine] 的藏红花、阿特拉斯山[①]出产的蜂蜜以及撒哈拉沙漠的椰枣）与进口的食材相遇，当地柏柏尔人（Berber）的烹饪技巧与欧洲、中东的烹饪手法相

••••

① 阿特拉斯山脉横贯了从摩洛哥到阿尔及利亚的整个非洲西北部，最后进入突尼斯。在摩洛哥，阿特拉斯山隔开了撒哈拉沙漠与海岸线，将这个国家分为北部地中海地区（在很多方面——不仅仅是食物——都与欧洲南部而不是非洲更为相似）和干旱的、更“非洲”的南部地区。

融合。[1]宫廷厨师真正建立了与王室威严相契合的菜系。

柏柏尔人是非洲北部、尼罗河西岸的一支游牧部族，他们的影响也使得摩洛哥菜肴与其他的非洲菜系不同。现代的柏柏尔人聚居于摩洛哥和阿尔及利亚，正是这一点说明了为什么摩洛哥菜与突尼斯菜、埃及菜不一样。准备食物的方式是田园式的，例如塔吉锅以及手工制作的粗麦粉，例如将甜味和酸味的食材结合，做出味道浓郁的食物，这些都是来自柏柏尔人的影响。在马拉喀什（Marrakech），现在依然可以看到很多这类例子。艾尔弗纳广场（Jemaa el-Fnaa）是街头小吃的集散地，其中很多小吃体现了柏柏尔饮食的深刻影响：鸡肉和黑种草籽、用唐吉锅（tanjia pot）[2]炖的大锅菜，等等。后者也可能包含肉类和蔬菜，混以橘子水或者干果（例如杏干或梅干）、坚果（例如杏仁、开心果或芝麻）。这些食物可以做一整天，总是会搭配渍柠檬一起食用。

就像定居在这里的柏柏尔人一样，摩洛哥菜充分表现着季节的变化。夏天，马拉喀什热得灼人，到了冬天，阿特拉斯高山则一片冰封，而最后出现在你盘子里的（或是你的塔吉锅里的）食物取决于特定时节这片土地上能有什么出产。随季节变化而调整饮食，这不只是摩洛哥生活的规律，同样也是环境赋予摩洛哥菜肴的特定敏感性。在伦敦南部的斯特里汉姆有一家摩洛哥餐馆摩尔人的客厅（Moorish Lounge），这里的主厨阿迈德（Ahmed）一年到头都可以从无国界的超市、杂货店以及市场小摊贩那里选择食材，完全不受季节限制，但他还是希望自己的塔吉锅能够与时节同步。我在那里总是会点一道 *du Rif* 塔吉锅，是一种素菜锅，里面有各种应季蔬菜，上面盖着山羊奶酪，但是我从来没有重复吃到过同样的搭配。这

••••

① 这些宫廷厨师令我想起简·格里格森（Jane Grigson）的著作《英国食物》（*English Food*）中的一句引文："没有哪种烹饪法会专属于它的国家或地区——而是总在借鉴——同时也在上百年的时间里不断加以改造……每一个国家所做的无非是为其所有元素——无论是不是借鉴得来的——赋予一种国民性格。"

② 一种烹饪用的陶罐，类似于更有名的塔吉锅。唐吉锅的样子有点像花瓶，两边各有一个提手。

样真是既浪漫又迷人——你永远猜不到自己会吃到什么。

烹制摩洛哥菜肴的各种材料很容易找到，而且也负担得起——经过调味的肉类、水果、坚果以及香料。这些食材本身没什么复杂的，但是，在着手烹制摩洛哥菜的时候，一个更大的挑战在于，做这些菜要求某个方面的知识和技巧。这不仅意味着具体操作时要精益求精，而且还要尊崇那些慢工细做的、御厨房里传了400多年的老手艺。就我个人的经验来说，如果你想要找捷径、图方便的话，做出来的摩洛哥菜可显不出好来。你要做好准备，做完饭要清洗一大堆锅，但是别被这个吓倒。在切呀磨呀两个多小时之后，我做出了平生第一道包括西葫芦和鹰嘴豆两种食材的 *kedra*[①]，我当然是精疲力尽了，但付出这么多时间、做这么多重活绝对值得。我简直不能相信自己还能做出这么好吃的东西！摩洛哥菜绝对是我入厨以来的最高成就。

尽管如此，从我的经验来说，不用地道的炖锅炊具，也还是有可能做出美味的塔吉锅焖菜以及 *kedras* 焖菜——这些菜也适用于不放进炉子的做法。不过一定要记得，不用塔吉锅或 *kedra* 锅的话，你就会失去烹饪和焖烧食材时所产生的那种浓郁风味，因此你得开大火，这样可以作为弥补。

因为烹饪摩洛哥菜需要技巧和时间，所以我们想吃这种菜的时候就会去外面的餐厅，我很幸运，孩提时我父母在斯特里汉姆的住屋附近、沿街而下就有一个马拉喀什的小居住区。摩洛哥如今每年要接待上百万人次的游客——他们全是冲着摩洛哥的美食去的，比如一块馅饼（或者该说，一块 *bastilla* 酥皮饼[②]）。这或许部分是由于全球各地的人们对于摩洛哥美食的渴求日渐增长（或许也可以看成是游客们对于具有400年历史的摩洛哥

●●●●

① 像塔吉锅一样，*kedra* 这道菜也是因其烹制所用的容器而得名。*kedra* 锅比塔吉锅更高、更细、更深，焖出来的酱汁口感也更加细滑，就像高汤一样。

② *bastilla* 酥皮饼是一种香辣味的酥皮派，传统上用鸽子肉做成（现在主要用鸡肉），这种食物被认为起源于摩洛哥的第二大城市菲斯。千层饼的选择通常是极薄的 *warqa*，它由薄脆的酥皮构成，中间填料包括肉、肉桂、烤杏仁，然后再撒上一层糖霜。就像很多摩洛哥食物一样，*bastilla* 酥皮饼抓住了甜与酸之间那一丝微妙的平衡。

所抱有的幻想），但是现在年轻的摩洛哥人在家吃饭的时间越来越少，他们逐渐远离了自己的家乡菜，而更喜欢西方的食物。摩洛哥美食家宝拉·沃尔弗特在 1959 年去过摩洛哥，那时候她还是"垮掉的一代"，她说："与摩洛哥美食有关的一切如今都变得十分脆弱。年轻人更爱外出用餐，因为他们厌倦了传统的菜肴。可是在我看来，他们并不如以前幸福。"①

尽管现在还有很多人在吃摩洛哥菜——尤其是在周末或节日的时候——但是用传统手艺在家烹制这些菜肴已经成为一项逐渐消亡的艺术。现代性为人们带来了省时省力的器具和手段。如今，塔吉锅常常做成压力锅，以前家庭手工制作的 *couscous* 蒸粗麦粉（即使在最顺利的情况下做这道菜也是一个漫长而混乱的过程）也在逐步消失——虽然缓慢，然而却是无法挽回的。

蒸粗麦粉要将粗小麦粉卷起、和盐水一块放在手掌间，然后再加粗麦粉和水慢慢揉成面团——揉成我们看着像"珠子"那样的蒸粗麦粉。然后再将面团仔细筛过，蒸熟，再用叉子耙一遍，剩下的再蒸一遍。粗麦粉每蒸一遍后都会膨胀，这也使得摩洛哥人的热情好客成为一种轻松的功绩——即使在最后一分钟还能容纳更多的人坐在桌边一起用餐。蒸粗麦粉要搭配汤和腌烤过的肉类或海鲜一起吃。这三种菜构成了"粗麦宴"的主要内容，它们都是分别盛盘上桌的，但是放在一起吃其实口感类似于塔吉锅或 *kedras* 焖菜那样的什锦菜。

吃一道塔吉锅菜，这可是一种分享的行为，是摩洛哥人热情慷慨的国民精神的象征。人们围坐在饭菜周围，用大饼舀着浓稠的酱汁一起分享。就跟"粗麦宴"一样，塔吉锅大餐也总有空间容纳新加入的人——很简单，只要提供更多的大饼就行。沃尔弗特说："总是有地方留给新来的人。在摩洛哥，好食物是友谊的象征，这一点总是给我留下深刻印象。"烹制塔

①在我跟沃尔弗特聊天的时候，我有一种强烈的感觉：对于她来说，摩洛哥菜几乎就是幸福的同义词，而且也是对亲密关系的一种支持。确实，关系对于沃尔弗特来说是不可缺少的，当她在阐述其摩洛哥烹饪技巧的时候更是强调这一点：她说她的烹饪技巧来自"亲吻、拥抱和量匙"。

吉锅的食材可以有：鸡肉搭配李子干和杏仁，焦糖味的榅桲（quince）搭配核桃、杏干和松仁，或者是羔羊肉搭配椰枣（Medjool dates）[1]、青苹果或朝鲜蓟与柠檬。

作为香料之路的最后一站、货物进入欧洲之前的最后停留之处，摩洛哥从亚洲获得了大量的香料。肉桂、姜和姜黄是摩洛哥菜肴中的三大基本香料，它们来自印度，而后者正好是在香料的用量及种类方面能够与摩洛哥相媲美的国家。比如，*ras el hanout*（摩洛哥混合香料）是一种超过九种香料混合而成的香辛料[2]，可以撒在菜肴中用于调味，也可以抹在肉上用于腌制，它源于摩洛哥[3]，意为“店家之选”，也就是混合了店铺里最好的香料。每一个香料商人都有自己的招牌 *ras el hanout*，通常只磨成半粉状（不要太细），然后加入玫瑰花瓣和灰浆果，这样能够在上桌前为菜肴增添暖调和相当丰富的滋味。如果你喜欢的话，这就类似于一种可以吃的“节日彩纸屑”吧。传统上，混合香料在各个地区的配方都有所不同，这当然是因为摩洛哥变化多姿的风景地貌。（不过这一点也在变化，因为人们离开乡村，前往例如马拉喀什这样的城市居住，这些地方或者是令人向往的首都，或者是像卡萨布兰卡和菲斯 [Fez] 这样的沿海城市，都是旅游业十分发达的地方。）

经过腌渍的柠檬（柠檬封存在盛了盐和香料的罐子里）在整个北非地区都用来做菜：无论是沙拉、蒸粗麦粉还是塔吉锅焖菜，它能给菜肴的风味镶一道更重也更丰富的柑橘味饰边。其他大多数菜系都是简单地将柠檬泡在盐水里，而摩洛哥人更进一步，用柠檬自己产生的果汁来加以腌渍。沃尔弗特坚持认为，渍柠檬是摩洛哥人食品柜里最重要的调料。它们主要

••••

① 椰枣之王——个儿大，肉厚，有一种类似焦糖的味道。棒极了！

② *ras el hanout* 可以包含下面这些香料（用量都可以改变）：百香果、小豆蔻、肉桂、丁香、香菜籽、姜、肉豆蔻干皮、肉豆蔻、姜黄、黑胡椒、白胡椒、辣椒以及八角——见第 218 页。

③ 在北非的其他地方，人们传统上使用一种更为简单的五种香料的混合物，有点像 *la kama*（一种香料粉，混合了肉桂、黑胡椒籽、干姜、姜黄以及肉豆蔻，这种香料来自摩洛哥北部——见第 219 页），没有 *ras el hanout* 那么复杂。

用来抵消甜味——你在摩洛哥食物中总能尝到甜味——作用类似于波斯菜中的青柠干。

我曾经度过一个特别拮据的圣诞节，买了一些大罐子，为朋友和家人做一些渍柠檬——你也可以试试按我下面的食谱来做。渍柠檬不是只有做摩洛哥菜时才用，我曾经在烤鸡肉的时候在肉的凹陷处放了一些渍柠檬（没用鲜柠檬），结果做出来的味道好得令人难以想象！

另一种容易令人联想到摩洛哥的食材（虽然这种联想是错误的）就是*harissa*辣椒酱。这种辣椒酱实际上是从突尼斯进口的[①]，用捣烂的红辣椒、大蒜、盐和橄榄油做成。在突尼斯，*harissa*辣椒酱最有名的用法是加在沙卡蔬卡之中，这道菜后来传入以色列，然后随着人们对于辣味食物的欲望不断上涨，这种辣椒酱在摩洛哥也就越来越流行。（沃尔弗特说摩洛哥人吃*harissa*辣椒酱就跟现在人们吃番茄酱蘸薯条一样。）尽管摩洛哥盛产香料，但是这里的食物传统上并不是"很辣"。人们并不会将整根辣椒扔进菜里，而是从突尼斯人那里受到启发，将辣椒的辣味与其他浓郁的味道调和在一起。

我爱伊迪丝·沃顿所说的"明媚的形象和精致的线条"，它令我想起存在于摩洛哥菜肴中的那些味道、食材以及文化和历史的余韵，它们是如此错综复杂地交织在一起，经过精心把握的烹饪技巧而产生出美味可口的菜式。让我们用下面这些简单的摩洛哥菜肴装饰一下这部美食书吧，然后就看你的了！

食材清单：渍柠檬 • 橙花水 • 椰枣 • 蜂蜜 • 杏仁 • 藏红花 • *ras el* • • • •

① 这就解释了为什么*harissa*辣椒酱会出现在很多沙卡蔬卡的食谱中。沙卡蔬卡被突尼斯犹太人带到以色列，现在已经成为以色列早餐的主要食物：一种辣椒和番茄炖成的辣糊糊，里面再打个鸡蛋。

hanout 摩洛哥混合香料（配方见第 218 页）• 肉桂 • 焦糖洋葱 • 金色葡萄干 • *harissa* 辣椒酱 • 蒸粗麦粉 • 填馅千层酥

◆◆◆

• 鸡肉蒸粗麦粉 •

Chicken Couscous

忘了那些可怕的粗麦粉沙拉的半成品吧，这种食物于 20 世纪 90 年代随着那些漂亮妈妈的出现一同兴起，标志就是小口小口的红辣椒或者西葫芦。宝拉·沃尔弗特的这道粗麦粉非常松软，盖着一层超赞的甜酱。别被长长的食材清单吓倒——这些食材其实都很容易找到，而且很多家里就有。如果想做一道素食的蒸粗麦粉，那就试试用鹰嘴豆代替鸡肉。你可能需要减少一些高汤的用量（而且用蔬菜代替鸡肉），然后相应地缩短烹制的时间。

• 4 人份 •

橄榄油，3 汤匙

黄油，1 汤匙

小鸡，中等分量，1 只，包括鸡腿、翅膀和鸡胸（如果你不想用整鸡，也可以用鸡腿，总共 8 只）

白洋葱，1 个，大个儿的，切片

姜，1/2 茶匙

藏红花，3 撮

海盐和现磨黑胡椒

鸡汤，500 毫升

扁叶欧芹，15 克，切碎，额外备一点最后作为装饰

肉桂，1 茶匙

粗糖，2 汤匙

蜂蜜，2 汤匙

干燕麦粉，450 克

杏仁，30 克，烤过（可选）

1 • 取一只大号煎锅，将油和黄油烧热，快炒鸡肉块 2—3 分钟，每面炒至褐色。将鸡肉从锅中取出，放置一边待用。加入洋葱、姜、藏红花、盐和胡椒，快炒 4—5 分钟，直到洋葱变成透明。将鸡肉倒回锅中，加入鸡汤，炖 30 分钟。

2 • 预热烤箱至 230℃ /210℃（风扇烤箱）/8 档（燃气烤箱）。

3 • 加入欧芹、肉桂和糖，再炖 5 分钟。

4 • 将鸡肉块取出，放入一只烤盘中，淋上蜂蜜。放入烤箱，烤 10 分钟或者烤至鸡肉变成深褐色。

5 • 与此同时，小火保持酱汁不凉，然后准备粗麦粉。将之放入一只大碗或是盛菜用的大盘，倒入足量的沸水，将粗麦粉盖住。加入一撮盐，快速搅拌，盖上一只盘子静置 5 分钟。然后用叉子将粗麦粉耙一遍，令其松软，这样谷物也可以充分地散开。

6 • 上桌时将鸡肉放在粗麦粉上，舀一匙洋葱混合物浇在上面，再撒一些烤杏仁（如果用的话），最后再加一点碎欧芹。

• 南瓜“塔吉” •
Pumpkin ‘Tagine’

严格说来，这道菜并不算是“塔吉菜”。它也不算是 *kedra* 焖菜。摩洛哥菜都是由烹制这些菜肴的器具命名的，这样我改造的“炉面烧”版本严格意义上来说就不能算是塔吉菜了，搞不好更准确的名字应该叫作“炖锅菜”！不过，很多摩洛哥厨师也不用塔吉锅，而且我发现这种“炉面烧”的做法也能做出有迷人的香味、柔软的蔬菜以及黏稠度很棒的酱汁的“塔吉菜”，并适合用大饼舀着吃。

• 6 人份 •

藏红花，少许

无盐黄油，50 克

洋葱，1 个，切得极碎

肉桂，磨粉，3 茶匙

姜，磨粉，2 茶匙

肉豆蔻，现磨碎，1/2 茶匙

海盐，1 茶匙

现磨黑胡椒，1 茶匙

干鹰嘴豆，400 克，泡一夜

洋葱，3 个，切成半月形的薄片

胡萝卜，3 根，切块，2 厘米厚

葡萄干，60 克

南瓜或胡瓜，1.5 千克，削皮去籽后切段，3 厘米厚

新鲜菠菜，300 克

蜂蜜，2 汤匙

特级初榨橄榄油，1 汤匙

盛盘用

渍柠檬，1 个，取出果肉，切成极薄的小片（见后文）

杏仁，75 克，用沸水烫过，烤过

ras el hanout 摩洛哥混合香料，1 茶匙（可选，配方见第 218 页）

1 • 用臼将藏红花磨碎，用 2 汤匙的温水浸泡 10 分钟。

2 • 取一只大号深底煎锅或者耐热的盘子，放入一半黄油、藏红花水、洋葱、肉桂、姜、肉豆蔻，调匀后小火煮 5—6 分钟。混合物很快就会发出香味，变成深橘色，洋葱就会开始变软。

3 • 加入鹰嘴豆，倒入水盖住鹰嘴豆，盖上锅盖，火开大一点。像这样炖 30 分钟，然后加入切碎的洋葱，再炖 20 分钟。

4 • 预热烤箱至 120℃ /100℃（风扇烤箱）/1/2 档（燃气烤箱）。

5 • 检查一下鸡汤的味道，根据口味调整。然后加入胡萝卜、葡萄干、南瓜，盖上盖子再炖 20—25 分钟，直到南瓜和胡萝卜变软但是还没煮烂。

6 • 取出蔬菜、鹰嘴豆和葡萄干，然后放入一只耐热盘子里。用箔纸盖住，放进烤箱保温。

7 • 将菠菜放进一只煎锅，加一点水煮 2 分钟直到叶子煮蔫，放在一旁待用。

8 • 往高汤中加入蜂蜜、橄榄油以及剩下的黄油，煮沸后再炖 5—6 分钟，直到收汁、变稠。

9 • 准备上桌的时候，将蔬菜和鹰嘴豆从炉子里取出，盛在盘子里。将菠菜放在上面，然后浇上高汤，撒上渍柠檬碎、杏仁以及一点 *ras el hanout* 来增加香味，同时也让菜肴看上去更可爱。

• 渍柠檬 •

Preserved Lemons

宝拉·沃尔弗特将渍柠檬称为“摩洛哥人食品柜中最重要的配料”，我得说，我同意。像这样经过发酵还带着辛辣味的柠檬片，味道如此浓郁丰富，以至于新鲜柠檬都不足以取代渍柠檬在摩洛哥美食中的位置。（你也可以试试，找个周末烤只鸡，用渍过的柠檬代替鲜柠檬放进鸡肉的凹陷处……绝对是道大餐，而且肉汁极其美味。）香辛料的味道增加了一点复杂性，而且对于任何在审美方面有要求的厨师来说，柠檬片渍在罐子里真是好看呢。

• 6 人份 •

未打蜡的柠檬，6 个，洗净

餐桌盐，6 汤匙

柠檬汁，分量要足够盖过柠檬

肉桂棒

丁香，3 只整的

香菜籽，10 粒

黑胡椒籽，10 粒

1 • 将柠檬在案板上来回滚动，使之变软，然后从顶部四分切开至距底部 1 厘米，保持柠檬依然能够合拢。

2 • 在露出的果肉上都抹上盐，然后将柠檬紧紧放入无菌的腌渍罐中，每铺一层柠檬都加一层盐。这样会压得有点紧，但是只要可能——一定压紧一点！

3 • 你需要的柠檬肯定不止 6 个，因为现在你需要用柠檬汁将罐中的柠檬泡起来——准备足够的柠檬，确保柠檬汁能将罐中的果子淹没。

4 • 放入肉桂棒，在柠檬里面和周围撒上香辛料。盖紧盖子，放入冰箱冷藏一个月。经常转动罐子以使盐、柠檬汁和香辛料均匀分布。如果需要，可以在腌渍过程中再加入柠檬汁。

美洲

· THE AMERICAS ·

大熔炉

◆◆◆

欧洲于1492年发现美洲，这一事件不啻于一个重大的机会，使其得以在很短的时间内在一片极为辽阔的土地上产生影响——而这正是后来所发生的事。这幅地图表明了主要的欧洲势力是如何在15—18世纪之间瓜分美洲大陆的绝大部分地区的。其中的阴影部分显示了，在帝国主义力量达到鼎盛的18世纪中叶，美洲大陆的各个部分都是由哪些欧洲势力统治的。

图中的箭头表明，大规模的移民（尽管不是殖民者，但是同样对于“新世界”各个国家的文化产生了重要影响）及其对于美洲各地菜肴的影响与塑造。其中部分因素包括始于16世纪的奴隶制，当时上百万的西非人口被迫在“新世界”的种植园劳作或者被当作家奴。在奴隶制被废除之后，来自中国和印度的契约工开始来到这片土地。而在第二次世界大战期间，犹太人成群地逃离大屠杀，意大利人则成群地逃出墨索里尼的统治。

这幅地图解释了（尽管非常简要）美洲大陆上这些混居在一起的民族是如何在他们的菜肴中表达自己的——按照字面意思来说——“大熔炉”中的人们为这一锅大杂烩做出了哪些贡献。

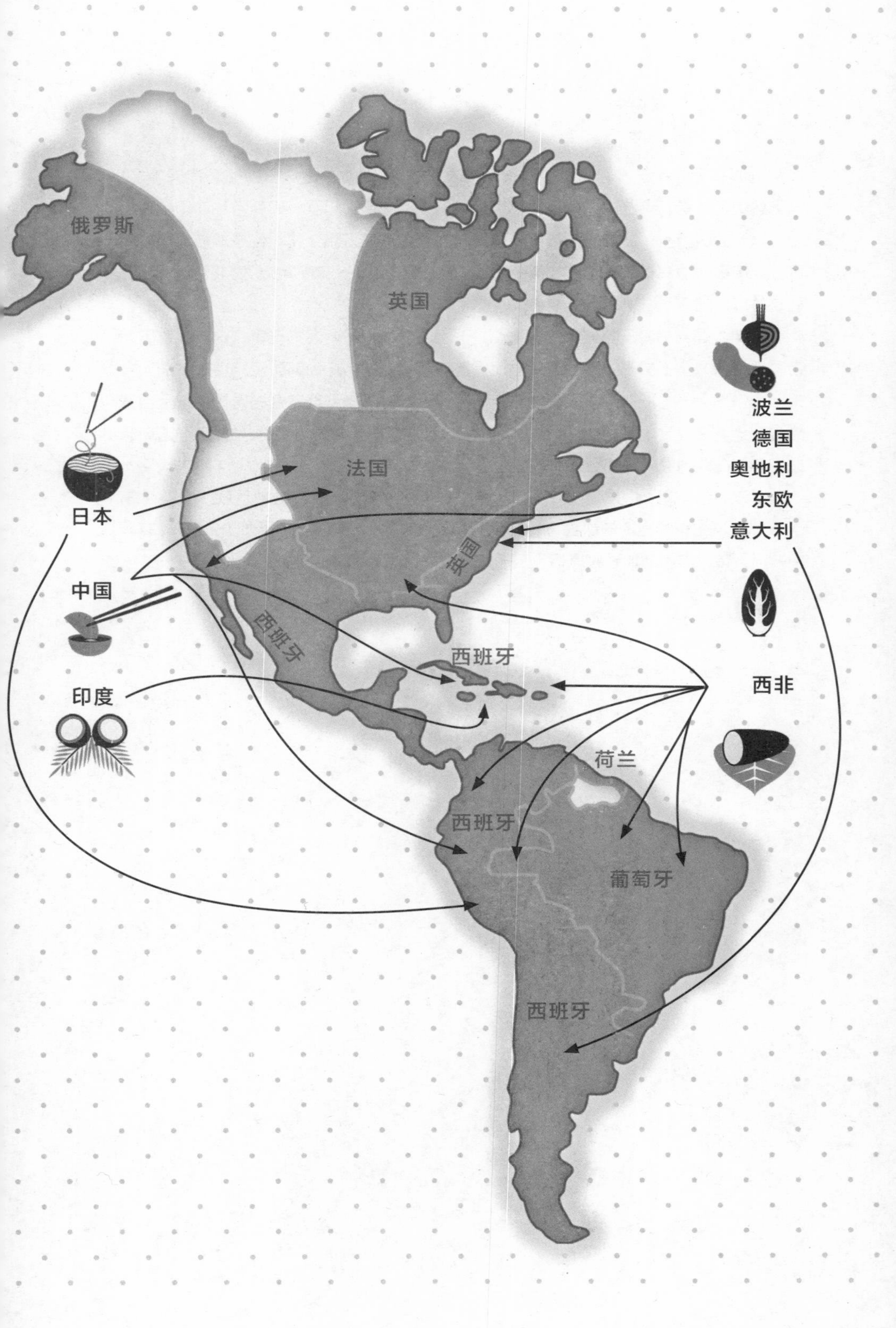
俄罗斯
英国
法国
英国
西班牙
西班牙
西班牙
荷兰
葡萄牙
西班牙
日本
中国
印度
波兰
德国
奥地利
东欧
意大利
西非

• 本土社群 •

美洲本土的社群被称为是“前哥伦布时代的”，因为在哥伦布和征服者于 1492 年到达美洲之前，这些人构成了“新世界”的主要人口。玛雅、阿兹特克、印加、阿帕切以及因努特……这些族群来自迥然不同的年代、地方和文化，但是却被人们不加区分地统称为“印第安人”，因为这和哥伦布的误解有关——最初他以为自己到了印度，后来才意识到自己发现的是一个全新的世界。

欧洲人的到来对于美洲本地人来说是一种巨大的、血淋淋的伤害，这不仅是因为帝国主义势力基于扩张的野心而对当地人进行了暴虐的镇压，同时也是由于欧洲人带来了令当地人无力抵挡的疾病。欧洲疾病例如天花、流感乃至普通感冒都使得上百万的美洲土著在 16—17 世纪之间丧失了生命。（从这一点来看，死亡人数甚至远远超过黑死病在欧洲导致的死亡人口数。）

不过，本地社群的影响仍在，你可以从墨西哥等国家的食物中看到这一点（第 349 页），其中美洲当地的饮食习惯与西班牙及非洲的传统在一种混合文化（以及菜系）中并存，带有典型的加勒比风格，但仍保留着独特的墨西哥式的吸引力。

– 加利福尼亚 –

一个地方永远属于那个说它最艰辛、最着迷地记着它，将它从自身剥离、重构并再次加以表达的人，属于那个爱它爱得如此决绝，从而在自己的想象中重新创造它的人。

• 琼·迪迪昂（Joan Didion），
《白相册》(*The White Album*) •

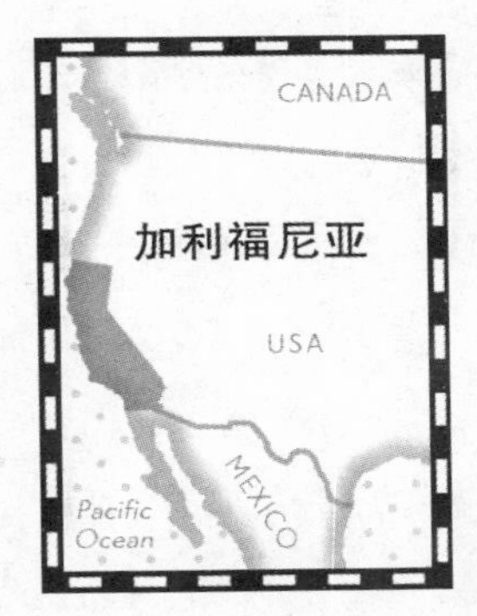

我 21 岁那年，带着一只旅行箱和一卷琼·迪迪昂的文集搬到了加州北部。这一年我离开家乡，到加利福尼亚大学伯克利分校继续攻读我的英文学位。当时我并没有意识到，在这里我也会受到美食教育。

一开始，我不得要领。为什么人们对加州的食物如此大惊小怪？它不就是把来自其他几种文化的食物放在一块吗？墨西哥、中国、意大利……这些地方的食物我已经吃过很多了。当一个地方的饮食体系采用了其他更为成熟的菜系所具有的菜式和传统，还说它是“加州的”，这样公平吗？这难道不是某种意义上的剽窃吗？

不过，很快，我就发现加州菜其实远非如此。加州确实有它自己的菜系，尽管这是从其他菜系传过来的。你也看到了，加州菜是一种衍生品，而这正是它可以引以为豪的特点。它可以炫耀“新世界”的丰富、多元以及充满可能性，并对美国“大熔炉”的概念做出一种饮食层面的表达，它将各种移民群体间迥然不同的影响融在一起，放进一只盘子里。

根据统计，加州说西班牙语的人几乎与当地的白人一样多：接近加州人口的 40%。其中大多数都是墨西哥人，而他们将家乡饶有趣味的主食（见第 349 页）都带到了加州的标准菜单上（比如辣椒、青柠、斑豆和鳄梨）。还有 30% 的人口来自亚太地区，其中有些人已经深深扎根在美国加州——旧金山的唐人街是当地规模最大的中国城，而这个城市同时可以引以为傲的还有一点：当地的日本人数量也足以形成一个“日本城”。再加上不计其数的规模较小的族群共同体及其菜系——例如世界上最大的伊朗离散犹太人社群，在洛杉矶周边大约有 50 万人；还有旧金山北海岸的意大利人社区，以及大量离家乡不远的美洲居民——忽然间你就体会到了这里的食物所具有的无可比拟的多元性。

来自这些文化的菜肴通常都会经过加州人的改造，通常的结果都是变得面目全非。比如，加州寿司卷（最早在美洲出现的寿司，在饭团中裹进紫菜，通常还有人造蟹肉）、*cioppino* 海鲜乱炖（一种意大利炖鱼，最早诞生于旧金山），还有 *burritos* 玉米煎饼，颇有讽刺意味的是，它远胜过我在墨西哥吃过的 *burritos*。还有一些我喜欢的例子，比如某些加州混合菜，它们来自旧金山教会区（Mission district）的一家名为使命街美食（Mission Street Food）的餐厅。章鱼和熏酸奶、黑橄榄、小萝卜以及豌豆泥一起在铁板上烤，再撒一些 *ras el hanout* 摩洛哥混合香料，或者猪五花肉和 *jicama*（有点像墨西哥萝卜）以及墨西哥腌辣椒一起烤，这些例子都表明了不同菜系之间是如何相互渗透的，同时也捕捉到今日加州菜的本质，即混合东亚、墨西哥、北非和中东菜系的特点而形成自己的风格。

支持这种多元文化影响的混合，其实就是一种习俗，即优先取用当地和应季的食材——使用每个季节在你手边的、产量丰富的食材来做菜。我记得有一天，我放弃了去旧金山现代艺术博物馆游览，而去了自己喜欢的当地杂货店伯莱莱碗（the Berleley Bowl）。这家店与主流的超市完全不同，它本身简直就是一间博物馆——一座大商城，在这里你可以找到当地应季的物产，它们刚从地里摘下来，甚至还带着泥。

如今我们都听惯了那些令人兴奋的字眼，比如“本地”“当季”“有机”，但是回到 20 世纪 60 年代，当时通过外贸渠道引入异国的货物还是一件少见的新鲜事，加州就已经领先了一步，呼吁用更“可持续的”方式来获取食物。艾丽斯·沃特斯[①]（Alice Waters）就是其中的一位领军人物，她自己的餐厅总部设在伯克利，这里是加州多元文化的温室，也是“言说自由运动”[②]的诞生地。艾丽斯·沃特斯推动了使用当地当季的食材，反对消费文化。“时间和地点催生了我的理想主义和实验。这是60年代末期，这是在伯克利。我们都相信共同体、个人责任以及品质。潘尼斯之家（Chez Panisse）就是从这些想法中诞生的。”[③]

加州菜或许最好是被描述为一种通往美食和风味的路径，而不是已经规定好的饮食体系。它更多地与烹饪方式而不是内容相关。因此，虽然肯定还是有些食材、菜式或传统是典型加州式的，但是你不必非得备齐这些材料才能做出加州菜。想想你现在的位置，现在这个季节有哪些水果和蔬菜？有哪些食物是你那里特有的？附近有哪些大规模的移民社区？将这些答案根据你自己的方式加以综合。根据当季食物做出创意搭配，这样你就学到了加州菜的精髓——不只是口味，更重要的是精神。

用《纽约时报》吉姆·塞弗森（Kim Severson）的话来说：“（加州菜）是淘金热和移民潮的产物，是果园和阳光的食物。”当然，所有的菜系在某种意义上都是衍生的。令加州菜与众不同的，除了它的构成元素范围格外宽广之外，还有一点就是，和以色列一样，加州的饮食文化是如此年轻。它从诞生至今不过经历了两代人，而且依然还在形成之中，它甚至自身还没有被看成是一个菜系。但是我很确定，加州人对待食物的方式已经不可

••••

① 艾丽斯•沃特斯为加州菜赋予了面貌和声音。后来她积极主张学校午餐改革并成为有机食品的咨询专家。沃特斯在1971年开了一家标志性的餐厅“潘尼斯之家”，将经典法餐和加州当地食材结合在一起。“潘尼斯之家”依然设在伯克利的沙特克大道（Shattuck Avenue）上的艺术品和工艺品大楼里。

② 在1964—1965年间，“言说自由运动”成为有组织的学生抵制加州大学伯克利分校行政管理的运动，该校行政系统一度禁止学生在学校组织的共和党与民主党俱乐部之外有任何激进言论。学生中的激进者成功地通过学生运动捍卫了言论自由的权利，该运动由此成为美国公民自由史上的一个里程碑。

③ 引自《像“潘尼斯之家”一样烹饪》（*The Chez Panisse Menu Cookbook*）。

逆转地改变了我们的饮食方式，体现了我们如今想要如何烹饪、想要如何饮食：要新鲜的、健康的，再有一些略带叛逆的创意。加州菜自身即创造出令人意想不到的配菜方式，并且始终抱有坚定的信念——使用离你最近、可以直接获得的食材。

我经常会想，加州菜的料理原则反映出的其实是那些酿酒师经年持守的原则，即：自觉地采用最适合当地土壤条件的方式，尊重土壤本身的巨大潜力以收获最好的果实。不过我觉得，我最爱加州菜的地方在于（无论是理论上还是实际上），它向我们表明了，如果我们采用一种有机的方式，如果我们按照与饮食传统和谐共生的方式来选择我们的食材，那么我们的食物将会是什么样子。

《白相册》出版于 1979 年，《纽约时报》的一位记者对此曾写道："加利福尼亚属于琼·迪迪昂。"尽管本章开始引用的那段话可以有多种解释（或许它是对于一个人与一个地方的普遍反思，而不是关于一个人与某个特定地方的关系），但它依然将我带回了加利福尼亚。正是这个"黄金之州"（the Golden State，加州的别名——译注）为它那独特的多民族混居的特点所塑造，由此它寻求某种全新的东西。加州菜就是这样一种冲动的产物：在各个族裔的共同构成中不断地推翻重来、激烈再造。

22 岁那年，我离开了加利福尼亚，但加利福尼亚从未离开过我。带领你自己开启一段旅程吧，踏上这片满是移民和阳光的土地，你会发觉自己的眼界就此打开。

食材清单：想想有什么当季的食材、你家周边有什么就近可以找到的食物，把它们结合在一起，可以参考周边社群的烹饪习惯。拿我来说吧，我住在伦敦，附近菜肴有很多土耳其菜和印度菜，不过在加利福尼亚可能还是会有一些来自墨西哥的鳄梨和玉米饼，来自摩洛哥的 *ras el hanout* 混合香料（配方见第

218 页），来自伊朗的米饭，来自黎凡特的酸奶，来自亚洲的面条、姜和大酱。食材是否应季和新鲜，是烹制加州菜的关键因素。

◆◆◆

• 加利福尼亚沙拉 •

California Salad

这道沙拉让我回想起在加利福尼亚的时光。它结合了“黄金之州”的很多饮食方式和季节性食材，可以用很多种方式来做——一切都取决于你有什么食材、当季有什么收获。我最喜欢的做法会在下面给出，它会将快火炙过的对虾和基本食材如鳄梨、脐橙以及亚洲风味的浇汁搭配起来。你还可以加一些藜麦或是粗燕麦，这样无论放不放对虾都足以构成一餐饭了。这两种谷物都可以很好地吸收浇汁。

• 4 人份 •

葱，1 棵，细细切碎

姜，1 片，1 厘米左右，大致切碎

大蒜，1 瓣，大概切碎

香菜叶，15 克

特级初榨橄榄油，1 汤匙

米酒醋，2 汤匙

熟芝麻油，少许

味醂或米酒，2 茶匙

酱油，1 茶匙

青柠，半个，挤汁

藜麦或粗燕麦，100 克，用 400 毫升水煮过并冷却（可选）

青葱，3 棵，切成半厘米长的葱片

鳄梨，2 个，纵向切片

脐橙，2 个，去皮后用一柄尖刀挖出果肉

生对虾，20只（可选）

腌 *jalapeño* 辣椒，上桌用（可选）

香菜，盛盘用，切碎

1 • 制作浇汁，将葱、姜、蒜和香菜叶用臼捣碎，直到香菜开始将其他食材染成绿色。倒入一只小碗，混入橄榄油、米酒醋、香油、味醂、酱油和青柠汁。

2 • 如果你要加入藜麦或粗燕麦，那就放入一只餐碗中，上面摆好青葱、鳄梨和橙子。如果你不加谷物，那就直接把青葱、鳄梨和橙子在碗里摆好。

3 • 如果你要用对虾，在煎锅中用2分钟左右炙熟，它们会变色，不过吃着依然柔软。把对虾放在沙拉上面。

4 • 接下来只要把浇汁倒在沙拉上就行，如果你想加一些香料，那就撒一点腌辣椒，再撒一把香菜碎在上面。

• 烤玉米棒子搭配辣椒黄油 •

BBQ Corn on the Cob with Jalapeño Butter BBQ

没什么东西比烤玉米棒子更好的了，尤其是正当季的时候。这道菜要确保甜玉米的颗粒柔软，要和大量墨西哥风味的黄油一起烤，里面掺些腌辣椒和青柠。最佳烧烤方式为：第一，BBQ露天烤；第二，黄玉米带着皮一起烤。不幸的是，一年里并不总是夏天，所以我会给你一些室内烧烤的说明。此外，由于超市里售卖的玉米都是去皮的，我就假设你用的玉米都是这种，不过我也会给你一些说明，这样如果你找到带着皮和须须的玉米也知道怎么做。

• 4人份 •

无盐黄油，50克，室温存放

墨西哥红辣椒，新鲜的或腌制的都可以，切成小片

青柠，1个，留果皮待用

盐，少许

香菜，10 克，切得非常细碎

玉米棒子，4 根，最后连须须一起留着

青柠上桌备用，四分切瓣（可选）

1 • 打开 BBQ 设备或是烤炉。

2 • 取一只碗，将辣椒、青柠皮、盐和香菜在其中捣烂，与黄油完全混合。用手将经过调味的黄油捏成一根圆柱（这样上桌的时候比较容易切片），然后冷藏，直到上桌时再取出。最好是在烤玉米前两三个小时做好，这样味道能够更好地融合。

3 • 将玉米在淡盐水中泡 15—20 分钟。沥干。

4 • 如果你要烤的玉米没有皮，那就烤 20—30 分钟，不断翻转，这样每一面都能烤匀。玉米粒会变成褐色或是黑色。如果玉米上还带着须须，那就需要多烤一会儿——约 15 分钟，直到玉米外皮变黑，然后剥去外皮丢掉。把“裸”玉米再放回烤架烤 10 分钟，不断翻转。玉米粒会逐渐烤焦。

5 • 摆盘，将辣椒黄油切片，每根棒子都厚厚地涂上一片，然后和青柠瓣一起上桌（额外的青柠能够增加一些浓郁的柑橘香气）。

– 路易斯安纳 –

踏上新奥尔良的一刹那，你就会感觉到某种潮乎乎、黑乎乎的东西蹿到你身上，开始不停地又拱又蹭，像一只湿漉漉的狗。想要把新奥尔良的这部分拿掉，唯一的办法就是吃。这意味着包馅儿煎饼、小龙虾浓汤和什锦饭，意味着加了虾子的蛋黄酱、山核桃馅饼和红豆米饭，意味着优雅的纸包鲳参鱼、时髦的草本汤以及成打的生牡蛎，意味着早餐就吃板烧、上床睡觉的时候来份穷汉三明治搭配什锦小菜，在此之间就是一桶又一桶的秋葵汤。

• 汤姆·罗宾斯（Tom Robbins），

《吉特巴香水》（*Jitterbug Perfume*）•

有一道菜名叫 *Hoppin' John*，美国南方腹地（Deep South）的人们经常吃这道菜，它是一种卡津式的（Cajun，移民路易斯安纳州的法国人后裔——译注）烩饭，混合了黑眼豌豆、大米、洋葱和培根，这道菜总会让我想起父亲。我也不知道他有没有吃过 *Hoppin' John*，不过既然他的名字是“John”，而且他喜欢蓝调音乐，那他可能会喜欢这道菜。我在伦敦一座半独立式的房子里长大，在那儿，留声机里经常传出约翰·李·胡克（John Lee Hooker）和 B.B. 金（B.B. King）的歌声，我父亲会用脚尖打着拍子、弹着想象中的吉他来为《狂热已逝》（*The Thrill is Gone*）伴奏（他那股痴迷劲儿充分表明，“狂热”绝对没有“已逝”）。父亲简直就是 *Hoppin' John* 这道菜的化身。

在南方腹地，食物和音乐常常密不可分，一起完美地表达了黑人侍者阶层的灵魂之音，而在这个地方，这就是主调。灵魂料理，灵魂音乐。有些菜名听起来简直可以当歌词了。最典型的当然是1952年汉克·威廉斯（Hank Williams）的那首《河口的什锦饭》（*Jambalaya in the Bayou*）。他唱出了克莱奥尔菜（Creole，从欧洲移民路易斯安纳的法国人后裔——译注）和卡津菜的一些菜名，例如jambalaya（美国南方腹地最基本的烩饭，混合了大米、高汤和肉类），还有最合他的"吉他调子"的秋葵汤（file gumbo）。音乐和食物都捕捉到了路易斯安纳州沼泽地附近生活的独特特征。当它们合在一起的时候，就会立刻让人想起亚热带地区的潮湿气候、河流以及其中出没的小龙虾、鲇鱼甚至短吻鳄。

在南方各州中，我选择探寻路易斯安纳州的美食，而不是其他州的，只是因为我觉得，在这里你能找到对于南方腹地最为纯粹的表达。当我们在一间路易斯安纳式的厨房里做饭和吃饭的时候，我们就将新奥尔良的小调儿与河口的湿地带进了我们的生活，[1]更不用说诸如克莱奥尔人和卡津人混居的那些社区了。路易斯安纳的食物会令你品味最为丰富的美国南方风采——不过在你开始烹饪之前，找几张南方的音乐CD吧。马迪·沃特斯（Muddy Waters）或斯里姆·哈珀（Slim Harpo）的音乐会令你有更生动的体验，立刻跟上秋葵汤的节奏。

总体上说，美国南方占据了美国领土的至少三分之一，从马里兰州向下一直延伸到佛罗里达州，向西则一直到达得克萨斯州。这11个蓄奴州构成南部邦联（Confederacy），于1861—1865年间宣布退出林肯总统领导的美利坚联邦（American Union），形成了与美国西部和北部完全不同的文化空间。在19世纪，奴隶制在这些地区的经济模式中具有明确地位，当时的种植园大规模地种植烟草和棉花，而这里有一种文化自觉，远远不同于体现在纽约和加利福尼亚州的欧洲式的"美洲"概念。

①"河口"（bayou）这个名字用来称呼美国南部各州（尤其是路易斯安纳）的湿地和沼泽。就像当地用的很多词汇一样（还有很多菜名），这也是一个法语词，后来被南方腹地说英语的人改造成了克莱奥尔语。路易斯安纳的河口很宽，地势较低，是适宜多种野生物种（包括新鲜的贝类）的好地方。

路易斯安纳州以及整个南方地区都有数量庞大的黑人，他们促进了今日南方菜系的形成。尽管主人和奴隶之间的关系在历史上一度是白人和黑人之间关系的主要模式，但是仍然有些令人振奋的事实，即：黑人仆从阶层影响了甚至可以说是控制了南部的厨房。这种影响一直存在，而如果你考虑一下这个地区的面积，就不会对南部灵魂料理（soul food，这种说法产生于20世纪60年代，用来描述美国南部非洲裔的食物）如此广泛流行感到惊讶了。

美国本土文化与非洲黑奴、欧洲殖民者、拉丁美洲的其他邻居在路易斯安纳相遇。[①] 法国传统占据主导地位[②]（比如*roux*浓汤是烹饪的关键），然后又受到了非洲裔的影响（例如在秋葵汤或什锦饭等炖菜中使用秋葵和伯纳特辣椒），这样做出来的菜式就是克莱奥尔或卡津风格的。这两种风格是美国南部的主要烹饪方式，不过，虽然它们都将当地食材与经典法国料理方式结合起来，而且某些菜肴还有同样的名字，但是在风格和操作方面，这两种菜式还是有区别的。

克莱奥尔菜式在路易斯安纳州的东南部、新奥尔良周边都是基本菜系，它更直接地源自法国殖民者。克莱奥尔菜与其“近亲”卡津菜相比，更像是“城里的”，很可能是由仆从阶层发展起来的，他们将法国殖民者带来的影响（使用黄油和奶油、大蒜和新鲜香草、*roux*浓汤、海鲜浓汤和杂烩浓汤）和当地的食材融合在一起，后者也是来自南部大熔炉的某些多元开放的社群。其中，土豆可以追溯至爱尔兰人，秋葵来自非洲人，辣椒和甜辣香料来自西班牙人，百香果来自西印度人，草药粉（用檫树叶子做成的香辣粉）则来自美洲本地人。法式料理是克莱奥尔菜的基础，不过，美国美食书作者科尔曼·安德鲁斯（Colman Andrews）将它的突出特征描述为“克莱奥尔食材的圣三一”，即：芹菜、洋葱和柿子椒。这三种食材与法式

••••

① 这个州以路易十四命名，他于1643—1715年间任法国国王。

② 北美地区的法属殖民地包括从今天的路易斯安纳州穿越中西部直到加拿大的法语区，时间自16世纪中叶开始，直到18世纪中叶影响达到顶峰。

料理中的三种基本用料 *mirepoix* 相呼应，后者是烹制如 *moules marinière* 白汁贻贝或 *ratatouille* 蔬菜杂烩的基本食材，当然，地中海地区的其他无数种菜肴都会用到这些食材。

卡津人主要生活在路易斯安纳州的西南部，18 世纪中叶从加拿大的法语区阿卡迪亚（Acadia，今天的新斯科舍省 [Nova Scotia]）迁移到美国南部，当时是被正在加拿大进行领土扩张的英国人驱逐出境的。卡津菜与克莱奥尔菜都有共同的法式结构，但是它更简单，更有乡村风味，也更辣一些，用了更多的辣椒，而这一影响来自西班牙人，之后又遍及河口及周边海岸。就像在加拿大一样，野味是很重要的部分，包括野兔、臭鼬甚至短吻鳄。这些野味通常都用卡津调料加以熏制或腌制，虽然各地的调料做法有所不同，但总是包括辣椒粉、黑胡椒、红辣椒和柿子椒。熟食显然也随着法国人来到了这里，例如这里也有 *andouille*（辣熏肠）和 *boudin*（血肠）这样的煮香肠。

卡津菜和克莱奥尔菜的核心（以及灵魂）都是使用当地活鱼和鲜肉所做的汤菜和炖菜，其中包括斑豆炖培根、*Hoppin' John* 中的黑眼豌豆、海螺浓汤（用海螺肉、番茄和柿子椒一起烹制）以及鲜虾浓汤（一种滋味清淡、口感绵滑的虾汤，再撒一些辣椒粉）。或许南部最著名的炖菜还是秋葵汤，卡津菜和克莱奥尔菜都有这道汤。它用高汤打底，结合当地新鲜的带壳海鲜，例如大虾，还有肉类，例如鸡肉和香肠，这些食材都和 *roux* 浓汤混合并且由此变得更加浓稠（一般来说，克莱奥尔秋葵汤颜色会更深一些，这也意味着它的烹调过程更加复杂），上桌时浇在米饭上享用。*étouffee*（煨海鲜）是一种以 *roux* 浓汤为底料的更为浓稠的海鲜煨菜，也是浇在米饭上享用。它的主要食材通常是小龙虾[①]，搭配颜色较深的 *roux* 浓汤，后者用

① 小龙虾在路易斯安纳州也被称为 crawfish（淡水螯虾），而且在美国南部有各种各样的名字，例如 crawdads（蝲蛄）和 mudbug（泥巴虫）。

beurre noisette[①]（经融化的黄油）做成。

这些炖菜的经典吃法都是搭配米饭、粗谷粒或玉米饼。南部所谓“粗谷粒”（grit，名字来自古英语“grytt”）其实意思就是“粗面粉”，通常用经过碱处理的玉米制成，后者就是“玉米片粥”（hominy）[②]。它们具有粥一样的黏稠度，主要是在早餐时搭配 *grillades*（铁板烧物，慢慢做熟的蔬菜、牛肉或猪肉）一起吃。路易斯安纳的早餐也会有饼干，比较硬，有点酸，有点像英式司康饼，堆在一起，和肉汁、鸡蛋或牛肉饼一起吃。

就像在墨西哥或者更往南的拉丁美洲地区一样，玉米和粗玉米粉也是美国南部人民摄取碳水化合物的重要且便宜的来源（见第 348 页）。路易斯安纳人能够像变戏法一样，将平淡无味的玉米粉变成美味的（可能还富含胆固醇）食物，例如玉米饼（我用脱脂乳做的玉米饼可以成为感恩节大餐的一道天然菜肴，后面我会给出这道菜的菜谱，见第 346 页）和油炸玉米饼。这些菜都是将玉米糊面团经过干炸做成——其实就是南方简易版的西班牙炸丸子——通常作为小菜搭配鱼或海鲜。

玉米粉也常用来作为干炸面团，或是用作干炸肉类、鱼类及蔬菜的面浆，比如鲇鱼（要浸泡一夜以使肉质柔软）、秋葵，还有最著名的鸡肉。炸鸡在全世界几乎已经成为美国南部黑人食物的代名词，很多厨师都模仿过。劳丽·科尔温在《家庭烹饪》一书中提过炸鸡的菜谱，说它是那种会令你想要“站起来唱一曲《星条旗永不落》”的美味——这又一次说明，在南方，美味食物和音乐冲动之间是密不可分的。炸鸡是一种在南方腹地得以完善的艺术形式，是灵魂料理的一个范例，而灵魂料理就像它的名字一样，来自灵魂又滋养着灵魂。为你的厨房注入一些灵魂吧，就用下面这些菜式，还有，别忘了一直放着音乐。

••••

① *beurre noisette* 翻译过来是“榛子黄油”，黄油经放置后颜色变暗，在小火上加热后有坚果味并变成榛子色。它能为 *roux* 酱汁加入复杂的口感。

② hominy（玉米片粥）在西班牙语中被称为“*masa*”。关于它在墨西哥菜中的各种用法，见第 349 页。

食材清单：草药粉（檫树粉）• 干虾仁 • 辣椒粉 • 月桂叶 • 牛至 • 秋葵 • 玉米粉 • 粗谷粒 • 小龙虾 • 黄油 • 柿子椒 • 斑豆 • 红辣椒 • 芹菜 • 洋葱

◆◆◆

• 鸡肉秋葵汤 •

Chiken Gumbo

这道路易斯安纳焖锅菜可以只用鸡肉（就像我下面这个食谱一样），也可以加入对虾，做成“海陆大餐”。如果你要加对虾的话，出锅前 1—2 分钟放虾比较好，这样既能煮熟，口感也依然柔软。吃的时候可以听着约翰博士（Dr John）的“Gris Gris Gumbo Ya Ya”，这样你就直接穿越到河口了。

• 4 人份 •

红辣椒粉，2 汤匙

卡津调料，2 汤匙

现磨黑胡椒，1 汤匙

盐，2 大撮

有机鸡肉，8 块，鸡腿肉，带皮

菜油，5 汤匙

普通面粉，满满 2 汤匙

洋葱，2 个，细细切碎

青辣椒，2 只，去籽后纵向切片

芹菜，4 根，细细切碎

鸡汤，1 升

月桂叶，1 片

秋葵，170 克，切片，1 厘米左右

熟食，200 克，辣香肠或其他熏香肠，切片

卡津调料，盛盘时用

熟米饭，上桌用

1 • 取一只碗，将红辣椒粉、卡津调料、黑胡椒和盐混合。将制成的混合物抹在鸡肉上（鸡皮下面的部分也要抹到），腌 20 分钟。

2 • 取一只敞口深底的锅，或者一只卡苏莱炖锅，中火加热四汤匙的菜油，然后将鸡肉煎 4—5 分钟直至变为褐色。（有些菜谱会告诉你去掉鸡皮，我更喜欢留着，因为它会给这道菜增加更多鸡肉香味。）

3 • 从火上取下鸡肉，放在一旁待用，鸡油留在锅里。把火关小，加入剩下的菜油和面粉，搅拌成糊。再烧一会儿，让它变成褐色、有坚果味、颜色深的浓汤。

4 • 加入洋葱、胡椒和芹菜，盖上盖子，焖 3—4 分钟直至变软。接下来加入鸡汤，一点一点加入，直到变成浓稠的、焦糖色的酱汁。加入月桂叶，然后把鸡块再放回锅中，盖上盖子，把火关小，继续焖 45 分钟。

5 • 加入秋葵和熏香肠，然后再盖上盖子焖 30—45 分钟。等你再检查混合物的时候，鸡肉应该正好可以脱骨。把炖锅留在火上，取出月桂叶和鸡肉，将骨头与肉分离。丢掉鸡皮与骨头，再把肉放回锅中，最后再加热一下。上桌时撒上卡津调料，和熟米饭一起吃。

• 脱脂乳玉米饼 •

Buttermilk Cornbread

离开美国以后，我和朋友每年 11 月还是会庆祝感恩节。这有一个理由：可以看惠特妮·休斯顿（Whitney Houston）1991 年在“超级碗”演唱的《星条旗永不落》，还可以放纵自己吃些“邪恶的”小零食——糖渍甘薯、南瓜派以及我的特色菜式——玉米饼。我用这个菜谱作为基础，其中包括脱脂乳，用来创造丰厚而富有酸味的湿

润口感。有时候，如果我想要冒险尝点新鲜的话，我也会在面糊里放些辣椒，或者在饼面上加些奶酪。不过大多数时候，我还是更喜欢它的本味——有点甜，搭配火鸡会是绝妙的主食，因为能够用它蘸尽汁水、酱料或是不小心挂在其他干净盘子上的小口饭菜。

• 8 人份 •

无盐黄油，125 克

糖，颗粒状，150 克

鸡蛋，2 个，中等大小

泡打粉，1/2 茶匙

玉米粉 / 谷物粉或者粗面粉，175 克

普通面粉，150 克

盐，1 大撮

脱脂乳，250 毫升

1 • 预热烤箱至 180℃ /160℃（风扇烤箱）/4 档（燃气烤箱）。准备一只 1 升的面包罐或 15—20 只杯子蛋糕的模子（通常这个也很好用。）

2 • 低火将黄油融化，调入糖粒。从火上取下后立刻打入鸡蛋，充分拌匀。

3 • 取一只碗，将剩下那些干燥的食材混在一起。将脱脂乳倒入锅中，加入这些干燥的食材，搅匀直至细滑、没有团块。

4 • 将糊糊倒入面包罐或蛋糕模中，在烤箱中烤 30 分钟（如果用蛋糕模就烤 20—25 分钟），把一柄小刀插入面饼中心，拔出的时候如果刀面干净不沾面糊，就是烤好了。留在面包罐中 5—10 分钟，待冷却后取出。

玉米

◆◆◆

美洲的玉米（在西班牙语中叫作“*choclo*”）和我们在欧洲常见的浅黄色玉米不一样，它是白色的，松脆，而且玉米粒很大。这种白玉米（*maiz blanco*）要在棒子上整个啃着吃，搭配豆子，可做沙拉或炖菜（比如 pozole，一种墨西哥白玉米炖菜），当然，最重要的吃法还是将玉米粒用碱干化之后做成玉米粥，也可以再磨成玉米粉或做成粉糊。

masa 粉糊在西班牙语世界之外可能不为人所知，但它或许堪称拉丁菜系最根本的食材，对于那些以玉米糊为底料的煎饼、卷饼和大饼（人们可能对这些更熟悉，例如墨西哥的 *tortillas* 玉米饼、*tacos* 炸玉米饼，还有安第斯山脉的 *tamales* 玉米粉卷蒸肉和 *humitas* 蒸玉米包，见第 387 页）来说，*masa* 都是不可或缺的底料。

白玉米有时候也被称为“秘鲁玉米”，现在种植面积覆盖整个讲西班牙语的美洲地区，虽然它的起源地不是墨西哥，但是现在它最为著名的还是在墨西哥菜中的角色。*tortilla* 是一种柔软的玉米饼，在一种名为 *comal*（第 350 页）的圆形烤架上筛成，它构成了那些流传最广的墨西哥菜的基础，例如玉米卷饼（*burritos*）、辣椒饼（*enchiladas*）、夹饼（*quesadillas*），当然还有玉米脆饼（*nachos*）。玉米脆饼是将 *tortilla* 玉米饼切成三角后再干炸（在墨西哥，更地道的说法是“*totopos*”），在英语国家它已经成为主流食物——最受欢迎的吃法是盛着萨尔萨辣酱、酸奶油和碎奶酪——而且现在更多的是搭配一种很不健康的“融合”蘸料 Tex-Mex，而不是真正地道的墨西哥小吃。在墨西哥，你更可能吃到的食物是，一只碗盛了家里炸的 *tortilla* 玉米饼，搭配一些同样是家里做的鳄梨沙拉酱（见第 354 页食谱）——浅绿色，很诱人。

tacos 本质上就是迷你的 *tortilla* 玉米饼，外壳或脆或软。脆饼在连锁快餐店和超市更流行（1962 年快餐店塔可钟 [Taco Bell] 在美国开业时，这种脆饼风靡一时），软饼则更为新鲜，也更加传统。在墨西哥，*tacos* 是流行的街边小吃，搭配烧烤、干炸或炖熟的肉类一起吃，佐以典型的当地配菜，例如墨西哥辣椒、香菜、青柠、洋葱丁以及各种各样的萨尔萨辣酱。

– 墨西哥 –

通过自己的身体，提塔懂得火如何改变各种元素，知道一团玉米面如何变成卷饼，知道一个从未被爱火温暖过的灵魂是多么没有生气，就像一团无用而被丢弃的玉米面。

• 劳拉 · 爱斯基韦尔（Laura Esquivel），

《恰似水之于巧克力》（*Like Water for Chocolate*）•

我离开加利福尼亚之后，在墨西哥待过几个月，一开始它绝对是一次文化震撼。当我从美国式生活转到热带方式之后，我明显感觉到很多东西变了。当然，很多差别是明显的——西班牙语成了主要语言，人们的肤色深了几个色号，阳光明媚，空气潮湿。不过还有一些变化，一些无形的、难以描述的变化。

在墨西哥，哥伦比亚作家加西亚 · 马尔克斯（Gabriel García Máquez）笔下的那个拉丁加勒比与美国的资本主义精神结合在一起。这是连接美洲北部和中部、旧世界和新世界、英语和西班牙语的中间地带。正是在这里，麦当劳遇见了玛雅文明，不断扩张的商业化已经在古代遗迹上面印下了斑斑痕迹。这在尤卡坦（Yucatán）体现得尤为明显。广告牌上打着可口可乐和美白牙齿的广告，挡住了坎昆（Cancún）的蔚蓝大海，而在南边的图卢姆（Tulum），游客们在夜里吹着晚风，伴着迷幻电子乐跳舞，背景就是玛雅遗迹。疯狂的加勒比，并置一切的世界。

墨西哥展现了很多美洲中部的典型特点，这些特点都曾为美食作家、大厨玛丽塞尔 · 普莱西拉（Maricel Presilla）所描述 ：“旧世界的遗产——食物和烹饪技巧、天主教、罗马法、伊比利亚节奏”，它们都和本地土著及非洲奴隶文化结合起来，横跨了充满生气、气候潮湿的土地，连接了太平洋至加勒比海的海岸线。这是真正的克莱奥尔，或者叫作 *criollo*——字面意思是“大地上的”（见第 362 页）。普莱西拉解释道：“我们用这个词来描绘属于我们拉丁美洲人的事物。”

墨西哥是一个充满活力的地方，地貌多样，从崎岖的山地到沿海的平原，从大片的荒漠到西连太平洋、东临加勒比海的漫长海岸线。对于旅行者来说，这里有大量的探险机会——几乎不可能令人觉得厌倦——而墨西哥的食物也反映了这一点。它真正是在桌子上歌唱——明亮如刚刚绽放的粉色大丽花（墨西哥的国花），丰腴如令人喜爱的鳄梨，强壮如自由摔跤的选手[①]，忠诚爱国如墨西哥流浪乐手。这个地方的菜肴反映了墨西哥的多元化——地理的、文化的和精神上的——以及一种全国性的本能：用食物传递爱和教导。

故事（或者说将吃食写成故事的需要）是墨西哥厨房里的核心。你还能如何解释我们在这里吃到的那些食物所拥有的各种各样的名字呢？小驴子、一卷钞票、一个叫作伊格纳西奥（Ignacio）的家伙，这些名字其实是指玉米煎饼、炸玉米饼和玉米脆饼，这三个都是墨西哥菜，或者准确地说，都是墨西哥街边小吃，西方人对它们也都很熟悉。它们全都用 *masa* 玉米粉面团制成，后者常用来制作墨西哥菜肴中的主食，就像面包是欧洲饮食传统中的主食一样。

tortilla 玉米饼是最有名的 *masa*[②] 制品。玉米粉加水混合，捏成团，在陶土烤架（比较传统的厨具，名为“*comal*”）或者卷饼压制机上做熟。*tortilla* 口感柔软，白色饼身上有点点烤过的斑迹，这种饼有很多种做法，可以作为底料进一步做出玉米煎饼、*fajita* 卷饼、*chimichangas* 玉米卷、*enchiladas* 辣椒饼和 *quesadillas* 夹饼等（见第 348 页，对每种玉米制品都有介绍）。

••••

① *lucha libre* 是一种墨西哥式的摔跤。摔跤运动员穿着颜色鲜亮的行头，为了引出众神和动物。

② *masa* 玉米粉面团用白玉米经碱化做成，英语中称为“hominy”，然后被磨成玉米粉——这是制作 *tortillas* 玉米饼和 *tacos* 迷你饼的基本用料。

为什么这么多小吃和菜肴在西方无处不在？一个解释是，美国或多或少将墨西哥食物看成是自己的，而且直到最近，人们从 Tex-Mex 蘸酱那里才对“墨西哥”菜肴有了印象——这种蘸酱是用墨西哥方式来做美国南部的食物。*fajita* 卷饼和墨西哥辣味牛肉就是例子，它们可能就像《疯狂兔宝宝》（*Looney Toons*）里面的飞毛腿冈萨雷斯（动画片《疯狂兔宝宝》里面的一个卡通形象，设定为“全墨西哥跑得最快的老鼠”，装扮都是典型的墨西哥风格——译注）。现在是改变墨西哥美食的形象、使其回归本真的时候了。

在美洲的不同地区，有不同种类的鳄梨。玛丽塞尔·普莱西拉将它们简单分为三类：墨西哥的、危地马拉的和西印第安的。墨西哥鳄梨生长在较凉爽的高地地区，外皮颜色从绿到黑深浅不一，具有黄油质地的口感，常用于制作沙拉、*tostadas* 炸玉米粉圆饼、汤菜和（最著名的）*guacamole* 鳄梨酱。这是一道阿兹特克菜肴，我们会看到，“*mole*”的意思是指黏稠的酱汁，“*guaca*”则来自于“*aguacate*”（鳄梨）这个词。真正的鳄梨酱完全不同于超市售卖的成品鳄梨糊，而是大块柔软、成熟的鳄梨，加上切成薄片的红葱头、番茄、大蒜、辣椒和青柠汁。

辣椒在墨西哥菜肴中可不只是某种流行食材，它们根本就是墨西哥菜的一部分。墨西哥完全可以为其辣椒家族而感到骄傲：不同的形状、大小、颜色……它们的名字加起来简直可以（至少我觉得）赶得上一个药品团伙儿了：*guajillo*、*piquín*、*pasilla*、*ancho*、*mulato*、*habañero*、*jalapeño* 和 *chipotle*。辣椒的种类可以决定菜式，它们的味道从柑橘味的微辣（*piquín*），到烟熏味和甜味（*guajillo*），再到辛辣味（*habañero*）。在西方，我们最熟悉的还是 *jalapeño*，通常是一种绿色的、腌制过的辣椒；另一种较熟悉的则是 *chipotle*，这种烟熏干辣椒用来为豆子或豆菜、*moles* 酱汁（见后文）和阿多波肉汁增添烟熏风味（也多用于菲律宾和西非菜肴中，大致类似于北非的 *harissa* 辣酱）。

墨西哥菜极为依赖简单而美味的酱料，以它来装饰菜肴，通常会精心地搭配辣椒、醋或柠檬来平衡辣味和酸味。[①]我们已经逐渐熟悉了墨西哥式的番茄萨尔萨辣酱，它也被称为 *salsa cruda*（意思是“一种未经烹饪的酱汁”，言下之意就是强调自然原味），或者 *pico de gallo*（“像鸡吃米一样轻啄”，突出其混合各种食材后细碎的质地），它有四种基本食材：番茄、白洋葱、辣椒和香菜，在此之后也可以加上油和醋。墨西哥的绿酱（*salsa verde*）是和我们所熟悉的欧洲的橄榄酱完全不同的东西，后者加入了欧芹、刺山柑和凤尾鱼，而墨西哥绿酱是由绿色的绿茄果（*tomatillos*）[②]、香菜、青柠、白洋葱和青辣椒混合制成的。

moles 是典型的墨西哥酱汁，搭配肉和米饭一起吃，通常标志着盛宴、庆典（例如 9 月的独立日）和节日，比如庆祝女孩子 15 岁了（她的 *quinceañera* 成人礼）。“*mole*”这个词有时候甚至有双重含义，可以指“婚礼”。很多地区都有自己的 *mole* 品种，比如 Oaxaca（瓦哈卡）就因其出产七种 *moles* 而著名，而普韦布洛（Pueblo）小镇出产的另一种酱汁 *Mole Poblano* 则成为墨西哥的一道国菜。*moles* 酱汁的做法是用 *sofrito* 番茄混合香料烤过、煎过以作为底料，典型的做法是加入很多猪油、辣椒、花生、巧克力、大蕉、面包屑、大蒜、绿茄果以及肉桂和八角之类的香料。虽然 *moles* 酱汁被认为起源于中美洲南部，但是它们所使用的多种多样的食材表明了多元文化的影响——无论是来自旧世界还是来自非洲。

米饭和豆子是对墨西哥多元文化影响的另一种展现，它们还有一个名字叫作“*moros y cristianos*”（摩尔人和基督徒），这又一次令我们注意到各种文化之间的联姻。这种维持体能的主食通常具有令人意想不到的丰富味道，以旧世界的 *sofrito* 番茄混合香料作为底料，再结合墨西哥多种多样的豆子（斑豆或黑豆）以及非洲菜将米饭和豆子结合在一起。有时候再加一

①就连豆菜（我们后面会看到）也是非常黏稠的液体，作用就像酱汁一样，用来搭配其他比较干的食物，例如卷饼、米饭和各种烤肉。

②除了名字，绿茄果和番茄没有任何关系。这种果实看起来很像醋栗，有一种很酸的水果味，产于墨西哥，主要用作绿酱的基本食材。

点肉，还有 *chipotle* 辣椒或香草，用来加强风味。二次烹炸的豆子在墨西哥是另一种流行的豆菜做法，经常加到 *burritos* 煎饼里面吃。这些豆子煮熟后捣成酱，然后再用油脂、洋葱和大蒜烹炸，直到变甜，变成糊状，而且油油的。

墨西哥人喜欢吃肉，不过对他们来说，吃肉并不等于“吃得好”。猪肉和牛肉由欧洲来的移民大规模引进，由于其成本太高，厨师和屠夫都必须确保动物身上的任何部分都不会浪费。各种边角料例如腿上的碎肉或骨头都会用来做菜，例如炖菜、汤菜、豆子菜，或是 *tacos* 小饼这样的街边小吃。不过，人们吃得更多的还是鸡肉。鸡养起来比较便宜，而且也可以用来做炖菜或者做汤。由于有太平洋和加勒比海两条长长的海岸线，鱼和海鲜都是美味的海岸大餐，包括龙虾、对虾、扇贝、马林鱼、箭鱼（*mahi-mahi*，人称“鬼头刀”）、鲱鱼、吞拿鱼和鲷鱼。[①]

墨西哥烹饪所用的香辛料比你在本书其他部分所见的其他菜系都要简单。百香果、丁香、肉桂、孜然和八角就是最重要的香料，而且会搭配当地的其他食材，例如巧克力（未加工形式的巧克力叫作 *cacao*[②]）和香草，后者首先由阿兹特克人在墨西哥湾种植。中美洲将生的可可豆作为祭品，在宗教仪式上献给神灵，或者将之制成饮料饮用。西班牙人将可可豆带回欧洲，加入牛奶、糖和香草（也是从墨西哥带回的），合在一起很适合欧洲人的口味。我们已经习惯于将巧克力看成是一种甜蜜的大餐或者制作甜点的食材，但是它用来制作 *moles* 酱汁的时候，能为菜肴增加一种圆润的口感，也可以为酸味的菜肴增加绵滑的稠度。

在一间墨西哥式的厨房里烹饪堪称一次充满新鲜点子的冒险之旅，有些搭配食材的方式你以前可能绝对想不到。辣椒和巧克力可能在欧洲已经

••••

① 我吃过非常美味质朴的一道鱼排（搭配辣椒和米饭），是在图卢姆，那是我去过的最美的海滩，位于墨西哥的尤卡坦半岛。鱼在墨西哥菜里本身就是个大题目。我在这本书里无法涵盖每个地区的菜肴，不过在第 393 页，我会推荐相关的书目。

② *cacao* 就是巧克力生豆，即可可豆。威利·哈尔库特—库兹（Willie Harcourt-Cooze）对于 *cacao*（尤其是拉丁美洲的巧克力）的研究堪称权威。

很流行了，但是把这两样都加到肉菜里，或是把鳄梨和玉米片放到汤菜里，看起来或许依然不是那么协调。接受这种不协调吧，然后创造出明亮而多彩的美食新品种，这可是绝对独一无二的，而且绝对是墨西哥式的。

食材清单：辣椒（各种品种 • 见第351页）• 青柠 • 百香果 • 丁香 • 肉桂棒 • 巧克力 • 香草 • 番茄 • 洋葱 • 鳄梨 • 白玉米 • 玉米粉 • 大米 • 豆类 • 酸奶油 • 奶酪 • 绿茄果 • 香菜 • 花生 • 大蕉

• • •

• 鳄梨酱 •

Guacamole

这道菜堪称“碗中的墨西哥”。学会做这个，你就再也不会买市售的鳄梨酱了。做好后立刻上桌以免鳄梨变色。

• 4人份 •

红洋葱，1个，小个儿的，细细切碎

香菜，25—35克，切碎

青辣椒，3个，去籽并细细切碎

海盐

熟透的哈斯鳄梨，3—4个

青柠，1—2个，挤汁，用量根据口味决定

熟透的番茄，2个，去籽并大致切碎

tortilla 玉米脆饼，盛盘上桌时用

1 • 用杵和臼磨碎半个洋葱、大部分香菜、辣椒和海盐，磨成一种杂着块状物

的浆汁。

2 • 取一个碗，用一只叉子将鳄梨捣成泥。加入洋葱、香菜和辣椒，依口味混入青柠汁，再加盐调味。调入剩下的洋葱和番茄，要小心不要让番茄变形或者变得太稀。

3 • 将混合物倒入另一个碗，将玉米脆饼弄碎，撒在上面，把剩下的香菜撒在调好的鳄梨酱上，立刻与玉米脆饼一起上桌。

• 番茄萨尔萨辣酱 •

Tomato Salsa

这道滋味浓烈的酱可以和玉米脆饼、鳄梨酱一起上桌，也可以作为佐料，然后开心地看着大家噘起嘴来吃。当然你也可以放入 *jalapeño* 辣椒来增加辣度——按我的口味，辣椒的用量一定得把握好“享受美味”和“自虐”之间的界限——不过呢，一切都按你的喜好来吧。

• 2—4 人份 •

熟透的番茄，4 个，切丁

红洋葱，半个，细细切碎

jalapeño 辣椒，50 克，切碎

香菜，20 克，切碎

特级初榨橄榄油，少许

青柠，2 个，挤汁

海盐以及现磨黑胡椒

1 • 取一个碗，加入所有食材，根据口味调味。

2 • 撒一些香菜碎，在碗边缘摆一些 *tortilla* 玉米饼。

• 果味辣椒酱 •

Fruity One-Chilli Mole

moles 酱料有出了名的复杂口感，几乎要用上全套辣椒（通常至少用三种）和香料。玛丽塞尔·普莱西拉非常友善地给了我们这个菜谱，这道菜来自她的著作《拉丁美洲美食》（*Gran Cocina Latina*），是她为那些准备在酱料制作方面有所作为的人研制的一道菜。这道菜集合了玛丽塞尔认为对于一道好酱来说必不可少的一切："一种平衡的口味，混合了香辛味、锐利的酸味和果香味；要有足够的盐来使得所有这些味道充分展现；要有一种辣味作为背景使得口感绵滑的酱料富有生气；要有足够的油脂来营造滑滑的口感；要有唤醒食欲的芳香。"这道菜只能用 *mulatto* 辣椒，因为它的味道浓厚，而且有甜味。这种辣椒可以在网上买到干的（详情参见第403页供货商名录）。

• 8—16 人份 •

mulatto 辣椒，6 个，去籽

百香果肉，1 茶匙

八角籽，1/2 茶匙

芝麻，1 汤匙

玉米饼，1 张（市售的牌子里，*Old El Paso* 质量很不错）

李子番茄，3 个，中等大小

白洋葱，1 个，中等大小，对半切开，但是不要去皮

大蒜，3 瓣，大致切碎

去核西梅，90—100 克

特级初榨橄榄油，230 毫升

黑巧克力，60 克（至少 70% 的可可脂含量），细细切碎

盐，1.5 茶匙

鸡汤，250 毫升

禽类或猪肉，最多 3.5 千克

1 • 取一只带凸纹的煎锅，如果没有的话就用一只大号的煎锅，加热，直到一滴水触到锅底立刻烤干。加入辣椒烹烧，用炒勺压一压它，直到煸出香味，每面大概煸 15 秒。取出辣椒放入一只碗中，倒入 1.5 升热水，盖过辣椒，泡 20—30 分钟令其变软。泡辣椒的水要留着，后面会用到。

2 • 往锅中加入百香果肉和八角，浅浅地煸 30 秒。从火上取下并放入一个碗中。然后煸烤芝麻 1 分钟，不停搅拌直到芝麻粒开始爆开并变成金黄色。盛到碗中，与百香果、八角混在一起。将混合物倒入臼中，研磨成粉，然后放在一边待用。

3 • 在锅中烤 *tortilla* 玉米饼直至变焦，取出后掰成碎片，放在一边待用。

4 • 将番茄和洋葱加入锅中，偶尔用夹子翻动一下，直至烤得稍稍有点焦，大概需要 8 分钟。从火上取下。等凉到能够拿起时，去掉洋葱皮，剥掉大部分番茄皮，只剩一点点。将番茄和洋葱每个切成 2—3 片，放在一边待用。

5 • 把辣椒和之前泡辣椒的水（3—4 汤匙）一起放入搅拌器，打出细滑的酱，倒入一个碗中，放在一边待用。

6 • 把香辛料、芝麻粉、*tortilla* 玉米饼、番茄和洋葱一起放入搅拌器，加入大蒜、西梅干，再加一汤匙泡辣椒的水，打成细滑的酱料后放在一旁待用。

7 • 取一只大号炖锅，中火加热橄榄油。将步骤 5 的辣椒酱放入锅中焖烧，不时搅拌，大概焖 10 分钟直至油脂开始与固体分离，滋滋作响。加入步骤 6 的蔬菜酱一同焖烧，搅拌 15—20 分钟或者直到油脂再次与固体分离，酱汁开始变稠，这时候当你移动汤匙，就可以看到锅底露出来。加入巧克力，持续搅拌直至融化。加入盐和调味料，如果需要的话也可以稍微多加一点。用一柄木勺将酱料盛出，用筛子筛过之后倒入碗中。

8 • 现在你做的酱料足够为 3.5 千克的鸡肉、猪肉、鸭肉或是火鸡调味了。加入鸡汤令酱料稀释，形成稠滑的番茄酱汁。然后加入已经做好的或是做好一半的禽类肉或红肉，和酱料一起炖，直到完全熟透即可。

– 加勒比（牙买加）–

在加勒比，产生视觉上的惊奇很正常，这里的风景令人惊诧，而面对它那动人的美丽，历史的叹息都消散了。

• 德里克·沃尔科特（Derek Walcott），
《安的列斯：史诗记忆残片》（*The Antilles: Fragments of Epic Memory*）
（1992年诺贝尔文学奖获奖致辞）•

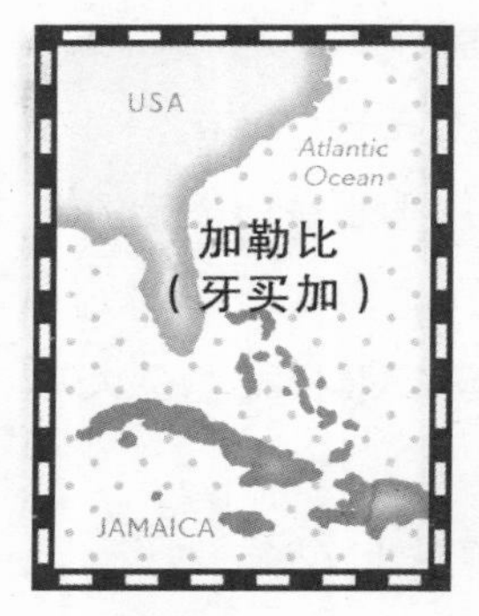

简单说来，加勒比就是加勒比海，是那片蔚蓝，那片与中美洲东海岸以及为它所环绕的岛国温柔交叠的大海，这些岛国中，有些较大，有的则是小岛。加勒比也是语言的混合：一点法语，混一点英语，最后是一长串西班牙语，比例简洁完美，简直像是那款 *piña colada*（椰林飘香）鸡尾酒。加勒比是一个地方，殖民者与被殖民者的界限在一种亲近的关系里被动摇、重组，虽然产生了很多紧张与悲剧，但同时也是一种整体的愿景，它来源于希望、无忧以及一点点魔力。除了在文化、政治和语言等方面的不同，加勒比各国都被这些特质联结在一起。不过，考虑到本章的目的，加勒比在这里主要是指西印度群岛，即说英语的牙买加、特立尼达和多巴哥这两个岛国。

各位作家一致同意，加勒比的共同传统在于对某种超凡事物的领会与敬重。魔幻现实主义作家加西亚·马尔克斯早就承认，他的作品中现实与想象之间的界限十分模糊。[①] 而多米尼加裔的美国作家朱诺·迪亚兹（Junot

① “让我觉得好笑的是，对我作品的最高赞誉都是针对书中的想象，而事实是，在我所有的作品中，没有任何一行句子是没有现实基础的。问题在于，加勒比的现实看起来就像是最狂野的想象。”——加西亚·马尔克斯

Díaz）在《奥斯卡·瓦奥奇妙而短暂的一生》（*The Brief Wondrous Life of Oscar Wao*）中写道：“多米尼加人是加勒比人，因此对于极端的现象有着超乎寻常的忍耐力。”承认超自然力量的存在，这种意识在加勒比群岛及其周边沿海地区是普遍的，甚至到再往南的哥伦比亚、委内瑞拉以及向西北的墨西哥尤卡坦海岸也是一样。

充满活力的节奏、富有创意的视野以及某种看不见的魔力构成了加勒比的日常经验，每次我在这个地区旅行时，我都能感受到这种充满感染力的心态。加勒比人歌颂生活本身，而食物就是生活的一个重要部分。哥伦比亚学者奥斯卡·瓜迪奥拉—里维拉（Oscar Guardiola-Rivera）曾经告诉我：“我们不会把围坐在餐桌旁看成是某种消遣，以此来逃避日常生活中的艰辛。我们做其他一切事情，就是为了能够围坐在餐桌旁。在加勒比，你在进餐时所分享的不仅仅是食物，还有故事。词语是食物的佐料。”

一般来说，加勒比菜肴（尤其是西印度群岛菜肴）将它受到的所有本土风俗和殖民统治的影响都结合在一起——无论是欧洲的还是非洲的，乃至美洲本土的、印度的和中国的。在这里，食物是历史的私生子，而它随着西印度移民社群走过了很多地方。其中一个新家就是我的家乡伦敦，在20世纪50年代，牙买加、特立尼达和多巴哥的联合来到这里并扎下根来。他们的文化与英伦文化之间的融合并非毫无间隙，[①]但是，不仅是他们努力地想要融入当地文化（或许也正是由于这个原因），而且我们也会举办伦敦加勒比黑人移民周年庆典，例如每年8月诺丁山举行的嘉年华，到处都飘扬着缤纷的色彩，雷鬼乐队行进在大街上，而人群中那些不同民族的面孔尽情享受着烤鸡大餐。从我还是小孩子的时候起，来自前英国殖民地的加勒比食物就出现在我的生活中，也在这个雾都据有一席之地，因此我决

••••

① 种族骚乱——20世纪50—60年代的诺丁山暴乱和1981年的布里克斯顿（Brixton）暴乱——打断了加勒比移民在英国首都的早期年月。相关情况可以读一下诗人林顿·奎斯·约翰逊（Linton Kwesi Johnson）的杰出诗作《大暴动》（“The Great Insurrection”），是关于布里克斯顿暴乱历史现场的描述。

定在这一章里讨论西印度食物（而不是西班牙的食物，也不是加勒比的法语区的食物）。

莫大的讽刺在于，在伦敦，人们很容易将西印度菜和不那么健康的食物联系起来，觉得它们更多的是快餐而非素食。西印度食物的连锁店通常也非常单调乏味，它们地处伦敦传统的少数族裔聚居区（布里克斯顿、托特纳姆 [Tottenham] 以及诺丁山的部分地区），而且很少倡导这种食物本身的营养优势或健康优点。但是实际上，西印度菜肴大部分都很健康：低脂、高蛋白、大量的蔬菜以及清爽的口味（例如生姜、辣椒和百香果）。

西印度群岛的蓄奴史可以解释为什么当地的菜肴具有这样一些特点。牙买加的大多数人口来自非洲，再就是非洲人与欧洲人的后裔，这反映在当地的西非饮食传统上：使用秋葵、大蕉以及西非荔枝果（这是西非当地的水果，不是荔枝或我们常买到的荔枝罐头里的那种水果）等食材。而有些最有名的牙买加菜，例如咖喱羊肉和烤肉卷，则是印度菜的变种，是将咖喱菜的传统和当地肉类结合在一起的结果，或是使用牙买加本地的调料，例如百香果、伯纳特辣椒、姜和椰汁。

1831 年之后，虽然大英帝国在西非停止了蓄奴，但英国人经营的种植园依然需要廉价的劳动力。19 世纪中叶，庄园主转向印度和中国等国家，给工人提供一纸契约，并要求他们偿付迁徙的费用。上千名中国人和印度人接受了这种契约并来到西印度海岸。这在当时英属殖民地的加勒比地区非常普遍，并由此产生了后来的印度—加勒比人，作家奈保尔（V.S. Naipaul）就是其中一例，他是特立尼达的劳工后裔。尽管他后来以其作品中对于家乡的藐视态度著称[1]，但是在他求学牛津时寄给父亲的家书中，还是有一些辛酸的文字，那显然是对被他抛在身后的加勒比故乡的回忆。“我想念那些夜晚，那样迅疾地没入黑暗，毫无征兆。我想念夜里那猛烈的暴

① 1958 年，奈保尔在《伦敦泰晤士文学增刊》上写道：“只从表面上看，特立尼达因其由多元种族构成，看起来好像很复杂，其实任何一个了解它的人都知道，这地方是个简单的、殖民化的、市侩的社会。”

雨。我渴望听到大雨落到屋顶上发出细小而又连续的嗒嗒声，还有雨滴落在宽宽的植物叶子上的声音，那些美好的植物，它们是野芋。”

大多数伦敦人能想到的第一道西印度菜肴肯定是烤鸡（或者稍微宽泛一点，烤猪肉或烤羊），这是一种又甜、又辣还带着烟熏味的烤肉，腌肉的调料决定了这道菜的特点。由于各个厨师的做法不同，肉的腌法也有不同：有的是用干调料抹在肉上，有的是用料汁，在烧烤前泡上好几个小时。烤肉调料的核心味道来自百香果和辣椒。百香果也叫多香果（pimento berry），是加勒比地区的代表性调料，它能为烤肉带来独特的烟熏味道，尽管风干的百香果看起来很像黑胡椒籽，但是它的味道更甜，就像肉桂、丁香和小豆蔻的混合。按照最地道的做法，烤肉甚至要用百香果木来烤，这样肉才能更深入地融合烟熏味道，而肉皮则变得酥脆。当然，烤肉也要有辣味，牙买加人对辣椒的选择是甜而极辣的红色伯纳特辣椒。[①] 究竟是将调料抹在肉上，还是用料汁腌泡，这成了烤肉爱好者们争论不休的问题。如果你喜欢“湿”法腌肉，那就用青柠或酱油来为鸡肉增加一丝酸爽口感。（这当然是来自亚洲的影响，同时也是中国菜对牙买加菜肴的影响经久不衰的标志之一。）

烤肉通常和米饭、豆类一起吃，确切来说是白米饭和芸豆。这个在其他国家也很容易复制（这与牙买加的其他特色食材及菜式不同，后者有一种非常强烈的异国光环），而我小的时候，在伦敦南部也吃过好多次烤肉配米饭和芸豆。

其他的重要食材还包括西非荔枝果（红皮，果肉绵滑，黑籽，味道有点像荔枝），这种水果由西非的运奴船在 18 世纪引入，通常搭配腌鱼（比如盐鳕鱼）一起吃，是很普遍的早餐菜式，而且也是受西非菜肴影响而形成的（见第 311 页），后来成为牙买加的国菜。腌鱼要和煮过的或罐头装的西非荔枝果一起吃，再加上洋葱、番茄以及备受倚重的百香果和伯纳特辣椒。

••••

① 伯纳特辣椒有点像墨西哥那种超级辣的 *habañero* 辣椒，见第 351 页。大多数西印度菜肴所用的辣椒都是伯纳特辣椒。

其他由腌鱼和蔬菜构成的小菜还包括秋葵和 *callaloo*。*callaloo* 这个名字既可以用来指一种绿叶菜（有时候人称“苋菜”），也可以指一道在牙买加的任何时间、任何地方都能够享用的菜肴。这种菜吃起来有点像菠菜，叶片大，富含铁和钙。它们通常蒸着吃，不过也可以用椰浆来烹制（这种做法在特立尼达和多巴哥更为典型），再加到汤里或者搭配腌鱼一起吃，无论是早餐还是晚饭，这道菜都很适合。*callaloo* 也可以与秋葵、绿色的大蕉或者面包果一起烹制。

绿色的大蕉要切块后炸过再吃。（我常发现它们酸得吓人，因为尽管看起来像香蕉，但是它们尚未成熟，这就意味着在加勒比地区，大蕉要像蔬菜那样经过料理再吃，而不是像水果一样直接吃。）另一种经常用于做菜的水果或蔬菜（在这个地区，水果和蔬菜之间的界限往往很模糊）是面包果，它属于桑果类，但是质地和口感仿佛富含淀粉。

克莱奥尔语在美洲各地都通行——无论是美国的南方腹地还是加勒比海各国——但是没有一个地方的说法是标准的，而且各个地区也各不相同。牙买加独一无二的方言尤为著名，在这里，不同民族的移民发展形成了当地的克莱奥尔语。牙买加—克莱奥尔语的特质几乎可以由牙买加小馅饼来加以展现，这种馅饼的外形像是拉丁美洲的肉馅卷饼，但是使用当地的食材做成填馅儿（例如山羊肉或海鲜、伯纳特辣椒等），然后还有印度和中国的影响因素，例如姜黄和酱油。

在这片拥有本地特色小馅饼和方言的土地上，西印度群岛有其典型的美洲混合菜肴。这里的食物就像是牙买加的克莱奥尔语，来源于一段令人忧虑的、常常充满暴力的帝国殖民史。但是它的菜肴却超越了后殖民政治那昏暗的领域。借用伟大诗人德里克·沃尔科特的话来说，食物就像他所描绘的加勒比风景给人造成的视觉奇观一样，令“历史的叹息都消散了”。

食材清单：百香果 • 伯纳特辣椒 • 盐鳕鱼 • 姜 • 咖喱粉 • 椰浆 • 非洲荔枝果 • 山羊肉 • 青柠 • 酱油 • 芸豆 • 秋葵 • *callaloo* 苋菜 • 大蕉

◆◆◆

• 烤鸡 •

Jerk Chicken

加勒比人通常要把鸡肉烤到脱骨——这种情况下鸡肉基本上已经干透了。*jerk* 或者 *jerky* 其实被认为是来自西班牙语中肉干的名称—— *charqui*（这个词来自克丘亚语，是一种南美洲土著语言）。所以我觉得这道烤鸡中“烤过头”的那部分，可能正是加勒比人最喜欢的。不管怎样，我不喜欢肉干，所以请原谅，我自创了这个烤鸡菜谱，让鸡肉变得更软一些。如果你愿意的话，也可以将烤鸡的每一面都烤5分钟，然后将烤箱开到180℃/160℃（风扇烤箱）/4档（燃气烤箱），再烤15—20分钟——不过如果用BBQ烤架就要好多了。你可以把这个菜谱留到天气暖和的时候用，烟煤混着伯纳特辣椒以及烤鸡皮的香气……这种感觉就像是在说：“什么事都不是事儿，开心就好。”需要注意的是，处理辣椒时要小心（考虑一下戴上塑料手套），否则万一你后面不小心碰到脸，你会感到强烈的刺痛。

• 6人份 •

黑胡椒籽，1汤匙

百香果粉，1汤匙

肉桂粉，1茶匙

现磨肉豆蔻碎，1茶匙

大葱，2根，大致切碎

青葱，4根，大致切碎

百里香，几小枝

香菜，10克，切碎

伯纳特辣椒，2—4个（取决于你想要多辣），去籽后大致切碎

黑砂糖，50 克

盐，1 茶匙

酱油，2 汤匙

青柠，2 个，挤汁

有机鸡肉块，大腿部分，12 块

1 • 用臼将黑胡椒籽捣碎，然后和百香果、肉桂、肉豆蔻、大葱、青葱、百里香、香菜和辣椒一起放入搅拌器打碎。然后加入黑砂糖、盐、酱油和青柠汁，搅拌成酱。这就是你后面要用到的腌泡汁。

2 • 将鸡腿放入一只大号的炖盘中，上面倒满腌泡汁，抹遍每块鸡肉，包括鸡皮盖着的部分。用保鲜膜盖住，放入冰箱里冷藏至少 3 小时，时间越久越好。

3 • 在鸡肉腌了几个小时之后，在你还没开始准备米饭和豆子（见后文）的时候，点着你的烤箱或烤架。最好是有一个能够控制烤格和炭火之间距离的烤架，这样在你开始烧烤的时候煤就会变白，而且也不会有任何火焰。（这一点很重要，你用炭火是想要散发出阵阵炭烤香气，而不是让它把鸡烤成炭渣，对吧？）

4 • 将鸡肉的表面都烤透，这样它就能有很好看的颜色，然后把烤炉抬高一点（这样温度也更低一些），再烤 20—30 分钟。BBQ 的种类有很多，所以只要看到鸡肉开始脱骨、汁液开始变清，那就可以搭配米饭和豆子一起上桌了。

• 米饭和豆子 •

Rice and Peas

“燃烧掉你吃的饭和豆子！”我在布里克斯顿参加动感单车课程的时候，背景音里年复一年老是这一句，在我们奋力运动的时候响彻整个场地。其实这道菜并不会让人发胖，尽管它的美味部分来自椰浆，而且所谓“豆子”其实是芸豆，因此它实际上还是很容易让人觉得饱的。我特别喜欢这个菜谱是因为它完全诉诸直觉——你不需要量杯，只要用手和罐子就行了。你还可以大胆使用香菜，它能增加米饭和豆子的香味，使之与烤得焦香的烤鸡（菜谱见上文）完美搭配。

• 4 人份 •

菜油，1—2 汤匙

洋葱，白的或黄的都可以，1 个，细细切碎

长香米，300 克（如果不用量杯的话，用一只 400 克的空罐子，装满四分之三的米即可）

椰浆，400 毫升（1 罐）

水，400 毫升（1 罐）

芸豆，400 克（1 罐）

盐和现磨黑胡椒，1 大撮

百里香叶子，1 大撮

卷心生菜，撕碎，盛盘用

香菜，1 把，切碎，盛盘用

1 • 取一只大号深底煎锅，用中火将油加热，炒洋葱 8—10 分钟直到变透明。加入米，与油和洋葱完全混合，然后倒入椰浆和水。煮至沸腾后关小火。

2 • 加入芸豆、盐、胡椒和百里香，然后一起炖，不时搅拌，直到米煮熟、汁水收干。需要让米干一点儿，恢复颗粒状。这需要 15—20 分钟。

3 • 准备一只大浅盘，盛好撕碎的生菜，中间弄一个凹陷，将煮好的米饭和芸豆放进去。上面放好烤鸡，多撒一些香菜碎。

– 秘鲁 –

因为不可能知道真正发生了什么，所以我们秘鲁人说谎、创造、做梦、在幻想中寻求庇护。正是由于这些陌生的环境，秘鲁人的生活——大多数人在这种生活里并不阅读——于是就变成了文学。

• 马里奥·巴尔加斯·略萨（Mario Vargas Llosa），
《狂人玛伊塔》（*The Real Life of Alejandro Mayta*）•

当秘鲁作家马里奥·巴尔加斯·略萨2010年获得诺贝尔文学奖时，他说他的写作灵感来自“秘鲁的神秘魔力”。秘鲁的“神秘魔力”，意即某种无法界定的美，这个观念似乎很普遍——并非仅限于它的美食。

秘鲁的菜肴之丰富，实在是出人意料，它有充满活力的调料和大胆的烹饪技巧（比如把生鱼腌泡之后做成 *ceviche* 酸橘汁腌鱼），它也非常精致细腻。秘鲁裔的餐厅老板马丁·莫拉雷斯（Martin Morales）来自伦敦的Ceviche餐厅，他说：“用 *sazón*（调料）就是以一种自然的方式捕捉到当地的各种风味，然后将它们加以平衡以达到完美。”使用 *sazón* 有点像是天生的节奏感，但这并不是说你无法寻获秘鲁烹饪的秘诀。学着像秘鲁人那样烹饪，其实就是学着理解平衡与精妙。就以使用辣椒为例：辣椒在秘鲁菜中也是居于主导地位的食材，但它使用得比其他地方（例如亚洲）更为精致细腻——它是用辣味来诱惑你，而不是要占据你的整个味觉。

秘鲁的三个主要地区分别是沿海地区、安第斯山区以及亚马逊流域，但是秘鲁菜并不完全按照地形来区分。除了受到地区特产食材的影响之外，秘鲁菜也在很大程度上受到数个世纪以来各民族迁徙的影响。秘鲁的第一批定居者被认为是亚洲游牧民族，他们吃的是简单的食物，种植玉米、豆类和辣椒。西方人现在吃的很多主食（例如土豆、番茄、花生甚至爆米花）都产自秘鲁或其周边地区。[①] 本地的部落（人称“印加民族”）于16世纪将这些食材带给了西班牙征服者，后者将肉类如鸡肉和牛肉引入了“新世界”。非洲的奴隶和中国、日本的移民社群则带来了他们自己的饮食传统，由此形成了秘鲁菜肴中的Afro（非洲）[②]、Chifa（中式）和Nikkei（日式）这几大特点。

Chifa是19世纪和20世纪从广东（见第268页）到达秘鲁的中国人所带来的烹饪菜式，其中最著名的菜肴是chaufa（炒饭）：米饭与鸡肉、猪肉、杏仁、凤梨、姜、青葱同炒。与此类似的其他Chifa食谱也都保持着广东菜传统，不过做了一些改变以适应秘鲁当地所能找到的食材。广东厨师给秘鲁带来了亚洲的食材，例如酱油和姜，秘鲁菜从此就当成自身的一部分完全加以接受。

Nikkei则是指那些离开家乡、在世界各地定居的日本移民。秘鲁有世界上最大的日本移民社群之一，其影响可以从秘鲁的国菜*ceviche*看出来，这道菜类似于日本的生鱼片。听起来秘鲁菜有点像是融合菜，但是由于它的大部分菜肴还是美洲的，因此秘鲁的独特菜肴仍是各种移民文化影响与安第斯山区的基本原材料（例如玉米、辣椒、土豆以及来自太平洋的海鲜）结合之后的产物。

秘鲁的各道经典名菜对于富有创意的厨师而言都是理想菜式，因为它

••••

① 这是一个在美食史研究者和人类学家之间争论不休的问题。像番茄、土豆、红椒、辣椒、鳄梨和玉米这样的食材可以追溯到不同的源头产地，例如墨西哥、秘鲁、古巴以及周边国家。不过，我们还是可以说，这些都是来自“新世界”的食材，起源于美洲讲西班牙语的地区，然后被征服者于16世纪带入欧洲。

② 非洲裔秘鲁人主要集中在秘鲁的沿海地区以及首都利马（Lima）附近。就像在巴西、加勒比地区和美国一样，这个社群对于今日秘鲁菜系的形成具有重要影响，后者严格说来也受到了克莱奥尔菜系的影响。有些菜肴如*cau cau*炖菜（一种牛肚炖菜，包括了土豆、辣椒、洋葱、大蒜及姜黄等食材）就会让人想起西非的那种大锅炖菜、巴西北部的*paneladas*（见第374页）或路易斯安纳的秋葵汤，但是依然保持着独特的秘鲁或者说安第斯山区的特点。

们很容易加以改造。秘鲁菜的主要烹饪技巧是腌泡，因此就很容易改变各种食材的数量比例，或是根据个人喜好加入更多的或是不同的食材。一个很突出的例子就是 *ceviche*，或者说腌海鲜。虽说这类菜肴的关键食材是新鲜活鱼，以及由辣椒、青柠、盐和洋葱组成的腌泡料汁，但是各种食材之间的平衡是可以改变的：使用不同的鱼类或海鲜，改变大蒜、姜、玉米、鳄梨或番茄的比例，等等。

我第一次吃 *ceviche* 的时候真可谓小心翼翼。生鱼？还加上辣椒、柑橘和生洋葱？你在约会的时候绝对不会想要吃这种食物（不过我当时没在约会），在旅行的时候你也会避免吃这种东西（我当时确实在旅行）。我不知道当时我对这道菜有什么预期，不过我敢肯定，我真正吃到的东西远远超过了我的期待。这道菜里有白色鱼肉、龙虾、鳄梨、玉米、小片番茄、红洋葱丝以及——肯定会有——很多很多的辣椒和青柠汁。简直就像是把南美洲经典食材中所有的好东西都用在了最新鲜的海鲜上。

秘鲁人在厨房里擅长改造的另一个例子是 *anticuchos*（烤牛心），这是非洲裔—秘鲁人的特色菜，就是一种烤肉串。最初是用牛心（西班牙人把“好肉”留着自己吃，把下水和碎料给他们的非洲奴隶吃），肉被切成小块，在醋、*aji panca*（果味安第斯辣椒）、大蒜和孜然混合而成的料汁中腌过，然后用叉子烤着吃。今天，章鱼、鸡肝、鲑鱼和豆腐都可以用来做 *anticuchos*，但是这道菜最初是用牛心烹制，这一点说明了当时秘鲁的奴隶社群是多么富有天分。（这种饮食方面的阶层划分其实在全世界的很多菜系中都有所体现。参见本书第 099 页拉齐奥和第 262 页的中国，有类似例子。）

和 *ceviche* 酸橘汁腌鱼类似的另一款菜肴（不过不放洋葱）是 *tiradito*，即切得极薄的生鱼片，吃起来就像 *carpaccio*（生牛肉）或 *sashimi*（生鱼片）。这道菜明显是受日本移民的影响，不过饰菜还是用了安第斯本土食材如白玉米，呈现出秘鲁的特点。其他的海鲜菜还包括 *chupe de camarones*，即大虾杂烩，里面有蚕豆、大米、鸡蛋和牛至，上桌时还要搭配一片土豆；*jalea*，堆得高高的鱼或海鲜裹了面包渣，炸得酥脆，就像 *fritto misto*（面炸鱼）。*jalea* 搭配厚厚的一块洋葱调味，吃起来非常美味，这就是人们说的 *salsa criolla*，在南美洲有各种各样的吃法（见第 383 页）。做这道菜，红洋葱要切成极薄的片，轻薄得像羽毛一样，然后放入香菜、*aji amarillo* 辣椒、柠檬、油等调料的混合物中腌泡。按字面翻译的话，*salsa criolla* 的意思是"克莱奥尔酱料"，这种作料可用来搭配无数秘鲁菜肴，从典型的安第斯美食 *humitas*（蒸玉米饼）到 *tamales*（玉米粉卷蒸肉，见第 387 页），再到 *lomo saltado*（爆炒牛柳）和 *arroz con pato*（按字面意思就是米饭和鸭子），这些菜显然是受亚洲菜系的影响，因为它们也用爆炒的烹饪手法以及孜然、大蒜、香菜等调料。

甜味的块茎类蔬菜如南瓜、甜薯和 *yucca*（丝兰，有时候也被当成木薯或树薯，见第 374 页）在秘鲁菜肴中扮演着很重要的角色。丝兰可以煎炒，可以用来做面包（*pan e yucca*），这种南美洲面包卷用丝兰淀粉、奶酪、鸡蛋和黄油制作而成，有非常柔软的口感，而且很容易让人有饱腹感。块茎类蔬菜也是做 *causas* 的重要食材，这道经典秘鲁菜介乎砂锅焖菜和土豆饼之间。用捣得极细的土豆、黄椒、青柠和盐一层一层地铺好，里面可以根据口味加入螃蟹、吞拿鱼、蛋黄酱、番茄和鳄梨，最后全都浇上 *salsa criolla* 酱料。

藜麦是一种安第斯山区的庄稼，在高海拔地区生长茂盛。它被认为是玻利维亚特有的作物，不过其实它在秘鲁、阿根廷、智利、厄瓜多尔和哥伦比亚的高地地区都广泛地种植和使用。藜麦是制作沙拉以及搭配鱼类的理想食材。尽管藜麦看起来就是普通的谷物，植物学上也被划归水果类，但是它的蛋白质含量高达 80%，足以媲美肉类的蛋白质含量。几个世纪以来，安第斯山区的农民都依靠藜麦过活。（藜麦最近几十年来在发展中国家开始拥有超高人气，因为它具有超级食品的特质，并引发了关于玻利维亚人可能吃不起藜麦的争论。所以各位读者，藜麦还是要省着吃！）

最后，*picarones* 也是一种备受欢迎的街边甜食：南瓜和甜薯制成的小甜甜圈，搭着一种名为 *miel de chancaca*（一种浓郁的甜糖浆，加橙皮调味）的粗糖甜酱一起吃。*picarones* 具有一种淘气的、几乎令人无法抵挡的特质——这个名字对于这种经过干炸的美食来说再合适不过了，由于 *picar* 在西班牙语中有“挑挑拣拣”之意，或许它也是秘鲁及其菜肴的某种恰当的人格体现。秘鲁毫不费力地从其移民社群的饮食传统中汲取营养，或许它自身就是那有点儿小滑头的 *picarones*？从饮食的层面来说，这种拈取并完美融合其他各传统的能力不正是秘鲁那“神秘魔力”的秘密所在吗？

食材清单：辣椒 • 青柠 • 孜然 • 牛至 • 香菜和欧芹 • 白鱼（石首鱼、海鲈鱼或鳎鱼）• 对虾 • 扇贝 • 鱿鱼 • 鳄梨 • 白玉米 • 甜薯 • 南瓜 • 木薯 • 酱油 • 藜麦

◆◆◆

• 酸橘汁腌鱼 •

Ceviche

这道菜真是秘鲁的招牌，而且有超过 800 种做法，肯定有适合你口味的一款。如果你想要找一种能够激励人的菜，这个就是！生洋葱、辣椒的热辣、青柠汁的酸爽，还有精致美味的生鱼……合在一起点亮了用餐的氛围并令味觉感到清爽。我喜欢这道菜，它是如此好做，而且如此容易花样翻新。你可以修改下面这个菜谱并从中获得无穷乐趣。我在可以自由发挥的地方提了建议。比如说，你可以用另一种柑橘类水果来代替（或补充）青柠。杰森·阿瑟顿（Jason Atherton）在其伦敦的花粉街社交（Pollen Street Social）餐厅用的是日本柚子。我还听说葡萄柚也很不错。

• 4—6 人份 •

去皮白鱼排，500 克（比如海鲈鱼、鳎鱼或鲷鱼）

海盐碎

带壳鲜虾，带壳龙虾，扇贝，若干

青柠汁，250 毫升（约 15 个青柠），沥掉果肉渣

大蒜，1 瓣，细细切碎

姜，1 片，1 厘米左右，切成极细的姜末

香菜，25 克，切碎

红洋葱，2 个，小个儿的，切成半月形的薄片

辣椒，1 只（如果有黄色的最好，绿色的也行），去籽后细细切碎

盛盘用（可选）

哈斯鳄梨，1 个，大个儿的（熟透但不要软塌塌的），切丁

番茄，2 个，对半切开，去籽后切丁

新鲜甜玉米，1 根，把玉米粒掰下来

新鲜带荚的蚕豆，600 克，用盐水煮 5 分钟后剥去外壳

1 • 将鱼排放在冷冻室中冷冻约 20 分钟，这样更好切。取出后切成 2 厘米厚的鱼片。卷上海盐碎，和其他带壳海鲜一起放在一旁待用。

2 • 用冷水把切好的洋葱泡上几分钟，这样可以让洋葱味不那么冲。

3 • 将青柠汁和大蒜、姜以及将近一半的香菜混合。尽量用混合物盖住鱼片，确保覆盖均匀。放在冰箱里 1 个小时左右，这就算是“料理”鲜鱼了。

4 • 要吃的时候，可以先铺一层洋葱，把鱼片从料汁中取出，放在洋葱上。剩下的料汁倒一半在鱼上面，上桌前再加入辣椒和香菜。

5 • 这时候可以加点儿你自己的创意食材。我超爱用鳄梨和玉米来搭配这道腌鱼。玉米能增加迷人的松脆口感，而柔软的鳄梨真的能够完美地衬托出鱼肉的鲜美。

• 秘鲁米饭 •

Rice Peruvian-Style

这道菜在秘鲁叫作 *arroz a la Peruana*，是用味道温和的米饭搭配经典的秘鲁白玉米（也叫 *choclo*），再加上一些大蒜、盐和胡椒。这样就算不把米饭作为主食，它也会让人很有食欲。其实它就是用一只煎锅把米饭做熟，这样你就能更容易地把其他食材搭在一起。

• 6 人份 •

橄榄油，1 汤匙

洋葱，1 个，细细切碎

大蒜，2 瓣，切成非常细的蒜末

长香米，400 克

鸡汤，500 毫升

新鲜甜玉米，从 3 根玉米棒子上掰下玉米粒

豌豆，75 克（可选）

黄油，30 克

盐

扁叶欧芹，15 克，叶子大致切碎（可选）

1 • 取一只大号深底煎锅，将橄榄油加热，将洋葱烧软，大概需要 5 分钟。然后加入大蒜再烧 1 分钟。加入大米，在油洋葱和大蒜中不停搅动约 3 分钟。

2 • 加入高汤、甜玉米和豌豆（如果你要用豌豆的话），和黄油一起放入锅中。盖上锅盖，小火焖烧 20—25 分钟，直到大米变软。

3 • 根据口味调味，撒上一些欧芹，然后上桌。

• 克莱奥尔酱 •

Salsa Criolla

这道简单的酱料最典型地结合了秘鲁的三种基本调料：红洋葱、青柠和辣椒。它能给一切菜肴——尤其是各种鱼类——提味。常用的辣椒是 *aji amarillo*，字面意思是“黄辣椒”，不过这样的辣椒在其他地方很难找，所以任何中度辣或者微辣（最好是稍微带点甜味的）的辣椒都行，例如新鲜的 *jalapeño* 辣椒就很好。

• 6—8 人份 •

红洋葱，3 个，小个儿的，切成非常薄的半月形薄片

微辣的辣椒，2 只（例如 *aji amarillo* 或者 *jalapeño*），去籽后细细切碎

香菜，15 克，叶子切碎

扁叶欧芹，15 克，叶子切碎

青柠，2 个，挤汁

红酒醋，1 汤匙

橄榄油，3 汤匙

海盐和现磨黑胡椒粉

1 • 取一只碗，将所有食材混合在一起。放入冰箱后冷藏半个小时再上桌，这样味道能够充分融合，然后你就可以开吃了。

– 巴西 –

图皮人？不要图皮人？——这是个问题。

• 奥斯瓦尔德·德·安德拉德（Oswald de Andrade），
《食人宣言》（*Manifesto Antropófago*）•

在 1928 年出版的《食人宣言》一书中，巴西诗人、辩论家奥斯瓦尔德·德·安德拉德提出，巴西应该吞噬掉其他文化以推进自身文化的发展和形成。他用了食人的巴西图皮族来作为隐喻，以此来权衡这种文化食人主义的利与弊，莎士比亚的名句在此具有反讽意味，揭示了核心问题。最近几十年来，巴西在某种程度上“食用”了世界文化，部分是为了发展自身对于世界的认识，最近十年来，巴西已经成为拉丁美洲经济发展速度最快的国家。

这种同化也发生在饮食方面。传统的火锅（炖菜，或者也叫 *paneladas*）经过几代人已经慢慢从炉火上消失了，巴西年轻一代的世界主义者们更热衷于品味意大利菜和日本菜的繁复。唉，被误导的年轻人！纯正的、地道的巴西菜肴之美，似乎并没有得到充分认识，而这一点在巴西国内比在其他地方更为严重。在大多数巴西城市里，你能找到大量的披萨、千层面和寿司，在南部尤其如此，奶油打底的意大利面酱在那里非常受欢迎（与此类似的是阿根廷人对于奶油和奶酪打底的食物的热衷——见第 384 页的 *la fugazza* 披萨）。异国饮食在这里一直受到欢迎，因为能够向人宣称祖国饮食有多么丰富的巴西人寥寥无几，而巴西美食一直未能获得与其国力相称的国际声誉。如今随着圣保罗等城市的兴起，随着在美食领域具有远大抱负的世界级大厨的涌现（例如 D.O.M 餐厅的亚力克斯·阿塔拉[①]），这一切正在开始改变。

巴西主厨萨曼莎·阿奎姆（Samantha Aquim）因其开创的巧克力品牌阿奎姆（Aquim）而在巴西很有名，她向我保证说，事情真的变了，一种新的、非常地道的巴西式的艺术感知力正在出现。真正能够令人骄傲的是那些反映了真正的巴西人生活方式和文化的东西。如她所言，“豆类、桑巴和混血舞娘并不是我们日常生活里的那个巴西”。令人开心的是，巴西食物正在经历一场复兴，而且日益为那些真正重要的人所看重，这些人正是巴西人自己。

巴西有超过 300 万平方英里的国土面积，有近 2 亿人口，但依然是一个过于复杂而难以界定的国家。大多数人口都集中在沿海地区，巴西人都是本地族群和外来族裔混合的后代，前者例如图皮族，后者则有 16 世纪开始迁入的欧洲殖民者，以及 18 世纪由殖民者从西非贩运来的黑奴。[②] 这三种主要的社会群体相互融合，其程度或许胜过了其他那些同样被贴上后殖民大熔炉标签的国家，这种情况导致诞生了大量的 *mulatto*（黑人和白人混血）以及 *caboclo*（印第安人和白人混血）人口。

从地理上来说，巴西跨越了一片广泛的地带，其中包括雨林、草原、灌木林和红树林；从饮食方面来看，则可以大致划分为四个区域：亚马逊河流域、东北部、东南部以及南部。东北部和东南部都在大西洋沿岸，海鲜在这里要比在北方更为常见，从巴伊亚（Bahia）向北走，炖鱼（例如 *moqueca de peixe*）是非常普遍的菜肴，例如肉质较厚的白鱼如石斑鱼、鲷鱼和箭鱼，等等。

虽然巴西菜有上述种种地区差异，但是有一个首要的特征，也是巴西

••••

① 亚力克斯·阿塔拉（Alex Atala）是圣保罗 D.O.M 餐厅的大厨和老板，这家餐厅在 2013 年的“全球 50 佳餐厅”评选中名列第 6 名。阿塔拉则位列《时代》杂志评选的”世界 100 位最具影响力人物“的第 44 位。用诺玛餐厅主厨雷内·莱德赞比的话来说，“他完全投身于为拉丁美洲打造更好的饮食文化所需的艰巨事业中，他的烹饪哲学——用巴西本土食材做出高级料理——已经令整个美洲大陆为之倾倒”。

② 根据记录，在所有从非洲被运往美洲的奴隶中，几乎有 40% 是通过非法交易被带到巴西的。

宴饮文化的真正线索，即 *paneladas*（大锅菜）。也就是说，所有食材都在一个锅里烹制，而这口锅要足以盛下很多人的饭食。你是不是觉得这种做法很单调？绝对不会！*paneladas* 里面有各种各样的调料，足以保持口味上的新鲜有趣，而不是吃几口就够了。“我们不是为一个人做饭，我们是为十个人做饭。”萨曼莎·阿奎姆说，“*comida de panela* 是一种家庭美食，但它绝对不失趣味。”

comida de panela 是一种遍及巴西全国的烹饪手法，不过不同地区所使用的调料和食材有所不同。共同的调料包括香菜（很多菜里都会用到），还有 *colorau* 或 *urucum*（甜辣椒，味道基本上是甜的，类似于西班牙的 *pimentón* 熏辣椒粉）、干牛肉（有两种，一种是晒干的，叫作 *carne de sol*；另一种是用盐腌成的，叫作 *carne seca*），还有烤大蒜。虽然全世界的厨师刚入行时都被告诫永远不要把大蒜烧糊，但是在巴西，烤大蒜就是个开始。*feijoada*（黑豆饭）是一道经典的巴西豆子菜（我朋友齐赞内 [Gizane Campos] 给了我这道菜的菜谱），它就是要先把大蒜烤熟，此外还有很多其他的 *paneladas* 大锅菜，都要用树薯粉增稠。树薯是芋类植物（其他的还有木薯和丝兰）长在地下的块茎，通常能够为菜肴增加坚果风味和粉糯的口感。在整个拉丁美洲和加勒比地区，树薯粉都用作烘焙、煎炸和炖菜，但是对于巴西菜肴来说格外重要，因为它是制作 *farofa*（奶油木薯粉）的关键食材，将木薯粉用黄油烤过，搭配 *feijoada* 和其他炖菜一起上桌。

非洲移民（其先辈来自刚果、尼日利亚、安哥拉等国家）的传统在很大程度上构成了巴西南部菜肴的特征，例如使用棕榈油（当地人称为 *dendê* 油）和椰子。自 16 世纪至 19 世纪，大约 500 万名奴隶被运往巴西充当劳力，其中很多被送往北部糖料种植园——他们所带来的巨大影响直到今天依然十分明显。比如，如果你到了萨尔多港（Salvador de Bahia），就会看到 *baianas*（非裔巴西女人）穿着她们鲜艳多彩、缀着珠子的服装在售卖 *acarajé*（一种用棕榈油炸的黑豆馅饼）。还有精致美味的菜肴如 *bobó de camarão*（大虾炖菜，用木薯粉增稠）或是 *casquinha de siri*（一道开胃菜，用蟹壳盛满蟹肉、蔬菜和帕玛森干酪），将北部的海鲜食材和非洲饮食习惯结合在一起（甚至还有一些欧洲元素，例如意大利爱米利亚—罗马涅大区最著名的奶酪），创造出令人晕眩的效果。

南部的海鲜料理更为简单，当然，在南部的大城市如里约热内卢和圣保罗都有一种总体上的趋势，就是偏好清淡一些的食物（矫正一下对意大利酱面的狂热！）。在这个地区，肉类开始悄悄占据餐桌的主导地位——经典的三样就是肉、豆类和米，它们是大多数人盘中的美食。巴西人爱吃肉，而且就整个巴西而言，越往南走肉食所占的比例越高。往阿根廷的方向走，牛排、BBQ 烤肉、香肠、猪肉和鸡心开始成为日常的主要食物。我记得有一次和一群朋友去一家位于伦敦东部的巴西餐厅，朋友们都来自巴西中南部的城市贝洛奥里藏特（Belo Horizonte），我当时被一摞刚从厨房端出来的心脏吓坏了——静脉血管都凸着呢。看起来它们是挺好吃的，不过恐怕对于我这个前素食主义者来说，还是没那么大胆子尝试。[①]

巴西北部和西部是奥斯瓦尔德提过的图皮人的家乡，在这里，亚马逊河流域的七个州提供了各种年代久远的部落菜肴，烹饪的方式和食材都极富当地色彩。*colorau* 是一种类似于甜辣椒的香料，用 *annatto*（胭脂树）的果实研磨制成，在这里特别受欢迎，人们用它来为品种和产量都很丰富的淡水鱼调味，例如 *surubim*（一种河里的鲇鱼，可以像鲑鱼那样烟熏），还有肉质肥厚的白鱼 *tambaqui*，鱼肉可以烤着吃、做成鱼饼或是加到 *paneladas* 大锅菜里一起吃。*picadinho de tambaquí* 这道菜包含了洋葱、大蒜、辣椒、椰浆和棕榈油，是典型的大锅菜，搭配米饭、*farofa* 和无处不在的当地香草 *jambú*（跟鼠尾草很像）一起吃，这种香草能够在口腔中产生一种令人丧失感受力的麻醉效果。*jambú* 叶子（和菊苣以及磨碎的树薯一起）也可以用来做酱，用以腌泡和烤制鸭子，这道菜在当地的名字是 *pato no tucupí*。

① 顺便说，我并不是一个美食爱好者，也不主张任何一个对美食有兴趣的人为了品尝美味都要完全地走出个人的“安全地带”。走出你的日常饮食选择、做一个美食旅行家当然值得鼓励，但是我反对那种对于“尝鲜”的过分狂热，尤其是不必去尝试那些让你崩溃的东西。

巴西菜肴的多样化或许还没有充分地为人们所认识，因为有如此多的食材都是极其地方性的，而且并没有广泛传播。不过好消息是，我在这里分享的所有菜谱，你都能在自家厨房里找到食材，尤其是萨曼莎·阿奎姆那道超赞的（而且非常好做的）巧克力慕斯。巴西有上百种可可，其中大多数都出口到国外的巧克力生产厂商（他们用牛奶和香草稀释了可可那丰富而自然的味道），但是有些巧克力依然保持着原有的风味，可以用来制作巴西著名的甜点如 *brigadeiros*（巧克力奶油蛋糕）。这道甜点就是松露巧克力加上炼乳，最后做成一种类似布朗尼的口感。棒极了！

巴西的形象——无论是食人族还是贫民窟，或是萨曼莎·阿奎姆所说的“豆子、桑巴和混血舞娘”——只是故事的一面，是一种漫画式的夸张。回到奥斯瓦尔德·德·安德拉德的语境，巴西或许已经“吞噬”了其他的文化，以此作为一种策略性手段来发展自己，但是，就像我希望下面这些菜谱将会令你相信那样，巴西已经迎来了突出自己独特美食的时机。有这样丰富的传统和地理环境来提供多元的美食机遇，巴西绝对值得期待。

食材清单：香菜 • *colorau* 香料 • 椰浆 • 木薯 • 树薯粉 • 干牛肉（盐腌或日晒）• *bacalhau*（鳕鱼干）• 北方的淡水鱼、海边的海鱼（石斑鱼、鲷鱼、箭鱼）• 黑豆或褐豆

• • •

• 黑豆炖菜 •

Black Bean Stew

feijoada 是一个葡萄牙语单词，它是一道代表性的巴西菜，一种典型的 *paneladas* 大锅炖菜，是要供一大群人一起吃的。用我朋友齐赞内（他给了我这个菜谱）的话来说，“你不可能只为两个人做一顿 *feijoada*，它的内容特别丰富，应

该和一大群朋友一起找一个时间充裕的中午慢慢吃——最好是在星期六或星期日，这样你吃完还能午睡一会儿”。和所有的炖菜一样，剩下的还能留着第二天再吃一顿丰盛的晚餐或午餐。你可以在葡萄牙或巴西商店里找到所有最地道的食材，也可以在熟食店和超市找到不错的替代品（见第403页供货商名录）。齐赞内建议说，*feijoada* 上桌前要搭配嫩卷心菜、洋葱和切成薄片的大蒜，这三样一起炒5分钟左右，再加上熟米饭和橙子瓣。

• 8—10人份 •

干黑豆，1千克

晒干的牛肉，400克，切成片，或者也可以用400克烟熏猪肋排

烟熏培根，400克，切块

橄榄油，4汤匙

洋葱，2个，细细切碎

大蒜，6瓣，细细切成蒜末

烟熏香肠，大根，300克，切成大块（葡萄牙香肠最好，不过西班牙香肠也不错）

葡萄牙或意大利辣香肠，小根，300克（如果找不到辣味香肠的话，普通香肠也可以）

盐腌猪肋排，400克（或者其他带骨头的部位都行）

现磨黑胡椒，1汤匙

月桂叶，5片

橙子，1个，去皮

巴西甜酒 cachaça，1杯（可选，不过我推荐）

橙子，1个，上桌用，去皮并切瓣

1 • 取几个碗，分别用冷水浸泡豆子、晒干的牛肉或烟熏猪肋排（如果你用的话）以及熏培根，泡一夜。早晨换一道水，继续浸泡直到去除多余的油和盐分。

2 • 将豆子沥干水分后放入一只非常大的炖锅，盛入冷水。煮沸后关至中火，炖 30 分钟直到豆子变软。

3 • 将洗净浸泡过的干牛肉（或熏猪肋排）和熏培根加入豆子中，一起再炖 30 分钟。

4 • 同时取一只很大很重的炖锅加热，倒入橄榄油，让油盖满整个锅底。加入洋葱和大蒜，烹至变软。加入香肠、盐腌猪肋排、黑胡椒和月桂叶。倒入已经煮熟的豆子和肉类，再加水没过所有食材。将去皮后的橙子放在锅中央。整锅菜再炖 1.5—2 个小时甚至更久，中间根据需要加水，直到肉类炖到离骨。上桌前捞出月桂叶，加入一杯巴西甜酒，然后搭配切开的橙子一起上桌。

• 炖虾 •

Shrimp Stew

这个菜谱来自大厨萨曼莎·阿奎姆，而且它真的就是那种典型的大锅菜，要给一大家子人吃的。你会看到这道菜需要多少食材。在葡萄牙语中，这道菜叫作 bob**ó** *de camarao*，英语里有时候会叫它 shrimp bob**ó**，它是用虾和树薯（或者木薯）酱做的，还要加上椰浆和蔬菜。就像很多类似的炖菜一样，它最适合用棕榈油来做，巴西当地的葡萄牙语叫它 *dendê*，传统上这道菜要和白米饭一起吃，也可以单独作为一道菜。炖虾是巴西巴伊亚地区众多代表菜式之一，以其非洲—巴西风格的特点而著称。你在各个特色市场（以及某些超市）都能找到木薯，棕榈油在网上可以买到。不过如果实在太难找，用葵花子油也可以。

• 8—10 人份 •

木薯，1 千克，削皮后切成几瓣

椰浆，500 毫升

棕榈油（或葵花子油），30 毫升

鲜对虾，1 千克，去壳后洗净

特级初榨橄榄油，50 毫升

洋葱，1 个，白的或黄的均可，切薄片

大蒜，3 瓣，细细切成蒜末

黄椒，小个儿的，半只，去籽后纵向切开

红椒，小个儿的，半只，去籽后纵向切开

番茄，1 千克，去皮后切丁

海盐和现磨黑胡椒

扁叶欧芹和香菜，切碎，盛盘用

青葱，切碎，盛盘用

1 • 将木薯用盐水煮 20 分钟左右直到变软（就跟你煮土豆差不多），然后沥干水分，放进搅拌器中，与椰浆一起打成糊，放到一边待用。

2 • 大火加热 2 汤匙棕榈油或葵花子油，再加入盐和胡椒，飞快地炒一下对虾（如果需要可分批），倒入碗中放在一边待用。

3 • 取一个煎锅，加热橄榄油，快炒洋葱 30 秒，然后加入大蒜和胡椒，再炒 5 分钟左右。所有食材变软后，加入番茄将所有食材一起炒，直到收汁。

4 • 加入剩下的棕榈油，搅拌几分钟以确保均匀分布在食材上。加入木薯和椰浆的混合物，然后焖烧 2—3 分钟。汤汁会变得非常绵滑醇厚，如果太稠了，就再加一些椰浆。

5 • 加入对虾，根据口味调味，然后撒上新鲜香草和青葱，上桌。

• 香浓巧克力慕斯搭配可可碎 •

Intense Chocolate Mousse with Cacao Nibs

这道清淡却令人放纵味蕾的布丁蛋糕来自巴西主厨、巧克力专家萨曼莎·阿奎姆。有好多次，这道甜点都令我的家人疯狂。它也很好做，只要你能找到可可碎，它是成败的关键，网上（见第 403 页供货商名录）和某些超市有售。

• 4 人份 •

黑巧克力，70 克（可可脂含量至少 70%）

鸡蛋，2 个，大个儿的，取蛋白使用

细砂糖，30 克

高脂浓奶油，195 毫升

可可碎，20 克，再多准备一些作为装饰

1 • 取一个碗，放在一个盛有开水的炖锅中，将巧克力融化。室温下放置 15 分钟左右，注意不要让巧克力再度变硬。

2 • 另取一个碗，将蛋白和砂糖一起搅拌 5 分钟，直到体积膨胀 3 倍，颜色变浅，变蓬松。再加入融化后的巧克力搅拌，再加入奶油。

3 • 拌入可可碎，倒入一个吃饭用的大碗，或者也可以倒入 4 个独立的小碗，撒一些可可碎作为装饰，然后放进冰箱 1 小时左右，之后上桌。

— 阿根廷 —

这座城市总是令我想起俄罗斯，秘密警察的汽车上总是竖着天线；在布满灰尘的公园里，女性扭着腰身去舔冰淇淋；雕像都是同样的盛气凌人；派皮一样的建筑，一模一样的街道，路还不是直的，这给人一种幻觉，仿佛空间是无尽的，而且没有出路……

• 布鲁斯·查特文（Bruce Chatwin），

《巴塔哥尼亚高原上》（*In Patagonia*） •

布鲁斯·查特文笔下的布宜诺斯艾利斯充满了矛盾以及严肃却又滑稽的描述："扭着腰身""雕像盛气凌人"和"派皮一样的建筑"简直就像卡通片一样。他对这座城市的体验与巴塔哥尼亚高原的荒芜形成了强烈对比，或许这也是更为人熟悉的那个阿根廷——兼具广袤与粗粝——"我们确信巴塔哥尼亚就是世界上最安全的地方。我想的是一座矮木屋，有一个木瓦的屋顶，经过填塞以对抗暴风雨，屋里点着木柴取暖，墙上排列的全是最棒的书籍，这是整个世界爆炸时可供人栖身的一个地方。"

查特文对他的阿根廷之旅所做的描述及其所包含的全部矛盾，实际上揭示了一个位于南美洲一角的国家的真正面貌，从巴塔哥尼亚高原（查特文将之描绘为"世界尽头"）绵延2000英里，穿过中部的绿地（放牧着牛群），直到与玻利维亚、秘鲁、智利和巴西接壤的安第斯山区。或许与拉丁美洲的其他地方相比，阿根廷存在的种种冲突会更令旅行者吃惊：旧世界与"新世界"的矛盾，欧洲人和美洲土著的冲突，以及受到各种外来文化影响（有时候也是冲撞）而形成的独特文化。阿根廷的大部分地区都被海洋和山脉环绕，前者在20世纪上半叶带来了数以千计的欧洲人，而后者（安第斯山）则阻挡了这些欧洲人向西进一步迁徙的去路。阿根廷于是成为混血儿的避风港，尤以多样性著称——无论是人口或是地形，还是反映了这二者的饮食。

阿根廷人口的面貌和构成与邻国智利非常不同。大部分阿根廷人在几代之内都能将家谱追溯到意大利、西班牙、法国和德国。比如，大约半数的阿根廷人都被看成是意大利人的后裔，因为在他们说西班牙语时会有种音乐般上扬的音调，因为他们有意大利姓氏[①]以及对于披萨和 *helado*（冰淇淋）的普遍狂热。*la fugazza* 是一种受人喜爱的披萨，饼面上有烤焦的白洋葱、马苏里拉奶酪和帕玛森干酪，而最有名的阿根廷冰淇淋口味则是 *dulce de leche*，这是一种阿根廷独有的风味——超级甜而且加了肉桂棒，这种用炼乳制成的浓稠焦糖酱流得到处都是——而现在已经进入了传统的欧洲菜谱。

不过我们现在还是回到正题。那些能让我们立刻联想到阿根廷的食物并不是披萨或冰淇淋，对吧？当然不是这些，而是牛排，是星期日的 *asado*（BBQ 烤肉）文化，是湿淋淋、血乎乎而又诱人的牛肉在火焰中发出“噼啪”的声响，烤的时间很短以至于中间还是生的，然后搭着马尔贝克葡萄酒来一场狂饮。（确实，牛排和马尔贝克葡萄酒是理想的晚间伴侣，它们也是阿根廷在世界范围内最有影响力的食物和饮料）。诚然，自20世纪中叶以来，牛排几乎成了阿根廷的同义词，而阿根廷骑手那魔术般的浪漫形象（先是南美牧人，现在则是马球手）也成了有钱的外国人竞相买进的对象。这其实都来自舌尖上的刺激。在《摩托日记》（*The Motorcycle Diaries*）中，切·格瓦拉（Ernesto Che Guevara）将阿根廷人的饮食结构说成是过于“奢侈”的事情——与他和朋友阿尔贝托·格拉纳多（Alberto

••••

① 一个很好的例子是著名的酒厂 *Luigi Bosca*。“*Luigi*”本尊显然从未存在过，但是选择一个意大利名字为原型，这就能够吸引那些20世纪初来到阿根廷的意大利移民的后裔。

Granado）在后面的旅行中所吃的食物相比，尤其如此。[①] 阿根廷食物是“国王才能享用的饭食”。

尽管整个阿根廷的人都常吃牛排，但是最突出的地区要算拉帕玛（La Pampa），这块面积达 30 万平方英里的草原位于阿根廷中部，靠近布宜诺斯艾利斯。足够的空间和丰富的青草使得这里成为一个绝好的散养牧场，提供全世界最好的牛肉——阿根廷人已经将其打造成为全系列的牛排及碎肉产品供应链，现在全世界的人都可以享受这种牛肉（当然最主要的消费人群还是在阿根廷国内，在这里素食主义者很少见，而且人均消费量能够达到每年 58.8 千克）。[②] 迭戈・雅克（Diego Jacquet），伦敦西区灶乐（Zoilo）餐厅的主厨兼合伙人，他说帕玛牛肉“绝对是世界上最好的肉类之一，有着绝妙的口感，因为牛有非常广阔的空间活动，这样能够以一种独特的方式保持肌肉、燃烧脂肪”。

阿根廷人去 *parilla*（传统的烧烤餐厅）进餐或在家自己做 *asado*（BBQ 烤肉）的时候，吃的都是肉，很少吃别的——这一点颇令欧洲人困惑，更别说像我这样的素食主义者了，不过其实他们吃的花样不少。比较大规模的 *asado* 烤肉简直就是一餐丰富得惊人的肉类拼盘，从厚块到腰上的嫩肉，到慢烧的肋眼，再到各种香肠（*morcilla* 血肠或者 *chorizo* 辣肠），通常还要搭配一块正在融化的奶酪（名为 *provoleta*）、*mollejas*（杂碎）以及几乎整套碎肉下水。（很显然，“从头吃到尾”对于阿根廷人来说并不是某种风靡一时的选择——就像在英国那样——而根本就是其饮食文化的基础。）吃肉的火候也可以有很多种：全生的、嫩烧的以及各种各样“几分熟”的，你可以有无限的选择。

••••

① 格瓦拉和格拉纳多骑着一辆摩托车，从布宜诺斯艾利斯出发，穿越了安第斯山脉、阿塔卡马沙漠、亚马逊盆地，然后北上至加勒比地区，他们在南美洲的土地上旅行了超过 8000 千米，见到了各种地理环境以及不同国家、不同气候和不同文化中人们的日常生活。

② 根据《纽约时报》报道，阿根廷人在 2012 年人平均食用 129 磅牛肉。这是美国人每年食用量（57.5 磅）的两倍还多。不过，与 1956 年的最高值——每人 222 磅相比，阿根廷的人均消费量已经有了明显下降。

通常情况下，所有这些烤肉都搭配两种酱料一起吃：*chimichurri* 和 *salsa criolla*。前者是典型的阿根廷酱料，包括橄榄油、新鲜牛至、欧芹、大蒜和辣椒。在布宜诺斯艾利斯，还会加入番茄酱，而在山区例如门多萨葡萄产区（Mendoza），可能还要加一点 *tomillo*（百里香）或 *romero*（迷迭香），而 *salsa criolla* 酱料在南美地区会以各种各样的形式出现，比如你会发现秘鲁就有一种酱料和它同名。在阿根廷，*salsa criolla* 包含了白洋葱、番茄、微辣的辣椒以及油脂。迭戈把他的 *chimichurri* 菜谱给了我（后面就会写到），这个菜谱会带着你像南美洲的牧人那样烹制和食用牛排。

尽管阿根廷的肉制品具有绝佳的质量，但在某种意义上也抢了其他地区的食材在世界舞台上的风头，而阿根廷的烹饪方式远非一道烧烤所能涵盖。南部的巴塔哥尼亚、北部的萨尔塔（Salta）都有自己的特色菜，其中既有独具特色的菜式，也有因地区不同而做法不同的国菜。*empanadas*（肉馅卷饼）就是一个例子，其实它们就是小千层饼包着填馅儿：*carne*（牛肉）、奶酪（混合了软奶酪和延展性很好的白奶酪，后者被阿根廷人称为“马苏里拉”）；还有巴塔哥尼亚的鱼、海鲜和蘑菇。肉类在餐食中所占的比例在不同的地区有所不同。比如，在布宜诺斯艾利斯，你会发现肉和洋葱的数量都比门多萨地区多一倍[①]，而在门多萨，肉和洋葱的经典做法是要加入孜然——可能还要再加点橄榄和鸡蛋。

你会发现 *tamales*（玉米粉卷蒸肉）就像 *empanadas*（肉馅卷饼）一样，在南美洲到处都是，而在不同的国家则有不同的做法。在阿根廷，它是安第斯山区的特色菜，主要流行于萨尔塔和居居里（Jujury）等北部地区，邻近智利和玻利维亚。这种小玉米卷儿（名字叫作 *masa de maiz*，和美洲其他地区流行的 *tortillas* 玉米饼用同一种玉米底料）里面包着碎肉（羊肉、

••••

① 门多萨（Mendoza）既是地区名称，也是城市名称，位于阿根廷西部，毗邻智利。这里的菜肴没什么特点，但是酒就不一样了。这是阿根廷葡萄酒的地盘，因出产著名的马尔贝克葡萄而在国际上享有盛名，这种葡萄渗透着黑莓、紫罗兰和香草的香气。经过灌溉和耕种，如今这片土地不仅适宜栽种葡萄，同样也能长出很棒的蔬菜（例如这里的番茄就有着明亮爽口的汁液）。

牛肉或猪肉），卷在玉米叶子里，煮熟或者蒸熟。同时，*humitas*（蒸玉米包）也和 *tamales*（玉米粉卷蒸肉）相类似，混合了新鲜玉米、洋葱、青辣椒和红辣椒、香辛料（有时候加点奶酪或鸡肉），都卷在一张玉米皮里，然后在烤箱里烤熟。还有 *masa* 糊糊，它的口感完全是安第斯特有的——容易饱，比玉米大麦粥更粗糙，但是又精细到足以做成黏面团。

阿根廷北部地区的菜肴可能是全国最有特色的菜式，它反映的生活方式比帕玛地区生活更为艰辛：极端的气候条件，贫瘠的山地，匮乏的水资源。炖菜和一锅菜为这里的人们提供了好做又管饱的餐食，包括 *carbonada*（牛肉、玉米、土豆和桃子、梨子之类的水果全都用一只剖开的南瓜盛着上桌），还有 *locro*（这道菜在阿根廷炖菜中最为有名，它有点像西班牙的炖菜 *cocido*，包括了肉类、培根、香肠、南瓜、玉米和谷物——一道丰盛而完满的大餐，一只锅就盛满了当地的食材）。

整个阿根廷能找到的唯一一道鱼，就是相对来说比较受人欢迎的虹鳟鱼（trucha），通常在人工湖里养殖。这种鱼可以烧，可以烤，可以煎，可以做成 *en papillote*（裹上当地的调味品和蔬菜）。考虑到阿根廷和智利都有漫长的海岸线，阿根廷人相比之下吃鱼吃得这么少，令人感到奇怪。[①] 所以这又一次说明，阿根廷的文化是围绕着南美牧人以及一系列牛肉烹制的习俗发展起来的—— *asado*（烤肉）、*parrilla*（肉类烧烤）以及 *choripan*（街头小吃）[②]——这些都是大多数人日常饮食中的基本内容。

巴塔哥尼亚菜是阿根廷最不典型的南美食物——也就是说，它既不是典型的安第斯菜，也不是牛排大餐——它更适应严酷的气候，也利用了这种气候的赠予。羔羊肉、野猪以及可拾获的食物如蘑菇、莓果等，这些都令人想起斯堪的纳维亚菜肴以及德国菜，而且也说明这里居住着不同的移

① 智利的一条边界完全是临太平洋的，因此丰产鱼类和海鲜，例如蛏子、扇贝和龙虾——所有这些在美洲大陆西部都是做菜的材料。不过，虽然海产丰富，但是智利基本上没有可与阿根廷的草原规模相当的陆地来养牛。

② 西班牙辣香肠夹在简单的面包里，再搭配 *chimichurri* 酱料，这种小吃在布宜诺斯艾利斯的足球赛场上到处可见，公园里的街头小吃摊也总有售卖。

民社群，而这是阿根廷其他地区所没有的。在巴塔哥尼亚，土地的变化以及文化对于美食的影响使当地的菜肴从意大利式转向欧洲中北部风味。除了野味和腌渍食品，其他的菜式还包括安第斯干酪火锅、果馅卷以及用各种浆果做成的薄饼。这里的土地是栽种黑皮诺葡萄的理想之地，该地区也出产极好的葡萄酒。

马黛茶是备受阿根廷人（还有乌拉圭人，后者几乎到了狂热的地步）喜爱的含咖啡因的热饮，一年四季、从早到晚都可以喝。它是用马黛树（yerba mate）的叶子制成的，这种树是南美洲特有的常绿植物，叶子晒干后磨成粉，放入一个容器（当地人也叫它 mate），用热水泡着喝。这样泡好的茶要通过一根金属吸管（名叫 *bombilla*）吸着喝，喝完后还可以续热水，慢慢地茶汤会变淡。我个人更喜欢往马黛茶里加一点点糖，尽管这样做恐怕会吓坏那些马黛茶的死忠粉。（我懂，我对往红茶里加糖的行为也很鄙夷——我还真是自以为是。）马黛茶或咖啡都可以在早餐时搭配面包，同时还有 *dulce de leche*（焦糖奶油酱）或者 *alfajor*，这是一种阿根廷饼干，有点儿像酥饼。这些食物都可以有不同的风味，不过最经典的吃法是，两片饼干夹着一点绵滑的酱心——你猜对了——当然得是焦糖奶油酱。

尽管阿根廷菜所涉及的范围远比我们看到的要广泛复杂——比如用香蕉叶做菜，比如粗玉米粉等，更不用说取得这些食材所用的方法了——我要建议的是，在你第一次展开阿根廷厨房之旅时，一切尽量简单就好，购买足量的、品质上好的牛排和新鲜香草，为你自己准备一道简单的“国王才能享用的” *asado* 烤肉大餐，搭配一杯上好的马尔贝克葡萄酒。如果你想再冒点险，那可以试试制作自己的 *dulce de leche*，玛丽塞尔·普莱西拉提供了这个菜谱，或许你还可以把它再加工成冰淇淋，加上超赞的焦糖酱（只要你想，随时都可以舔一舔）。只要注意别“扭着”你的腰就行！

食材清单：牛排 • 鳟鱼 • 藜麦 • 白奶酪（*provoleta* 奶酪、马苏里拉奶酪以及类似于帕玛森干酪的奶酪）• 血肠（*morcilla*）• 杂碎 • 白玉米 • 中度辣的辣椒 • 焦糖奶油酱

◆◆◆

• 烤牛排搭配 chimichurri 酱料、大蒜和番茄 •

Grilled Skirt Steak with Chimichurri, Garlic and Tomatoes

这里呈上一个迭戈·雅克的简单牛排菜谱，搭配阿根廷招牌酱料 *chimichurri*。就像一切不复杂的菜式一样，这道菜的简单来自它对食材质量的超高要求。如果你找不到上好的牛肋排，那么一切都没有意义。之后就是照管烤制过程中的每一个步骤——煤炭、烤架等——要保证按照你的标准，肉烤得 *al punto*（刚刚好）。我喜欢烤到五分熟。如果可以的话，尽量提前——越早越好——准备 *chimichurri* 酱料，这样你能获得更好的风味。

• 6 人份 •

制作 chimichurri 酱料

大蒜，6 瓣，切成极细的蒜末

扁叶欧芹，40 克，细细切碎

牛至，15 克，细细切碎

青葱，4 棵，细细切碎

辣椒碎，1/2 汤匙

红辣椒粉，1 茶匙

柠檬，2 个，挤汁

香醋，50 毫升

特级初榨橄榄油，30 毫升

海盐和现磨黑胡椒

烹制牛排

李子番茄，6 个，对半切开

大蒜，3 瓣，细细切碎

特级初榨橄榄油，50 毫升

牛肋排，3 切，整理好肉块（大约每块 400 克）

1 • 制作 *chimichurri* 酱料。取一个碗，将橄榄油之外的所有食材混合，拌匀后室温下放置 1 小时。加入少许橄榄油搅拌，用海盐和现磨黑胡椒调味。再次搅拌并放在室温下待用，这样可以让各种味道充分混合。

2 • 取一个碗放入番茄、大蒜以及足量的橄榄油，将食材裹匀。用海盐和现磨黑胡椒调味，然后放一夜。

3 • 把牛排从冰箱中取出，在室温下放 1—2 小时。直到烤制之前再调味，最好是边烤边调味。

4 • 如果你用 BBQ 烤炉，烤肉前预热 20 分钟左右。或者你也可以用中火预热一只烤盘。先用小火在烤盘中烤番茄，直到它们外皮有一点点焦——6—8 分钟。然后用烤架或烤盘将牛排每面烤 4 分钟，肉一开始变色就调味，直到将外皮烤脆。一旦烤好，立刻用锡纸盖住，放置 5 分钟——肉会继续吸收热量，最终成为中等熟的牛排。如果你喜欢更生一点，那就每面只烤 2—3 分钟，喜欢更熟一点就每面烤 5 分钟。

5 • 最后，逆着肉本身的纹理将牛排斜切成条状，盛入一只大盘子，搭配烤好的番茄，多涂点儿 *chimichurri* 酱。

• 焦糖奶油酱 •

Dulce de Leche

制作这道焦糖奶油酱的最原始方式就是把一罐炼乳倒在一锅水里煮，就好像是在做一只香蕉太妃派，不过地道的阿根廷做法也差不多是同样简单，而且效果极好，甜点时间能让大人、小孩都开心雀跃。这是玛丽塞尔·普莱西拉在《拉丁美洲美食》（*Gran Cocina Latina*）一书中写到的食谱。玛丽塞尔是从阿根廷东北部的一位老太太那里学到的这个方法，那个地区的人们至今还在烹制一种古老的 *criollo* 可可莱肴。她的诀窍就是在加入炼乳之前将糖焦糖化，这样可以获得一种又深又丰富的糖色。玛丽塞尔强调，做这道甜点的时候绝对不能走神或者丢在火上不管，你必须时刻密切观察，快做好的时候尤其如此。她还推荐使用熬糖温度计，如果你有的话，那么在做这道酱的时候一定不要超过 225 ℉（大约 107℃）。如果要为这个食谱加点变化，那你可以试试墨西哥的 *cajeta* 焦糖酱，它是将牛乳和山羊乳合在一起，而且熬糖时不能超过 222 ℉（约 105℃），这样才好保持口感更为顺滑。

• 制作 1.5 升的焦糖酱 •

细砂糖，1.2 千克

全脂奶，4 升

香草荚，1 只，纵向分成两半

小苏打，1 茶匙

1 • 取一个大号较沉的炖锅，中火加热两三分钟。加入 50—100 克糖（100 克能够做出非常漂亮的金棕色，就像牛奶咖啡的颜色）。继续熬，搅拌，直到糖被熬成金色。

2 • 小心糖浆不要溅出锅。往牛奶中加入剩下的糖、香草荚和小苏打，快速搅拌。牛奶会变成一种浅米黄色。将牛奶混合物倒入炖锅中，与糖浆混合。

3 • 继续熬，偶尔搅拌，一个半小时左右。然后开始仔细看着锅，搅拌得也要更频繁一些。当混合物开始持续冒泡，检查一下糖浆是否熬好，舀几滴放在盘子里，看看是流动还是凝在那里，或者也可以用熬糖温度计确认。如果不用温度计的话，那就一定多等几秒，待你的“样品”凉一点才好做判断。如果有点凝住了，或者如果温度计显示达到 107℃，那就是熬好了。

4 • 准备好一个耐热的碗，放在另一个盛满碎冰和一点点水的碗中。当奶油焦糖酱达到理想的黏稠度，变成闪亮、绵滑的糊糊，但是还有一点点液体状态时，将它倒入准备好的碗中，让它变凉、变稠。密封后倒入一只塑料罐或玻璃罐中保存，室温或冷藏都可以，放几个月都没问题。

– 纵深阅读 –

你肯定发现自己深受书中某些菜式的启发，这里有些书籍可以帮你在相关领域进行深入发掘。有些菜式的研究书目显然要远远多于其他菜式，不过那些尚未具备充分文献的菜肴会给人带来更多探险的乐趣。

• 总论 / 必备清单 •

下面这四本书并不是针对任何一种具体的菜系，但是其作者非常热衷于美食、烹饪，而且不吝惜和读者分享他们的幽默。他们给了我很多启发，因此，尽管我远没有读完所有的美食研究书籍，但是我得说，如果你同时热衷于幽默和美食，那先来读读这几本书会是相当好的开端。

Home Cooking: A Writer in the Kitchen by Laurie Colwin（Fig Tree, 2012）

How to eat: The Pleasures and Principles of Good Food by Nigella Lawson（Chatto and Windus, 1999）

Kitchen Confidential by Anthony Bourdain（Bloomsbury, 2001）

The Man Who Ate Everything: Everything You Ever Wanted to Know About Food, But Were Afraid to Ask by Jeffrey Steingarten（Headline, 1999）

• 法国 •

French Country Cooking by Michel and Albert Roux（Quadrille, 2011）

The French Menu Cookbook by Richard Olney（Ten Speed Press, 1970）

French Provincial Cooking by Elizabeth David（Penguin, 1960）

Mastering the Art of French Cooking by Julia Child（Random House, 1961）

Simple French Cooking for English Homes by Xavier Marcel Boulestin（Quadrille, 2011 [first published 1923]）

Ripailles: Classic French Cuisine by Stéphane Reynaud（Murdoch Books, 2008）

The Alice B. Toklas Cookbook by Alice B. Toklas（Serif, 1998）

The Escoffier Cookbook: Guide to the Fine Art of French Cuisine by Auguste Escoffier（Crown, 1975）

• 西班牙 •

Catalan Cuisine: Europe's Last Great Culinary Secret by Colman Andrews（Grub Street, 1988）

Barrafina: a Spanish Cookbook by Sam and Eddie Hart and Nieves Barragán Mohacho（Fig Tree, 2006）

Spanish Flavours: Stunning Dishes Inspired by the Regional Ingredients of Spain by José Pizarro（Kyle Books, 2012）

The Food of Spain by Claudia Roden（Michael Joseph, 2012）

Spain on a Plate: Spanish Regional Cookery by Maria José Sevilla（BBC Books, 1992）

The Moro Cookbook by Sam & Sam Clark（Ebury, 2001）

1080 Recipes by Simone Ortega, Inés Ortega & Javier Mariscal（Phaidon, 2007）

• 葡萄牙 •

Piri Piri Starfish: Portugal Found by Tessa Kiros（Murdoch Books, 2008）

Recipes from my Portuguese Kitchen by Miguel de Castro e Silva（Aquamarine, 2013）

The New Portuguese Table by David Leite（Random House, 2010）

• 意大利 •

Polpo: a Venetian Cookbook（*of Sorts*）by Russell Norman（Bloomsbury, 2012）

The Geometry of Pasta by Caz Hildebrand and Jacob Kenedy（Boxtree, 2011）

The Essentials of Classic Italian Cooking by Marcella Hazan（Boxtree, 2011[first published in 1992]）

The Silver Spoon（Phaidon, 2011[first published 1950]）

Bocca: Cookbook by Jacob Kenedy（Bloomsbury, 2011）

Made in Italy: Food & Stories by Giorgio Locatelli（4th Estate, 2008）

Sicily（Phaidon, 2013）

Heat: An Amateur's Adventures as Kitchen Slave, Line Cook, Pasta-maker and Apprentice to a Butcher in Tuscany by Bill Buford（Vintage, 2007）

• 欧洲东部 •

Feasts: Food for sharing from Central and Eastern Europe by Silvena Rowe（Mitchell Beazley, 2006）

Purple Citrus and Sweet Perfume: Cuisine of the Eastern Mediterranean by Silvena Rowe（Hutchinson, 2010）

The 2nd Avenue Deli Cookbook by Sharon Lebewohl and Rena Bulkin

（Random House, 1999）

Warm Bagels and Apple Strudel: Over 150 Nostalgic Jewish Recipes by Ruth Joseph and Simon Round（Kyle Books, 2012）

• 德国 •

The German Cookbook by Mimi Sheraton（Random House USA, 1980）

Grandma's German Cookbook by Birgit Hamm and Linn Schmidt（Dorling Kindersley, 2012）

The Food & Cooking of Germany: Traditions-Ingredients-Tastes-Techniques by Mirko Trenker（Aquamarine, 2009）

• 斯堪的纳维亚 •

Scandilicious by Signe Johansen（Salt Yard Books, 2011）

Scandilicious Baking by Signe Johansen（Salt Yard Books, 2012）

The Nordic Bakery Cookbook by Miisa Mink（Ryland Peters and Small, 2011）

The Scandinavian Cookbook by Trina Hahnemann（Quadrille, 2010）

• 土耳其 •

Istanbul: Recipes from the Heart of Turkey by Rebecca Seal（Hardie Grant, 2013）

The Food and Cooking of Turkey by Ghillie Basan（Lorenz Books, 2011）

Arabesque: A Taste of Morocco, Turkey and Lebanon by Claudia Roden（Michael Joseph, 2005）

Turkish Flavours: Recipes from a Seaside Café by Sevtap Yuce（Hardie Grant, 2012）

• 黎凡特 •

Lebanese Cuisine by Anissa Helou（Grub Street, 2008）

The Art of Syrian Cookery by Helen Corey（Charlyn Pub House, 1993）

Arabesque: Modern Middle Eastern Food by Greg and Lucy Malouf（Quadrille, 2007）

Levant: Recipes and Memories from the Middle East by Anissa Helou（Harper Collins, 2013）

The Lebanese Kitchen by Salma Hage（Phaidon, 2012）

• 以色列 •

Jerusalem by Yotam Ottolenghi and Sami Tamimi（Ebury, 2012）

The Book of New Israeli Food by Janna Gur（Schocken Books, 2008）

The Arab-Israeli Cookbook: The Recipes by Robin Soans, Claudia Roden and Cheryl Robson（Aurora Metro Publications, 2004）

The Book of Jewish Food by Claudia Roden（Penguin, 1996）

• 伊朗 •

Food of Life: Ancient Persian and Modern Iranian Cooking and Ceremonies by Najmieh Batmanglij（Mage Publishers, 2011）

The Legendary Cuisine of Persia by Margaret Shaida（Grub Street, 2000）

Pomegranates and Roses: My Persian Family Recipes by Ariana Bundy（Simon and Schuster, 2012）

• 印度 •

Cinnamon Kitchen: The Cookbook by Vivek Singh（Absolute Press, 2012）

Food of the Grand Trunk Road by Anirudh Arora and Hardeep Singh Kohli（New Holland Publishers, 2011）

Madhur Jaffrey's Indian Cookery by Madhur Jaffrey（BBC Books, 2002）

Curry Easy by Madhur Jaffrey（Ebury, 2010）

India: The Cookbook by Pushpesh Pant（Phaidon, 2010）

Rick Stein's India by Rick Stein（BBC Books, 2013）

• 泰国 •

Thai Food by David Thompson（Pavilion Books, 2002）

Thai Street Food by David Thompson（Conran Octopus, 2010）

South East Asian Food by Rosemary Brissenden（Hardie Grant, 2011[First published 1970]）

• 越南 •

Vietnamese Home Cooking by Charles Phan（Ten Speed Press, 2012）

Into the Vietnamese Kitchen: Treasured Foodways, Modern Flavours by Andrea Nguyen（Ten Speed Press, 2006）

The Songs of Sapa: Stories and Recipes from Vietnam by Luke Nguyen（Murdoch Books, 2009）

South East Asian Food by Rosemary Brissenden（Hardie Grant, 2011[First published 1970]）

• 中国 •

Sichuan Cookery by Fuchsia Dunlop（Penguin, 2003）

Every Grain of Rice: Simple Chinese Home Cooking by Fuchsia Dunlop（Bloomsbury, 2012）

The Revolutionary Chinese Cookbook by Fuchsia Dunlop（Ebury, 2006）

Complete Chinese Cookbook by Ken Hom（BBC Books, 2011）

The Hakka Cookbook Chinese Soulfood from Around the World by Linda Lau Anusasananan（University of California Press, 2012）

The Last Chinese Chef by Nicole Mones（Mariner, 2008）

• 韩国 •

Seoultown Kitchen by Debbie Lee（Kyle Books, 2011）

Eating Korean: From Barbecue to Kimchi, Recipes From My Home by Cecilia Hae-Jin Lee（John Wiley & Sons, 2005）

The Food and Cooking of Korea by Young Jin Song（Lorenz, 2008）

• 日本 •

Japanese Cooking: A Simple Art by Shizuo Tsuji（Kodansha Amer, 2012）

Everyday Harumi: Simple Japanese Food by Harumi Kurihara（Conran Octopus, 2009）

Takashi's Noodle Book by Takashi Yagihashi（Ten Speed Press, 2009）

Sushi and Beyond: What the Japanese Know About Cooking by Michael Booth（Vintage, 2010）

Sushi At Home: The Beginner's Guide to Perfect, Simple Sushi by Yuki Gomi

（Fig Tree, 2013）

• 埃塞俄比亚 •

Ethiopian Cookbook: A Beginner's Guide by Rachel Pambrun（Createspace, 2012）

How to Cook Ethiopian Food: Simple Delicious and Easy Recipes by Lydia Solomon（CreateSpace Independent Publishing Platform, 2013）

• 西非 •

'My Cooking' West African Cookbook by Dokpe L. Ogunsanya（Dupsy Enterprises, 1998）

• 摩洛哥 •

The Food of Morocco by Paula Wolfert（Bloomsburry, 2012）

Moroccan Cuisine by Paula Wolfert（Grub Street, 1998）

The Food of Morocco: A Journey for Food Lovers by Tess Mallos（Murdoch Books, 2008）

• 加利福尼亚 •

Chez Panisse Menu Cookbook by Alice Waters（Random House, 1982）

California Dish: What I Saw（and Cooked）at the American Culinary Revolution by Jeremiah Tower（Free Press, 2004）

Mission Street Food: Recipes and Ideas from an Improbable Restaurant by

Anthony Myint and Karen Leibowitz（McSweeney's, 2011）

• 路易斯安纳 •

The New Orleans Cookbook: Creole, Cajun and Louisiana French Recipes Past and Present by Rima Collin and Richard H. Collin（Alfred A. Knopf, 1987）

The Little New Orleans Cookbook: Fifty-Seven Classic Creole Recipes by Gwen McKee and Joseph A. Arrigo（Quail Ridge Press, 1991）

Mme Begue's Recipes of Old New Orleans Creole Cookery by Elizabeth Begue（Pelican Publishing Co., 2012）

• 墨西哥 •

Mexican Food Made Simple by Thomasina Miers（Hodder & Stoughton, 2010）

Gran Cocina Latina by Maricel E. Presilla（W.W. Norton & Co., 2012）

Dos Caminos' Mexican Street Food by Ivy Stark（Allworth Press, 2011）

Tacos, Tortas and Tamales: Flavours from the Griddles, Pots and Street-Side Kitchens of Mexico by Roberto Santibañez（John Wiley & Sons, 2012）

The Essential Cuisines of Mexico by Diana Kennedy（Crown Publishing Group, 2009）

• 加勒比 •

Caribbean Food Made Easy by Levi Roots（Mitchell Beazley, 2009）

Lucinda's Authentic Jamaican Kitchen by Lucinda Scala Quinn（John Wiley & Sons, 2006）

Jerk From Jamaica: Barbecue Caribbean Style by Helen Willinsky（Ten Speed Press, 2007）

Caribbean Cookbook by Rita G. Springer（Pan Books, 1979）

• 秘鲁 •

Ceviche: Peruvian Kitchen by Martin Morales（W&N, 2013）

The Great Ceviche Book by Douglas Rodriguez（Ten Speed Press, 2010）

The Food and Cooking of Peru by Flor Arcaya de Deliot（Aquamarine, 2009）

Gran Cocina Latina by Maricel E. Presilla（W.W. Norton & Co., 2012）

• 巴西 •

The Brazilian Table by Yara Castro Roberts & Richard Roberts（Gibbs M. Smith, 2009）

Gran Cocina Latina by Maricel E. Presilla（W.W. Norton & Co., 2012）

D.O.M.: Rediscovering Brazilian Ingredients by Alex Atala（Phaidon, 2013）

• 阿根廷 •

Gran Cocina Latina by Maricel E. Presilla（W.W. Norton & Co., 2012）

Latin Grilling: Recipes to Share, from Patagonian Asado to Yucatecan Barbecue and More by Lourdes Castro（Ten Speed Press, 2011）

– 供货商名录 –

本书中的食谱所要求的大多数食材都能在较大的超市或者你最常去的商店和市场里买到。但是如果有些特殊食材不好买到的话，这里有一份我常用的供货商名单。如果你不住在伦敦的话，其中很多家都可以提供寄送服务，其他的则只能在网上找到。

• 总类 •

Sous Chef: www.souschef.co.uk 这家网店提供各种特殊的食材、厨具以及书籍。

Whole Foods: www. wholefoodsmarket.com 这家美国连锁超市在伦敦、切尔滕汉姆(Cheltenham)和格拉斯哥都有店铺，他家特色是有机健康食物。

Natoora: www.natoora.co.uk 这家网店提供各种极好的新鲜食物——奶酪、肉、鱼和蔬菜，而且送货上门。

Riverford: www.riverford.co.uk 应季的各种水果蔬菜，装盒论份售卖，送货到家。

Abel & Cole: www.abelandcole.co.uk 盒装应季水果蔬菜。

Selfridges: www.selfridges.com 这家百货商店在伦敦、伯明翰和曼彻斯特都有分店，它家有食品卖场，出售大量小众产品，尤其是各种美国食品。

• 欧洲 •

Maison Bertaux: www.maisonbertaux.co.uk 位于伦敦索霍区（Soho）的法式糕点店。

Poilane: www.poilane.com 法式面包店，在伦敦有两家分店。

Brindisa: www. brindisa.co.uk 出售西班牙食品，在伦敦有门店，也有网店。

R. Garcia & Sons: www.rgarciaandsons.com 西班牙食品店，在伦敦有门店，也有网店。

Portugal Mini Market 位于伦敦布里克斯顿的西班牙超级市场。

I.Camisa & Son 意大利熟食店，地址是伦敦索霍区老康普顿街（Old Compton Street）61 号。

Gennaro Delicatessen: www.italianfoodexpress.co.uk 售卖意大利食品，门店在伦敦，有网店。

Prima Delicatessen: 波兰熟食店，地址是：192 North End Road, West Kensington, London.

Morawske: 波兰熟食店，地址是：157 High Street, Willesden Junction, London.

Plosmak: www.polsmak.co.uk 波兰熟食店，网店。

Scandi Kitchen: www.sandikitchen.co.uk 出售斯堪的纳维亚食物，门店在伦敦，有网店。

• 中东 •

Yasar Halim: www.yasarhalim.com 土耳其超市，位于伦敦帕尔默绿地（Palmer’s Green）。

Turkish Food Centre: www.tfcsupermarkets.com 土耳其超市，伦敦各处有分店。

Phoenicia: www.phoeniciafoodhall.co.uk 地中海地区食物的卖场，位于伦敦肯缇诗（Kentish Town）。

Green Valley: www.green-valley.com 黎巴嫩食品卖场，位于伦敦大理

石拱门（Marble Arch）。

Ottolenghi: www.ottolenghi.co.uk 熟食店，伦敦各处都有门店，还有一家网店。

Rumplers: www.rumplers.co.uk 出售犹太食物的网店。

Persepolis: www.foratasteofpersia.co.uk 伦敦佩卡姆（Peckham）的波斯食品卖场，有网店。

Reza Patisserie 波斯熟食店，地址是：345 Kensington High Street, Kensington, London.

• 亚洲 •

Taj Stores: www.tajstores.co.uk 印度超市，位于伦敦红砖巷（Brick Lane）。

Talad Thai 泰国超市，地址是：326 Upper Richmond Road, Putney, London.

London Star Night 越南超市，地址是：203-213 Mare Street, Hackney, London.

Bao Long 越南超市，地址是：218-220 Deptford High Street, Deptford, London.

Wing Tai Supermarket: www.wingtai.co.uk 中国超市，伦敦有三家门店。

Wing Yip: www.wingyip.com 中国超市，在伦敦、伯明翰和曼彻斯特都有分店。网店：www.wingyipstore.co.uk.

New Loon Moon: www.newloonmoon.com 中国超市，位于伦敦中国城。

Kimchi Mal（Kimchi Village）韩国超市，地址是：100 Burlington Road, New Malden.

Korean Foods 韩国超市，也售卖泰国、日本和中国食品，地址是：Unit 4 Wyvern Industrial Estate, Beverley Way, New Malden.

Japan Centre: www.japancentre.com 日本百货店，有食品卖场，在伦敦有门店，也有网店。

Atari Ya: www.atariya.co.uk 日本食品店，伦敦各处有门店，主要出售鱼类。

• 非洲 •

The Food Hall 埃塞俄比亚超市，地址是：22-24 Turnpike Lane, Turnpike Lane, London.

Brims African Food Store 非洲超市，地址是：102-104 Rye Lane, Peckham, London.

• 美洲 •

Grace Foods: www.gracefoods.co.uk 售卖加勒比地区食物的网店。

Mercar: www.mercar.co.uk 售卖拉丁美洲食物的网店。

— 鸣谢 —

• 菜谱 •

卢瓦尔溪谷：扣李子蛋糕 ©Eric Lanlard, from *Home Bake* (Mitchell Beazley, 2010). 普罗旺斯：橄榄酱 ©Justin Myers. 加泰罗尼亚：加泰罗尼亚炖鱼；榛子酱搭配榛子浆糖脆和冰淇淋 ©Rachel McCormack. 西班牙北部：蒜茸大虾和芦笋 ©José Pizarro, from *Seasonal Spanish Food* (Kyle Cathie, 2010). 西班牙中部：小胡瓜奶油汤；Tortilla 鸡蛋薄饼 ©Javier Serrano Arribas. 安达卢西亚：西班牙冷汤 ©José Pizarro, from *Seasonal Spanish Food* (Kyle Cathie, 2010)；盐鳕鱼馅饼搭配塔塔沙司 ©Nieves Barragán Mohacho. 葡萄牙：盐鳕鱼汤 ©Nuno Mendes. 拉齐奥：意大利面与鹰嘴豆汤 ©Rachel Roddy；炸朝鲜蓟 ©Jacob Kenedy, from *Bocca: Cookbook* (Bloomsbury, 2011). 爱米利亚—罗玛涅区：博洛尼亚肉酱面 ©Jacob Kenedy, from *The Geometry of Pasta* with Caz Hildebrand (Boxtree, 2010). 卡拉布里亚：扇贝搭 N' duja 香肠；卡拉布里亚辣鸡 ©Francesco Mazzei. 西西里：迈西拿式箭鱼 ©Giorgio Locatelli, from *Made in Sicily* (Fourth Estate, 2011). 欧洲东部：罗宋汤 ©Emilia Brunicki；捷克蛋糕 ©Klara Cecmanova. 土耳其：牛肉丸 ©Rebecca Seal, from *Istanbul: Recipes from the Heart of Turkey* (Hardie Grant, 2013). 黎凡特：约旦什锦羊肉 ©Yotam Ottolenghi. 以色列：鹰嘴豆泥 ©Zac Frankel. 伊朗：鸡肉炖小檗木浆果、酸奶以及橙皮；羊肉烧豌豆、青柠干和茄子；伊朗香米饭 ©Pury Sharifi. 印度北部：咖喱羊肉 ©Anirudh Arora, from *Food of the Grand Trunk Road* with Hardeep Singh Kholi (New Holland,2011). 印度南部：椰子鱼咖喱；炉烤鸡肉块搭配薄荷酸辣酱；香蕉薄饼搭配椰子和棕榈糖 ©Meera Sodha, from *Made in India* (Fig Tree, 2014). 越南：牛肉河粉 ©Hieu Trung Bui. 西非：伊也的火锅 ©Ije Nwokerie. 摩洛

哥：鸡肉蒸粗麦粉 ©Paula Wolfert, from *Couscous and Other Good Food From Morocco* (HarperPerennial, 1987). 墨西哥：果味辣椒酱 ©Maricel E. Presilla, from *Gran Cocina Latina* (W.W. Norton & Co., 2012). 巴 西：黑豆炖菜 ©Gizane Gampos；炖虾；香浓巧克力慕斯搭配可可碎 ©Samantha Aquim. 阿根廷：烤牛排搭配 *chimichurri* 酱料、大蒜及番茄 ©Diego Jacquet；焦糖奶油酱 ©Maricel E. Presilla, from Gran Cocina Latina (W.W. Norton & Co., 2012). 其他食谱 ©Mina Holland.

• 文本 •

我们尽了一切努力去联系版权所有者并获得使用许可。其中如有任何错误或遗漏，出版商谨在此真诚致歉，如有任何批评指正则不胜感激，并于将来重印或再版时加以修改补充。

Home Cooking by Laurie Colwin (Penguin Books Ltd, 2012). Copyright © Laurie Colwin, 1988. *Alice B. Toklas Cookbook* by Alice B. Toklas (Michael Joseph, 1954) copyright © Alice B. Toklas, 1954. Quote from Joanna Harris, *Five Quarters of the Orange* published by Black Swan and reprinted by permission of The Random House Group Limited. Extract from Bill Buford article, reprinted by permission of Bill Buford and the *Observer Food Monthly* magazine. *A Year in Provence* by Peter Mayle (Hamish Hamilton, 1989) Copyright © Peter Mayle, 1989. Quote from Manuel Vázquez Montalbán, *The Angst-Ridden Executive* reprinted by permission of Serpent's Tail. Quote from Colm Tóibín, *Homage to Barcelona* published by Picador (Pan Macmillan). Quote from Chris Stewart, *Driving Over Lemons* by Chris Stewart, reprinted by permission of Chris Stewart and Sort of Books. Quote from Marcella Hazan, *The Essentials of Classic Italian Cooking*, published by Boxtree (Pan Macmillan). *Eating Animals* by Jonathan Safran Foer (Penguin Books Ltd, 2009 and Little, Brown & Company). Copyright © Jonathan Safran Foer, 2009. Extract from *My Name is Red* by Orhan Pamuk; Copyright © Iletsim Yayincilik A.S. 1998, used by permission of The Wylie Agency (UK) Ltd. Quote from Rabih Alameddine, *The Hakawati*, published in the UK as *The Storyteller* by Picador (Pan Macmillan). Quote from Linda Grant, *When I Lived in Modern Times* reprinted by permission of Granta Books. Quote from *The Cypress Tree* by Kamin Mohammadi, © Kamin Mohammadi, 2011, reprinted by permission of Bloomsbury Publishing Plc/Greene & Heaton. Quote from Gregory David Roberts, *Shantaram*, published in the UK by Little, Brown, reproduced with permission of David Higham Associates. Quote from Madhur Jaffrey, *Climbing the Mango Trees*, copyright © Madhur Jaffrey 2005. Reproduced by permission of the author c/o Rogers, Coleridge & White Ltd., 20 Powis Mews, London W11 1JN. Quote from Arundhati Roy, *The God of Small Things* reprinted by permission of HarperCollins Publishers Ltd © 1997 Arundhati Roy. Quote from David Thompson, *Thai Food* reprinted by permission of Pavilion (Anova Books Group). Quote from Graham Greene, *The Quiet American* published in the UK by Vintage Books, Random House Ltd, reproduced with permission of David Higham Assosiates. Quote from *The Last Chinese Chef* by Nicole Mones published by Houghton Mifflin & Company, copyright 2007, used by permission of the author. Quote from a review by Jay Rayner, the *Observer*, reproduced by permission of Jay Rayner. *Things Fall Apart* by Chinua Achebe (William Heinemann 1958, Penguin Classics 2001). Copyright © Chinua Achebe, 1958. Quote from Joan Didion, *The White Album* reprinted by permission of HarperCollins Publishers Ltd © 2005 Joan Didion/Janklow & Nesbit. Quote from *Jitterbug Perfume* by Tom Robbins, published by and reprinted by permission of No Exit Press/noexit.co.uk. Quote from *Like Water for Chocolate* by Laura Esquivel published by Doubleday and reprinted by permission of The Random House Group Limited. Quoted from *The Real Life of Alejandro Mayta* by Mario Vargas Llosa reprinted permission of Faber and Faber Ltd. Quote from *In Patagonia* by Bruce Chatwin published by Jonathan Cape and reprinted by permission of The Random House Group Limited/Aitken Alexander Associates Ltd.

– 致谢 –

首先要把最最真诚的谢意献给出版过程中给我带来好运的三位“J”：Jenny Lord（我的女神编辑），Jon Elek（全城最有趣的代理人），还有 Jamie Byng（Canongate 出版社的负责人）。谢谢你们对我、对这本书的信任。

谢谢 Canongate 出版社的工作人员，谢谢你们在这本《美食地图集》诞生过程中所付出的辛苦：Natasha Hodgson, Vicki Rutherford, Peter Adlington 以及 Rafi Romaya。

关于本书中所涉及的菜系，我和很多相关领域的著名权威说起过，他们都无比慷慨地付出了很多时间，给予我很多相关知识，很多时候更是贡献了他们的菜谱，在此要特别感谢以下诸位：Maria José Sevilla、José Pizarro、Rachel McCormack、Nieves Barragán Mohacho、Nuno Mendes、Jacob Kenedy、Russell Norman、Francesco Mazzei、Giorgio Locatelli、Rachel Roddy、Signe Johansen、Anissa Helou、Rebecca Seal、Yotam Ottolenghi、Pury Sharifi、Meera Sodha、Anirudh Arora、Hieu Trung Bui、Junya Yamasaki、John Devitt、Veronica Binfor、Paula Wolfert、Colman Andrews、Maricel Presilla、Martin Morales、Samantha Aquim、Herve Roy 以及 Diego Jacquet。

还要真诚地感谢各位不辞辛苦、安排我们会面的代理人：Gemma Bell、Hannah Norris、Zoe Haldane、Sarah Kemp、Clare Lattin、Lauryn Cooke、Anna Dickinson、Beau Limbrick、Rose McCullough、Kimberley Brown、Sophie Missing、Jean Egbunike、Charlotte Allen、Genevieve Sweet、Nicola Lando、Emma Daly 以及 Caroline Craig。

谢谢我的朋友们，他们有的是这本书最早的读者，有的为本书贡献了自己的菜谱，有的尝过其中的菜肴，他们不仅陪着我尝试这些食物，同时也是我的情感支柱：Katharine Rosser、Sophie Andrews、Laura Brooke、Jessica Hopkins、Nick Carvell、Holly Jones、Petra Costandi、Ellie Davies、Gizane Campos、Harriet de Winton、Nick Taussig、Paul Van Carter、Javier Serrano Arribas、Zac Frankel、Brittany Wickes、Rebecca Gregory、Kate Willman、Sophie Mathewson、Charlotte Coats、Amy Baddeley、Katy Gault、Klara Cecmanova、Christian Holthausen、Georgia Frost、Doon Mackichan、Mary Myers、Justin Myers、Ann Boyer、Lara Boyer、Katia Boyer McDonnell、Emilia Brunicki、Deena Carter、Tony Carter、Claire Carter Scott、Meredith Sloane、Ije Nwokerie、Howard Josephs、Jonathan Harris、Laura Hirons、Jacqui Church、Kira Heuer、Janet Tarasofsky、Felicia Kozak以及Lily Saltzberg。谢谢你们给我的鼓励，在我最需要的时候，是你们给了我正能量。

谢谢我在《观察家报·美食月刊》（*Oberver Food Monthly*）的老板和同事：Allan Jenkins、Gareth Grundy和Helen Wigmore。还要谢谢《观察家报》的整个团队，谢谢你们的支持。

谢谢Holland和Cozens-Hardy家族的各位亲人。首先，我要把这本书献给我的祖母和外祖母——我的“美食婆婆”，Jane，她最早唤醒了我对烹饪（和美食）的热爱；我的“书本婆婆”，Mavis，她看到了这份献词。我还要谢谢我的兄弟Max，每次我沮丧的时候，他总是能令我开怀大笑。谢谢Frank给我当“参谋”而且经常出去散步，这能把我从电脑上拖出来走动走动。还有最最重要的，谢谢我那不知疲倦的、杰出的老爸老妈。我真的很爱很爱你们。

– 译后记 –

米娜·霍兰德是一位很难予以定位的作者。她是典型的伦敦姑娘——一头金发和一双湛蓝的眼睛，漂亮、自然而且时髦，但是她的生命经历和视野绝不限于“英伦”，而是渗透着对于西班牙、印度、越南以及拉丁美洲的了解与热爱。她的专业领域是美食、美酒与书籍——与《卫报》合作“美食烹饪”专栏，出版了两本关于美食的专著，熟稔伦敦各处的热门餐厅，同时也是每星期下厨四天、擅长发明各种新鲜食谱的“家厨”，但是她的目光又远远超过了“美食”的范围。她想要探索和表达的，不仅仅是一道菜的做法或是某种食材的特性，而是将旅行、文化、传统、家庭等主题融合在一起，体会人与人之间通过食物而形成的交流，以及“菜肴背后的故事”。

霍兰德于2014年出版的这本《美食地图集》(2015年企鹅版改名为《盘中的世界》)，是她的处女作与成名作，这本书为她赢得了“英国最佳美食&旅游图书大奖”。不过，更重要的是，这本书就像她本人一样，完全是一本“跨界的”、难以界定或分类的书。你可以说它是一本烹饪指南，因为书中包含了100个充满异国风味的菜谱；你也可以说它是一本旅行指南，因为它以地理位置为线索，向你展示了世界各国最著名的“美食之城”的风土、历史以及普通人的日常生活。但是当你真正开始读它，开始深入那个由文字构造的味觉世界（没错，这是一本没有图片的美食书！），你会惊讶地发现，原来在食材和菜肴的背后，居然隐藏着这样一个广阔而复杂的世界——你会看到一种食材的迁徙与变化、一道菜肴的历史与特性、一种进餐方式（乃至一个族群）的根脉与命运。地理、历史、政治、移民、哲学、文学、音乐、植物学……当这本书开启你的味蕾时，它同时也向你打开了一个世界，让你看到了完整而鲜活的人类生活本身。

不过，这本书并非“严肃得吓人”，相反，它十分可爱。每次展开一段新旅程的时候，你会发现作者总是想起她的家人，想念他们一起去过的地方、吃过的美食以及共同度过的快乐时光。每次发现一种新食材、新菜式的时候，你会看到作者是多么信赖她的朋友——无论是大厨、美食专家、好朋友还是室友的妈妈和奶奶。每次你点起炉子、准备跟着她的菜谱做菜的时候，你会看到她像个贴心而又唠叨的邻家女孩儿，在你身边给出各种建议——切辣椒的时候，她会提醒你戴上手套，否则不小心碰到脸会辣得难受；你做某道菜的时候，她会建议你听某种音乐（找找感觉）、喝杯什么酒（你会忍不住猜想，如果她真的在你身边，估计早就伸手偷吃了）……而每次当你在令人眼花缭乱的食材名称之间手足无措的时候，她会给你讲一些故事——她自己的经历，或是她朋友的故事——正是这些故事令遥远而陌生的食材和菜肴有了情感，有了暖心的温度。透过她的叙述，你能看到一个东欧的老太太如何仔仔细细地做好、包好一大箱食物，为的是在伦敦独自生活的孙女能够吃到家里做的捷克蛋糕；你能看到一位在伦敦打拼的非洲大厨是如何努力通过盘中的创造向异国的陌生人描述他心目中的家乡；你能看到在印度的某些村庄里傍晚时分各家女人带着生面团围拢在村头一架烤炉边一起烤大饼，你能想象那味道该有多么香，回家吃晚饭的人们脸上该有什么样的笑，而多年以后离开家乡、漂泊异国的某位印度厨师会有多么怀念人们回家团聚时萦绕鼻端的食物香气……米娜·霍兰德很小心地保存了这些故事，连同其中最朴实也最珍贵的细腻情感，就像制作一罐熏辣椒粉（她最喜欢的食材之一）一样，无论你身处何地、无论你吃的是哪一国的哪一道菜，只要打开这罐记忆的香料，你就能同时体会到一种复杂的味道——香喷喷的，有一点点甜，又有绵长的辛辣，它让你对这个世界充满爱和感激，同时又令你流泪。这就是食物带给人的力量，它连接了你和家、你和他人、你和你自己，连接起你的过去与现在——它给了你一个完整而温暖的世界。并不是所有的美食书都能让人体会到这一点，但是这本《美食地图集》令你无法忘怀的，正是这一点。

必须承认，我并不是一个爱做饭或者会做饭的人（事实上，我做的饭曾经被一只流浪猫嫌弃，头也不回地走开了），也并非美食或美酒领域的专家，我接手这本书的翻译，最初是出于一个小心愿——这些年译过了这么些文字，我想要为我的妈妈和“兔子”译一本书，他们每天都在为我做饭，而我能做的，就是将我所看到的那个五光十色的美食世界、那些新鲜有趣的食材和菜肴，与他们一起分享。当然，由于我也是“跨界”翻译，所以对于很多东西都是从头学起，虽然做了很多查证的功课，但是错漏在所难免。这里要多谢葛天勤、钟世文和张仑的帮助，他们帮我校对了部分书稿，改正了很多错误。此外也期望读者诸君谅解之余能够拨冗来信指出（译者邮箱 ctt117@sohu.com），以便再版时修改，在此先行谢过了！！

最后，我想认真地对这本书的编辑黄新萍说一声“谢谢”。我们是相识近 20 年的好朋友，一同体验了生活中的各种欢乐与悲伤，也一起分享过各式美食与美酒（她还曾在寒冷的天气跑很远的路来我家给我煮意大利面）。这次能够实现这个心愿、译出这本书，多亏了她对我的信任、守候和不放弃。在翻译这本书的过程中，在我译到意大利面和番茄、尤其是“将番茄去皮”的时候，我总是会想起新萍，想起很多年前那个寒冷的冬夜，她在北京郊区的一个小炉子上，用一根筷子戳起一枚番茄，放在火上——“噗”的一声，极轻也极迅速地，番茄的外皮像花朵一样绽开了，这时候她一笑，对我说：“怎么样？做饭是不是很奇妙？”

陈玮 • 2016 年冬，美国纽黑文

以下地图示意图来自国家测绘地理信息局标准地图服务网，前为图片所在页码，后为审图号：P172，GS（2016）2948号；P181，GS（2016）2948号；P195，GS（2016）2948号；P220，GS（2016）2948号；P224，GS（2016）2948号；P235，GS（2016）2948号；P254，GS（2016）2948号；P262，GS（2016）2886号；P268，GS（2016）2887号；P273，GS（2016）2887号；P280，GS（2016）2948号；P287，GS（2016）2948号

图书在版编目 (CIP) 数据

美食地图集：39 种菜系环游世界 /（英）米娜·霍兰德著；陈玮译. -- 北京：生活·读书·新知三联书店，2017.9
ISBN 978-7-108-05959-8

Ⅰ. ①美… Ⅱ. ①米… ②陈… Ⅲ. ①饮食 – 文化 – 世界
Ⅳ. ① TS971.201

中国版本图书馆 CIP 数据核字 (2017) 第 123262 号

责任编辑　黄新萍
装帧设计　张　红　朱丽娜
责任印制　徐　方
出版发行　生活·讀書·新知三联书店
　　　　　（北京市东城区美术馆东街22号）
邮　　编　100010
经　　销　新华书店
图　　字　01-2016-8462
网　　址　www.sdxjpc.com
排版制作　北京红方众文科技咨询有限责任公司
印　　刷　北京隆昌伟业印刷有限公司
版　　次　2017年9月北京第1版
　　　　　2017年9月北京第1次印刷
开　　本　635毫米×965毫米　1/16　印张 26.5
字　　数　250千字　图53幅
印　　数　0,001-8,000册
定　　价　49.00元

（印装查询：010-64002715；邮购查询：010-84010542）